JN003189

LIBRARY 工学基礎＆高専TEXT

別巻 1

詳解と演習
大学編入試験問題〈数学〉

線形代数　微分積分　応用数学　確率

合格へのRoyal Road

河東泰之・監　修

佐々木良勝／鈴木香織／竹縄知之・共編著

数理工学社

サイエンス社・数理工学社のホームページのご案内
https://www.saiensu.co.jp
ご意見・ご要望は　suuri@saiensu.co.jp　まで.

まえがき

数学は知識の体系であると同時に技術の体系でもある．したがってその十全な運用にはある程度の習熟が必要となる．この点，スポーツ・武道・音楽・技芸・遊戯などと何ら変わるところはない．

本書は，学習者が平常身につけた数学にさらに習熟し，国公私立大学の編入試験を突破できる強固な数学力を養成する手助けとなるよう編集された．運動や音楽に例えるなら，基本動作・基本技やそれらを組み合わせた一連の動作についてある程度の練習を積んできた者が，試合での勝利や舞台での成功を目指して行う，実戦に近い稽古に相当すると言えよう．

そのためには，実際に編入試験で出題された問題を用いるのが最も適していることは言うまでもない．一方で，編入試験は目に見える一つの目標ではあるが，決してゴールではない．単なる目先の試験だけではなく，一生使っていける数学の深い知識が身につくようになることが，一貫して本ライブラリ監修者の願いであり，また編著者・執筆者一同の目指したところである．

上述の意図に沿って，執筆陣は多くの大学編入試験問題を取り寄せて検討した上で，極端な難問は排する一方，編入試験突破のために落とせない基本的な問題から数学的な考え方を身につけるのに適した良問までを精選し，それらを次のように分類して掲載した．

基本問題：主に編入試験過去問題から典型的で易しめの問題

類題：基本問題と同様の問題（入試でできてほしい問題）

演習問題：やや難しめの問題（入試で合否が分かれると思われる問題）

また，都城工業高等専門学校の学生 野口 器氏，廣池 敬太氏に解答などを丁寧にチェックしていただいた．記して感謝する．

実践的な知識・技能を身につけ，さらに高度な学芸を極めんと望む高い志を抱いた学生諸君には，各々が学びたい大学で学びたいことを学びたいだけ学んでほしいと願う．「未来を切り開く数学の力を身につける大きな手助けとなるように」との意図を本書が実現できているか否か，諸賢のご判断を俟ちたい．

2020 年春

監修者・編著者・執筆者

目　　次

1 ベクトルと行列

ベクトルの和・差　ベクトル $\boldsymbol{a}, \boldsymbol{b}, \boldsymbol{c}$ に対して，次が成り立つ．

(1)　$\boldsymbol{a}+\boldsymbol{b}=\boldsymbol{b}+\boldsymbol{a}$　（交換法則）

(2)　$(\boldsymbol{a}+\boldsymbol{b})+\boldsymbol{c}=\boldsymbol{a}+(\boldsymbol{b}+\boldsymbol{c})=\boldsymbol{a}+\boldsymbol{b}+\boldsymbol{c}$　（結合法則）

(3)　$\boldsymbol{a}+\boldsymbol{0}=\boldsymbol{0}+\boldsymbol{a}=\boldsymbol{a}$　（零ベクトルの性質）

(4)　$\boldsymbol{a}-\boldsymbol{a}=\boldsymbol{a}+(-\boldsymbol{a})=(-\boldsymbol{a})+\boldsymbol{a}=\boldsymbol{0}$　（逆ベクトルの性質）

ベクトルの実数倍　ベクトル $\boldsymbol{a}, \boldsymbol{b}$，実数 k, l に対して，次が成り立つ．

(1)　$(kl)\boldsymbol{a}=k(l\boldsymbol{a})$　（結合法則）

(2)　$(k+l)\boldsymbol{a}=k\boldsymbol{a}+l\boldsymbol{a},\ k(\boldsymbol{a}+\boldsymbol{b})=k\boldsymbol{a}+k\boldsymbol{b}$　（分配法則）

(3)　$0\boldsymbol{a}=\boldsymbol{0}, k\boldsymbol{0}=\boldsymbol{0},\ 1\boldsymbol{a}=\boldsymbol{a}, (-1)\boldsymbol{a}=-\boldsymbol{a},\ |k\boldsymbol{a}|=|k||\boldsymbol{a}|$　（スカラー倍の性質）

以下，空間ベクトルについてのみ記述するが，平面ベクトルについては，z 成分 a_3, b_3, c_3 などを除いて考えればよい．

ベクトルの成分表示による計算　$\boldsymbol{a}=(a_1, a_2, a_3), \boldsymbol{b}=(b_1, b_2, b_3)$，実数 k に対して，次が成り立つ．

(1)　$\boldsymbol{a}=\boldsymbol{b} \iff a_1=b_1, a_2=b_2, a_3=b_3$　　(2)　$|\boldsymbol{a}|=\sqrt{a_1^2+a_2^2+a_3^2}$

(3)　$\boldsymbol{a} \pm \boldsymbol{b}=(a_1 \pm b_1, a_2 \pm b_2, a_3 \pm b_3)$（複号同順）　　(4)　$k\boldsymbol{a}=(ka_1, ka_2, ka_3)$

ベクトルの成分表示　2 点 $\mathrm{A}(a_1, a_2, a_3)$, $\mathrm{B}(b_1, b_2, b_3)$ に対して，

$$\overrightarrow{\mathrm{AB}}=\overrightarrow{\mathrm{OB}}-\overrightarrow{\mathrm{OA}}=(b_1-a_1, b_2-a_2, b_3-a_3)$$

2 点間の距離　2 点 $\mathrm{A}(a_1, a_2, a_3)$, $\mathrm{B}(b_1, b_2, b_3)$ 間の距離は，$|\overrightarrow{\mathrm{AB}}|$ と一致する．

$$|\overrightarrow{\mathrm{AB}}|=\sqrt{(b_1-a_1)^2+(b_2-a_2)^2+(b_3-a_3)^2}$$

内積と成分表示　$\boldsymbol{a}=(a_1, a_2, a_3), \boldsymbol{b}=(b_1, b_2, b_3)$ に対して，$\boldsymbol{a}$ と $\boldsymbol{b}$ のなす角を θ $(0 \leqq \theta \leqq \pi)$ としたとき，$\boldsymbol{a} \cdot \boldsymbol{b}=|\boldsymbol{a}||\boldsymbol{b}| \cos \theta=a_1 b_1+a_2 b_2+a_3 b_3$

特に，$\boldsymbol{a} \neq \boldsymbol{0}, \boldsymbol{b} \neq \boldsymbol{0}$ のとき，$\cos \theta=\frac{\boldsymbol{a} \cdot \boldsymbol{b}}{|\boldsymbol{a}||\boldsymbol{b}|}$

内積の性質　ベクトル $\boldsymbol{a}, \boldsymbol{b}, \boldsymbol{c}$ に対して，次が成り立つ．

(1)　$\boldsymbol{a} \cdot \boldsymbol{a}=|\boldsymbol{a}|^2$　　(2)　$\boldsymbol{a} \cdot \boldsymbol{b}=\boldsymbol{b} \cdot \boldsymbol{a}$

(3)　$(k\boldsymbol{a}) \cdot \boldsymbol{b}=\boldsymbol{a} \cdot(k\boldsymbol{b})=k(\boldsymbol{a} \cdot \boldsymbol{b})$（$k$ は実数）

(4)　$\boldsymbol{a} \cdot(\boldsymbol{b} \pm \boldsymbol{c})=\boldsymbol{a} \cdot \boldsymbol{b} \pm \boldsymbol{a} \cdot \boldsymbol{c}$（複号同順）

ベクトルの平行・垂直条件　$\boldsymbol{a} \neq \boldsymbol{0}, \boldsymbol{b} \neq \boldsymbol{0}$ であるとき，

$$\begin{cases} \boldsymbol{a} \text{ と } \boldsymbol{b} \text{ が平行} \iff \boldsymbol{b}=k\boldsymbol{a} \text{ となる実数 } k \text{ が存在する} \\ \boldsymbol{a} \text{ と } \boldsymbol{b} \text{ が垂直} \iff \boldsymbol{a} \cdot \boldsymbol{b}=0 \end{cases}$$

内分点・外分点の位置ベクトル　2 点 $\mathrm{A}(a_1, a_2, a_3)$, $\mathrm{B}(b_1, b_2, b_3)$ について，線分 AB を $m:n$ に内分する点を $\mathrm{P}(\boldsymbol{p})$，外分する点を $\mathrm{Q}(\boldsymbol{q})$ とすると，

$$\boldsymbol{p} = \left(\tfrac{na_1+mb_1}{m+n}, \tfrac{na_2+mb_2}{m+n}, \tfrac{na_3+mb_3}{m+n}\right), \qquad \boldsymbol{q} = \left(\tfrac{-na_1+mb_1}{m-n}, \tfrac{-na_2+mb_2}{m-n}, \tfrac{-na_3+mb_3}{m-n}\right)$$

直線の方程式　点 $\mathrm{A}(x_0, y_0, z_0)$ を通り，ベクトル $\boldsymbol{v} = (a, b, c)$（$\boldsymbol{v} \neq \boldsymbol{0}$）に平行な直線の方程式は $\frac{x-x_0}{a} = \frac{y-y_0}{b} = \frac{z-z_0}{c}$

平面の方程式　点 $\mathrm{A}(x_0, y_0, z_0)$ を通り，ベクトル $\boldsymbol{n} = (a, b, c)$（$\boldsymbol{n} \neq \boldsymbol{0}$）に垂直な平面の方程式は $a(x-x_0) + b(y-y_0) + c(z-z_0) = 0$

点と平面の距離　点 $\mathrm{A}(x_0, y_0, z_0)$ と平面 $ax + by + cz + d = 0$ の距離 h は,

$$h = \frac{|ax_0 + by_0 + cz_0 + d|}{\sqrt{a^2 + b^2 + c^2}}$$

球面の方程式　中心の座標が $\mathrm{C}(a, b, c)$，半径が r の球面の方程式は,

$$(x-a)^2 + (y-b)^2 + (z-c)^2 = r^2$$

行列，正方行列　行の数が m，列の数が n の行列を $\boldsymbol{m \times n}$ **型行列**という．特に，$n \times n$ 型行列を $\boldsymbol{n}$ **次正方行列**という.

行列の成分　行列を構成する 1 つひとつの数を**成分**（または**要素**）といい，第 i 行かつ第 j 列にある成分を $\boldsymbol{(i, j)}$ **成分**という．特に，正方行列の (i, i) 成分を**対角成分**という.

行列の相等　2 つの行列 A, B について

$$A = B \Longleftrightarrow A \text{ と } B \text{ が同じ型であり，対応する } (i,j) \text{ 成分がすべて等しい}$$

零行列　成分がすべて 0 である行列を**零行列**といい，O などで表す.

対角行列，単位行列　対角成分 (i, i) 以外の成分がすべて 0 であるような正方行列を**対角行列**という．特に，対角成分がすべて 1 であるような n 次対角行列を $\boldsymbol{n}$ **次単位行列**といい，E_n や I_n で表す.

行列の和・差，実数倍

$m \times n$ 型行列 $A = \begin{pmatrix} a_{11} & a_{12} & \cdots & a_{1n} \\ a_{21} & a_{22} & \cdots & a_{2n} \\ \cdot & \cdot & \cdots & \cdot \\ a_{m1} & a_{m2} & \cdots & a_{mn} \end{pmatrix}$, $B = \begin{pmatrix} b_{11} & b_{12} & \cdots & b_{1n} \\ b_{21} & b_{22} & \cdots & b_{2n} \\ \cdot & \cdot & \cdots & \cdot \\ b_{m1} & b_{m2} & \cdots & b_{mn} \end{pmatrix}$ に対して,

$$A \pm B = \begin{pmatrix} a_{11} \pm b_{11} & a_{12} \pm b_{12} & \cdots & a_{1n} \pm b_{1n} \\ a_{21} \pm b_{21} & a_{22} \pm b_{22} & \cdots & a_{2n} \pm b_{2n} \\ \cdot & \cdot & \cdots & \cdot \\ a_{m1} \pm b_{m1} & a_{m2} \pm b_{m2} & \cdots & a_{mn} \pm b_{mn} \end{pmatrix}$$

また，実数 k に対して，

$$kA = \begin{pmatrix} ka_{11} & ka_{12} & \cdots & ka_{1n} \\ ka_{21} & ka_{22} & \cdots & ka_{2n} \\ \cdot & \cdot & \cdots & \cdot \\ ka_{m1} & ka_{m2} & \cdots & ka_{mn} \end{pmatrix}$$

行列の積　$l \times m$ 型行列 $A = \left(a_{ij}\right)$，$m \times n$ 型行列 $B = \left(b_{ij}\right)$ に対して，積 $AB = C = \left(c_{ij}\right)$ は次のように定義される．

$$c_{ij} = a_{i1}b_{1j} + a_{i2}b_{2j} + \cdots + a_{im}b_{mj} \quad (i = 1, 2, \ldots, l;\ j = 1, 2, \ldots, n)$$

行列の演算　行列 A, B, C，単位行列 E，零行列 O，実数 k, l について，次が成り立つ．

(1)　$A + B = B + A$　（交換法則）

(2)　$(A + B) + C = A + (B + C)$　（結合法則）

(3)　$A + O = O + A = A$

(4)　$(AB)C = A(BC)$　（結合法則）

(5)　$(A + B)C = AC + BC, C(A + B) = CA + CB$　（分配法則）

(6)　$k(A + B) = kA + kB, (k + l)A = kA + lA,$
　　$(kl)A = k(lA), (kA)B = A(kB) = k(AB)$

(7)　$0A = O, kO = O, 1A = A, AO = OA = O, AE = EA = A$

可換　$AB = BA$ が成り立つとき，行列 A と B は**可換**であるという．一般に $AB = BA$ が成り立つとは限らない．

転置行列　$m \times n$ 型行列 A の行と列を入れ換えてできる $n \times m$ 型行列を A の**転置行列**といい，${}^tA$ で表す．行列 A, B と実数 k について，次が成り立つ．

(1)　${}^t(A + B) = {}^tA + {}^tB$　　(2)　${}^t(kA) = k\,{}^tA$

(3)　${}^t(AB) = {}^tB\,{}^tA$　　(4)　${}^t({}^tA) = A$

対称行列・交代行列　正方行列 A について，${}^tA = A$ が成り立つとき，A を**対称行列**という．また，${}^tA = -A$ が成り立つとき，A を**交代行列**という．一般に，$A + {}^tA$ は対称行列，$A - {}^tA$ は交代行列になる．

逆行列・正則行列　正方行列 A に対して $AX = XA = E$ となる行列 X が存在するとき，X を A の**逆行列**といい $X = A^{-1}$ と表す．A^{-1} が存在するとき A は**正則**であるという．

正則行列の性質　正則行列 A, B について，次が成り立つ．

(1)　$(A^{-1})^{-1} = A$　　(2)　$({}^tA)^{-1} = {}^t(A^{-1})$　　(3)　$(AB)^{-1} = B^{-1}A^{-1}$

行（または列）基本変形　行列に対する次の 3 つの操作を**行（または列）基本変形**という．

(I)　2 つの行（または列）を入れ替える．

(II)　ある行（または列）に 0 でない実数を掛ける．

(III)　ある行（または列）に別の行（または列）の実数倍を加える．

行列の階数　任意の行列は，行基本変形を繰り返すことによって，次のような階段行列と呼ばれる行列に変形できる．

$$
\begin{pmatrix}
0 & \cdots & 0 & a_{1j_1} & * & \cdots & * & * & \cdots & \cdots & \cdots & \cdots & \cdots & \cdots & * \\
0 & \cdots & 0 & 0 & 0 & \cdots & 0 & a_{2j_2} & * & \cdots & \cdots & \cdots & \cdots & \cdots & * \\
0 & \cdots & 0 & 0 & 0 & \cdots & 0 & 0 & 0 & \vdots & \vdots & \vdots & \vdots & \vdots & \vdots \\
\vdots & \vdots & \vdots & \vdots & \vdots & \vdots & \vdots & \vdots & \vdots & \vdots & \vdots & \vdots & \vdots & \vdots & \vdots \\
0 & \cdots & 0 & 0 & 0 & \cdots & 0 & 0 & 0 & \cdots & 0 & a_{rj_r} & * & \cdots & * \\
0 & \cdots & 0 & 0 & 0 & \cdots & 0 & 0 & 0 & \cdots & 0 & 0 & 0 & \cdots & 0 \\
\vdots & \vdots & \vdots & \vdots & \vdots & \vdots & \vdots & \vdots & \vdots & \vdots & \vdots & \vdots & \vdots & \vdots & \vdots \\
0 & \cdots & 0 & 0 & 0 & \cdots & 0 & 0 & 0 & \cdots & 0 & 0 & 0 & \cdots & 0
\end{pmatrix}
$$

ここで，$j_1 < j_2 < \cdots < j_r$ であり，$a_{1j_1}, a_{2j_2}, \ldots, a_{rj_r}$ は 0 でない．階段行列の階段の数 r を行列 A の**階数**（または**ランク**）といい，$\operatorname{rank} A = r$ と表す．階数は基本変形の仕方によらず一定であり，行基本変形により行列の列ベクトルの線形関係は変わらない．また，$a_{1j_1} = a_{2j_2} = \cdots = a_{rj_r} = 1$ のときは，**簡約階段行列**といい，ある行列に対して，行基本変形を繰り返すことにより簡約階段行列にすることを**簡約化**という．

転置行列の階数　$m \times n$ 型行列 A について，$\operatorname{rank} A = \operatorname{rank} {}^t\!A$ が成り立つ．

掃き出し法　連立 1 次方程式の係数行列を A，**拡大係数行列**を $(A \mid \boldsymbol{b})$ とする．$(A \mid \boldsymbol{b})$ を行基本変形を繰り返すことによって，より簡単な階段行列 $(A' \mid \boldsymbol{b}')$ にすることで解を求める方法を**掃き出し法**という．

階数と連立 1 次方程式　n 個の変数に関する連立 1 次方程式の係数行列を A，拡大係数行列を $(A \mid \boldsymbol{b})$ とするとき，次が成り立つ．

(I)　$\operatorname{rank} A = \operatorname{rank}(A \mid \boldsymbol{b}) = n \iff$ 連立 1 次方程式はただ 1 組の解を持つ

(II)　$\operatorname{rank} A = \operatorname{rank}(A \mid \boldsymbol{b}) < n \iff$ 連立 1 次方程式は無数の解を持つ

(III)　$\operatorname{rank} A \neq \operatorname{rank}(A \mid \boldsymbol{b}) \iff$ 連立 1 次方程式の解はない

掃き出し法による逆行列　A を n 次正則行列とするとき，$(A \mid E)$ に対して行基本変形を繰り返して $\left(E \mid A^{-1}\right)$ とできる．

階数と正則行列　n 次正方行列 A に対して $\operatorname{rank} A = n \iff A$ は正則

基本問題 1.1　内積となす角

2 つのベクトル $\boldsymbol{a}=\begin{pmatrix}2\\-1\\3\end{pmatrix}, \boldsymbol{b}=\begin{pmatrix}u\\2\\0\end{pmatrix}$ について，次の問いに答えよ．ただし，u は正の実数とする．（首都大学東京）

(1)　内積 $\boldsymbol{a}\cdot\boldsymbol{b}$ と大きさ $|\boldsymbol{a}|, |\boldsymbol{b}|$ をそれぞれ求めよ．

(2)　$\boldsymbol{a}$ と $\boldsymbol{b}$ のなす角を θ としたときの $\cos\theta$ を求めよ．

(3)　$\boldsymbol{a}$ と $\boldsymbol{b}$ が直交するような実数 u の値を求めよ．

ポイント　内積の定義式より，$\cos\theta=\dfrac{\boldsymbol{a}\cdot\boldsymbol{b}}{|\boldsymbol{a}||\boldsymbol{b}|}$ が得られる．また，ベクトルが直交するとき，内積が 0 になることから，実数 u を求めることができる．

【解答】　(1)　$\boldsymbol{a}\cdot\boldsymbol{b}=2u+(-1)\cdot 2+3\cdot 0=2u-2$　答

$$|\boldsymbol{a}|=\sqrt{2^2+(-1)^2+3^2}=\sqrt{14}$$ 答

$$|\boldsymbol{b}|=\sqrt{u^2+2^2+0^2}=\sqrt{u^2+4}$$ 答

(2)　$\cos\theta=\dfrac{\boldsymbol{a}\cdot\boldsymbol{b}}{|\boldsymbol{a}||\boldsymbol{b}|}=\dfrac{2u-2}{\sqrt{14}\cdot\sqrt{u^2+4}}=\dfrac{\sqrt{14}(u-1)}{7\sqrt{u^2+4}}$　答

(3)　$\boldsymbol{a}$ と $\boldsymbol{b}$ が直交するとき，$\boldsymbol{a}\cdot\boldsymbol{b}=0$ なので，$2u-2=0$ より，$u=1$　答

類　題

1.1.1　2 つのベクトル $\boldsymbol{a}=(2,-2,1), \boldsymbol{b}=(1,1,2)$ について，次の問いに答えよ．（首都大学東京）

(1)　$\boldsymbol{a}$ と $\boldsymbol{b}$ のなす角を θ とするとき，$\cos\theta$ を求めよ．

(2)　$\boldsymbol{a}$ と $\boldsymbol{b}$ に垂直な単位ベクトルをすべて求めよ．

1.1.2　空間内の 3 点 $\mathrm{O}(0,0,0), \mathrm{A}(1,2,3), \mathrm{B}(-3,1,-2)$ について，次の問いに答えよ．（お茶の水女子大学）

(1)　$\angle\mathrm{AOB}$ の大きさ

(2)　$\triangle\mathrm{AOB}$ の面積

ヒント：(1) 2 つのベクトル $\overrightarrow{\mathrm{OA}}, \overrightarrow{\mathrm{OB}}$ のなす角が，$\angle\mathrm{AOB}$ と等しいことから，その大きさを求めることができる．

基本問題 1.2　内積とベクトルの大きさ

互いに平行でない平面上の2つのベクトル $\boldsymbol{a}, \boldsymbol{b}$ について，次の問いに答えよ．ただし，t を実数とし，大きさ $|\boldsymbol{a}|, |\boldsymbol{b}|$ は0でないとする．　（秋田大学）

(1)　大きさ $|\boldsymbol{a}+t\boldsymbol{b}|$ が最小となるときの t の値を，内積を用いて表せ．

(2)　(1) で求めた t の値が0であるとき，$\boldsymbol{a}$ と $\boldsymbol{b}$ の図形的関係を答えよ．

ポイント　$|\boldsymbol{a}+t\boldsymbol{b}|^2$ が t の2次式になることを利用する．

【解答】 (1)　$|\boldsymbol{a}+t\boldsymbol{b}|^2$ を計算すると，

$$
\begin{aligned}
|\boldsymbol{a}+t\boldsymbol{b}|^2 &= |\boldsymbol{a}|^2 + t^2|\boldsymbol{b}|^2 + 2\boldsymbol{a}\cdot\boldsymbol{b}\cdot t \\
&= |\boldsymbol{b}|^2\left\{\left(t+\frac{\boldsymbol{a}\cdot\boldsymbol{b}}{|\boldsymbol{b}|^2}\right)^2 + \frac{|\boldsymbol{a}|^2|\boldsymbol{b}|^2-(\boldsymbol{a}\cdot\boldsymbol{b})^2}{|\boldsymbol{b}|^4}\right\}
\end{aligned}
$$

となる．よって，$|\boldsymbol{a}+t\boldsymbol{b}|$ が最小となるときの t の値は

$$
\frac{-\boldsymbol{a}\cdot\boldsymbol{b}}{|\boldsymbol{b}|^2}
$$
答

(2)　$|\boldsymbol{b}|$ は0でないので，$\dfrac{-\boldsymbol{a}\cdot\boldsymbol{b}}{|\boldsymbol{b}|^2} = 0$ のとき，

$$
\boldsymbol{a}\cdot\boldsymbol{b} = 0
$$

よって，$\boldsymbol{a}$ と $\boldsymbol{b}$ は直交する．　答

類　題

1.2.1　2つのベクトル $\boldsymbol{a}, \boldsymbol{b}$ に対し，$|\boldsymbol{a}| = 2, |\boldsymbol{b}| = 3, |\boldsymbol{a}+\boldsymbol{b}| = 5$ のとき，次の内積と絶対値を求めよ．　（鹿児島大学）

(1)　$\boldsymbol{a}\cdot\boldsymbol{b}$

(2)　$|\boldsymbol{a}-\boldsymbol{b}|$

ヒント：(1) $|\boldsymbol{a}+\boldsymbol{b}|^2 = |\boldsymbol{a}|^2 + 2\boldsymbol{a}\cdot\boldsymbol{b} + |\boldsymbol{b}|^2 = 5^2$ となることから，内積 $\boldsymbol{a}\cdot\boldsymbol{b}$ の値を求めることができる．

(2) $|\boldsymbol{a}-\boldsymbol{b}|^2 = |\boldsymbol{a}|^2 - 2\boldsymbol{a}\cdot\boldsymbol{b} + |\boldsymbol{b}|^2$ であることを利用して，内積 $|\boldsymbol{a}-\boldsymbol{b}|$ の値を求めることができる．

基本問題 1.3　図形への応用（直線の方程式）

xyz 座標系において，$\mathrm{A}(-1,3,2)$, $\mathrm{B}(2,5,1)$, $\mathrm{C}(1,1,0)$ の 3 点がある．以下の問いに答えよ．　（首都大学東京）

(1)　ベクトル $\overrightarrow{\mathrm{AB}}, \overrightarrow{\mathrm{BC}}, \overrightarrow{\mathrm{CA}}$ をそれぞれ求めよ．

(2)　2 点 A, B を通る直線の方程式を求めよ．

(3)　3 点 A, B, C を含む平面の方程式を求めよ．

ポイント　(2)　直線は,「通る点」と「方向ベクトル」を定めると一意に定まる．(3)　平面の方程式は $ax+by+cz+d=0$ の形で表現されるので，含まれる 3 点の座標から決定される．

【解答】　(1)　$\overrightarrow{\mathrm{AB}}=(2,5,1)-(-1,3,2)=(3,2,-1)$,　答

$\overrightarrow{\mathrm{BC}}=(-1,-4,-1)$,　答

$\overrightarrow{\mathrm{CA}}=(-2,2,2)$　答

(2)

$$\begin{pmatrix} x \\ y \\ z \end{pmatrix}=\overrightarrow{\mathrm{OA}}+k\,\overrightarrow{\mathrm{AB}}=\begin{pmatrix} -1 \\ 3 \\ 2 \end{pmatrix}+k\begin{pmatrix} 3 \\ 2 \\ -1 \end{pmatrix}$$

より，k を消去して

$$\frac{x+1}{3}=\frac{y-3}{2}=-z+2$$　答

(3)　求める平面の方程式を $ax+by+cz+d=0$ とおくと，3 点 A, B, C を含むので，

$$\begin{cases} -a+3b+2c+d=0 \\ 2a+5b+c+d=0 \\ a+b+d=0 \end{cases}$$

が得られる．

$$a=-\frac{3}{2}b, \quad c=-\frac{5}{2}b, \quad d=\frac{1}{2}b$$

となるので，$3x-2y+5z-1=0$　答

類　題

1.3.1　点 $\mathrm{A}(1,8,8)$ とベクトル $\boldsymbol{v}=(2,1,3)$ について，次の問いに答えよ．

（鹿児島大学 改題）

(1)　点 A を通り，$\boldsymbol{v}$ を方向ベクトルとする直線の方程式を求めよ．

(2)　(1) で求めた直線と xy 平面との交点の座標を求めよ．

基本問題 1.4 図形への応用（平面の方程式）

3 次元直交座標系 xyz での平面と直線の関係について，以下の問いに答えよ．

（広島市立大学）

(1) 3 点 $(1,1,0)$, $(0,1,1)$, $(0,-1,0)$ を通る平面 π の方程式を求めよ．

(2) 2 点 $(0,1,0)$, $(1,1,1)$ を通る直線 l と平面 π の交点の座標を求めよ．

(3) 直線 l を含み，平面 π に対して垂直な平面の方程式を求めよ．

ポイント (3) 直線 l の方向ベクトルと平面 π の法線ベクトルは，共に，求める平面の法線ベクトルと垂直であることに着目すればよい．

【解答】 (1) 求める平面 π の方程式を $ax+by+cz+d=0$ とする．3 点 $(1,1,0)$, $(0,1,1)$, $(0,-1,0)$ が π 上にあるので，

$$\begin{cases} a+b+d=0 \\ b+c+d=0 \\ -b+d=0 \end{cases}$$

が成り立つ．よって $a=c=-2d$, $b=d$. π の方程式は $2x-y+2z-1=0$ 答

(2) 直線 l の方向ベクトルは，$(1,1,1)-(0,1,0)=(1,0,1)$ なので，l の方程式は $(x,y,z)=(0,1,0)+t(1,0,1)$（t は実数）．よって，連立方程式

$$\begin{cases} 2x-y+2z-1=0 \\ (x,y,z)=(0,1,0)+t(1,0,1) \end{cases}$$

を解くことにより，l と π の交点の座標を求めることができる．$2t-1+2t-1=0$ より $t=\frac{1}{2}$ なので，交点の座標は，$\left(\frac{1}{2},1,\frac{1}{2}\right)$ 答

(3) 求める平面の法線ベクトルを (p,q,r) とすると，(p,q,r) は l の方向ベクトル $(1,0,1)$ と垂直なので，内積 $(p,q,r)\cdot(1,0,1)=p+r=0$. また，$(p,q,r)$ は π の法線ベクトル $(2,-1,2)$ と垂直なので，内積 $(p,q,r)\cdot(2,-1,2)=2p-q+2r=0$. よって，

$$(p,q,r)=r(-1,0,1)$$

点 $\left(\frac{1}{2},1,\frac{1}{2}\right)$ を通り，ベクトル $(-1,0,1)$ に垂直な平面を求めればよいので，$-\left(x-\frac{1}{2}\right)+\left(z-\frac{1}{2}\right)=0$ より $x-z=0$ 答

類 題

1.4.1 空間内に 4 点 $\mathrm{A}(1,1,1)$, $\mathrm{B}(2,3,2)$, $\mathrm{C}(-2,0,3)$, $\mathrm{D}(0,2,5)$ を取り，3 点 A, B, C を含む平面を π とする．このとき，次の問いに答えよ．（静岡大学）

(1) 平面 π の方程式を求めよ．

(2) 点 D を通り平面 π に垂直な直線の方程式を求めよ．

(3) 点 D と平面 π との距離を求めよ．

基本問題 1.5　図形への応用（球面の方程式）

点 P$(0,0,23)$ を通り，ベクトル $\boldsymbol{v}=(2,2,1)$ に垂直な平面 α と方程式 $x^2+y^2+z^2-6x-4y-2z=11$ で表される球 S について，次の問いに答えよ．

（岩手大学 改題）

(1)　平面 α の方程式を求めよ．

(2)　球 S の中心の座標と半径を求めよ．

(3)　球 S の中心から平面 α までの距離を求めよ．

(4)　球 S と平面 α が交わってできる図形は円になる．この円の面積を求めよ．

ポイント　(2)　$(x-a)^2+(y-b)^2+(z-c)^2=r^2$ の形にすることで，中心の座標と半径を求めることができる．(4)　円の中心と球 S の中心を通る直線は平面 α と直交することから円の半径を求めることができる．

【解答】 (1)　$2x+2y+z-23=0$．答

(2)　$x^2+y^2+z^2-6x-4y-2z=(x-3)^2-9+(y-2)^2-4+(z-1)^2-1=11$ より，

$$(x-3)^2+(y-2)^2+(z-1)^2=25$$

よって，中心の座標は $(3,2,1)$，半径は 5　答

(3)　$\dfrac{|2\cdot 3+2\cdot 2+1-23|}{\sqrt{2^2+2^2+1^2}}=4$　答

(4)　求める円の中心と球 S の中心との距離は (3) より 4 であり，(2) より球 S の半径は 5 なので，円の半径は

$$\sqrt{5^2-4^2}=3$$

よって，円の面積は 9π　答

類　題

1.5.1　2 点 A$(5,3,4)$, B$(1,-1,2)$ を直径の両端とする球 S と点 C$(-1,-3,1)$ がある．次の問いに答えよ．（岩手大学）

(1)　球 S の方程式を求めよ．

(2)　2 点 A, B を通る直線に垂直で，球 S の中心を通る平面の方程式を求めよ．

(3)　2 点 A, B を通る直線に平行で，点 C を通る直線 l の方程式を求めよ．

(4)　直線 l と球 S との交点の座標を求めよ．

1.5.2　原点 O を中心とする半径 1 の球を S とし，3 点 A$(1,0,0)$, B$(0,1,0)$, C$(0,0,1)$ を通る平面を L とする．次の問いに答えよ．（筑波大学 改題）

(1)　S と L の方程式を求めよ．

(2)　S と L の交わりの図形は円になる．この円の中心の座標と半径を求めよ．

基本問題 1.6 行列の演算

行列の積 $\begin{pmatrix} 1 & 0 & 1 \\ 1 & 1 & 0 \end{pmatrix} \begin{pmatrix} -1 & -1 \\ 1 & 2 \\ 2 & 1 \end{pmatrix}$ を計算せよ． （茨城大学）

ポイント 2×3 型の行列と 3×2 型の行列の積は，2×2 型の行列となる．

【解答】 $\begin{pmatrix} 1 & 0 & 1 \\ 1 & 1 & 0 \end{pmatrix} \begin{pmatrix} -1 & -1 \\ 1 & 2 \\ 2 & 1 \end{pmatrix}$

$$= \begin{pmatrix} 1 \cdot (-1) + 0 \cdot 1 + 1 \cdot 2 & 1 \cdot (-1) + 0 \cdot 2 + 1 \cdot 1 \\ 1 \cdot (-1) + 1 \cdot 1 + 0 \cdot 2 & 1 \cdot (-1) + 1 \cdot 2 + 0 \cdot 1 \end{pmatrix} = \begin{pmatrix} 1 & 0 \\ 0 & 1 \end{pmatrix}$$ 答

類題

1.6.1 行列

$$A = \frac{1}{\sqrt{2}} \begin{pmatrix} 0 & 1 & 0 \\ 1 & 0 & 1 \\ 0 & 1 & 0 \end{pmatrix}, \quad B = \frac{1}{i\sqrt{2}} \begin{pmatrix} 0 & 1 & 0 \\ -1 & 0 & 1 \\ 0 & -1 & 0 \end{pmatrix}, \quad C = \begin{pmatrix} 1 & 0 & 0 \\ 0 & 0 & 0 \\ 0 & 0 & -1 \end{pmatrix}$$

について，$A^2 + B^2 + C^2 = kI$ となることを示し，定数 k を求めよ．ただし，i は虚数単位とし，I は 3 次単位行列とする． （新潟大学）

1.6.2 a を実数として，

$$A = \begin{pmatrix} a+1 & 2 \\ -1 & a-2 \end{pmatrix}, \quad P = \begin{pmatrix} 1 & 2 \\ -1 & -1 \end{pmatrix}$$

とし，$Q = PAP$ とする． （徳島大学）

(1) P^2 および Q を求めよ．

(2) n を自然数として，Q^n および A^n を求めよ．

(3) $\displaystyle\lim_{n \to \infty} A^n = O$ となるような a の値の範囲を求めよ．ここで，O は零行列とする．

1.6.3 2 次正方行列 A に対し，その対角成分の和を $\mathrm{tr}(A)$ と表す．次の命題について，正しければ証明し，正しくなければ反例を挙げよ． （早稲田大学）

(1) 任意の 2 次正方行列 A, B に対して，$\mathrm{tr}(A+B) = \mathrm{tr}(A) + \mathrm{tr}(B)$

(2) 任意の 2 次正方行列 A, B に対して，$\mathrm{tr}(AB) = \mathrm{tr}(A) \cdot \mathrm{tr}(B)$

基本問題 1.7　階数

行列 $A = \begin{pmatrix} -1 & 1 & 0 \\ 0 & 1 & 1 \\ 1 & 1 & 2 \end{pmatrix}$ の階数を求めよ.　（広島大学）

ポイント　行（または，列）に関する基本変形を行い，階段行列を作ればよい.

【解答】 行基本変形を行うと，

$$\begin{pmatrix} -1 & 1 & 0 \\ 0 & 1 & 1 \\ 1 & 1 & 2 \end{pmatrix} \xrightarrow[③+①\times 1]{} \begin{pmatrix} -1 & 1 & 0 \\ 0 & 1 & 1 \\ 0 & 2 & 2 \end{pmatrix} \xrightarrow[③-②\times 2]{} \begin{pmatrix} -1 & 1 & 0 \\ 0 & 1 & 1 \\ 0 & 0 & 0 \end{pmatrix}$$

となるので，行列 A の階数は 2　答

類　題

1.7.1　行列 $A = \begin{pmatrix} 3 & 1 & -2 & 4 \\ -2 & 1 & 1 & 5 \\ -3 & -1 & 2 & -4 \end{pmatrix}$ の階数を求めよ.

1.7.2　行列 $A = \begin{pmatrix} 1 & 2 & 2k \\ 1 & 2k & 2 \\ k & 2 & 2 \end{pmatrix}$ の階数を求めよ．ここで，k は実数とする.　（金沢大学）

ヒント：階段行列を作る過程で，A の階段が，k の値に応じて，場合分けできることに注意する.

1.7.3　次の整数 a を含む行列 A がある．次の問いに答えよ.　（福井大学）

$$A = \begin{pmatrix} 2 & 1 & -1 & 1 \\ 1 & -1 & 1 & 0 \\ 8 & 4 & -4 & 2a \\ 1 & 2 & -2 & a-1 \end{pmatrix}$$

(1)　行列 A の階数が 2 になるために a の値を求めよ.

(2)　$a = 5$ のとき行列 A の階数を求めよ.

基本問題 1.8　　連立1次方程式

連立1次方程式

$$\begin{cases} x - 2y + 4z = 5 \\ x + y + z = -7 \\ x + 3y + 9z = -5 \end{cases}$$

の解を掃き出し法を用いて求めよ．　（岩手県立大学）

ポイント　拡大係数行列に対して，係数行列が $\begin{pmatrix} 1 & 0 & 0 \\ 0 & 1 & 0 \\ 0 & 0 & 1 \end{pmatrix}$ になるまで行基本変形を行ったときの定数項ベクトルが求める解となる．

【解答】　行基本変形により，以下のように簡約化できる．

$$\left(\begin{array}{ccc|c} 1 & -2 & 4 & 5 \\ 1 & 1 & 1 & -7 \\ 1 & 3 & 9 & -5 \end{array}\right) \xrightarrow[\substack{\text{③}-\text{①}\times 1}]{\substack{\text{②}-\text{①}\times 1}} \left(\begin{array}{ccc|c} 1 & -2 & 4 & 5 \\ 0 & 3 & -3 & -12 \\ 0 & 5 & 5 & -10 \end{array}\right)$$

$$\xrightarrow[\substack{\text{③}-\text{②}\times 5}]{\substack{\text{②}\div 3}} \left(\begin{array}{ccc|c} 1 & -2 & 4 & 5 \\ 0 & 1 & -1 & -4 \\ 0 & 0 & 1 & 1 \end{array}\right) \xrightarrow[\substack{\text{②}+\text{③}}]{\substack{\text{①}-\text{③}\times 4}} \left(\begin{array}{ccc|c} 1 & -2 & 0 & 1 \\ 0 & 1 & 0 & -3 \\ 0 & 0 & 1 & 1 \end{array}\right)$$

$$\xrightarrow{\text{①}+\text{②}\times 2} \left(\begin{array}{ccc|c} 1 & 0 & 0 & -5 \\ 0 & 1 & 0 & -3 \\ 0 & 0 & 1 & 1 \end{array}\right)$$

よって，$x = -5,\ y = -3,\ z = 1$　答

類　題

1.8.1　実数の未知数 $x,\ y,\ z,\ w$ に関する連立1次方程式

$$\begin{cases} x + 2y + 3z + 4w = 1 \\ 2x + y + 4z + aw = 1 \\ 3x + 4y + z + 2w = 1 \\ 4x + 3y + 2z + w = b \end{cases}$$

が無数の解を持つとする．このとき，$a,\ b$ が満たす条件を求め，連立1次方程式を解け．ここで，$a,\ b$ は実数とする．　（信州大学）

基本問題 1.9　逆行列

行列 $A = \begin{pmatrix} 1 & -1 & -2 \\ 2 & 0 & 0 \\ -1 & 1 & 1 \end{pmatrix}$ の逆行列を計算せよ．　（金沢大学）

ポイント　$(A \mid E)$ に行基本変形を繰り返し行い，$(E \mid B)$ とできるとき，行列 B が A の逆行列になる．

【解答】 掃き出し法により，

$$\left(\begin{array}{ccc|ccc} 1 & -1 & -2 & 1 & 0 & 0 \\ 2 & 0 & 0 & 0 & 1 & 0 \\ -1 & 1 & 1 & 0 & 0 & 1 \end{array}\right) \xrightarrow[\substack{\text{③}\times 2+\text{②}}]{\text{①}\times 2-\text{②}} \left(\begin{array}{ccc|ccc} 0 & -2 & -4 & 2 & -1 & 0 \\ 2 & 0 & 0 & 0 & 1 & 0 \\ 0 & 2 & 2 & 0 & 1 & 2 \end{array}\right)$$

$$\xrightarrow[\text{①}+\text{③}\times 1]{} \left(\begin{array}{ccc|ccc} 0 & 0 & -2 & 2 & 0 & 2 \\ 2 & 0 & 0 & 0 & 1 & 0 \\ 0 & 2 & 2 & 0 & 1 & 2 \end{array}\right) \xrightarrow[\substack{\text{①}\leftrightarrow\text{②} \\ \text{②}\leftrightarrow\text{③} \\ \text{②}+\text{③}}]{} \left(\begin{array}{ccc|ccc} 2 & 0 & 0 & 0 & 1 & 0 \\ 0 & 2 & 0 & 2 & 1 & 4 \\ 0 & 0 & -2 & 2 & 0 & 2 \end{array}\right)$$

$$\xrightarrow[\substack{\text{①},\text{②}\div 2 \\ \text{③}\div(-2)}]{} \left(\begin{array}{ccc|ccc} 1 & 0 & 0 & 0 & \frac{1}{2} & 0 \\ 0 & 1 & 0 & 1 & \frac{1}{2} & 2 \\ 0 & 0 & 1 & -1 & 0 & -1 \end{array}\right)$$

を得る．よって，逆行列は $\dfrac{1}{2}\begin{pmatrix} 0 & 1 & 0 \\ 2 & 1 & 4 \\ -2 & 0 & -2 \end{pmatrix}$ 答

類　題

1.9.1　行列 $A = \begin{pmatrix} 1 & 2 & 0 \\ 0 & 1 & 1 \\ 2 & 0 & -2 \end{pmatrix}$ の逆行列を求めよ．　（早稲田大学）

1.9.2　2 つの行列 A, B が $A = \begin{pmatrix} 1 & 2 & 1 \\ 4 & 0 & 1 \end{pmatrix}$, $B = \begin{pmatrix} 1 & 0 \\ 1 & 0 \\ 3 & 2 \end{pmatrix}$ であるとき，行列 $(AB)^{-1}$ を求めよ．　（九州大学 改題）

ヒント：AB は正方行列となり，行基本変形を繰り返し行うことで，逆行列 $(AB)^{-1}$ を求めることができる．

演習問題

1.1 xyz 空間において，3 点 $A(1,3,1)$, $B(2,4,3)$, $C(3,-3,-1)$ を通る平面を α とするとき，次の問いに答えよ．（東京大学）

(1) 平面 α の方程式を求めよ．

(2) 点 $P(1,1,1)$ からの距離が 5 であり，平面 α に平行な平面の方程式を求めよ．

(3) (2) で求めた平面に接し，点 P を中心とする球面を S とする．平面 α と球面 S が交わってできる円の中心座標と半径を求めよ．

1.2 点 $P(x_0, y_0, z_0)$ を含む平面 α が，座標の原点 $O(0,0,0)$ を中心とする半径 r の球面 β と接している．（九州大学）

(1) 点 P が球面 β 上にあるとき，平面 α を表す方程式を求めよ．

(2) 点 P が球面 β 上にないとき，平面 α に垂直な単位ベクトル $\boldsymbol{n} = (a, b, c)$ が満たすべき条件を求めよ．

1.3 半径 1 の球面上の 3 点 A, B, C の間を球面に沿って長さが最短となるように結んだ曲線で作られる三角形 ABC とその内角 $\angle CAB = \alpha, \angle ABC = \beta, \angle BCA = \gamma$ を考える．ただし，$0 < \alpha \leqq \frac{\pi}{2}, 0 < \beta \leqq \frac{\pi}{2}, 0 < \gamma \leqq \frac{\pi}{2}$ である．球の中心を O とし，辺 BC, CA, AB の長さをそれぞれ a, b, c とするとき，以下の問いに答えよ．（東北大学）

(1) 面 OAB に平行なベクトルを $\boldsymbol{n}_1 = s\overrightarrow{OA} + \overrightarrow{OB}$ とし，面 OAC に平行なベクトルを $\boldsymbol{n}_2 = t\overrightarrow{OA} + \overrightarrow{OC}$ とする（ただし，s, t は実数）．$\boldsymbol{n}_1$ が $\overrightarrow{OA}$ に垂直となる s を求め，そのときの $\boldsymbol{n}_1$ を $\overrightarrow{OA}$ と $\overrightarrow{OB}$ を使って表せ．また，$\boldsymbol{n}_2$ が $\overrightarrow{OA}$ に垂直となる t を求め，そのときの $\boldsymbol{n}_2$ を $\overrightarrow{OA}$ と $\overrightarrow{OC}$ を使って表せ．

(2) $\cos\alpha$ を a, b, c を使って表せ．ただし，α は (1) で求めた $\boldsymbol{n}_1$ と $\boldsymbol{n}_2$ のなす角に等しい．

(3) $a = b = c = \frac{\pi}{2}$ のとき，球面上の三角形 ABC の内角の和 $\alpha + \beta + \gamma$ を求めよ．

1.4 3 個の 1 次独立な実数ベクトル $\boldsymbol{a}_1, \boldsymbol{a}_2, \boldsymbol{a}_3$ に対して，3 次の正方行列 A の (i, j) 成分を $\boldsymbol{a}_i \cdot \boldsymbol{a}_j$ で定義する．ここで $\boldsymbol{a}_i \cdot \boldsymbol{a}_j$ は，ベクトル $\boldsymbol{a}_i$ と $\boldsymbol{a}_j$ の内積を表すものとする．ただし，$\boldsymbol{a}_1 \cdot \boldsymbol{a}_2 = \boldsymbol{a}_1 \cdot \boldsymbol{a}_3 = 0$ であるとする．このとき，以下の問いに答えよ．（東京大学）

(1) 行列 A の行列式を求めよ．さらに，その値が正であることを示せ．

(2) 実数 x に対して，関数 $f(x)$ を，

$$f(x) = \begin{pmatrix} 1 & 1 & x \end{pmatrix} A \begin{pmatrix} 1 \\ 1 \\ x \end{pmatrix}$$

で定義する．$f(x)$ を定めよ．

(3)　$f(x)$ を最小にする x を求めよ．さらに，$f(x)$ の最小値を求めよ．

(4)　(3) で求めた x に対して，ベクトル $\boldsymbol{b}$ を $\boldsymbol{b} = \boldsymbol{a}_1 + \boldsymbol{a}_2 + x\boldsymbol{a}_3$ とおく．このとき，$\boldsymbol{b}$ と $\boldsymbol{a}_3$ は直交することを示せ．

(5)　任意の実数 x_1, x_2, x_3 に対して，

$$\begin{pmatrix} x_1 & x_2 & x_3 \end{pmatrix} A \begin{pmatrix} x_1 \\ x_2 \\ x_3 \end{pmatrix} \geqq 0$$

であることを証明せよ．さらに，等号が成立するための必要十分条件を示せ．

1.5　p, q を実数とする．連立 1 次方程式

$$\begin{cases} 2x + y - 2z = 1 \\ 3x + qz = 1 \\ -2x + py - 6z = 0 \end{cases}$$

が解を持たないとき，点 (p, q) が pq 平面内で動き得る範囲を図示せよ．

（東京工業大学）

1.6　c を実数とし，

$$A = \begin{pmatrix} 1 & 2 & -1 & 1 \\ 2 & 3 & 1 & 3 \\ 2 & 1 & c & 5 \\ 3 & 2 & 9 & 7 \end{pmatrix}, \quad \boldsymbol{b} = \begin{pmatrix} 4 \\ 4 \\ -3 \\ -4 \end{pmatrix}$$

とする．以下の問いに答えよ．（広島大学）

(1)　$c = 6$ のとき，方程式 $A\boldsymbol{x} = \boldsymbol{b}$ の一般解を求めよ．

(2)　方程式 $A\boldsymbol{x} = \boldsymbol{b}$ が解を持つための c の条件を求めよ．

(3)　方程式 $A\boldsymbol{x} = \boldsymbol{b}$ が解を持たないとき，方程式 $A\boldsymbol{x} = \boldsymbol{0}$ の一般解を求めよ．

1.7　m, n を未知数とする連立 1 次方程式 $\begin{pmatrix} 5 & 2 \\ 4 & 1 \\ 3 & 0 \end{pmatrix} \begin{pmatrix} m \\ n \end{pmatrix} = \begin{pmatrix} x \\ y \\ z \end{pmatrix}$ が解を持つとき x, y, z はどのような関係を満たすか，以下の設問に答えよ．ただし，$\boldsymbol{p} = (5, 4, 3)$，$\boldsymbol{q} = (2, 1, 0)$，$\boldsymbol{r} = (x, y, z)$ とおくとき，与式は $m\boldsymbol{p} + n\boldsymbol{q} = \boldsymbol{r}$ と書ける．（新潟大学）

(1)　$\boldsymbol{r} = \boldsymbol{0}$ のとき連立 1 次方程式の解を答えよ．

(2)　$\boldsymbol{r} = \boldsymbol{p}$ のとき連立 1 次方程式の解を答えよ．

(3)　$\boldsymbol{r} = \boldsymbol{q}$ のとき連立 1 次方程式の解を答えよ．

(4)　点 (x, y, z) の存在する領域が表す図形を定める方程式を求めよ．

1.8 4 次の正方行列

$$A = \begin{pmatrix} 1 & 1 & 1 & 1 \\ 1 & 1 & -1 & -1 \\ 1 & -1 & 1 & -1 \\ 1 & -1 & -1 & 1 \end{pmatrix}$$

について，以下の各問いに答えよ．（神戸大学）

(1) A^2 を求めよ．

(2) $\boldsymbol{x} = (x_1, x_2, x_3, x_4)$, $\mathbf{1} = (1, 1, 1, 1)$ とするとき，連立方程式 $A\boldsymbol{x} = \mathbf{1}$ を解け．

(3) ベクトル $\boldsymbol{x}_1, \boldsymbol{x}_2, \boldsymbol{x}_3, \boldsymbol{x}_4 \in \mathbb{R}^4$ を 1 次独立とする．

$$\begin{cases} \boldsymbol{y}_1 = \boldsymbol{x}_1 + \boldsymbol{x}_2 + \boldsymbol{x}_3 + \boldsymbol{x}_4 \\ \boldsymbol{y}_2 = \boldsymbol{x}_1 + \boldsymbol{x}_2 - \boldsymbol{x}_3 - \boldsymbol{x}_4 \\ \boldsymbol{y}_3 = \boldsymbol{x}_1 - \boldsymbol{x}_2 + \boldsymbol{x}_3 - \boldsymbol{x}_4 \\ \boldsymbol{y}_4 = \boldsymbol{x}_1 - \boldsymbol{x}_2 - \boldsymbol{x}_3 + \boldsymbol{x}_4 \end{cases}$$

とするとき，ベクトル $\boldsymbol{y}_1, \boldsymbol{y}_2, \boldsymbol{y}_3, \boldsymbol{y}_4$ も 1 次独立となることを示せ．

1.9 複素数を成分とする 2 次の正方行列 A について，次の問いに理由を付けて答えよ．（東京工業大学）

(1) $\mathrm{rank}(A) > \mathrm{rank}(A^2)$ となることはあるか．

(2) $\mathrm{rank}(A) < \mathrm{rank}(A^2)$ となることはあるか．

(3) $\mathrm{rank}(A) = \mathrm{rank}(A^2) \neq \mathrm{rank}(A^3)$ となることはあるか．

2 行 列 式

行列式の定義　n 次の正方行列 $A=\left(a_{ij}\right)$ の n^2 個の成分 a_{ij} を変数とする多項式

$$\det A = |A| = \begin{vmatrix} a_{11} & a_{12} & \cdots & a_{1n} \\ a_{21} & a_{22} & \cdots & a_{2n} \\ \vdots & \vdots & \ddots & \vdots \\ a_{n1} & a_{n2} & \cdots & a_{nn} \end{vmatrix} = \sum_{(p_1,\ldots,p_n)} \mathrm{sgn}(p_1,\ldots,p_n) a_{1p_1}\cdots a_{np_n}$$

を A の**行列式**といい，n を行列式 $|A|$ の**次数**という．ただし，$\displaystyle\sum_{(p_1,\ldots,p_n)}$ は長さ n のすべての順列についての和を表し，$\mathrm{sgn}(p_1,\ldots,p_n)$ は順列 $(p_1,\ldots,p_n)$ の符号を表す．

3 次までの行列式は次のようになる（1 次の行列式を絶対値と混同しないこと）．

$$\begin{vmatrix} a_{11} \end{vmatrix} = a_{11}, \qquad \begin{vmatrix} a_{11} & a_{12} \\ a_{21} & a_{22} \end{vmatrix} = a_{11}a_{22} - a_{12}a_{21},$$

$$\begin{vmatrix} a_{11} & a_{12} & a_{13} \\ a_{21} & a_{22} & a_{23} \\ a_{31} & a_{32} & a_{33} \end{vmatrix} = a_{11}a_{22}a_{33} + a_{12}a_{23}a_{31} + a_{13}a_{21}a_{32} - a_{11}a_{23}a_{32} - a_{12}a_{21}a_{33} - a_{13}a_{22}a_{31}$$

これらに当てはめて 2 次や 3 次の行列式を計算することを**サラスの方法**という．

行列式の性質　n 次正方行列 A の行列式 $|A| = |\,\boldsymbol{a}_1\ \boldsymbol{a}_2\ \cdots\ \boldsymbol{a}_n\,|$（$\boldsymbol{a}_k$ は A の第 k 列ベクトル）について，次の性質を持つ．

(1)　$|{}^tA| = |A|$　（これより，行列式の列についての性質は行でも成り立つ）

(2)　行列式は列（行）に関する**多重線形性**を持つ．

$$|\,\boldsymbol{a}_1\ \cdots\ c\,\boldsymbol{a}_k\ \cdots\ \boldsymbol{a}_n\,| = c\,|\,\boldsymbol{a}_1\ \cdots\ \boldsymbol{a}_k\ \cdots\ \boldsymbol{a}_n\,| \quad \text{（第 } k \text{ 列から } c \text{ を**くくり出した**）}$$

$$|\,\boldsymbol{a}_1\ \cdots\ \boldsymbol{a}_k + \boldsymbol{a}'_k\ \cdots\ \boldsymbol{a}_n\,| = |\,\boldsymbol{a}_1\ \cdots\ \boldsymbol{a}_k\ \cdots\ \boldsymbol{a}_n\,| + |\,\boldsymbol{a}_1\ \cdots\ \boldsymbol{a}'_k\ \cdots\ \boldsymbol{a}_n\,|$$

(3)　行列式の 2 つの列（行）を入れ替えると，行列式は -1 倍になる．

$$|\,\boldsymbol{a}_1\ \cdots\ \overset{\overset{j}{\vee}}{\boldsymbol{a}_k}\ \cdots\ \overset{\overset{k}{\vee}}{\boldsymbol{a}_j}\ \cdots\ \boldsymbol{a}_n\,| = -|\,\boldsymbol{a}_1\ \cdots\ \overset{\overset{j}{\vee}}{\boldsymbol{a}_j}\ \cdots\ \overset{\overset{k}{\vee}}{\boldsymbol{a}_k}\ \cdots\ \boldsymbol{a}_n\,|$$

この性質と多重線形性により，平行な 2 つの列（行）を持つ行列の行列式の値は 0 になる．

$$|\,\boldsymbol{a}_1\ \cdots\ \boldsymbol{a}_k\ \cdots\ c\,\boldsymbol{a}_k\ \cdots\ \boldsymbol{a}_n\,| = 0$$

特に，ある列（行）が零ベクトルになる行列の行列式の値は 0 である．さらに，ある列（行）に他の列（行）のスカラー倍を加えても行列式の値は変わらない．

$$|\,\boldsymbol{a}_1\ \cdots\ \boldsymbol{a}_k + c\,\boldsymbol{a}_j\ \cdots\ \boldsymbol{a}_n\,| = |\,\boldsymbol{a}_1\ \cdots\ \boldsymbol{a}_k\ \cdots\ \boldsymbol{a}_n\,| \quad (j \neq k)$$

(4) 次の**次数下げの公式**を用いると，行列式の次数を下げることができる．

$$\begin{vmatrix} a_{11} & a_{12} & \cdots & a_{1n} \\ 0 & a_{22} & \cdots & a_{2n} \\ \vdots & \vdots & \ddots & \vdots \\ 0 & a_{n2} & \cdots & a_{nn} \end{vmatrix} = a_{11} \begin{vmatrix} a_{22} & \cdots & a_{2n} \\ \vdots & \ddots & \vdots \\ a_{n2} & \cdots & a_{nn} \end{vmatrix}$$

特に，三角行列の行列式は対角成分の積で求められる．

$$\begin{vmatrix} a_{11} & \cdots & \cdots & a_{1n} \\ 0 & a_{22} & & \vdots \\ \vdots & \ddots & \ddots & \vdots \\ 0 & \cdots & 0 & a_{nn} \end{vmatrix} = \begin{vmatrix} a_{11} & 0 & \cdots & 0 \\ \vdots & a_{22} & \ddots & \vdots \\ \vdots & & \ddots & 0 \\ a_{n1} & \cdots & \cdots & a_{nn} \end{vmatrix} = a_{11}a_{22}\cdots a_{nn}$$

(5) 2 つの n 次の正方行列 A, B について，積の行列式は行列式の積になる．

$$|AB| = |A|\,|B|$$

余因子と余因子展開　n 次正方行列 $A = \begin{pmatrix} a_{ij} \end{pmatrix}$ から第 i 行と第 j 列を取り除いてできる $n-1$ 次の正方行列を A_{ij} と表すとき，この行列の行列式で定義される

$$\widetilde{a}_{ij} = (-1)^{i+j}\,|A_{ij}|$$

を行列 $A = \begin{pmatrix} a_{ij} \end{pmatrix}$ の (i, j) **余因子**という．このとき，次が成り立つ．

$$\begin{aligned} |A| &= a_{i1}\widetilde{a}_{i1} + a_{i2}\widetilde{a}_{i2} + a_{i3}\widetilde{a}_{i3} + \cdots + a_{in}\widetilde{a}_{in} & (\text{第 } i \text{ 行について展開}) \\ &= a_{1j}\widetilde{a}_{1j} + a_{2j}\widetilde{a}_{2j} + a_{3j}\widetilde{a}_{3j} + \cdots + a_{nj}\widetilde{a}_{nj} & (\text{第 } j \text{ 列について展開}) \end{aligned}$$

上で述べた次数下げの公式は，第 1 列について展開すると得られる．

余因子と逆行列　(i, j) 成分が (j, i) 余因子である行列 $\widetilde{A} = \begin{pmatrix} \widetilde{a}_{ji} \end{pmatrix}$ を行列 A の**余因子行列**という．$|A| \neq 0$ であるとき**逆行列** A^{-1} が存在して，

$$A^{-1} = \frac{1}{|A|}\,\widetilde{A}$$

特に，2 次行列 $A = \begin{pmatrix} a & b \\ c & d \end{pmatrix}$ は，$|A| = ad - bc \neq 0$ のとき正則になって，

$$A^{-1} = \frac{1}{ad-bc}\begin{pmatrix} d & -b \\ -c & a \end{pmatrix}$$

また，3 次行列 $A = \begin{pmatrix} a_{ij} \end{pmatrix}$ の場合は，次のように 4 つの A を正方形に並べて，外周を除いた 4×4 の成分について，隣接する 2×2 の行列式を順に求めると，余因子行列の転置 ${}^t\widetilde{A}$ が求められる．

$$
{}^t\widetilde{A} = \begin{pmatrix}
a_{11} & a_{12} & a_{13} & a_{11} & a_{12} & a_{13} \\
a_{21} & a_{22} & a_{23} & a_{21} & a_{22} & a_{23} \\
a_{31} & a_{32} & a_{33} & a_{31} & a_{32} & a_{33} \\
a_{11} & a_{12} & a_{13} & a_{11} & a_{12} & a_{13} \\
a_{21} & a_{22} & a_{23} & a_{21} & a_{22} & a_{23} \\
a_{31} & a_{32} & a_{33} & a_{31} & a_{32} & a_{33}
\end{pmatrix}
= \begin{pmatrix}
\begin{vmatrix} a_{22} & a_{23} \\ a_{32} & a_{33} \end{vmatrix} & \begin{vmatrix} a_{23} & a_{21} \\ a_{33} & a_{31} \end{vmatrix} & \begin{vmatrix} a_{21} & a_{22} \\ a_{31} & a_{32} \end{vmatrix} \\
\begin{vmatrix} a_{32} & a_{33} \\ a_{12} & a_{13} \end{vmatrix} & \begin{vmatrix} a_{33} & a_{31} \\ a_{13} & a_{11} \end{vmatrix} & \begin{vmatrix} a_{31} & a_{32} \\ a_{11} & a_{12} \end{vmatrix} \\
\begin{vmatrix} a_{12} & a_{13} \\ a_{22} & a_{23} \end{vmatrix} & \begin{vmatrix} a_{13} & a_{11} \\ a_{23} & a_{21} \end{vmatrix} & \begin{vmatrix} a_{11} & a_{12} \\ a_{21} & a_{22} \end{vmatrix}
\end{pmatrix}
$$

行列の階数と行列式　$m \times n$ 行列 A から p 個の行と列を用いて p 次の小行列式

$$
\begin{vmatrix}
a_{i_1 j_1} & \cdots & a_{i_1 j_p} \\
\vdots & \ddots & \vdots \\
a_{i_p j_1} & \cdots & a_{i_p j_p}
\end{vmatrix}
$$

を作る．このとき，次が成り立つ．$m \times n$ 行列 A について，$\operatorname{rank} A = r$ であるための必要十分条件は，次の条件をともに満たすことである．

$$
\begin{cases}
r \text{ 次の小行列式で，値が } 0 \text{ でないものが存在する．} \\
r \text{ 次より次数が大きい小行列式は，すべて値が } 0 \text{ である，}
\end{cases}
$$

特に n 次正方行列 A について，$\operatorname{rank} A = n$ と $|A| \neq 0$ は同値である．

ブロック行列の行列式　2 つの正方行列 A と C を用いて，$\begin{pmatrix} A & B \\ O & C \end{pmatrix}$ または $\begin{pmatrix} A & O \\ B & C \end{pmatrix}$（$O$ は零行列）と表される行列について，その行列式は

$$
\begin{vmatrix} A & B \\ O & C \end{vmatrix} = |A|\,|C|, \qquad \begin{vmatrix} A & O \\ B & C \end{vmatrix} = |A|\,|C|
$$

基本問題 2.1 行列式の計算：サラスの方法

次の行列式の値を求めよ. （(1) 東京工業大学, (2), (3) 岩手県立大学）

(1) $\begin{vmatrix} 2 & 1 \\ -2 & 5 \end{vmatrix}$ (2) $\begin{vmatrix} 2 & 2 & 4 \\ 3 & 4 & 2 \\ -2 & -4 & 3 \end{vmatrix}$ (3) $\begin{vmatrix} 1 & -2 \\ -2 & 4 \end{vmatrix}$

ポイント 3次までの行列式はサラスの方法で計算できる.

【解答】

(1) $\begin{vmatrix} 2 & 1 \\ -2 & 5 \end{vmatrix} = 2 \cdot 5 - 1 \cdot (-2) = 12$ 答

(2) $$\begin{vmatrix} 2 & 2 & 4 \\ 3 & 4 & 2 \\ -2 & -4 & 3 \end{vmatrix} = 2 \cdot 4 \cdot 3 + 2 \cdot 2 \cdot (-2) + 3 \cdot (-4) \cdot 4 - 4 \cdot 4 \cdot (-2) - 2 \cdot (-4) \cdot 2 - 2 \cdot 3 \cdot 3$$
$$= -2$$ 答

(3) $\begin{vmatrix} 1 & -2 \\ -2 & 4 \end{vmatrix} = 1 \cdot 4 - (-2) \cdot (-2) = 0$ 答

類　題

2.1.1 次の行列式の値を求めよ. （(1) 茨城大学, (2) 新潟大学）

(1) $\begin{vmatrix} 2 & 1 & 1 \\ 1 & 2 & 1 \\ 1 & 1 & 2 \end{vmatrix}$

(2) $\begin{vmatrix} \cos\alpha\cos\beta & \cos\alpha\sin\beta & -\sin\alpha \\ \sin\alpha\cos\beta & \sin\alpha\sin\beta & \cos\alpha \\ -\sin\beta & \cos\beta & 0 \end{vmatrix}$

ヒント：サラスの方法を用いた後に, 三角関数の相互関係で整理する.

基本問題 2.2　行列式の計算：公式の利用

次の行列式の値を求めよ.　((1) 愛媛大学, (2) 広島大学)

(1) $\begin{vmatrix} 56 & 4 & -2 \\ 6 & 54 & -2 \\ 180 & 120 & -10 \end{vmatrix}$　　(2) $\begin{vmatrix} 1 & 2 & -1 & 1 \\ 3 & 2 & 2 & 3 \\ -3 & 1 & 1 & 3 \\ 2 & 5 & 7 & 1 \end{vmatrix}$

ポイント　行列式の性質を用いて整理して計算する. 4 次以上の場合はサラスの方法が使えないことに注意する.

【解答】

(1)
$$\begin{vmatrix} 56 & 4 & -2 \\ 6 & 54 & -2 \\ 180 & 120 & -10 \end{vmatrix} \overset{\text{a}}{=} 2\cdot 2\cdot 10 \begin{vmatrix} 28 & 2 & -1 \\ 3 & 27 & -1 \\ 18 & 12 & -1 \end{vmatrix} \underset{\substack{②-① \\ ③-①}}{=} 40 \begin{vmatrix} 28 & 2 & -1 \\ -25 & 25 & 0 \\ -10 & 10 & 0 \end{vmatrix} \overset{\text{b}}{=} 0 \quad \boxed{\text{答}}$$

a: 第 1 行と第 2 行から 2 を, 第 3 行から 10 をくくり出す.

b: 第 2 行と第 3 行が平行.

(2)　行列式の性質を用いて, 3 次まで次数を下げるとサラスの方法が使える.

$$\begin{vmatrix} 1 & 2 & -1 & 1 \\ 3 & 2 & 2 & 3 \\ -3 & 1 & 1 & 3 \\ 2 & 5 & 7 & 1 \end{vmatrix} \underset{\substack{②-3\times① \\ ③+3\times① \\ ④-2\times①}}{=} \begin{vmatrix} 1 & 2 & -1 & 1 \\ 0 & -4 & 5 & 0 \\ 0 & 7 & -2 & 6 \\ 0 & 1 & 9 & -1 \end{vmatrix} = \begin{vmatrix} -4 & 5 & 0 \\ 7 & -2 & 6 \\ 1 & 9 & -1 \end{vmatrix}$$
$$= (-4)\cdot(-2)\cdot(-1) + 5\cdot 6\cdot 1 + 1$$
$$- 0\cdot(-2)\cdot 1 - 5\cdot 7\cdot(-1) - 6\cdot 9\cdot(-4)$$
$$= 273 \quad \boxed{\text{答}}$$

類　題

2.2.1　次の行列式を求めよ.　((1) 新潟大学, (2) 琉球大学, (3) 京都工芸繊維大学)

(1) $\begin{vmatrix} 103 & 103 & 101 \\ 98 & 100 & 101 \\ 99 & 97 & 98 \end{vmatrix}$　　(2) $\begin{vmatrix} 1 & 1 & 1 & 1 & 1 \\ 1 & 2 & 2 & 2 & 2 \\ 1 & 2 & 3 & 3 & 3 \\ 1 & 2 & 3 & 4 & 4 \\ 1 & 2 & 3 & 4 & 5 \end{vmatrix}$　　(3) $\begin{vmatrix} 0 & 0 & 0 & a \\ a & 0 & 0 & 1 \\ 1 & a & 0 & 1 \\ 1 & 1 & a & 1 \end{vmatrix}$

基本問題 2.3　　行列式の整理

複素数 x に関する次の方程式を解け.　　（はこだて未来大学）

$$\begin{vmatrix} x^2+1 & 1 & 1 & 1 \\ 1 & x^2+1 & 1 & 1 \\ 1 & 1 & x^2+1 & 1 \\ 1 & 1 & 1 & x^2+1 \end{vmatrix} = 0$$

ポイント　行列式の性質を用いて変形すると，行列式を整理できることがある.

【解答】 左辺の行列式を計算する.

$$\begin{vmatrix} x^2+1 & 1 & 1 & 1 \\ 1 & x^2+1 & 1 & 1 \\ 1 & 1 & x^2+1 & 1 \\ 1 & 1 & 1 & x^2+1 \end{vmatrix} \underset{①+②+③+④}{=} \begin{vmatrix} x^2+4 & x^2+4 & x^2+4 & x^2+4 \\ 1 & x^2+1 & 1 & 1 \\ 1 & 1 & x^2+1 & 1 \\ 1 & 1 & 1 & x^2+1 \end{vmatrix}$$

$$\overset{\text{a}}{=} (x^2+4)\begin{vmatrix} 1 & 1 & 1 & 1 \\ 1 & x^2+1 & 1 & 1 \\ 1 & 1 & x^2+1 & 1 \\ 1 & 1 & 1 & x^2+1 \end{vmatrix} \underset{\substack{②-① \\ ③-① \\ ④-①}}{=} (x^2+4)\begin{vmatrix} 1 & 1 & 1 & 1 \\ 0 & x^2 & 0 & 0 \\ 0 & 0 & x^2 & 0 \\ 0 & 0 & 0 & x^2 \end{vmatrix}$$

$$\overset{\text{b}}{=} (x^2+4)x^6$$

a: 第 1 行から x^2+4 をくくり出す.　　b: 三角行列の行列式は対角成分の積.

したがって，方程式は

$$(x^2+4)x^6 = 0$$

であり，その解は $x = 0, \pm 2i$（i は虚数単位） 答

類　題

2.3.1 次の行列式を因数分解せよ.　　（新潟大学）

$$\begin{vmatrix} 1 & a & b^2 & 1 \\ 1 & a^2 & b^3 & c \\ 1 & a^3 & b^4 & c^2 \\ 1 & a^4 & b^5 & c^3 \end{vmatrix}$$

基本問題 2.4　積の行列式

$$A = \begin{pmatrix} a+b & a & b \\ b & b+c & c \\ a & c & a+c \end{pmatrix}$$ とする．次に答えよ．（金沢大学）

(1)　$A = \begin{pmatrix} a & b & 0 \\ b & 0 & c \\ 0 & a & c \end{pmatrix} B$ となる行列 B を 1 つ見つけよ．

(2)　A の行列式を求め，A に逆行列が存在するための必要十分条件を a, b, c の条件として答えよ．

ポイント　2 つの n 次の正方行列 A, B について，$|AB| = |A|\,|B|$ である．

【解答】 (1)　条件を満たすように B の左上の成分から順に値を定めていくと，

$$B = \begin{pmatrix} 1 & 1 & 0 \\ 1 & 0 & 1 \\ 0 & 1 & 1 \end{pmatrix} \quad \boxed{答}$$

(2)　(1) より，

$$|A| = \begin{vmatrix} a & b & 0 \\ b & 0 & c \\ 0 & a & c \end{vmatrix} \times \begin{vmatrix} 1 & 1 & 0 \\ 1 & 0 & 1 \\ 0 & 1 & 1 \end{vmatrix} = (-a^2c - b^2c) \cdot (-2) = 2c(a^2 + b^2)$$

である．A に逆行列が存在するための必要十分条件は $|A| \neq 0$ である．よって求める条件は

$$c \neq 0 \text{ かつ } a^2 + b^2 \neq 0 \quad \boxed{答}$$

類　題

2.4.1　行列 $A = \begin{pmatrix} 2 & -1 & 0 & 0 \\ -1 & 2 & -1 & 0 \\ 0 & -1 & 2 & -1 \\ 0 & 0 & -1 & 2 \end{pmatrix}$ に対して，次の問いに答えよ．（神戸大学）

(1)　$A = B\,{}^tB$ を満たし，すべての対角成分が正の下三角行列 B を求めよ．

(2)　A の行列式の値を求めよ．

基本問題 2.5 行列式の余因子展開

次の行列式を計算せよ. （お茶の水女子大学 改題）

$$\begin{vmatrix} a_0 & a_1 & a_2 & a_3 & a_4 \\ 1 & x & 0 & 0 & 0 \\ 0 & 1 & x & 0 & 0 \\ 0 & 0 & 1 & x & 0 \\ 0 & 0 & 0 & 1 & x \end{vmatrix}$$

ポイント 余因子展開を使って，行列のサイズを小さくする.

【解答】 第 1 列について繰り返し余因子展開する.

$$\begin{vmatrix} a_0 & a_1 & a_2 & a_3 & a_4 \\ 1 & x & 0 & 0 & 0 \\ 0 & 1 & x & 0 & 0 \\ 0 & 0 & 1 & x & 0 \\ 0 & 0 & 0 & 1 & x \end{vmatrix} = a_0 \begin{vmatrix} x & 0 & 0 & 0 \\ 1 & x & 0 & 0 \\ 0 & 1 & x & 0 \\ 0 & 0 & 1 & x \end{vmatrix} - \begin{vmatrix} a_1 & a_2 & a_3 & a_n \\ 1 & x & 0 & 0 \\ 0 & 1 & x & 0 \\ 0 & 0 & 1 & x \end{vmatrix}$$

$$= a_0x^4 - \left(a_1 \begin{vmatrix} x & 0 & 0 \\ 1 & x & 0 \\ 0 & 1 & x \end{vmatrix} - \begin{vmatrix} a_2 & a_3 & a_4 \\ 1 & x & 0 \\ 0 & 1 & x \end{vmatrix} \right)$$

$$= a_0x^4 - a_1x^3 + \left(a_2 \begin{vmatrix} x & 0 \\ 1 & x \end{vmatrix} - \begin{vmatrix} a_3 & a_4 \\ 1 & x \end{vmatrix} \right)$$

$$= a_0x^4 - a_1x^3 + a_2x^2 - a_3x + a_4$$ 答

類　題

2.5.1 次の行列式を計算せよ. （神戸大学 改題）

$$\begin{vmatrix} 3 & \sqrt{2} & 0 & 0 \\ \sqrt{2} & 3 & \sqrt{2} & 0 \\ 0 & \sqrt{2} & 3 & \sqrt{2} \\ 0 & 0 & \sqrt{2} & 3 \end{vmatrix}$$

基本問題 2.6　余因子行列と逆行列

行列 $A = \begin{pmatrix} -1 & 6 & 0 \\ 0 & 2 & 0 \\ 4 & -12 & 1 \end{pmatrix}$ に対し以下の問いに答えよ.　（九州大学）

(1)　A の行列式を求めよ.

(2)　A の逆行列を求めよ.

ポイント　正方行列 A の余因子行列を $\widetilde{A}$ とするとき，$A^{-1} = \dfrac{1}{|A|}\widetilde{A}$ である.

【解答】　(1)　第 2 行について展開する.

$$|A| = \begin{vmatrix} -1 & 6 & 0 \\ 0 & 2 & 0 \\ 4 & -12 & 1 \end{vmatrix} = 2 \cdot (-1)^{2+2} \begin{vmatrix} -1 & 0 \\ 4 & 1 \end{vmatrix} = -2 \quad \text{答}$$

(2)　すでに行列式を計算しているので，余因子行列を用いて計算する.

$$ {}^t\widetilde{A} = \begin{pmatrix} -1 & 6 & 0 & -1 & 6 & 0 \\ 0 & 2 & 0 & 0 & 2 & 0 \\ 4 & -12 & 1 & 4 & -12 & 1 \\ -1 & 6 & 0 & -1 & 6 & 0 \\ 0 & 2 & 0 & 0 & 2 & 0 \\ 4 & -12 & 1 & 4 & -12 & 1 \end{pmatrix} = \begin{pmatrix} 2 & 0 & -8 \\ -6 & -1 & 12 \\ 0 & 0 & -2 \end{pmatrix}$$

だから，

$$A^{-1} = \frac{1}{|A|}\widetilde{A} = \frac{1}{-2}\begin{pmatrix} 2 & -6 & 0 \\ 0 & -1 & 0 \\ -8 & 12 & -2 \end{pmatrix} = \begin{pmatrix} -1 & 3 & 0 \\ 0 & \frac{1}{2} & 0 \\ 4 & -6 & 1 \end{pmatrix} \quad \text{答}$$

類　題

2.6.1　行列 A を $A = \begin{pmatrix} 1 & 0 & -1 \\ 2 & 1 & 1 \\ 0 & 1 & x \end{pmatrix}$ とする．次の問いに答えよ.　（北見工業大学）

(1)　行列式 $|A| = 0$ となる x を求めよ.

(2)　$x = 2$ とするとき逆行列 A^{-1} を求めよ.

基本問題 2.7 クラメールの公式

連立1次方程式

$$\begin{cases} x + \ \ y + \ \ z = 0 \\ 2x - \ \ y + 5z = 3 \\ x + 5y - 4z = -3 \end{cases}$$

について，クラメールの公式を使って x, y, z を求めよ． (埼玉大学)

ポイント **クラメールの公式**とは以下のような線形方程式の解法である．
n 次正方行列 $A = \begin{pmatrix} \boldsymbol{a}_1 & \cdots & \boldsymbol{a}_n \end{pmatrix}$ が正則であるとき，線形方程式 $A\boldsymbol{x} = \boldsymbol{b}$（$\boldsymbol{b}$ は n 次の定数ベクトル）の解 $\boldsymbol{x} = {}^t\begin{pmatrix} x_1 & \cdots & x_n \end{pmatrix}$ は次で求められる．

$$x_k = \frac{|\boldsymbol{a}_1 \cdots \overset{\overset{k}{\vee}}{\boldsymbol{b}} \cdots \boldsymbol{a}_n|}{|A|} \quad (k = 1, \ldots, n)$$

ここで，$|\boldsymbol{a}_1 \cdots \overset{\overset{k}{\vee}}{\boldsymbol{b}} \cdots \boldsymbol{a}_n|$ は $|A|$ の第 k 列を $\boldsymbol{b}$ に置き換えたものである．

【解答】 クラメールの公式より，

$$x = \frac{\begin{vmatrix} 0 & 1 & 1 \\ 3 & -1 & 5 \\ -3 & 5 & -4 \end{vmatrix}}{\begin{vmatrix} 1 & 1 & 1 \\ 2 & -1 & 5 \\ 1 & 5 & -4 \end{vmatrix}} = 3, \quad y = \frac{\begin{vmatrix} 1 & 0 & 1 \\ 2 & 3 & 5 \\ 1 & -3 & -4 \end{vmatrix}}{\begin{vmatrix} 1 & 1 & 1 \\ 2 & -1 & 5 \\ 1 & 5 & -4 \end{vmatrix}} = -2, \quad z = \frac{\begin{vmatrix} 1 & 1 & 0 \\ 2 & -1 & 3 \\ 1 & 5 & -3 \end{vmatrix}}{\begin{vmatrix} 1 & 1 & 1 \\ 2 & -1 & 5 \\ 1 & 5 & -4 \end{vmatrix}} = -1$$ 答

類 題

2.7.1 次の連立1次方程式を解け． (山梨大学)

$$\begin{cases} x_1 - \ \ x_2 - 3x_3 = -2 \\ 3x_1 - 4x_2 - 5x_3 = -4 \\ 2x_1 + 2x_2 - 5x_3 = 5 \end{cases}$$

基本問題 2.8　正方行列の階数と行列式

行列 $A = \begin{pmatrix} 1 & c & c \\ c & 1 & c \\ c & c & 1 \end{pmatrix}$ について，次の問いに答えよ．（九州大学）

(1)　行列 A の行列式の値を求めよ．

(2)　A が逆行列を持たないときの c の値を求めよ．

(3)　(2) で求めた c の値のそれぞれについて，行列 A の階数を求めよ．

ポイント　n 次の正方行列 A について，次が成り立つ．

$$|A| \neq 0 \iff A \text{ は正則（逆行列を持つ）} \iff \operatorname{rank} A = n$$

一般に，文字を含む正方行列の階数を求めるときには，行列式が 0 になるかどうかで分類して調べるとよい．

【解答】　(1)　$\begin{vmatrix} 1 & c & c \\ c & 1 & c \\ c & c & 1 \end{vmatrix} = (2c+1)(1-c)^2$　答

(2)　A が逆行列を持たないのは行列式が零のときであるから，$c = 1$ または $c = -\dfrac{1}{2}$ のときである．　答

(3)　(2) で求めた c の値のそれぞれについて，A を行基本変形により変形する．

$c = 1$ のとき，A は $\begin{pmatrix} 1 & 1 & 1 \\ 0 & 0 & 0 \\ 0 & 0 & 0 \end{pmatrix}$ と変形できるので，$\operatorname{rank} A = 1$　答

$c = -\dfrac{1}{2}$ のとき，A は $\begin{pmatrix} 1 & 0 & -1 \\ 0 & 1 & -1 \\ 0 & 0 & 0 \end{pmatrix}$ と変形できるので，$\operatorname{rank} A = 2$　答

類　題

2.8.1　a を実数とする．行列 $A = \begin{pmatrix} a & 1 & 1 \\ 1 & a & 1 \\ 1 & 1 & a \end{pmatrix}$ について，次の問いに答えよ．

（神戸大学 改題）

(1)　$|A|$ を求めよ．

(2)　A が逆行列を持たない条件を求めよ．

(3)　(2) で求めた a の値のそれぞれについて，行列 A の階数を求めよ．

基本問題 2.9　ブロック分割と行列式

方程式 $\begin{vmatrix} 1 & x & 1 & a \\ x & 1 & a & 1 \\ 1 & a & 1 & x \\ a & 1 & x & 1 \end{vmatrix} = 0$ を x について解け．ただし，a は実定数とする．

（新潟大学）

ポイント 行列をブロックに分けて計算する．A, C が正方行列のとき

$$\begin{vmatrix} A & B \\ O & C \end{vmatrix} = |A|\,|C|, \qquad \begin{vmatrix} A & O \\ B & C \end{vmatrix} = |A|\,|C|$$

【解答】 $A = \begin{pmatrix} 1 & x \\ x & 1 \end{pmatrix}$, $B = \begin{pmatrix} 1 & a \\ a & 1 \end{pmatrix}$ とおくと，方程式の左辺の行列式は各ブロックを成分のように考えて変形できる．

$$\begin{vmatrix} A & B \\ B & A \end{vmatrix} \underset{\text{②}-\text{①}}{=} \begin{vmatrix} A & B \\ B-A & A-B \end{vmatrix} \underset{\text{①}+\text{②}}{\overset{\text{列}}{=}} \begin{vmatrix} A+B & B \\ O & A-B \end{vmatrix} = |A+B|\,|A-B|$$

ここで，

$$|A+B| = \begin{vmatrix} 2 & x+a \\ x+a & 2 \end{vmatrix} = 4-(x+a)^2 = -(x+a+2)(x+a-2),$$

$$|A-B| = \begin{vmatrix} 0 & x-a \\ x-a & 0 \end{vmatrix} = -(x-a)^2$$

だから，与えられた方程式は

$$(x+a+2)(x+a-2)(x-a)^2 = 0$$

となる．したがって求める解は $x = -a \pm 2,\ a$ である．

類　題

2.9.1 次の行列式の値を求めよ．　（関西大学）

$$\begin{vmatrix} 4 & 2 & 16 & 7 & 3 \\ 3 & 6 & -2 & 5 & 0 \\ 0 & 0 & -5 & 3 & -14 \\ 0 & 0 & -5 & 6 & 7 \\ 0 & 0 & 10 & 3 & -7 \end{vmatrix}$$

演習問題

2.1　次を示せ．　（名古屋大学）

$$\begin{vmatrix} \cos x & \sin x & 1 \\ \cos y & \sin y & 1 \\ \cos z & \sin z & 1 \end{vmatrix} = 4\sin\frac{x-y}{2}\sin\frac{y-z}{2}\sin\frac{z-x}{2}$$

2.2　次の問いに答えよ．　（金沢大学）

(1)　行列式 $\begin{vmatrix} 3 & 3 & 3 & 3 \\ 0 & -1 & 0 & 0 \\ 0 & 0 & -1 & 0 \\ 0 & 0 & 0 & -1 \end{vmatrix}$ を求めよ．

(2)　次の n 次正方行列（対角成分は 0，対角成分以外は 1）の行列式を求めよ．

$$\begin{vmatrix} 0 & 1 & 1 & \cdots & 1 \\ 1 & 0 & 1 & \cdots & 1 \\ 1 & 1 & 0 & \ddots & \vdots \\ \vdots & \vdots & \ddots & \ddots & 1 \\ 1 & 1 & \cdots & 1 & 0 \end{vmatrix}$$

2.3　以下の $n \times n$ 行列 J_n を考える．

$$J_n = \begin{pmatrix} 2 & -1 & 0 & \cdots & \cdots & 0 & 0 \\ -1 & 2 & -1 & 0 & \cdots & \cdots & 0 \\ 0 & -1 & 2 & -1 & 0 & \cdots & 0 \\ \vdots & \ddots & \ddots & \ddots & \ddots & \ddots & \vdots \\ 0 & \cdots & 0 & -1 & 2 & -1 & 0 \\ 0 & \cdots & \cdots & 0 & -1 & 2 & -1 \\ 0 & 0 & \cdots & \cdots & 0 & -1 & 2 \end{pmatrix}$$

例えば，

$$J_2 = \begin{pmatrix} 2 & -1 \\ -1 & 2 \end{pmatrix}, \quad J_3 = \begin{pmatrix} 2 & -1 & 0 \\ -1 & 2 & -1 \\ 0 & -1 & 2 \end{pmatrix}, \quad J_4 = \begin{pmatrix} 2 & -1 & 0 & 0 \\ -1 & 2 & -1 & 0 \\ 0 & -1 & 2 & -1 \\ 0 & 0 & -1 & 2 \end{pmatrix}$$

である．J_n の行列式を a_n とおくとき，次の問いに答えよ．　（横浜国立大学）

(1)　a_2 を求めよ．　(2)　a_3 を求めよ．

(3)　a_4 を求めよ．　(4)　a_n を求めよ．ただし，$n = 2, 3, 4, \ldots$

2.4　C をその行列式 $|C|$ の値が -1 となる3次直交行列とし，E_3 を3次単位行列とする．このとき，行列 $C+E_3$ は正則でないことを証明せよ．（新潟大学）

2.5　次の行列式を計算せよ．（お茶の水女子大学）

$$\begin{vmatrix} a_0 & a_1 & a_2 & \cdots & a_n \\ 1 & x & 0 & \cdots & 0 \\ 0 & 1 & x & \ddots & \vdots \\ \vdots & \ddots & \ddots & \ddots & 0 \\ 0 & \cdots & 0 & 1 & x \end{vmatrix}$$

2.6　n 次正方行列 A_n を

$$A_n = \begin{pmatrix} 3 & \sqrt{2} & 0 & \cdots & \cdots & 0 & 0 \\ \sqrt{2} & 3 & \sqrt{2} & 0 & \cdots & \cdots & 0 \\ 0 & \sqrt{2} & 3 & \sqrt{2} & 0 & \cdots & 0 \\ \vdots & \ddots & \ddots & \ddots & \ddots & \ddots & \vdots \\ 0 & \cdots & 0 & \sqrt{2} & 3 & \sqrt{2} & 0 \\ 0 & \cdots & \cdots & 0 & \sqrt{2} & 3 & \sqrt{2} \\ 0 & 0 & \cdots & \cdots & 0 & \sqrt{2} & 3 \end{pmatrix}$$

と定め，A_n の行列式を D_n とする．以下の問いに答えよ．（神戸大学）

(1)　$n \geqq 3$ のとき，

$$D_n = 3D_{n-1} - 2D_{n-2}$$

となることを示せ．

(2)　D_n を n の式で表せ．

2.7　次の問いに答えよ．（名古屋工業大学）

(1)　次の行列式を因数分解せよ．

$$\begin{vmatrix} 1 & 1 & 1 \\ x & y & z \\ x^2 & y^2 & z^2 \end{vmatrix}$$

(2)　次の行列が逆行列を持つときの x の条件を求めよ．また，そのときの逆行列を求めよ．

$$\begin{pmatrix} 1 & 1 & 1 \\ x & 0 & 1 \\ x^2 & 0 & 1 \end{pmatrix}$$

2.8 実数 a, b, c, d に対し,

$$A = \begin{pmatrix} a & b \\ c & d \end{pmatrix}, \quad B = \begin{pmatrix} a^2 & 2ab & b^2 \\ ac & ad+bc & bd \\ c^2 & 2cd & d^2 \end{pmatrix}$$

とおく.

(東京工業大学)

(1) $|B|$ を $|A|$ で表せ.

(2) $\mathrm{rank}\,A = 0$ のとき $\mathrm{rank}\,B$ を求めよ.

(3) $\mathrm{rank}\,A = 1$ のとき $\mathrm{rank}\,B$ を求めよ.

(4) $\mathrm{rank}\,A = 2$ のとき $\mathrm{rank}\,B$ を求めよ.

2.9 実数 a に対して行列

$$A = \begin{pmatrix} 1 & 0 & 2 & a \\ 0 & -1 & a & -2 \\ 2 & a & 1 & 0 \\ a & 1 & 0 & 1 \end{pmatrix}$$

を考える. 以下の問いに答えよ.

(広島大学)

(1) A の行列式 $\det A$ を求めよ.

(2) $\det A = 0$ となるような非負の実数 a を求め, そのときの A の階数を計算せよ.

(3) 前問における a に対して, $A\boldsymbol{v} \neq \boldsymbol{0}$ かつ $A^2\boldsymbol{v} = \boldsymbol{0}$ となるようなベクトル $\boldsymbol{v} \in \mathbb{R}^4$ を 1 つ求めよ.

2.10 a を実数とする. 2 以上の自然数 n に対して, 対角成分がすべて a であり, それ以外の成分がすべて 1 である n 次正方行列を A_n とする. 以下の各問いに答えよ.

(神戸大学)

$$A_n = \begin{pmatrix} a & 1 & 1 & \cdots & 1 \\ 1 & a & 1 & \cdots & 1 \\ 1 & 1 & a & \cdots & 1 \\ \vdots & \vdots & \vdots & \ddots & \vdots \\ 1 & 1 & 1 & \cdots & a \end{pmatrix}$$

(1) $|A_n| = (a+n-1)(a-1)^{n-1}$ であることを示せ.

(2) $a = 1$ とする. A_n の階数を求めよ. また, 同次連立方程式 $A_n\boldsymbol{x} = \boldsymbol{0}$ の解空間の次元と基底を求めよ.

(3) $a = -n+1$ とする. A_n の階数を求めよ. また, 同次連立方程式 $A_n\boldsymbol{x} = \boldsymbol{0}$ の解空間の次元と基底を求めよ.

2.11 $P(x) = x^2 + ax + b,\ Q(x) = x^2 + cx + d$ を実数係数の x の 2 次多項式とし，次の 4 次正方行列を考える．（お茶の水女子大学）

$$A = \begin{pmatrix} 1 & a & b & 0 \\ 0 & 1 & a & b \\ 1 & c & d & 0 \\ 0 & 1 & c & d \end{pmatrix}$$

(1) 行列 A の行列式を求めよ．

(2) 2 つの x の 2 次方程式 $P(x) = 0,\ Q(x) = 0$ が共通の実数解 α を持つとき，$A \begin{pmatrix} \alpha^3 \\ \alpha^2 \\ \alpha \\ 1 \end{pmatrix} = \mathbf{0}$ となることを示し，A の行列式 $|A|$ は 0 となることを示せ．ただし，ここで $\mathbf{0}$ は数ベクトル空間 $\mathbb{R}^4$ の原点を表すものとする．

(3) $P(x) = (x-1)(x-2)$ とする．このとき $|A| = Q(1)Q(2)$ であることを示し，$\operatorname{rank} A \leqq 3$ ならば $P(x) = 0,\ Q(x) = 0$ は少なくとも 1 つの共通の実数解を持つことを示せ．

(4) $P(x) = 0$ が 2 つの実数解 $\alpha, \beta\ (\alpha \neq \beta)$ を持つとする．このとき，$\operatorname{rank} A = 2$ であれば，$P(x) = 0,\ Q(x) = 0$ は 2 つの共通の実数解を持つことを示せ．

2.12 行列 $A = \begin{pmatrix} 2 & 1 & 3 \\ 1 & 2 & 1 \\ 3 & 1 & 2 \end{pmatrix}$ について，次の問いに答えよ．（信州大学）

(1) A の行列式の値を求めよ．

(2) 6 次正方行列式 $\begin{pmatrix} 3A & A \\ A & 2A \end{pmatrix}$ の行列式の値を求めよ．

2.13 A, B, C, D は各々 $n \times n$ 実行列であり，D は正則であるとする．また，M は $M = \begin{pmatrix} A & B \\ C & D \end{pmatrix}$ として定義される $2n \times 2n$ 実行列である．M が正則であるとき，次の問いに答えよ．（京都大学）

(1) $\begin{pmatrix} I & F \\ O & I \end{pmatrix} M \begin{pmatrix} I & O \\ G & I \end{pmatrix} = \begin{pmatrix} H & O \\ O & D \end{pmatrix}$ を満たす $n \times n$ 実行列 F, G, H を A, B, C, D を用いて表せ．ここに，I は $n \times n$ 単位行列，O は $n \times n$ 零行列である．

(2) (1) で求めた行列 H は正則であることを示せ．

(3) M^{-1} を A, B, C, D を用いて表せ．

3 線形変換と固有値問題

変換　平面（または空間）の点に対して平面（または空間）の点がただ 1 つ対応するとき，この対応を**変換**といい f, g などで表す．変換 f で点 P が P$'$ に対応するとき，P$'$ を P の f による**像**といい，$\mathrm{P}' = f(\mathrm{P})$ と表す．

線形変換　平面の変換 $(x', y') = f((x, y))$ が，定数 a_{ij}（$i, j = 1, 2$）を用いて

$$\begin{pmatrix} x' \\ y' \end{pmatrix} = \begin{pmatrix} a_{11} & a_{12} \\ a_{21} & a_{22} \end{pmatrix} \begin{pmatrix} x \\ y \end{pmatrix}$$

と表されるとき，平面の**線形変換**といい，行列 $\begin{pmatrix} a_{ij} \end{pmatrix}$ を f の**表現行列**という．同様に空間の変換 $(x', y', z') = f((x, y, z))$ が，定数 a_{ij}（$i, j = 1, 2, 3$）を用いて

$$\begin{pmatrix} x' \\ y' \\ z' \end{pmatrix} = \begin{pmatrix} a_{11} & a_{12} & a_{13} \\ a_{21} & a_{22} & a_{23} \\ a_{31} & a_{32} & a_{33} \end{pmatrix} \begin{pmatrix} x \\ y \\ z \end{pmatrix}$$

と表されるとき，空間の**線形変換**といい，$\begin{pmatrix} a_{ij} \end{pmatrix}$ を f の**表現行列**という．

平面の回転　平面上の点を原点の周りに θ だけ回転した点に対応させる線形変換の表現行列は $\begin{pmatrix} \cos\theta & -\sin\theta \\ \sin\theta & \cos\theta \end{pmatrix}$ である．

線形性　f が線形変換であることと次の (1), (2) が成り立つことは同値である．

(1)　任意のベクトル $\boldsymbol{x}_1, \boldsymbol{x}_2$ に対して $f(\boldsymbol{x}_1 + \boldsymbol{x}_2) = f(\boldsymbol{x}_1) + f(\boldsymbol{x}_2)$

(2)　任意のベクトル $\boldsymbol{x}$ と任意のスカラー c に対して $f(c\boldsymbol{x}) = cf(\boldsymbol{x})$

合成変換　変換 f により点 $f(\mathrm{P}) = \mathrm{P}'$，変換 g によって点 $g(\mathrm{P}') = \mathrm{P}''$ にうつるとき，$g(f(\mathrm{P})) = \mathrm{P}''$ となる．このように点 P を点 P$''$ に対応させる規則を $g \circ f$ で表し，f と g の**合成変換**という（つまり $g \circ f(\mathrm{P}) = g(f(\mathrm{P}))$）．線形変換 f と g の表現行列がそれぞれ A と B であるとき，合成変換 $g \circ f$ は線形変換で，その表現行列は BA である．

逆変換　線形変換 f に対して合成変換 $g \circ f, f \circ g$ がともに恒等変換となる線形変換 g を f の**逆変換**といい f^{-1} で表す．線形変換 f が逆変換を持つための必要十分条件は f の表現行列 A が正則行列となることである．このとき逆変換 f^{-1} の表現行列は A^{-1} である．

固有値と固有ベクトルの定義　A を n 次正方行列，$\boldsymbol{p}$ を n 行 1 列の列ベクトルとする．$A\boldsymbol{p} = \lambda\boldsymbol{p}$（$\boldsymbol{p} \neq \boldsymbol{0}$）が成り立つとき，$\lambda$ を A の**固有値**，$\boldsymbol{p}$ を固有値 λ に対応する A の**固有ベクトル**という．

固有方程式　正方行列 A に対して，

$$|A-\lambda E|=0$$

を**固有方程式**といい，行列 A の固有値は固有方程式の解である．また，多項式

$$\varphi_A(x)=|xE-A|$$

を A の**固有多項式**という．

ケーリー–ハミルトンの定理　多項式 $\varphi(x)=\displaystyle\sum_{k=0}^{n}a_kx^k$ に対し，$\varphi(A)=\displaystyle\sum_{k=0}^{n}a_kA^k$ と定める．正方行列 A の固有多項式を $\varphi_A(x)$ とするとき，

$$\varphi_A(A)=O$$

となる．ただし，$A^0=E$ と定める．

2 次正方行列の固有値・固有ベクトルの簡便な解法　$A=\begin{pmatrix}a & b\\ c & d\end{pmatrix}$ であるとき

$$|A-\lambda E|=\begin{vmatrix}a-\lambda & b\\ c & d-\lambda\end{vmatrix}=0 \iff \lambda^2-(\operatorname{tr}A)\lambda+|A|=0 \quad\cdots(*)$$

ただし，$\operatorname{tr}A=a+d$ と定める．
$(*)$ の 2 次方程式の解を α,β とおくと解と係数の関係とケーリー–ハミルトンの定理から $A^2-(\alpha+\beta)A+\alpha\beta E=O$ となり，$(A-\alpha E)(A-\beta E)=O$ となる．
$A-\beta E=\begin{pmatrix}\boldsymbol{x}_1 & \boldsymbol{x}_2\end{pmatrix}$ とおいたとき，$(A-\alpha E)\begin{pmatrix}\boldsymbol{x}_1 & \boldsymbol{x}_2\end{pmatrix}=\begin{pmatrix}\mathbf{0} & \mathbf{0}\end{pmatrix}$ となり，

$$(A-\alpha E)\boldsymbol{x}_1=\mathbf{0},\quad (A-\alpha E)\boldsymbol{x}_2=\mathbf{0}$$

となる．これより，$A\boldsymbol{x}_1=\alpha\boldsymbol{x}_1$, $A\boldsymbol{x}_2=\alpha\boldsymbol{x}_2$ となり，$\boldsymbol{x}_1$, $\boldsymbol{x}_2$ が零ベクトルでなければ，いずれも α に対応する固有ベクトルとなる．例えば，$\boldsymbol{x}_1$ を α に対応する固有ベクトルとして取ると $\boldsymbol{x}_1$ は $\left.\begin{pmatrix}a-\lambda\\ c\end{pmatrix}\right|_{\lambda=\beta}$ で与えられる．ただし，$\varphi(x)|_{x=c}=\varphi(c)$ を意味する．

これより，$A=\begin{pmatrix}a & b\\ c & d\end{pmatrix}$ の固有値を α,β とおくと

固有値 α に対応する固有ベクトルとして　$\left.\begin{pmatrix}a-\lambda\\ c\end{pmatrix}\right|_{\lambda=\beta}$　$(\neq\mathbf{0})$

固有値 β に対応する固有ベクトルとして　$\left.\begin{pmatrix}a-\lambda\\ c\end{pmatrix}\right|_{\lambda=\alpha}$　$(\neq\mathbf{0})$

をそれぞれ固有ベクトルとして取ることができる．

行列の対角化　n 次正方行列 A の n 個の固有値を重複を許して $\lambda_1, \lambda_2, \ldots, \lambda_n$ とし，各固有値 λ_i（$1 \leqq i \leqq n$）に対応する固有ベクトルを $\boldsymbol{p}_i$（$1 \leqq i \leqq n$）とする．この n 個の固有ベクトル $\boldsymbol{p}_1, \boldsymbol{p}_2, \ldots, \boldsymbol{p}_n$ が 1 次独立であるならば，この n 個の固有ベクトルを並べてできる行列 $P = \begin{pmatrix} \boldsymbol{p}_1 & \boldsymbol{p}_2 & \cdots & \boldsymbol{p}_n \end{pmatrix}$ は正則行列であり，**対角化行列**という．このとき，次が成立する．

$$P^{-1}AP = \begin{pmatrix} \lambda_1 & 0 & \cdots & 0 \\ 0 & \lambda_2 & \cdots & 0 \\ \vdots & \vdots & \ddots & \vdots \\ 0 & 0 & \cdots & \lambda_n \end{pmatrix}$$

固有ベクトルの 1 次独立性

(1)　異なる固有値に対応する固有ベクトルは 1 次独立である．

(2)　n 次正方行列が相異なる n 個の固有値を持てば，対角化できる．

対称行列の対角化

(1)　対称行列の異なる固有値に対応する固有ベクトルは互いに直交する．

(2)　任意の対称行列は直交行列で対角化できる．

2 次形式の標準形 I　2 次形式 $F(x, y) = ax^2 + 2bxy + cy^2$ に対して，$A = \begin{pmatrix} a & b \\ b & c \end{pmatrix}$, $\boldsymbol{x} = \begin{pmatrix} x \\ y \end{pmatrix}$ とおくとき，以下が成立する．

(1)　$F(x, y) = {}^t\boldsymbol{x}A\boldsymbol{x}$

(2)　A が直交行列 P で ${}^tPAP = \begin{pmatrix} \alpha & 0 \\ 0 & \beta \end{pmatrix}$ となるとき，$\begin{pmatrix} x \\ y \end{pmatrix} = P\begin{pmatrix} x' \\ y' \end{pmatrix}$ とおくと $F(x, y) = \alpha(x')^2 + \beta(y')^2$

2 次形式の標準形 II　2 次形式 $F(x, y, z) = ax^2 + by^2 + cz^2 + 2dxy + +2eyz + 2fzx$ に対して，$A = \begin{pmatrix} a & d & f \\ d & b & e \\ f & e & c \end{pmatrix}$, $\boldsymbol{x} = \begin{pmatrix} x \\ y \\ z \end{pmatrix}$ とおくとき，以下が成立する．

(1)　$F(x, y, z) = {}^t\boldsymbol{x}A\boldsymbol{x}$

(2)　A が直交行列 P で ${}^tPAP = \begin{pmatrix} \alpha & 0 & 0 \\ 0 & \beta & 0 \\ 0 & 0 & \gamma \end{pmatrix}$ となるとき，$\begin{pmatrix} x \\ y \\ z \end{pmatrix} = P\begin{pmatrix} x' \\ y' \\ z' \end{pmatrix}$ とおくと $F(x, y, z) = \alpha(x')^2 + \beta(y')^2 + \gamma(z')^2$

基本問題 3.1 固有値と固有ベクトル（2 次正方行列）

行列 $A = \begin{pmatrix} 1 & -3 \\ 3 & -5 \end{pmatrix}$ の固有値と固有ベクトルを求めよ．（お茶の水女子大学）

ポイント 2 次正方行列の固有値，固有ベクトルを簡単に求める方法がある．行列 $A = \begin{pmatrix} a & b \\ c & d \end{pmatrix}$ に対して，固有方程式は $\begin{vmatrix} a-\lambda & b \\ c & d-\lambda \end{vmatrix} = \lambda^2 - (a+d)\lambda + (ad-bc) = 0$ となる．また，固有値が $\lambda = \alpha, \beta$ であるとき，$\lambda = \alpha$ の固有ベクトルの 1 つは $\left.\begin{pmatrix} a-\lambda \\ c \end{pmatrix}\right|_{\lambda=\beta}$ で求められ，$\lambda = \beta$ の固有ベクトルの 1 つは $\left.\begin{pmatrix} a-\lambda \\ c \end{pmatrix}\right|_{\lambda=\alpha}$ で求められる．ここで，$\varphi(x)|_{x=c} = \varphi(c)$ を意味する．

【解答】 固有方程式は $\begin{vmatrix} 1-\lambda & -3 \\ 3 & -5-\lambda \end{vmatrix} = \lambda^2+4\lambda+4 = (\lambda+2)^2 = 0$ より，固有値は $\lambda = -2$（重解）． 答

$\lambda = -2$ のときの固有ベクトルは，連立方程式 $A\boldsymbol{x} = -2\boldsymbol{x} \iff (A+2E)\boldsymbol{x} = \boldsymbol{0}$ を解けばよい．ただし，$\boldsymbol{x} = \begin{pmatrix} x \\ y \end{pmatrix}$ である．以下，ⓘ で i 行を表すものとする．

$$\begin{pmatrix} 3 & -3 \\ 3 & -3 \end{pmatrix} \xrightarrow[②-①]{} \begin{pmatrix} 3 & -3 \\ 0 & 0 \end{pmatrix} \xrightarrow[①\div 3]{} \begin{pmatrix} 1 & -1 \\ 0 & 0 \end{pmatrix}$$

より，$x - y = 0$ となる．これより，$x = y = c$ とおくと $\lambda = -2$ のときの固有ベクトルは

$$c\begin{pmatrix} 1 \\ 1 \end{pmatrix} \quad (c \neq 0) \quad \text{答}$$

【別解】 固有方程式は $\lambda^2 - (-4)\lambda + 4 = (\lambda+2)^2 = 0$ より，固有値は $\lambda = -2$（重解）．固有ベクトルの 1 つは $\left.\begin{pmatrix} 1-\lambda \\ 3 \end{pmatrix}\right|_{\lambda=-2} = 3\begin{pmatrix} 1 \\ 1 \end{pmatrix}$（重解なので，$\lambda = -2, -2$ と考え，$\lambda = -2$ の固有ベクトルは，もう一方の固有値を代入するのだが，この場合，たまたま同じ値の -2 を代入する．）なので，固有ベクトルは $c\begin{pmatrix} 1 \\ 1 \end{pmatrix}$ $(c \neq 0)$ 答

類 題

3.1.1 次の行列の固有値と固有ベクトルを求めよ．（(1) 名古屋大学，(2) 新潟大学）

(1) $\begin{pmatrix} 1 & 2 \\ 4 & 3 \end{pmatrix}$ (2) $\begin{pmatrix} 4 & -5 \\ 2 & -3 \end{pmatrix}$

基本問題 3.2　固有値と固有ベクトル（3 次正方行列）

行列 $A = \begin{pmatrix} 1 & -1 & 1 \\ 2 & -2 & 1 \\ 2 & -1 & 0 \end{pmatrix}$ について，固有値と固有ベクトルを求めよ．

（お茶の水女子大学）

ポイント　3 次方程式は，組み立て除法により因数分解して解く．

【解答】　固有方程式は $\begin{vmatrix} 1-\lambda & -1 & 1 \\ 2 & -2-\lambda & 1 \\ 2 & -1 & -\lambda \end{vmatrix} = 0$ より，$\lambda^3 + \lambda^2 - \lambda - 1 = 0$ となる．$(\lambda+1)^2(\lambda-1) = 0$ より，固有値は $\lambda = -1$（重解），1　答

$\lambda = -1$ のときの固有ベクトルは，連立方程式 $A\boldsymbol{x} = -\boldsymbol{x} \iff (A+E)\boldsymbol{x} = \boldsymbol{0}$ を解けばよい．

$$(A+E)\begin{pmatrix} x \\ y \\ z \end{pmatrix} = \boldsymbol{0} \quad \text{より} \quad \begin{pmatrix} 2 & -1 & 1 \\ 2 & -1 & 1 \\ 2 & -1 & 1 \end{pmatrix} \xrightarrow[\text{③}-\text{①}]{\text{②}-\text{①}} \begin{pmatrix} 2 & -1 & 1 \\ 0 & 0 & 0 \\ 0 & 0 & 0 \end{pmatrix}$$

ゆえに，$2x - y + z = 0$．$y = 2c_1$, $z = 2c_2$ とおくと $x = c_1 - c_2$ となる．これより，$\lambda = -1$（重解）のときの固有ベクトルは $c_1\begin{pmatrix} 1 \\ 2 \\ 0 \end{pmatrix} + c_2\begin{pmatrix} -1 \\ 0 \\ 2 \end{pmatrix}$　（$c_1 \neq 0$ または $c_2 \neq 0$）　答

$\lambda = 1$ のときの固有ベクトルは，連立方程式 $A\boldsymbol{x} = \boldsymbol{x} \iff (A-E)\boldsymbol{x} = \boldsymbol{0}$ を解けばよい．

$$\begin{pmatrix} 0 & -1 & 1 \\ 2 & -3 & 1 \\ 2 & -1 & -1 \end{pmatrix} \xrightarrow[\text{③}-\text{②}]{} \begin{pmatrix} 0 & -1 & 1 \\ 2 & -3 & 1 \\ 0 & 2 & -2 \end{pmatrix} \xrightarrow[\text{③}+\text{①}\times 2]{} \begin{pmatrix} 0 & -1 & 1 \\ 2 & -3 & 1 \\ 0 & 0 & 0 \end{pmatrix} \xrightarrow[\text{①}\leftrightarrow\text{②}]{} \begin{pmatrix} 2 & -3 & 1 \\ 0 & -1 & 1 \\ 0 & 0 & 0 \end{pmatrix}$$

2 行目より $y = z = c_3$ とおくと，1 行目より $x = c_3$ である．ゆえに，$\lambda = 1$ のときの固有ベクトルは $c_3\begin{pmatrix} 1 \\ 1 \\ 1 \end{pmatrix}$　（$c_3 \neq 0$）　答

類　題

3.2.1　次の行列の固有値と固有ベクトルを求めよ．（(1) 名古屋大学，(2) 首都大学東京）

(1)　$A = \begin{pmatrix} 3 & -6 & -2 \\ 1 & -2 & -1 \\ -1 & 3 & 2 \end{pmatrix}$　　(2)　$B = \begin{pmatrix} 1 & -2 & 0 \\ -1 & 1 & -1 \\ 0 & -2 & 1 \end{pmatrix}$

基本問題 3.3　行列の対角化

次の行列 A, B について，対角化できるかどうか調べ，対角化できる場合は対角化せよ．（お茶の水女子大学 類題）

(1) $A = \begin{pmatrix} 1 & -3 \\ 3 & -5 \end{pmatrix}$　(2) $B = \begin{pmatrix} 1 & -1 & 1 \\ 2 & -2 & 1 \\ 2 & -1 & 0 \end{pmatrix}$

ポイント n 次正方行列 A が対角化可能であるための必要十分条件は，行列 A が n 個の 1 次独立な固有ベクトルを持つことである．

【解答】 (1) 基本問題 3.1 より，行列 A の固有値は $\lambda = -2$（重解），固有ベクトルは $c\begin{pmatrix} 1 \\ 1 \end{pmatrix}$ $(c \neq 0)$ である．これより，1 次独立な 2 個の固有ベクトルが取れないので行列 A は対角化できない． 答

(2) 基本問題 3.2 より，固有値は $\lambda = -1$（重解），1，固有ベクトルはそれぞれ

$$c_1\begin{pmatrix} 1 \\ 2 \\ 0 \end{pmatrix} + c_2\begin{pmatrix} -1 \\ 0 \\ 1 \end{pmatrix} \quad (c_1 \neq 0 \text{ または } c_2 \neq 0), \quad c_3\begin{pmatrix} 1 \\ 1 \\ 1 \end{pmatrix} \quad (c_3 \neq 0)$$

$\lambda = -1$（重解）の固有ベクトルとして $\begin{pmatrix} 1 \\ 2 \\ 0 \end{pmatrix}$, $\begin{pmatrix} -1 \\ 0 \\ 1 \end{pmatrix}$，$\lambda = 1$ の固有ベクトルとして $\begin{pmatrix} 1 \\ 1 \\ 1 \end{pmatrix}$ と 1 次独立な固有ベクトルが 3 つ取れるので行列 B は対角化可能である．

$$\therefore \quad P = \begin{pmatrix} 1 & -1 & 1 \\ 2 & 0 & 1 \\ 0 & 1 & 1 \end{pmatrix} \text{ とおくと } \quad P^{-1}AP = \begin{pmatrix} -1 & 0 & 0 \\ 0 & -1 & 0 \\ 0 & 0 & 1 \end{pmatrix}$$ 答

類　題

3.3.1 行列 $A = \begin{pmatrix} 4 & -5 \\ 2 & -3 \end{pmatrix}$ を対角化せよ．（新潟大学）

ヒント：類題 3.1.1(2) で固有値と固有ベクトルは求めた．

3.3.2 行列 $A = \begin{pmatrix} 1 & -2 & 0 \\ -1 & 1 & -1 \\ 0 & -2 & 1 \end{pmatrix}$ を対角化せよ．（首都大学東京）

ヒント：類題 3.2.1(2) で固有値と固有ベクトルは求めた．

基本問題 3.4　行列の n 乗

行列 $A=\begin{pmatrix}3&1&2\\1&3&2\\1&1&4\end{pmatrix}$ に関して，A^n（n は自然数）を求めよ．　（名古屋大学）

ポイント　$(P^{-1}AP)^n=P^{-1}A^nP$ より，A^n を計算する．

【解答】　固有値は $\lambda=2$ (重解), 6，固有ベクトルはそれぞれ

$$c_1\begin{pmatrix}-1\\1\\0\end{pmatrix}+c_2\begin{pmatrix}-2\\0\\1\end{pmatrix}\quad(c_1\neq 0 \text{ または } c_2\neq 0),\ c_3\begin{pmatrix}1\\1\\1\end{pmatrix}\quad(c_3\neq 0)$$

$P=\begin{pmatrix}-1&-2&1\\1&0&1\\0&1&1\end{pmatrix}$ とおくと $P^{-1}AP=\begin{pmatrix}2&0&0\\0&2&0\\0&0&6\end{pmatrix}$ より

$$\underbrace{(P^{-1}AP)^n}_{(\text{左辺})^n}=\underbrace{P^{-1}A\overbrace{P\cdot P^{-1}}^{E}AP\cdots P^{-1}A\overbrace{P\cdot P^{-1}}^{E}AP}_{P^{-1}A^nP}=\underbrace{\begin{pmatrix}2^n&0&0\\0&2^n&0\\0&0&6^n\end{pmatrix}}_{(\text{右辺})^n}$$

$$\begin{aligned}A^n&=P\begin{pmatrix}2^n&0&0\\0&2^n&0\\0&0&6^n\end{pmatrix}P^{-1}\quad(P^{-1}\text{ は余因子行列により求める.})\\&=\begin{pmatrix}-1&-2&1\\1&0&1\\0&1&1\end{pmatrix}\begin{pmatrix}2^n&0&0\\0&2^n&0\\0&0&6^n\end{pmatrix}\left(\frac{1}{4}\begin{pmatrix}-1&3&-2\\-1&-1&2\\1&1&2\end{pmatrix}\right)\\&=\frac{1}{4}\begin{pmatrix}3\cdot 2^n+6^n&-2^n+6^n&-2^{n+1}+2\cdot 6^n\\-2^n+6^n&3\cdot 2^n+6^n&-2^{n+1}+2\cdot 6^n\\-2^n+6^n&-2^n+6^n&2^{n+1}+2\cdot 6^n\end{pmatrix}\end{aligned}$$ 答

類　題

3.4.1　行列 $A=\begin{pmatrix}4&1\\2&3\end{pmatrix}$ のとき，A^n（n は自然数）を求めよ．　（首都大学東京）

3.4.2　行列 $A=\begin{pmatrix}3&1&1\\2&3&2\\-2&-1&0\end{pmatrix}$ に関して，A^n（n は自然数）を求めよ．

（東京工業大学）

基本問題 3.5　　対称行列の対角化

対称行列 $A = \begin{pmatrix} 0 & 1 & 2 \\ 1 & 0 & 2 \\ 2 & 2 & 3 \end{pmatrix}$ を直交行列により対角化せよ.　　　　（九州大学）

ポイント　実対称行列の異なる固有値の固有ベクトルは互いに直交するので，同じ固有値に対応する固有ベクトルにグラム–シュミットの直交化法を適用する.

【解答】 行列 A の固有値は $\lambda = -1$ (重解), 5, 固有ベクトルはそれぞれ

$$c_1 \begin{pmatrix} -1 \\ 1 \\ 0 \end{pmatrix} + c_2 \begin{pmatrix} -2 \\ 0 \\ 1 \end{pmatrix} \quad (c_1 \neq 0 \text{ あるいは } c_2 \neq 0), \quad c_3 \begin{pmatrix} 1 \\ 1 \\ 2 \end{pmatrix} \quad (c_3 \neq 0)$$

$$\boldsymbol{a}_1 = \begin{pmatrix} -1 \\ 1 \\ 0 \end{pmatrix}, \quad \boldsymbol{a}_2 = \begin{pmatrix} -2 \\ 0 \\ 1 \end{pmatrix}, \quad \boldsymbol{a}_3 = \begin{pmatrix} 1 \\ 1 \\ 2 \end{pmatrix}, \quad \boldsymbol{b}_1 = \frac{\boldsymbol{a}_1}{|\boldsymbol{a}_1|} = \frac{1}{\sqrt{2}} \begin{pmatrix} -1 \\ 1 \\ 0 \end{pmatrix}$$

$$\boldsymbol{b}'_2 = \boldsymbol{a}_2 - (\boldsymbol{a}_2 \cdot \boldsymbol{b}_1)\boldsymbol{b}_1 = \begin{pmatrix} -2 \\ 0 \\ 1 \end{pmatrix} - \left\{ \frac{1}{\sqrt{2}} \begin{pmatrix} -2 \\ 0 \\ 1 \end{pmatrix} \cdot \begin{pmatrix} -1 \\ 1 \\ 0 \end{pmatrix} \right\} \frac{1}{\sqrt{2}} \begin{pmatrix} -1 \\ 1 \\ 0 \end{pmatrix} = \begin{pmatrix} -1 \\ -1 \\ 1 \end{pmatrix}$$

$$\boldsymbol{b}_2 = \frac{\boldsymbol{b}'_2}{|\boldsymbol{b}'_2|} = \frac{1}{\sqrt{3}} \begin{pmatrix} -1 \\ -1 \\ 1 \end{pmatrix}, \quad \boldsymbol{b}_3 = \frac{\boldsymbol{a}_3}{|\boldsymbol{a}_3|} = \frac{1}{\sqrt{6}} \begin{pmatrix} 1 \\ 1 \\ 2 \end{pmatrix}$$

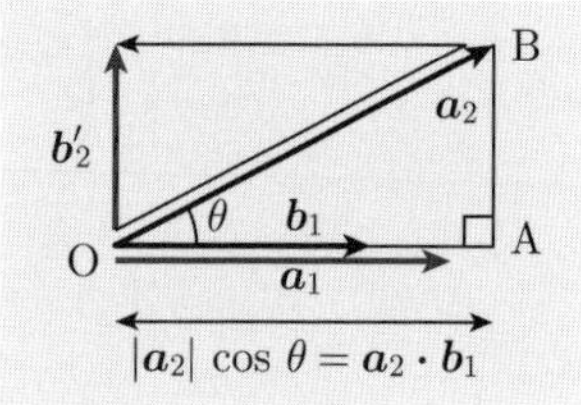

以上より，$\boldsymbol{b}_1, \boldsymbol{b}_2, \boldsymbol{b}_3$ が互いに直交する単位ベクトルである．これより

$$P = \begin{pmatrix} -\frac{1}{\sqrt{2}} & -\frac{1}{\sqrt{3}} & \frac{1}{\sqrt{6}} \\ \frac{1}{\sqrt{2}} & -\frac{1}{\sqrt{3}} & \frac{1}{\sqrt{6}} \\ 0 & \frac{1}{\sqrt{3}} & \frac{2}{\sqrt{6}} \end{pmatrix} \text{ とおくと } {}^tPAP = \begin{pmatrix} -1 & 0 & 0 \\ 0 & -1 & 0 \\ 0 & 0 & 5 \end{pmatrix}$$ 答

類　題

3.5.1　対称行列 $A = \begin{pmatrix} 0 & 1 & 0 \\ 1 & 0 & 0 \\ 0 & 0 & 2 \end{pmatrix}$ を直交行列で対角化せよ.　　　　（神戸大学）

3.5.2　対称行列 $A = \begin{pmatrix} 2 & 1 & 1 \\ 1 & 2 & 1 \\ 1 & 1 & 2 \end{pmatrix}$ を直交行列で対角化せよ.　　　　（東北大学）

基本問題 3.6　2 次形式

2 次形式 $F(x,y)=8x^2+4xy+5y^2$ の標準形を求めよ．　（島根大学）

ポイント　$ax^2+2bxy+cy^2={}^t\boldsymbol{x}A\boldsymbol{x}$ と書ける．ただし，$A=\begin{pmatrix} a & b \\ b & c \end{pmatrix}$，$\boldsymbol{x}=\begin{pmatrix} x \\ y \end{pmatrix}$ である．また，A は直交行列 P で対角化可能であり，$\boldsymbol{x}=P\boldsymbol{y}$ と変数変換することで標準形にできる．ただし，$\boldsymbol{y}=\begin{pmatrix} x' \\ y' \end{pmatrix}$

【解答】　$A=\begin{pmatrix} 8 & 2 \\ 2 & 5 \end{pmatrix}$，$\boldsymbol{x}=\begin{pmatrix} x \\ y \end{pmatrix}$ とおくと $F(x,y)={}^t\boldsymbol{x}A\boldsymbol{x}$ と書ける．行列 A の固有値は $\lambda=4,\ 9$，固有ベクトルはそれぞれ $c_1\begin{pmatrix} -1 \\ 2 \end{pmatrix}$，$c_2\begin{pmatrix} 2 \\ 1 \end{pmatrix}$　$(c_1, c_2\neq 0)$ である．これより，

$P=\begin{pmatrix} -\frac{1}{\sqrt{5}} & \frac{2}{\sqrt{5}} \\ \frac{2}{\sqrt{5}} & \frac{1}{\sqrt{5}} \end{pmatrix}$ とおくと P は直交行列であり

$$ {}^tPAP=\begin{pmatrix} 4 & 0 \\ 0 & 9 \end{pmatrix} $$

と対角化できる．$\boldsymbol{x}=P\boldsymbol{y}=P\begin{pmatrix} x' \\ y' \end{pmatrix}$ とおくと

$$ \begin{aligned} F(x,y)&={}^t\boldsymbol{x}A\boldsymbol{x}={}^t(P\boldsymbol{y})A(P\boldsymbol{y})={}^t\boldsymbol{y}\,{}^tPAP\boldsymbol{y} \\ &={}^t\boldsymbol{y}\begin{pmatrix} 4 & 0 \\ 0 & 9 \end{pmatrix}\boldsymbol{y}=\begin{pmatrix} x' & y' \end{pmatrix}\begin{pmatrix} 4 & 0 \\ 0 & 9 \end{pmatrix}\begin{pmatrix} x' \\ y' \end{pmatrix}=4(x')^2+9(y')^2 \end{aligned} $$

ゆえに，$\boldsymbol{x}=P\begin{pmatrix} x' \\ y' \end{pmatrix}$ とおくと $F(x,y)=4(x')^2+9(y')^2$　答

類　題

3.6.1　3 次の対称行列 A および 3 次元ベクトル $\boldsymbol{m}=\begin{pmatrix} x \\ y \\ z \end{pmatrix}$ を用いて表される 2 次形式

$$ f(\boldsymbol{m})={}^t\boldsymbol{m}A\boldsymbol{m}=5x^2+2y^2+5z^2+4xy+4yz+8xz $$

に対して，以下の問いに答えよ．　（東北大学）

(1)　行列 A を求め，A を直交行列で対角化せよ．

(2)　3 次元ベクトル $\boldsymbol{n}=\begin{pmatrix} u \\ v \\ w \end{pmatrix}$ を考える．(3) で求めた P を用いて変数変換 $\boldsymbol{m}=P\boldsymbol{n}$ を行い，$f(\boldsymbol{m})$ の標準形を求めよ．

基本問題 3.7 2 次曲線

2 次曲線 $3x^2 - 4\sqrt{3}\,xy + 7y^2 = 9$ の形を調べ，概形をかけ． （金沢大学）

ポイント 対角化行列 P を平面上の原点のまわりに回転する線形変換に対応させるため $|P| = 1$ となるように選ぶ必要がある．

【解答】 $F(x,y) = 3x^2 - 4\sqrt{3}\,xy + 7y^2$, $A = \begin{pmatrix} 3 & -2\sqrt{3} \\ -2\sqrt{3} & 7 \end{pmatrix}$, $\boldsymbol{x} = \begin{pmatrix} x \\ y \end{pmatrix}$ とおくと $F(x,y) = {}^t\boldsymbol{x}A\boldsymbol{x}$ と書ける．行列 A の固有値は $\lambda = 1,\ 9$，固有ベクトルはそれぞれ $c_1\begin{pmatrix} \sqrt{3} \\ 1 \end{pmatrix}$, $c_2\begin{pmatrix} -1 \\ \sqrt{3} \end{pmatrix}$ $(c_1, c_2 \neq 0)$ である．$P = \begin{pmatrix} \frac{\sqrt{3}}{2} & -\frac{1}{2} \\ \frac{1}{2} & \frac{\sqrt{3}}{2} \end{pmatrix}$ とおくと ${}^tPAP = \begin{pmatrix} 1 & 0 \\ 0 & 9 \end{pmatrix}$ と対角化でき，$\boldsymbol{x} = P\boldsymbol{y} = \begin{pmatrix} \cos\frac{\pi}{6} & -\sin\frac{\pi}{6} \\ \sin\frac{\pi}{6} & \cos\frac{\pi}{6} \end{pmatrix}\begin{pmatrix} x' \\ y' \end{pmatrix}$ とおくと

$$F(x,y) = {}^t(P\boldsymbol{y})A(P\boldsymbol{y}) = {}^t\boldsymbol{y}\,{}^tPAP\boldsymbol{y} = \begin{pmatrix} x' & y' \end{pmatrix}\begin{pmatrix} 1 & 0 \\ 0 & 9 \end{pmatrix}\begin{pmatrix} x' \\ y' \end{pmatrix} = (x')^2 + 9(y')^2$$

$$\therefore\quad 3x^2 - 4\sqrt{3}\,xy + 7y^2 = 9 \iff (x')^2 + 9(y')^2 = 9 \iff \frac{(x')^2}{9} + (y')^2 = 1$$

よって，$3x^2 - 4\sqrt{3}\,xy + 7y^2 = 9$ の概形は $\begin{pmatrix} x \\ y \end{pmatrix} = \begin{pmatrix} \cos\frac{\pi}{6} & -\sin\frac{\pi}{6} \\ \sin\frac{\pi}{6} & \cos\frac{\pi}{6} \end{pmatrix}\begin{pmatrix} x' \\ y' \end{pmatrix}$ であることから，楕円 $\frac{x^2}{9} + y^2 = 1$ を 30° 回転させた図形である．

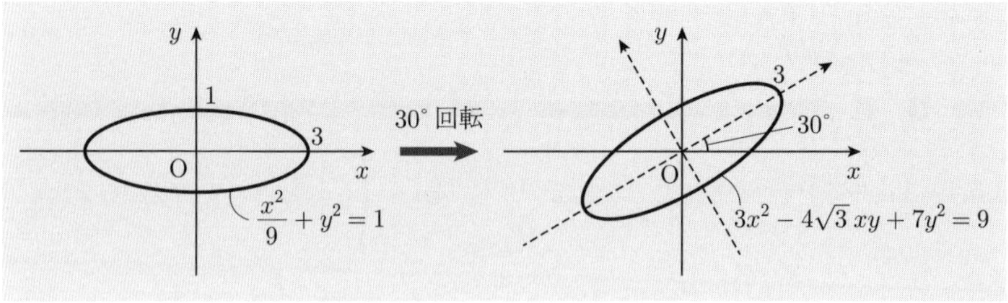

答

類 題

3.7.1 行列 $A = \begin{pmatrix} 1 & \frac{1}{2} \\ \frac{1}{2} & 1 \end{pmatrix}$, $\boldsymbol{x} = \begin{pmatrix} x \\ y \end{pmatrix}$ に対し，${}^t\boldsymbol{x}A\boldsymbol{x} = 1$ で表される 2 次曲線 C を座標平面上に図示せよ． （はこだて未来大学）

基本問題 3.8　ケーリー–ハミルトンの定理

行列 $A = \begin{pmatrix} 0 & -2 & -1 \\ 1 & -3 & -1 \\ 2 & 3 & 2 \end{pmatrix}$ について，以下の問いに答えよ．ただし，E は 3 次の単位行列，O は 3 次の零行列である．　（金沢大学）

(1)　A の固有多項式 $|\lambda E - A|$ を求めよ．

(2)　$A^3 + aA^2 + bA + cE = O$ を満たす実数 a, b, c を求めよ．

(3)　行列 A^{2018} を計算せよ．

ポイント　正方行列 A に対して，固有多項式 $|\lambda E - A|$ を $\varphi_A(\lambda)$ と表す．このとき，ケーリー–ハミルトンの定理より $\varphi_A(A) = O$ が成り立つ．

【解答】 (1)　$|\lambda E - A| = \begin{vmatrix} \lambda & 2 & 1 \\ -1 & \lambda+3 & 1 \\ -2 & -3 & \lambda-2 \end{vmatrix} = (\lambda+1)(\lambda^2+1)$

(2)　$|\lambda E - A| = (\lambda+1)(\lambda^2+1) = \lambda^3 + \lambda^2 + \lambda + 1$ であり，ケーリー–ハミルトンの定理から $\varphi_A(A) = A^3 + A^2 + A + E = O$．ゆえに $a = b = c = 1$ とすればよい．

(3)　$x^{2018} \div (x^3 + x^2 + x + 1)$ の商を $Q(x)$，余りを $ax^2 + bx + c$ とおくと

$$\begin{aligned} x^{2018} &= (x^3 + x^2 + x + 1)Q(x) + ax^2 + bx + c \\ &= (x+1)(x^2+1)Q(x) + ax^2 + bx + c \quad \cdots ① \end{aligned}$$

より，①に $x = -1, \pm i$ を代入すると $a - b + c = 1$, $-a + bi + c = -1$, $-a - bi + c = -1$ となり，$a = 1, b = c = 0$ となる．これより，

$$x^{2018} = (x+1)(x^2+1)Q(x) + x^2 \quad \cdots ②$$

②と (2) より $A^{2018} = \varphi_A(A)Q(A) + A^2 = A^2$ となるので

$$A^{2018} = A^2 = \begin{pmatrix} 0 & -2 & -1 \\ 1 & -3 & -1 \\ 2 & 3 & 2 \end{pmatrix}\begin{pmatrix} 0 & -2 & -1 \\ 1 & -3 & -1 \\ 2 & 3 & 2 \end{pmatrix} = \begin{pmatrix} -4 & 3 & 0 \\ -5 & 4 & 0 \\ 7 & -7 & -1 \end{pmatrix}$$ 答

類　題

3.8.1　行列 $A = \begin{pmatrix} -1 & 8 & 8 \\ 4 & -3 & -4 \\ -4 & 6 & 7 \end{pmatrix}$ について，$A^4 - 10A^2$ を求めよ．　（金沢大学）

ヒント：A の固有多項式 $\varphi_A(x)$ に対して，$(x^4 - 10x^2) \div \varphi_A(x)$ の商を $Q(x)$，余りを $R(x)$ とおくと，$x^4 - 10x^2 = \varphi_A(x)Q(x) + R(x)$ となる．

基本問題 3.9 連立微分方程式への応用

次の連立微分方程式を解け．（島根大学 改題）

$$\frac{d\boldsymbol{x}(t)}{dt} = A\boldsymbol{x}(t) \quad ただし\ \boldsymbol{x}(t) = \begin{pmatrix} x_1(t) \\ x_2(t) \end{pmatrix}, \quad A = \begin{pmatrix} 1 & 4 \\ 4 & 1 \end{pmatrix}, \quad \boldsymbol{x}(\boldsymbol{0}) = \begin{pmatrix} 2 \\ 1 \end{pmatrix}$$

ポイント A を対角化し，対角化行列 T により $\boldsymbol{x}(t) = T\boldsymbol{y}(t)$ と変数変換し，$\boldsymbol{y}(t)$ に関する微分方程式を解けばよい．ただし，$\boldsymbol{y}(t) = \begin{pmatrix} y_1(t) \\ y_2(t) \end{pmatrix}$

【解答】 A の固有値は $\lambda = -3,\ 5$，固有ベクトルはそれぞれ $c_1 \begin{pmatrix} -1 \\ 1 \end{pmatrix}$, $c_2 \begin{pmatrix} 1 \\ 1 \end{pmatrix}$ $(c_1,\ c_2 \neq 0)$ となるので $T = \begin{pmatrix} -1 & 1 \\ 1 & 1 \end{pmatrix}$ とおくと $T^{-1}AT = \begin{pmatrix} -3 & 0 \\ 0 & 5 \end{pmatrix}$

ここで，$\boldsymbol{x}(t) = T\boldsymbol{y}(t) = T\begin{pmatrix} y_1(t) \\ y_2(t) \end{pmatrix}$ と変数変換する．$\frac{d}{dt}T\boldsymbol{y} = AT\boldsymbol{y}$ の両辺に左から T^{-1} をかけて

$$\frac{d\boldsymbol{y}}{dt} = T^{-1}AT\boldsymbol{y} = \begin{pmatrix} -3 & 0 \\ 0 & 5 \end{pmatrix}\begin{pmatrix} y_1(t) \\ y_2(t) \end{pmatrix} = \begin{pmatrix} -3y_1(t) \\ 5y_2(t) \end{pmatrix}$$

ゆえに，$y_1'(t) = -3y_1(t) \ \cdots$ ①, $y_2'(t) = 5y_2(t) \ \cdots$ ②

これより，①, ②の一般解はそれぞれ $y_1(t) = C_1 e^{-3t}$, $y_2(t) = C_2 e^{5t}$.

ここで，

$$\boldsymbol{y}(0) = T^{-1}\boldsymbol{x}(0) = -\frac{1}{2}\begin{pmatrix} 1 & -1 \\ -1 & -1 \end{pmatrix}\begin{pmatrix} 2 \\ 1 \end{pmatrix} = \frac{1}{2}\begin{pmatrix} -1 \\ 3 \end{pmatrix}$$

であるので $y_1(t) = -\frac{1}{2}e^{-3t}$, $y_2(t) = \frac{3}{2}e^{5t}$ となる．このとき

$$\boldsymbol{x}(t) = T\boldsymbol{y}(t) = \begin{pmatrix} -1 & 1 \\ 1 & 1 \end{pmatrix}\begin{pmatrix} -\frac{1}{2}e^{-3t} \\ \frac{3}{2}e^{5t} \end{pmatrix} = \frac{1}{2}\begin{pmatrix} e^{-3t} + 3e^{5t} \\ -e^{-3t} + 3e^{5t} \end{pmatrix}$$

ゆえに，

$$x_1(t) = \frac{1}{2}e^{-3t} + \frac{3}{2}e^{5t}, \quad x_2(t) = -\frac{1}{2}e^{-3t} + \frac{3}{2}e^{5t} \quad \text{答}$$

類　題

3.9.1 $y_1 = y_1(t)$, $y_2 = y_2(t)$ についての連立微分方程式において，$y_1(0) = 4$, $y_2(0) = 1$ を満たす解を求めよ．（東京農工大学）

$$\begin{cases} y_1' - 3y_1 + y_2 = -2e^{2t} \\ 6y_1 + y_2' - 4y_2 = 4e^{2t} \end{cases}$$

基本問題 3.10　対角化のいろいろな応用

行列 $A=\begin{pmatrix}5 & 3 & -1\\ 3 & 3 & -3\\ -1 & -3 & 5\end{pmatrix}$ について，以下に答えよ．　（名古屋工業大学）

(1)　A を直交行列によって対角化せよ．

(2)　$A=B^2$ を満たす対称行列 B を 1 つ求めよ．

ポイント　$({}^tTBT)^2={}^tTBT\,{}^tTBT={}^tTB^2T={}^tTAT$ であることから B が求められる．

【解答】　(1)　A の固有値は $\lambda=0,\ 4,\ 9$，固有ベクトルはそれぞれ

$$c_1\begin{pmatrix}-1\\ 2\\ 1\end{pmatrix},\quad c_2\begin{pmatrix}1\\ 0\\ 1\end{pmatrix},\quad c_3\begin{pmatrix}-1\\ -1\\ 1\end{pmatrix}\quad (c_1, c_2, c_3\neq 0)$$

このとき，$T=\begin{pmatrix}-\frac{1}{\sqrt6} & \frac{1}{\sqrt2} & -\frac{1}{\sqrt3}\\ \frac{2}{\sqrt6} & 0 & -\frac{1}{\sqrt3}\\ \frac{1}{\sqrt6} & \frac{1}{\sqrt2} & \frac{1}{\sqrt3}\end{pmatrix}$ とおくと ${}^tTAT=\begin{pmatrix}0 & 0 & 0\\ 0 & 4 & 0\\ 0 & 0 & 9\end{pmatrix}$　答

(2)

$$({}^tTBT)^2={}^tTBT\,{}^tTBT={}^tTB^2T={}^tTAT=\begin{pmatrix}0 & 0 & 0\\ 0 & 4 & 0\\ 0 & 0 & 9\end{pmatrix}$$

であるので，${}^tTBT=\begin{pmatrix}0 & 0 & 0\\ 0 & 2 & 0\\ 0 & 0 & 3\end{pmatrix}$ とおくと $B=T\begin{pmatrix}0 & 0 & 0\\ 0 & 2 & 0\\ 0 & 0 & 3\end{pmatrix}{}^tT$ となる．これより

$$B=\begin{pmatrix}-\frac{1}{\sqrt6} & \frac{1}{\sqrt2} & -\frac{1}{\sqrt3}\\ \frac{2}{\sqrt6} & 0 & -\frac{1}{\sqrt3}\\ \frac{1}{\sqrt6} & \frac{1}{\sqrt2} & \frac{1}{\sqrt3}\end{pmatrix}\begin{pmatrix}0 & 0 & 0\\ 0 & 2 & 0\\ 0 & 0 & 3\end{pmatrix}\begin{pmatrix}-\frac{1}{\sqrt6} & \frac{2}{\sqrt6} & \frac{1}{\sqrt6}\\ \frac{1}{\sqrt2} & 0 & \frac{1}{\sqrt2}\\ -\frac{1}{\sqrt3} & -\frac{1}{\sqrt3} & \frac{1}{\sqrt3}\end{pmatrix}=\begin{pmatrix}2 & 1 & 0\\ 1 & 1 & -1\\ 0 & -1 & 2\end{pmatrix}$$　答

類　題

3.10.1　次の条件 (1), (2) を満たす 3 次正方行列 A を求めよ．　（東京工業大学）

(1)　A の固有値はすべて正の実数である．

(2)　$A^2=\begin{pmatrix}27 & -26 & -10\\ 13 & -12 & -5\\ 10 & -10 & -1\end{pmatrix}$

演習問題

3.1 実数 $a > 0$ に対して，行列 A, P, B を

$$A = \begin{pmatrix} 1 & 0 & 0 \\ 0 & a & 0 \\ 0 & 0 & -1 \end{pmatrix},\ P = \begin{pmatrix} 1 & 2 & 3 \\ 0 & 1 & 0 \\ 1 & 3 & 2 \end{pmatrix},\ B = P^{-1}AP$$

と定める．以下の問いに答えよ．　（はこだて未来大学）

(1)　B が異なる 3 つの固有値を持たないとき，a の値を定めよ．

(2)　a が (1) で求めた値であるとき，$n = 1, 2, 3, \ldots$ に対し，

$$B^n \begin{pmatrix} x \\ y \\ z \end{pmatrix} = \begin{pmatrix} 1 \\ 1 \\ 1 \end{pmatrix}$$

を満たす x, y, z を求めよ．

3.2 a を実数とする．3 次の正方行列

$$A = \begin{pmatrix} 0 & 0 & 1 \\ 5-a & 2 & a-4 \\ -2 & 0 & 3 \end{pmatrix}$$

に対し，以下の問いに答えよ．　（神戸大学）

(1)　A の固有値をすべて求めよ．

(2)　A の各固有値に対応する固有ベクトルをそれぞれ求めよ．

(3)　A が対角化可能であるための a の条件を求めよ．

3.3 以下の問いに答えよ．　（大阪大学）

(1)　実数を成分とする 2 次の正方行列 A, B は対称行列とし，A は相異なる固有値を持つとする．このとき，$AB = BA$ ならば A と B は同じ直交行列によって対角化されることを示せ．

(2)　$\begin{pmatrix} 2 & 2 \\ 2 & -1 \end{pmatrix}, \begin{pmatrix} 2 & -2 \\ -2 & 5 \end{pmatrix}$ を同じ直交行列によって対角化せよ．

3.4 4 次正方行列 $\begin{pmatrix} 3 & 1 & 1 & -2 \\ 0 & 2 & 0 & 0 \\ 0 & 0 & 2 & 0 \\ 1 & 1 & 1 & 0 \end{pmatrix}$ について，以下の問いに答えよ．　（新潟大学）

(1)　A の固有値と各固有値に対応する固有ベクトルをそれぞれ求めよ．

(2)　$P^{-1}AP$ が対角行列となる正則行列 P を求め，A を対角化せよ．

3.5

$$A=\begin{pmatrix}9 & -3 & 0\\ -3 & 12 & -3\\ 0 & -3 & 9\end{pmatrix},\quad \boldsymbol{u}=\begin{pmatrix}x\\ y\\ z\end{pmatrix}$$

に対して，以下の問いに答えよ．（東北大学）

(1) A の固有値および固有ベクトルをすべて求めよ．

(2) $f(x,y,z)={}^t\boldsymbol{u}A\boldsymbol{u}$ と定める．$f(x,y,z)$ を x, y および z の多項式で表せ．

(3) 原点を通り A の固有ベクトルに平行な直線と 2 次曲面 $f(x,y,z)=18$ との交点をすべて求めよ．

3.6 行列

$$\Lambda=\begin{pmatrix}0 & 1 & 0\\ 0 & 0 & 1\\ 1 & 0 & 0\end{pmatrix},\quad A=\begin{pmatrix}a & b & c\\ c & a & b\\ b & c & a\end{pmatrix}\quad (a,b,c\in\mathbb{C})$$

に対して，以下の問いに答えよ．以下，E は 3 次の単位行列を表し，ω は 1 の三乗根 $\omega=\frac{1}{2}(-1+\sqrt{3}\,i)$ を表す．（神戸大学）

(1) Λ の固有値と固有ベクトルを求めよ．

(2) $A=aE+b\Lambda+c\Lambda^2$ と表されることを用いて，A の固有値と固有ベクトルを求めよ．

(3) 等式 $|A|=(a+b+c)(a+\omega b+\omega^2c)(a+\omega^2b+\omega c)$ を示せ．

3.7 スマートフォン業界のシェア争いを考える．A 社，B 社の 2 社が熾烈なシェア争いをしている．ある年 k 年（k は非負整数）の各社のシェアがそれぞれ，a_k%，b_k%（$a_k+b_k=100$）とする．翌年（$k+1$ 年）の各社のシェアは $S=\begin{pmatrix}s_{11} & s_{12}\\ s_{21} & s_{22}\end{pmatrix}$, $\boldsymbol{x}_k=\begin{pmatrix}a_k\\ b_k\end{pmatrix}$ とすると $\boldsymbol{x}_{k+1}=S\boldsymbol{x}_k$ で与えられるものとする．$\boldsymbol{x}_0=\begin{pmatrix}10\\ 90\end{pmatrix}$ として，以下の問いに答えよ．（京都大学）

(1) $S=\begin{pmatrix}0.9 & 0.2\\ 0.1 & 0.8\end{pmatrix}$ とする．

(i) $\boldsymbol{x}_n=\begin{pmatrix}a_n\\ b_n\end{pmatrix}$ を求めよ．

(ii) $\boldsymbol{x}_3=\begin{pmatrix}a_3\\ b_3\end{pmatrix}$ を求めよ．

(iii) $n\to\infty$ の場合の各社のシェアを求めよ．

(2) $S=\begin{pmatrix}0.6 & 0.4\\ 0.4 & 0.6\end{pmatrix}$ とする．$n\to\infty$ の場合の各社のシェアを求めよ．

3.8 次の問いに答えよ． （九州大学）

(1) λ_1, λ_2 を行列 A の固有値とし，$\boldsymbol{x}_1, \boldsymbol{x}_2$ をそれぞれ固有値 λ_1, λ_2 に対応する A の固有ベクトルとする．$\lambda_1 \neq \lambda_2$ ならば $\boldsymbol{x}_1, \boldsymbol{x}_2$ は 1 次独立であることを示せ.

(2) λ は行列 A の固有値であり，$\boldsymbol{x}$ は固有値 λ に対応する A の固有ベクトルであるとする．このとき，λ^k は行列 A^k の固有値であり，$\boldsymbol{x}$ は λ^k に対応する A^k の固有ベクトルであることを示せ.

(3) 行列 $A = \begin{pmatrix} \frac{1}{2} & 0 & -1 \\ 0 & \frac{1}{2} & -\frac{1}{2} \\ -1 & -\frac{1}{2} & -\frac{3}{2} \end{pmatrix}$ とする．A のすべての固有値と各固有値に対応する固有ベクトルを求めよ.

(4) A を (3) で与えられた行列とする．$x_0 \in \mathbb{R}^3$ に対して，$\boldsymbol{x}_k$（$k = 1, 2, \ldots$）を $\boldsymbol{x}_k = A\boldsymbol{x}_{k-1}$ によって定める．$\displaystyle\lim_{k\to\infty} \boldsymbol{x}_k$ が存在するための必要十分条件を $\boldsymbol{x}_0$ を用いて表せ.

4　ベクトル空間と線形写像

ベクトル空間　集合 V の元 $\boldsymbol{x}, \boldsymbol{y}$ と実数 λ に対してその和 $\boldsymbol{x}+\boldsymbol{y}$ および実数倍 $\lambda\boldsymbol{x}$ が定義され，$\boldsymbol{x}, \boldsymbol{y}, \boldsymbol{z} \in V$ $\lambda, \mu \in \mathbb{R}$ に対してベクトルと同じ計算法則

(1)　$\boldsymbol{x}+\boldsymbol{y}=\boldsymbol{y}+\boldsymbol{x}$

(2)　$(\boldsymbol{x}+\boldsymbol{y})+\boldsymbol{z}=\boldsymbol{x}+(\boldsymbol{y}+\boldsymbol{z})$

(3)　$\boldsymbol{0}$ が存在して $\boldsymbol{x}+\boldsymbol{0}=\boldsymbol{0}+\boldsymbol{x}=\boldsymbol{x}$

(4)　$\boldsymbol{x}$ の逆元 $-\boldsymbol{x}$ が存在して $\boldsymbol{x}+(-\boldsymbol{x})=-\boldsymbol{x}+\boldsymbol{x}=\boldsymbol{0}$

(5)　$(\lambda\mu)\boldsymbol{x}=\lambda(\mu\boldsymbol{x})$

(6)　$(\lambda+\mu)\boldsymbol{x}=\lambda\boldsymbol{x}+\mu\boldsymbol{x}$

(7)　$\lambda(\boldsymbol{x}+\boldsymbol{y})=\lambda\boldsymbol{x}+\lambda\boldsymbol{y}$

(8)　$1\boldsymbol{x}=\boldsymbol{x}$

が成り立つとき，V を（実）**ベクトル空間**という（なお，λ として複素数を考えることもあり，この場合は**複素ベクトル空間**という）．
ベクトル空間の例としては n 次元数ベクトル $(a_1, a_2, \ldots, a_n)$ の全体からなる空間，すなわち $\mathbb{R}^n$ がある．

部分空間　ベクトル空間 V の部分集合 W が，次の 2 つの条件を満たすとき，W 自身もベクトル空間となる．

(1)　$\boldsymbol{a},\ \boldsymbol{b} \in W \Longrightarrow \boldsymbol{a}+\boldsymbol{b} \in W$

(2)　$\lambda \in \mathbb{R},\ \boldsymbol{a} \in W \Longrightarrow \lambda\boldsymbol{a} \in W$

このとき，W は V の**部分ベクトル空間**（または単に**部分空間**）という．

ベクトル空間の共通部分・和　ベクトル空間 V の部分空間 W_1, W_2 に対し，その共通部分 $W_1 \cap W_2$ も V の部分空間となる．しかし，和集合 $W_1 \cup W_2$ は一般に部分空間とならない．

$$W_1+W_2=\{\boldsymbol{w}_1+\boldsymbol{w}_2 \mid \boldsymbol{w}_1 \in W_1,\ \boldsymbol{w}_2 \in W_2\}$$

が W_1, W_2 を含む最小の部分空間である（演習問題 4.1）．

1 次結合・1 次独立・1 次従属　ベクトル空間 V の元 $\boldsymbol{v}_1, \boldsymbol{v}_2, \ldots, \boldsymbol{v}_n$ に対して，実数 $\lambda_1, \lambda_2, \ldots, \lambda_n$ を用いて

$$\lambda_1\boldsymbol{v}_1+\lambda_2\boldsymbol{v}_2+\cdots+\lambda_n\boldsymbol{v}_n$$

を作ると V の元になる．これを $\boldsymbol{v}_1, \boldsymbol{v}_2, \ldots, \boldsymbol{v}_n$ の **1 次結合**という．

$\boldsymbol{v}_1, \boldsymbol{v}_2, \ldots, \boldsymbol{v}_n$ が **1 次独立**であるとは，

$$\lambda_1 \boldsymbol{v}_1 + \lambda_2 \boldsymbol{v}_2 + \cdots + \lambda_n \boldsymbol{v}_n = 0 \Longrightarrow \lambda_1 = \lambda_2 = \cdots = \lambda_n = 0$$

となることをいう．

$\boldsymbol{v}_1, \boldsymbol{v}_2, \ldots, \boldsymbol{v}_n$ が 1 次独立でないとき **1 次従属**であるという．

ベクトル空間の基底・次元　ベクトル空間 V の元 $\boldsymbol{v}_1, \boldsymbol{v}_2, \ldots, \boldsymbol{v}_n$ が次の条件を満たすとき，これらを V の**基底**であるという．

(1)　V の任意の元 v は $\boldsymbol{v}_1, \boldsymbol{v}_2, \ldots, \boldsymbol{v}_n$ の 1 次結合で表される．

(2)　この表し方は一意的である．すなわち，

$$\boldsymbol{v} = \lambda_1 \boldsymbol{v}_1 + \lambda_2 \boldsymbol{v}_2 + \cdots + \lambda_n \boldsymbol{v}_n = \mu_1 \boldsymbol{v}_1 + \mu_2 \boldsymbol{v}_2 + \cdots + \mu_n \boldsymbol{v}_n$$

ならば $\lambda_1 = \mu_1, \lambda_2 = \mu_2, \ldots, \lambda_n = \mu_n$ となる．

条件 (2) は $\boldsymbol{v}_1, \boldsymbol{v}_2, \ldots, \boldsymbol{v}_n$ が 1 次独立であることと同値である．このとき，V の**次元**は n であるといい，$\dim V = n$ と表す．

なお，$\mathbb{R}^n$ をベクトル空間と考えると

$$\boldsymbol{e}_1 = (1, 0, 0, \ldots, 0), \quad \boldsymbol{e}_2 = (0, 1, 0, \ldots, 0), \quad \ldots, \quad \boldsymbol{e}_n = (0, 0, 0, \ldots, 1)$$

は $\mathbb{R}^n$ の基底となる．これを**標準基底**という．

ベクトル空間において任意の 2 元 $\boldsymbol{x}, \boldsymbol{y}$ に対して実数 $(\boldsymbol{x}, \boldsymbol{y})$ が定義され，任意のベクトル $\boldsymbol{x}, \boldsymbol{y}, \boldsymbol{z}$，実数 λ に対して次の性質を満たすとき，$(\boldsymbol{x}, \boldsymbol{y})$ を $\boldsymbol{x}, \boldsymbol{y}$ の**内積**という．

(1)　$(\boldsymbol{x} + \boldsymbol{y}, \boldsymbol{z}) = (\boldsymbol{x}, \boldsymbol{z}) + (\boldsymbol{y}, \boldsymbol{z})$

(2)　$(\lambda \boldsymbol{x}, y) = \lambda(\boldsymbol{x}, \boldsymbol{y})$

(3)　$(\boldsymbol{x}, \boldsymbol{y}) = (\boldsymbol{y}, \boldsymbol{x})$

(4)　$(\boldsymbol{x}, \boldsymbol{x}) \geqq 0$ であり，$(\boldsymbol{x}, \boldsymbol{x}) = 0 \Longleftrightarrow \boldsymbol{x} = \boldsymbol{0}$

このとき，$\sqrt{(\boldsymbol{x}, \boldsymbol{x})} = |\boldsymbol{x}|$ と表す．

内積が定義されている場合，基底 $\boldsymbol{v}_1, \boldsymbol{v}_2, \ldots, \boldsymbol{v}_n$ に対して

(A)　$|\boldsymbol{v}_1| = \cdots = |\boldsymbol{v}_n| = 1$

(B)　相異なる j, k（$1 \leqq j, k \leqq n$）に対して $(\boldsymbol{v}_i, \boldsymbol{v}_j) = 0$

が成り立つときこれらを**正規直交基底**という（基本問題 4.2）．

基底の変更　ベクトル空間 V の基底を $\boldsymbol{v}_1, \boldsymbol{v}_2, \ldots, \boldsymbol{v}_n$ から $\boldsymbol{w}_1, \boldsymbol{w}_2, \ldots, \boldsymbol{w}_n$ に変更すると，$\boldsymbol{v}_1, \boldsymbol{v}_2, \ldots, \boldsymbol{v}_n$ と $\boldsymbol{w}_1, \boldsymbol{w}_2, \ldots, \boldsymbol{w}_n$ の間には，次の関係が成り立つ．

$$n \text{ 次正則行列 } P \text{ が存在して } (\boldsymbol{w}_1, \boldsymbol{w}_2, \ldots, \boldsymbol{w}_n) = (\boldsymbol{v}_1, \boldsymbol{v}_2, \ldots, \boldsymbol{v}_n)P$$

線形写像とその表現　ベクトル空間 V から W への写像 $f: V \to W$ が次の条件を満たすとき，**線形写像**という．特に $V = W$ のとき f は**線形変換**という．

(1)　V の任意の元 $\boldsymbol{x}, \boldsymbol{y}$ に対して $f(\boldsymbol{x}+\boldsymbol{y}) = f(\boldsymbol{x}) + f(\boldsymbol{y})$

(2)　V の任意の元 $\boldsymbol{x}$，実数 λ に対して $f(\lambda\boldsymbol{x}) = \lambda f(\boldsymbol{x})$

V, W の基底をそれぞれ $\boldsymbol{v}_1, \boldsymbol{v}_2, \ldots, \boldsymbol{v}_n$ および $\boldsymbol{w}_1, \boldsymbol{w}_2, \ldots, \boldsymbol{w}_m$ とするとき $m \times n$ 型行列 A が存在して

$$(f(\boldsymbol{v}_1), f(\boldsymbol{v}_2), \ldots, f(\boldsymbol{v}_n)) = (\boldsymbol{w}_1, \boldsymbol{w}_2, \ldots, \boldsymbol{w}_m)A$$

となる．この A を f の**表現**という．f の表現は V, W の基底の取り方に依存する．

線形写像の像と核　$f: V \to W$ を線形写像とする．

$\operatorname{Im} f = \{f(\boldsymbol{v}) \mid \boldsymbol{v} \in V\}$ を f の**像**，$\operatorname{Ker} f = \{\boldsymbol{v} \in V \mid f(\boldsymbol{v}) = \boldsymbol{0}\}$ を f の**核**という．
これらは，それぞれ W, V の部分空間である．

線形写像のランクと次元定理　線形写像 $f: V \to W$ に対し，$\dim(\operatorname{Im} f)$ を線形写像 f のランクといい，$\operatorname{rank} f$ と書く．

$$\operatorname{rank} f = \dim(\operatorname{Im} f)$$

V, W の基底を固定し f の表現を A とすると $\operatorname{rank} f = \operatorname{rank} A$ であり，この値は V, W の基底の取り方によらない．
また，次の**次元定理**が成立する（基本問題 4.7）．

$$\dim(\operatorname{Ker} f) + \operatorname{rank} f = n \ (= \dim V)$$

行列の行基本変形とランク

(1)　行列 A の小行列式（A からいくつかの行や列を取り除いて正方行列としたものの行列式）のうちで，値が 0 でないものの最大次数を A の**ランク**といい，$\operatorname{rank} A$ と表す．

また，この値は

(2)　A の行ベクトルで 1 次独立なものの最大数

(3)　A の列ベクトルで 1 次独立なものの最大数

のいずれとも一致する．
行列 A に，次の変形を施しても $\operatorname{rank} A$ は変わらない．

(i)　ある行に他の行の定数倍を足す．

(ii)　ある行に 0 でない数を掛ける．

(iii)　2 つの行を入れ替える．

これらを**行基本変形**という．

基本問題 4.1　同次連立方程式の解空間

連立方程式

$$\begin{cases} x_1+2x_2+3x_3+4x_4=0 \\ 4x_1+3x_2+2x_3+\ x_4=0 \end{cases}$$

を満たす点 $\begin{pmatrix} x_1 \\ x_2 \\ x_3 \\ x_4 \end{pmatrix} \in \mathbb{R}^4$ の全体を V とする.　（金沢大学 参考問題）

(1) V は $\mathbb{R}^4$ の部分空間であることを示せ.

(2) V の基底を求めよ.

(3) $\mathbb{R}^4$ の基底で (2) で求めた V の基底を含むものを求めよ.

ポイント　同次連立方程式は $A\boldsymbol{x}=\boldsymbol{0}$ の形に表される. 任意に解 $\boldsymbol{x}$, $\boldsymbol{y}$ を取り

$$A(\boldsymbol{x}+\boldsymbol{y})=\boldsymbol{0}, \quad A\lambda\boldsymbol{x}=\boldsymbol{0} \quad (\lambda\in\mathbb{R})$$

を示すことで解空間がベクトル空間となることが示され, A を行基本変形することで基底が求められる.

【解答】 (1) $A=\begin{pmatrix} 1 & 2 & 3 & 4 \\ 4 & 3 & 2 & 1 \end{pmatrix}$ とおくと, $\boldsymbol{x}\in V \Leftrightarrow A\boldsymbol{x}=\boldsymbol{0}\in\mathbb{R}^2$ である.
任意に $\boldsymbol{x},\boldsymbol{y}\in V$, $\lambda\in\mathbb{R}$ を取ると $A\boldsymbol{x}=\boldsymbol{0}$, $A\boldsymbol{y}=\boldsymbol{0}$ が成り立つから,

$$A(\boldsymbol{x}+\boldsymbol{y})=A\boldsymbol{x}+A\boldsymbol{y}=\boldsymbol{0}, \quad A\lambda\boldsymbol{x}=\lambda A\boldsymbol{x}=\boldsymbol{0}$$

となる. ゆえに

$$\boldsymbol{x}+\boldsymbol{y}\in V, \quad \lambda\boldsymbol{x}\in V$$

となり, V は $\mathbb{R}^4$ の部分空間である. ［証明終］

(2) A を行基本変形する.

$$\begin{pmatrix} 1 & 2 & 3 & 4 \\ 4 & 3 & 2 & 1 \end{pmatrix} \xrightarrow[②-①\times 4]{} \begin{pmatrix} 1 & 2 & 3 & 4 \\ 0 & -5 & -10 & -15 \end{pmatrix}$$

$$\xrightarrow[②\times(-\frac{1}{5})]{} \begin{pmatrix} 1 & 2 & 3 & 4 \\ 0 & 1 & 2 & 3 \end{pmatrix} \xrightarrow[①-②\times 2]{} \begin{pmatrix} 1 & 0 & -1 & -2 \\ 0 & 1 & 2 & 3 \end{pmatrix}$$

これより V の元 $\boldsymbol{x}=\begin{pmatrix} x_1 \\ x_2 \\ x_3 \\ x_4 \end{pmatrix}$ は

$$\begin{cases} x_1 = x_3 + 2x_4 \\ x_2 = -2x_3 - 3x_4 \end{cases}$$

を満たすので，$x_3 = s, x_4 = t$ とおけば

$$\boldsymbol{x} = s\begin{pmatrix} 1 \\ -2 \\ 1 \\ 0 \end{pmatrix} + t\begin{pmatrix} 2 \\ -3 \\ 0 \\ 1 \end{pmatrix}$$

と表される．したがって，V の基底は

$$\begin{pmatrix} 1 \\ -2 \\ 1 \\ 0 \end{pmatrix}, \begin{pmatrix} 2 \\ -3 \\ 0 \\ 1 \end{pmatrix}$$ 答

(3) $\begin{pmatrix} 1 \\ 0 \\ 0 \\ 0 \end{pmatrix}, \begin{pmatrix} 0 \\ 1 \\ 0 \\ 0 \end{pmatrix}, \begin{pmatrix} 1 \\ -2 \\ 1 \\ 0 \end{pmatrix}, \begin{pmatrix} 2 \\ -3 \\ 0 \\ 1 \end{pmatrix}$ を考える．これらのベクトルを並べてできる行列の行列式は

$$\begin{vmatrix} 1 & 0 & 1 & 2 \\ 0 & 1 & -2 & -3 \\ 0 & 0 & 1 & 0 \\ 0 & 0 & 0 & 1 \end{vmatrix} = 1 \neq 0$$

であるから，これらは 1 次独立であり，$\mathbb{R}^4$ の基底となる．　答

類　題

4.1.1　a, b を実数とするとき，$\mathbb{R}^4$ の部分集合

$$W = \left\{ \begin{pmatrix} x \\ y \\ z \\ w \end{pmatrix} \middle| \begin{array}{l} x + 3y + 5z - w \ = a \\ x - y - 3z + 3w \ = b \\ 2x - y - 4z + 5w = 0 \end{array} \right\}$$

について以下の問いに答えよ．　（名古屋工業大学）

(1)　W が $\mathbb{R}^4$ の部分空間となるように a, b の値を定めよ．

(2)　a, b が (1) で定めた値のとき，W の次元と基底を求めよ．

基本問題 4.2　内積を持つベクトル空間

実線形空間 W のベクトル $\boldsymbol{v}_1, \ldots, \boldsymbol{v}_n$ が次の 2 つの条件を満たしているとする.

(A)　$|\boldsymbol{v}_1| = \cdots = |\boldsymbol{v}_n| = 1$

(B)　相異なる j, k $(j = 1, \ldots, n,\ k = 1, \ldots, n)$ に対して $(\boldsymbol{v}_i, \boldsymbol{v}_j) = 0$

ここで (,) は W の内積を表し，$|\boldsymbol{v}| = \sqrt{(\boldsymbol{v}, \boldsymbol{v})}$ は $\boldsymbol{v}$ の長さである．また，$\boldsymbol{v}_1, \ldots, \boldsymbol{v}_n$ の 1 次結合によって表されるベクトル全体からなる集合を V とする．以下を証明せよ.　　（筑波大学）

(1)　$\boldsymbol{v}_1, \ldots, \boldsymbol{v}_n$ は 1 次独立である.

(2)　任意のベクトル $\boldsymbol{x} \in V$ が，実数 $x_1, \ldots, x_n$ を用いて

$$\boldsymbol{x} = x_1\boldsymbol{v}_1 + x_2\boldsymbol{v}_2 + \cdots + x_n\boldsymbol{v}_n$$

と表されるとき，次の等式が成り立つ.

$$|\boldsymbol{x}|^2 = x_1^2 + x_2^2 + \cdots + x_n^2$$

(3)　V は W の部分空間である.

(4)　$V \neq W$ であれば，$w \notin V$ かつ $w \in W$ を満たす任意のベクトル $\boldsymbol{w}$ に対して $\boldsymbol{v}_1, \ldots, \boldsymbol{v}_n, \boldsymbol{w}$ は 1 次独立である.

ポイント　(1)　内積の性質により示される．(2)　1 次独立の定義よりわかる．(A), (B) の 2 条件を満たす基底を**正規直交基底**という.

【解答】　(1)　$\lambda_1, \ldots, \lambda_n$ を実数とし，$\lambda_1\boldsymbol{v}_1 + \cdots + \lambda_n\boldsymbol{v}_n = \boldsymbol{0}$ と仮定すると，

$$(\boldsymbol{v}_j, \lambda_1\boldsymbol{v}_1 + \cdots + \lambda_n\boldsymbol{v}_n) = (\boldsymbol{v}_j, \boldsymbol{0}) = 0 \quad (j = 1, \ldots, n)$$

となる.

$$\text{左辺} = \lambda_j(\boldsymbol{v}_j, \boldsymbol{v}_j) = \lambda_j$$

なので，$\lambda_j = 0$ $(j = 1, \ldots, n)$ となる.

したがって，$\boldsymbol{v}_1, \ldots, \boldsymbol{v}_n$ は 1 次独立である．［証明終］

(2)　$\boldsymbol{x} = x_1\boldsymbol{v}_1 + x_2\boldsymbol{v}_2 + \cdots + x_n\boldsymbol{v}_n$ のとき，

$$\begin{aligned}
|\boldsymbol{x}|^2 &= (\boldsymbol{x}, \boldsymbol{x}) \\
&= (x_1\boldsymbol{v}_1 + x_2\boldsymbol{v}_2 + \cdots + x_n\boldsymbol{v}_n, x_1\boldsymbol{v}_1 + x_2\boldsymbol{v}_2 + \cdots + x_n\boldsymbol{v}_n) \\
&= x_1x_1(\boldsymbol{v}_1, \boldsymbol{v}_1) + x_1x_2(\boldsymbol{v}_1, \boldsymbol{v}_2) + \cdots + x_1x_n(\boldsymbol{v}_1, \boldsymbol{v}_n) \\
&\quad + x_2x_1(\boldsymbol{v}_2, \boldsymbol{v}_1) + x_2x_2(\boldsymbol{v}_2, \boldsymbol{v}_2) + \cdots + x_2x_n(\boldsymbol{v}_2, \boldsymbol{v}_n) \\
&\quad + \cdots \\
&\quad + x_nx_1(\boldsymbol{v}_n, \boldsymbol{v}_1) + x_nx_2(\boldsymbol{v}_n, \boldsymbol{v}_2) + \cdots + x_nx_n(\boldsymbol{v}_n, \boldsymbol{v}_n) \\
&= x_1^2 + x_2^2 + \cdots + x_n^2 \quad \text{［証明終］}
\end{aligned}$$

(3)　V から任意に 2 つの元

$$\boldsymbol{x} = x_1\boldsymbol{v}_1 + x_2\boldsymbol{v}_2 + \cdots + x_n\boldsymbol{v}_n,$$
$$\boldsymbol{y} = y_1\boldsymbol{v}_1 + y_2\boldsymbol{v}_2 + \cdots + y_n\boldsymbol{v}_n$$

を取り，$\lambda \in \mathbb{R}$ とする（$x_1, \ldots, x_n, y_1, \ldots, y_n \in \mathbb{R}$）.

$$\begin{aligned}\boldsymbol{x} + \boldsymbol{y} &= x_1\boldsymbol{v}_1 + x_2\boldsymbol{v}_2 + \cdots + x_n\boldsymbol{v}_n + y_1\boldsymbol{v}_1 + y_2\boldsymbol{v}_2 + \cdots + y_n\boldsymbol{v}_n \\ &= (x_1 + y_1)\boldsymbol{v}_1 + (x_2 + y_2)\boldsymbol{v}_2 + \cdots + (x_n + y_n)\boldsymbol{v}_n\end{aligned}$$

であり，$x_1 + y_1, \ldots, x_n + y_n \in \mathbb{R}$ なので $\boldsymbol{x} + \boldsymbol{y} \in V$ となる.
同様に

$$\lambda\boldsymbol{x} = \lambda(x_1\boldsymbol{v}_1 + x_2\boldsymbol{v}_2 + \cdots + x_n\boldsymbol{v}_n) = \lambda x_1\boldsymbol{v}_1 + \lambda x_2\boldsymbol{v}_2 + \cdots + \lambda x_n\boldsymbol{v}_n$$

であり，$\lambda x_1, \ldots, \lambda x_n \in \mathbb{R}$ なので $\lambda\boldsymbol{x} \in V$ である.
ゆえに V は W の部分空間となる. [証明終]

(4)　$\boldsymbol{w} \notin V, \boldsymbol{w} \in W$ とする.

$$\lambda_1\boldsymbol{v}_1 + \cdots + \lambda_n\boldsymbol{v}_n + \lambda_{n+1}\boldsymbol{w} = \boldsymbol{0} \quad (\lambda_1, \ldots, \lambda_{n+1} \in \mathbb{R})$$

と仮定すると $\lambda_{n+1} = 0$ となる. なぜなら，もし $\lambda_{n+1} \neq 0$ とすると，

$$\boldsymbol{w} = -\frac{\lambda_1}{\lambda_{n+1}}\boldsymbol{v}_1 - \cdots - \frac{\lambda_n}{\lambda_{n+1}}\boldsymbol{v}_n$$

となり，$\boldsymbol{w} \notin V$ に矛盾するからである.
したがって，$\lambda_1\boldsymbol{v}_1 + \cdots + \lambda_n\boldsymbol{v}_n = \boldsymbol{0}$ となり，(1) と全く同様にして $\lambda_1 = \cdots = \lambda_n = 0$ であることがわかる.
以上より $\boldsymbol{v}_1, \ldots, \boldsymbol{v}_n, \boldsymbol{w}$ が 1 次独立となる. [証明終]

類　題

4.2.1　$n \geqq 5$ とし，n 次以下の実多項式

$$f(x) = a_nx^n + a_{n-1}x^{n-1} + \cdots + a_1x + a_0$$

のなすベクトル空間を W とし，

$$V = \{f(x) \in W \mid f'(1) = f''(1) = 0\}$$

とおく（V は W の部分空間である）. V の基底および次元を求めよ.　（東北大学）

ヒント：W の基底として $1, x-1, (x-1)^2, \ldots, (x-1)^n$ を考えよ.

基本問題 4.3 線形写像の像と核

$\mathbb{R}^4$から $\mathbb{R}^3$ への線形写像

$$f(\boldsymbol{p}) = \begin{pmatrix} x+2z-5w \\ 3x-6y-3w \\ -2x+5y+z \end{pmatrix}, \quad \boldsymbol{p} = \begin{pmatrix} x \\ y \\ z \\ w \end{pmatrix}$$

の核（Ker f）と像（Im f）の次元と基底をそれぞれ求めよ．（お茶の水女子大学）

ポイント 核を求めるには係数行列を行基本変形する．像は係数行列の列ベクトルで 1 次独立なものからなることが示される．

【解答】 $A = \begin{pmatrix} 1 & 0 & 2 & -5 \\ 3 & -6 & 0 & -3 \\ -2 & 5 & 1 & 0 \end{pmatrix}$ とおくと $f(\boldsymbol{p}) = A\boldsymbol{p}$ である．

A を行基本変形すると，

$$A \xrightarrow[\text{③}+\text{①}\times 2]{\text{②}-\text{①}\times 3} \begin{pmatrix} 1 & 0 & 2 & -5 \\ 0 & -6 & -6 & 12 \\ 0 & 5 & 5 & -10 \end{pmatrix} \xrightarrow[\text{③}-\text{②}\times 5]{\text{②}\times(-\frac{1}{6})} \begin{pmatrix} 1 & 0 & 2 & -5 \\ 0 & 1 & 1 & -2 \\ 0 & 0 & 0 & 0 \end{pmatrix}$$

したがって，Ker f の元は

$$\begin{cases} x = -2z+5w \\ y = -z+2w \end{cases}$$

を満たすので $z = s,\ w = t$ とおくと

$$\begin{pmatrix} x \\ y \\ z \\ w \end{pmatrix} = \begin{pmatrix} -2z+5w \\ -z+2w \\ z \\ w \end{pmatrix}$$

$$= s\begin{pmatrix} -2 \\ -1 \\ 1 \\ 0 \end{pmatrix} + t\begin{pmatrix} 5 \\ 2 \\ 0 \\ 1 \end{pmatrix}$$

$\begin{pmatrix} -2 \\ -1 \\ 1 \\ 0 \end{pmatrix}, \begin{pmatrix} 5 \\ 2 \\ 0 \\ 1 \end{pmatrix}$ は 1 次独立なので，これらが Ker f の基底となり，

$$\dim(\mathrm{Ker}\, f) = 2 \quad \text{答}$$

また，像については

$$\begin{aligned}\operatorname{Im} f &= \{A\boldsymbol{p} \mid \boldsymbol{p} \in \mathbb{R}^4\} \\ &= \left\{ x\begin{pmatrix} 1 \\ 3 \\ -2 \end{pmatrix} + y\begin{pmatrix} 0 \\ -6 \\ 5 \end{pmatrix} + z\begin{pmatrix} 2 \\ 0 \\ 1 \end{pmatrix} + w\begin{pmatrix} -5 \\ -3 \\ 0 \end{pmatrix} \,\middle|\, x, y, z, w \in \mathbb{R} \right\}\end{aligned}$$

が成り立つ．ここで $\operatorname{rank} A = 2$ なので A の列ベクトルのうち 1 次独立な 2 本が基底をなす．例えば $\begin{pmatrix} 1 \\ 3 \\ -2 \end{pmatrix}, \begin{pmatrix} 0 \\ -6 \\ 5 \end{pmatrix}$ が $\operatorname{Im} f$ の基底となり

$$\dim(\operatorname{Im} f) = 2 \quad \boxed{答}$$

類　題

4.3.1　行列 $A = \begin{pmatrix} 1 & 1 & 2 \\ 2 & 2 & 4 \\ 2 & 2 & a \end{pmatrix}$ で定まる線形写像

$$f : \mathbb{R}^3 \to \mathbb{R}^3, \quad f\begin{pmatrix} x_1 \\ x_2 \\ x_3 \end{pmatrix} = A\begin{pmatrix} x_1 \\ x_2 \\ x_3 \end{pmatrix}$$

について，以下の問いに答えよ．ただし，a は実数とする．　（はこだて未来大学）

(1)　A の階数 $\operatorname{rank} A$ を答えよ．

(2)　f の核 $\operatorname{Ker} f$ の基底を求めよ．

(3)　f の像 $\operatorname{Im} f$ の基底を求めよ．

ヒント：A を行基本変形して考えよ．a の値により異なる解がある．

基本問題 4.4 **線形写像の決定**

$\mathbb{R}^3$ から $\mathbb{R}^3$ への線形写像 f が

$$\begin{pmatrix} 2 \\ 1 \\ -1 \end{pmatrix}, \begin{pmatrix} 2 \\ 3 \\ 2 \end{pmatrix}, \begin{pmatrix} -1 \\ 0 \\ 1 \end{pmatrix} \text{ を } \begin{pmatrix} 5 \\ 1 \\ -11 \end{pmatrix}, \begin{pmatrix} 16 \\ 13 \\ 4 \end{pmatrix}, \begin{pmatrix} 0 \\ 2 \\ 8 \end{pmatrix}$$

にそれぞれうつすとする．このとき，以下の問いに答えよ．（お茶の水女子大学）

(1) 線形写像 f を表す行列 A を求めよ．

(2) 線形写像 f の核（$\mathrm{Ker}\,f$）と像（$\mathrm{Im}\,f$）の次元と基底をそれぞれ求めよ．

ポイント (1) 通常の行列方程式 $AB = C$ より B を求めるが，ここでは A を求めるので，逆行列を右からかけることに注意する．

【解答】 (1) $B = \begin{pmatrix} 2 & 2 & -1 \\ 1 & 3 & 0 \\ -1 & 2 & 1 \end{pmatrix}$, $C = \begin{pmatrix} 5 & 16 & 0 \\ 1 & 13 & 2 \\ -11 & 4 & 8 \end{pmatrix}$ とおく．

$AB = C$ となる行列 A を求めればよい．

$$\begin{aligned} A &= CB^{-1} \quad \text{（余因子行列により）} \\ &= \begin{pmatrix} 5 & 16 & 0 \\ 1 & 13 & 2 \\ -11 & 4 & 8 \end{pmatrix} \frac{1}{-1} \begin{pmatrix} 3 & -4 & 3 \\ -1 & 1 & -1 \\ 5 & -6 & 4 \end{pmatrix} \\ &= -\begin{pmatrix} 5 & 16 & 0 \\ 1 & 13 & 2 \\ -11 & 4 & 8 \end{pmatrix} \begin{pmatrix} 3 & -4 & 3 \\ -1 & 1 & -1 \\ 5 & -6 & 4 \end{pmatrix} \\ &= \begin{pmatrix} 1 & 4 & 1 \\ 0 & 3 & 2 \\ -3 & 0 & 5 \end{pmatrix} \quad \boxed{\text{答}} \end{aligned}$$

(2) A を行基本変形すると，

$$\begin{pmatrix} 1 & 4 & 1 \\ 0 & 3 & 2 \\ -3 & 0 & 5 \end{pmatrix} \xrightarrow[\substack{② \times \frac{1}{3} \\ ③ \times (-\frac{1}{3})}]{} \begin{pmatrix} 1 & 4 & 1 \\ 0 & 1 & \frac{2}{3} \\ 1 & 0 & -\frac{5}{3} \end{pmatrix} \xrightarrow[① - ③]{} \begin{pmatrix} 0 & 4 & \frac{8}{3} \\ 0 & 1 & \frac{2}{3} \\ 1 & 0 & -\frac{5}{3} \end{pmatrix}$$

$$\xrightarrow[\substack{① - ② \times 4 \\ ① \leftrightarrow ③}]{} \begin{pmatrix} 1 & 0 & -\frac{5}{3} \\ 0 & 1 & \frac{2}{3} \\ 0 & 0 & 0 \end{pmatrix}$$

したがって，$\mathrm{Ker}\, f$ の元 $\begin{pmatrix} x \\ y \\ z \end{pmatrix}$ は $\begin{cases} x = \dfrac{5}{3}z \\ y = -\dfrac{2}{3}z \end{cases}$ を満たす．

これより，$\dim(\mathrm{Ker}\, f) = 1$ で，基底として $\begin{pmatrix} 5 \\ -2 \\ 3 \end{pmatrix}$ がとれる．　答

$$\mathrm{Im}\, f = \left\{ x\begin{pmatrix} 1 \\ 0 \\ -3 \end{pmatrix} + y\begin{pmatrix} 4 \\ 3 \\ 0 \end{pmatrix} + z\begin{pmatrix} 1 \\ 2 \\ 5 \end{pmatrix} \;\middle|\; x, y, z \in \mathbb{R} \right\}$$

であり，$\mathrm{Ker}\, f$ の計算でみたように $\mathrm{rank}\, A = 2$ なので $\begin{pmatrix} 1 \\ 0 \\ -3 \end{pmatrix}, \begin{pmatrix} 4 \\ 3 \\ 0 \end{pmatrix}, \begin{pmatrix} 1 \\ 2 \\ 5 \end{pmatrix}$ のうち 2 つが 1 次独立で，残りがそれらに 1 次従属となる．

例えば $\begin{pmatrix} 1 \\ 0 \\ -3 \end{pmatrix}, \begin{pmatrix} 4 \\ 3 \\ 0 \end{pmatrix}$ は 1 次独立なので $\dim(\mathrm{Im}\, f) = 2$ であり，これらが基底となる．　答

類　題

4.4.1　$\mathbb{R}^4$ から $\mathbb{R}^3$ への線形写像 f が

$$\begin{pmatrix} 1 \\ 2 \\ 1 \\ 3 \end{pmatrix}, \begin{pmatrix} 2 \\ 2 \\ 0 \\ 1 \end{pmatrix}, \begin{pmatrix} 1 \\ 1 \\ 2 \\ 1 \end{pmatrix}, \begin{pmatrix} 2 \\ 1 \\ 1 \\ 2 \end{pmatrix} \text{ を } \begin{pmatrix} 6 \\ 4 \\ 2 \end{pmatrix}, \begin{pmatrix} 7 \\ 12 \\ 17 \end{pmatrix}, \begin{pmatrix} 0 \\ 10 \\ 20 \end{pmatrix}, \begin{pmatrix} 4 \\ 6 \\ 8 \end{pmatrix}$$

にそれぞれうつすとする．このとき，f を表す行列 A を求めよ．

ヒント：基本問題と同様であるが，計算量が多くなるので，両辺を転置してから掃き出し法を用いる．

基本問題 4.5　　線形写像の表現行列

$\boldsymbol{v}_1 = \begin{pmatrix} 1 \\ 0 \\ 1 \end{pmatrix}, \boldsymbol{v}_2 = \begin{pmatrix} 0 \\ 1 \\ 1 \end{pmatrix} \in \mathbb{R}^3$ に対して，線形写像 $f : \mathbb{R}^3 \to \mathbb{R}^3$ を次で定義する．

$$f(\boldsymbol{x}) = (\boldsymbol{x}, \boldsymbol{v}_1)\boldsymbol{v}_1 + (\boldsymbol{x}, \boldsymbol{v}_2)\boldsymbol{v}_2 \quad (\boldsymbol{x} \in \mathbb{R}^3)$$

ただし，$(\boldsymbol{x}, \boldsymbol{v}_i)$ は $\boldsymbol{x}$ と $\boldsymbol{v}_i$ の $\mathbb{R}^3$ における通常の内積とする（$i = 1, 2$）．さらに，W を $\boldsymbol{v}_1, \boldsymbol{v}_2$ で生成される $\mathbb{R}^3$ の部分空間とし，線形写像 $g : W \to W$ を $g(\boldsymbol{x}) = f(\boldsymbol{x})$（$\boldsymbol{x} \in W$）で定義するとき，以下の問いに答えよ．（電気通信大学）

(1) f の核 $\mathrm{Ker}\, f$ の基底を求めよ．

(2) W の基底 $\boldsymbol{v}_1$, $\boldsymbol{v}_2$ に関する g の表現行列 A を求めよ．

ポイント (2) 線形写像の表現行列は $g(\boldsymbol{v}_1)$, $g(\boldsymbol{v}_2)$ を $\boldsymbol{v}_1$, $\boldsymbol{v}_2$ の 1 次結合で表すことで求められる．

【解答】 (1) $\boldsymbol{x} = \begin{pmatrix} x_1 \\ x_2 \\ x_3 \end{pmatrix}$ とすると，

$$\begin{aligned} f(\boldsymbol{x}) &= (x_1 + x_3)\boldsymbol{v}_1 + (x_2 + x_3)\boldsymbol{v}_2 \\ &= \begin{pmatrix} x_1 + x_3 \\ x_2 + x_3 \\ x_1 + x_2 + 2x_3 \end{pmatrix} = \begin{pmatrix} 1 & 0 & 1 \\ 0 & 1 & 1 \\ 1 & 1 & 2 \end{pmatrix} \boldsymbol{x} \end{aligned}$$

である．この係数行列は行基本変形により

$$\begin{pmatrix} 1 & 0 & 1 \\ 0 & 1 & 1 \\ 1 & 1 & 2 \end{pmatrix} \xrightarrow[\substack{③-① \\ ③-②}]{} \begin{pmatrix} 1 & 0 & 1 \\ 0 & 1 & 1 \\ 0 & 0 & 0 \end{pmatrix}$$

となるので，$\mathrm{Ker}\, f$ の元 $\begin{pmatrix} x_1 \\ x_2 \\ x_3 \end{pmatrix}$ は $\begin{cases} x_1 = -x_3 \\ x_2 = -x_3 \end{cases}$ を満たす．$x_3 = s$ とおくと

$$\begin{pmatrix} x_1 \\ x_2 \\ x_3 \end{pmatrix} = s \begin{pmatrix} -1 \\ -1 \\ 1 \end{pmatrix}$$

となり，$\begin{pmatrix} -1 \\ -1 \\ 1 \end{pmatrix}$ が $\mathrm{Ker}\, f$ の基底となる．答

(2)

$$g(\boldsymbol{v}_1) = (\boldsymbol{v}_1, \boldsymbol{v}_1)\boldsymbol{v}_1 + (\boldsymbol{v}_1, \boldsymbol{v}_2)\boldsymbol{v}_2 = 2\boldsymbol{v}_1 + \boldsymbol{v}_2$$
$$g(\boldsymbol{v}_2) = (\boldsymbol{v}_2, \boldsymbol{v}_1)\boldsymbol{v}_1 + (\boldsymbol{v}_2, \boldsymbol{v}_2)\boldsymbol{v}_2 = \boldsymbol{v}_1 + 2\boldsymbol{v}_2$$

なので，

$$(g(\boldsymbol{v}_1)\ g(\boldsymbol{v}_2)) = (2\boldsymbol{v}_1 + \boldsymbol{v}_2\ \ \boldsymbol{v}_1 + 2\boldsymbol{v}_2) = (\boldsymbol{v}_1\ \boldsymbol{v}_2)\begin{pmatrix} 2 & 1 \\ 1 & 2 \end{pmatrix}$$

であり，g の $\boldsymbol{v}_1, \boldsymbol{v}_2$ に関する表現行列は $A = \begin{pmatrix} 2 & 1 \\ 1 & 2 \end{pmatrix}$ 答

類　題

4.5.1　線形写像 $f : \mathbb{R}^4 \to \mathbb{R}^4$, $p : \mathbb{R}^4 \to \mathbb{R}^3$, $q : \mathbb{R}^4 \to \mathbb{R}^3$ を

$$f\begin{pmatrix} x \\ y \\ z \\ w \end{pmatrix} = \begin{pmatrix} 0 & 0 & 2 & 1 \\ 0 & 1 & 2 & 0 \\ 0 & 1 & 0 & 0 \\ 1 & 2 & 0 & 0 \end{pmatrix}\begin{pmatrix} x \\ y \\ z \\ w \end{pmatrix},$$

$$p\begin{pmatrix} x \\ y \\ z \\ w \end{pmatrix} = \begin{pmatrix} x \\ y \\ z \end{pmatrix}, \quad q\begin{pmatrix} x \\ y \\ z \\ w \end{pmatrix} = \begin{pmatrix} y \\ z \\ w \end{pmatrix}$$

で定義する．以下の問いに答えよ．（電気通信大学）

(1)　$\mathrm{Ker}\,p \subset \mathrm{Ker}(q \circ f)$ を示せ．ここで，$\mathrm{Ker}\,p$ は p の核，$\mathrm{Ker}(q \circ f)$ は合成写像 $q \circ f$ の核である．

(2)　$g : \mathbb{R}^3 \to \mathbb{R}^3$ を，条件 $g \circ p = q \circ f$ を満たす線形写像とする．$g\begin{pmatrix} x \\ y \\ z \end{pmatrix}$ を求め，$\mathbb{R}^3$ の標準基底に関する g の表現行列 A を求めよ．

ヒント：(1)　$\begin{pmatrix} x \\ y \\ z \\ w \end{pmatrix} \in \mathrm{Ker}\,p$ として $g \circ f\begin{pmatrix} x \\ y \\ z \\ w \end{pmatrix}$ を考えよ．

(2)　$g\begin{pmatrix} x \\ y \\ z \end{pmatrix} = g \circ f\begin{pmatrix} x \\ y \\ z \\ w \end{pmatrix}$ である．

基本問題 4.6

$\mathbb{R}^3$ から $\mathbb{R}^3$ への写像 f, g を $\boldsymbol{x} = \begin{pmatrix} x_1 \\ x_2 \\ x_3 \end{pmatrix} \in \mathbb{R}^3$ に対して次のように定める.

$$f(\boldsymbol{x}) = \begin{pmatrix} x_1 - x_2 \\ 2x_2 + 5x_3 \\ x_2 - 2x_3 \end{pmatrix}, \quad g(\boldsymbol{x}) = \begin{pmatrix} x_1 - x_2^2 \\ 2x_2 + 5x_3 \\ x_2 - 2x_3 \end{pmatrix}$$

以下の問いに答えよ.　（茨城大学）

(1)　f が線形写像であることを示し，その表現行列 A を求めよ.

(2)　g は線形写像でないことを示せ.

(3)　g は全単射であることを示せ.

ポイント　(2)　$g(\lambda \boldsymbol{x}) \neq \lambda g(\boldsymbol{x})$ である $\lambda, \boldsymbol{x}$ の存在をを示せばよい.
(3)　すべての $\boldsymbol{y} \in \mathbb{R}^3$ に対して，$g(\boldsymbol{x}) = \boldsymbol{y}$ となる $\boldsymbol{x} \in \mathbb{R}^3$ がただ 1 つ定まることを示す.

【解答】　(1)

$$A = \begin{pmatrix} 1 & -1 & 0 \\ 0 & 2 & 5 \\ 0 & 1 & -2 \end{pmatrix}$$

とすると，$f(\boldsymbol{x}) = A\boldsymbol{x}$ となる.
これより $\boldsymbol{x}, \boldsymbol{y} \in \mathbb{R}^3$，$\lambda \in \mathbb{R}$ のとき

$$f(\boldsymbol{x} + \boldsymbol{y}) = A(\boldsymbol{x} + \boldsymbol{y}) = A\boldsymbol{x} + A\boldsymbol{y} = f(\boldsymbol{x}) + f(\boldsymbol{y}),$$
$$f(\lambda \boldsymbol{x}) = A(\lambda \boldsymbol{x}) = \lambda f(\boldsymbol{x}) = \lambda f(\boldsymbol{x})$$

となり，f は線形写像である．A が表現行列である．［証明終］

(2)

$$g\left(2\begin{pmatrix} 0 \\ 1 \\ 0 \end{pmatrix}\right) = \begin{pmatrix} -4 \\ 4 \\ 2 \end{pmatrix} \neq \begin{pmatrix} -2 \\ 4 \\ 2 \end{pmatrix} = 2g\begin{pmatrix} 0 \\ 1 \\ 0 \end{pmatrix}$$

なので g は線形写像でない．［証明終］

(3)　任意の $\boldsymbol{y} = \begin{pmatrix} y_1 \\ y_2 \\ y_3 \end{pmatrix} \in \mathbb{R}^3$ に対して $g(\boldsymbol{x}) = \boldsymbol{y}$ となる $\boldsymbol{x} = \begin{pmatrix} x_1 \\ x_2 \\ x_3 \end{pmatrix}$ を求める.

$$\begin{cases} y_1 = x_1 - x_2^2 & \cdots ① \\ y_2 = 2x_2 + 5x_3 & \cdots ② \\ y_3 = x_2 - 2x_3 & \cdots ③ \end{cases}$$

より

② − ③ × 2　　$y_2 - 2y_3 = 9x_3$
② × 2 + ③ × 5　　$2y_2 + 5y_3 = 9x_2$

と x_2, x_3 が y_2, y_3 で表されるので，① から

$$x_1 = y_1 + x_2^2 = y_1 + \left\{\frac{1}{9}(2y_2 + 5y_3)\right\}^2$$

となり y_1, y_2, y_3 に対して x_1, x_2, x_3 が

$$\begin{cases} x_1 = y_1 + \dfrac{1}{81}(2y_2 + 5y_3)^2 \\ x_2 = \dfrac{1}{9}(2y_2 + 5y_3) \\ x_3 = \dfrac{1}{9}(y_2 - 2y_3) \end{cases}$$

とただ 1 通りに解けるので，g は全単射である．［証明終］

類　題

4.6.1　V は実係数の 3 次以下の多項式の全体

$$V = \left\{a_0 + a_1x + a_2x^2 + a_3x^3 \mid a_0, a_1, a_2, a_3 \in \mathbb{R}\right\}$$

とする．V は 1, x, x^2, x^3 を基底とする実ベクトル空間になることが知られている．

線形変換 $T : V \to V$ を

$$T(p(x)) = (1 - x^2)\frac{d^2p}{dx^2}(x) - 2x\frac{dp}{dx}(x) + 12p(x), \quad p \in V$$

によって定義する．次の問いに答えよ．（筑波大学）

(1)　V の基底 1, x, x^2, x^3 に対する T の表現行列 A を求めよ．

(2)　$\operatorname{rank} T$ を求めよ．

(3)　$\operatorname{Ker} T$ を求めよ．

ヒント：(2)　$\operatorname{rank} T = \operatorname{rank} A$ である．

基本問題 4.7 次元定理

ベクトル空間 V 上の線形変換 f に対して，V の部分空間 $\mathrm{Ker}\, f$ を

$$\mathrm{Ker}\, f = \{\boldsymbol{x} \mid f(\boldsymbol{x}) = \boldsymbol{0},\ \boldsymbol{x} \in V\}$$

と定義する．また，$\boldsymbol{u}_1, \boldsymbol{u}_2, \ldots, \boldsymbol{u}_h$ を $\mathrm{Ker}\, f$ の基底とし，それに $\boldsymbol{v}_1, \boldsymbol{v}_2, \ldots, \boldsymbol{v}_k$ を加え V の基底とする．以下が成り立つことを示せ． （茨城大学）

(1) $c_1\boldsymbol{v}_1 + c_2\boldsymbol{v}_2 + \cdots + c_k\boldsymbol{v}_k \in \mathrm{Ker}\, f$ ならば $c_1 = c_2 = \cdots = c_k = 0$ となる．

(2) $f(\boldsymbol{v}_1), f(\boldsymbol{v}_2), \ldots, f(\boldsymbol{v}_k)$ が 1 次独立である．

(3) $\mathrm{Im}\, f = \{f(\boldsymbol{x}) \mid \boldsymbol{x} \in V\}$ とするとき，

$$\dim V = \dim(\mathrm{Ker}\, f) + \dim(\mathrm{Im}\, f)$$

ポイント (1) 基底の定義，(2) 1 次独立の定義による．(3) $\boldsymbol{v}_1, \ldots, \boldsymbol{v}_k,\ \boldsymbol{u}_1, \ldots, \boldsymbol{u}_h$ は V の基底である．

【解答】 (1) $c_1\boldsymbol{v}_1 + c_2\boldsymbol{v}_2 + \cdots + c_k\boldsymbol{v}_k \in \mathrm{Ker}\, f$ とすれば

$$c_1\boldsymbol{v}_1 + c_2\boldsymbol{v}_2 + \cdots + c_k\boldsymbol{v}_k = \lambda_1\boldsymbol{u}_1 + \lambda_2\boldsymbol{u}_2 + \cdots + \lambda_h\boldsymbol{u}_h \quad (\lambda_1, \ldots, \lambda_h \in \mathbb{R})$$

と書ける．したがって，$c_1\boldsymbol{v}_1 + c_2\boldsymbol{v}_2 + \cdots + c_k\boldsymbol{v}_k - \lambda_1\boldsymbol{u}_1 - \lambda_2\boldsymbol{u}_2 - \cdots - \lambda_h\boldsymbol{u}_h = \boldsymbol{0}$ である．$\boldsymbol{v}_1, \boldsymbol{v}_2, \ldots, \boldsymbol{v}_k,\ \boldsymbol{u}_1, \boldsymbol{u}_2, \ldots, \boldsymbol{u}_h$ は V の基底なので $c_1 = c_2 = \cdots = c_k = \lambda_1 = \lambda_2 = \cdots = \lambda_h = 0$ となり，$c_1 = c_2 = \cdots = c_k = 0$ ［証明終］

(2) $c_1 f(\boldsymbol{v}_1) + c_2 f(\boldsymbol{v}_2) + \cdots + c_k f(\boldsymbol{v}_k) = \boldsymbol{0}$ とすれば

$$f(c_1\boldsymbol{v}_1 + c_2\boldsymbol{v}_2 + \cdots + c_k\boldsymbol{v}_k) = \boldsymbol{0}$$

となり，$c_1\boldsymbol{v}_1 + c_2\boldsymbol{v}_2 + \cdots + c_k\boldsymbol{v}_k \in \mathrm{Ker}\, f$ がわかる．したがって，(1) より $c_1 = c_2 = \cdots = c_k = 0$ となるから，$f(\boldsymbol{v}_1), f(\boldsymbol{v}_2), \ldots, f(\boldsymbol{v}_k)$ は 1 次独立である． ［証明終］

(3) V の任意の元は $\boldsymbol{v} = c_1\boldsymbol{v}_1 + \cdots + c_k\boldsymbol{v}_k + \lambda_1\boldsymbol{u}_1 + \cdots + \lambda_h\boldsymbol{u}_h$ と一意的に表せる．

$$\begin{aligned} f(\boldsymbol{v}) &= c_1 f(\boldsymbol{v}_1) + \cdots + c_k f(\boldsymbol{v}_k) + \lambda_1 f(\boldsymbol{u}_1) + \cdots + \lambda_h f(\boldsymbol{u}_h) \\ &= c_1 f(\boldsymbol{v}_1) + \cdots + c_k f(\boldsymbol{v}_k) \end{aligned}$$

であり，(2) より $f(\boldsymbol{v}_1), \ldots, f(\boldsymbol{v}_k)$ は 1 次独立であるから，$f(\boldsymbol{v}_1), \ldots, f(\boldsymbol{v}_k)$ は $f(V)$ の基底となる．したがって，$\dim V = h + k = \dim(\mathrm{Ker}\, f) + \dim(\mathrm{Im}\, f)$ である． ［証明終］

類 題

4.7.1 実数を成分とする 2 次正方行列全体が作るベクトル空間を M とする．$A = \left(\begin{smallmatrix} 1 & 2 \\ 3 & 4 \end{smallmatrix}\right) \in M$ に対し，線形写像 $F : M \to M$ を，$F(X) = AX - XA$ （$X \in M$） によって定義するとき，M の部分空間

$$\mathrm{Ker}\, F = \{X \in M \mid F(X) = O\}, \quad \mathrm{Im}\, F = \{F(X) \mid X \in M\}$$

の次元を求めよ． （金沢大学 参考問題）

演習問題

4.1　ベクトル空間 V の部分空間全体を $\mathscr{S}$ で表す．

$$\mathscr{S}=\{W \mid W \text{ は } V \text{ の部分空間}\}$$

である．また，$X_1 \in \mathscr{S}$, $X_2 \in \mathscr{S}$ として，$X=\{x_1+x_2 \mid x_1 \in X_1, x_2 \in X_2\}$ とおく．このとき，次の問いに答えよ．（富山大学）

(1)　$X \in \mathscr{S}$ であることを示せ．

(2)　$\mathscr{S}_0=\{Y \in \mathscr{S} \mid X_1 \subset Y,\ X_2 \subset Y\}$ とおくとき，$X=\{x \in V \mid$ すべての $Y \in \mathscr{S}_0$ に対して $x \in Y\}$ であることを示せ．

4.2

$$W=\left\{\begin{pmatrix} x \\ y \\ z \end{pmatrix} \in \mathbb{R}^3 \,\middle|\, 2x-3y+z=0\right\}$$

とする．このとき，次の問いに答えよ．（島根大学）

(1)　W は $\mathbb{R}^3$ の部分空間であることを示せ．

(2)　W の次元を求めよ．

(3)　v を W に属さない $\mathbb{R}^3$ のベクトルとし，$U=\{kv \mid k \in \mathbb{R}\}$ とする．このとき，$W+U=\mathbb{R}^3$, $W \cap U=\{\mathbf{0}\}$ が成り立つことを示せ．

4.3　次の問いに答えよ．（金沢大学）

(1)　$\mathbb{R}^3$ の部分集合 $W=\left\{\begin{pmatrix} x \\ y \\ z \end{pmatrix} \in \mathbb{R}^3 \,\middle|\, z^2 \geqq x^2+y^2\right\}$ は $\mathbb{R}^3$ の部分空間ではないことを示せ．

(2)　$\mathbb{R}^n$（$n \geqq 3$）のベクトル $\boldsymbol{u}_1, \boldsymbol{u}_2, \boldsymbol{u}_3$ が 1 次独立であるとき，$\boldsymbol{u}_1+\boldsymbol{u}_2, \boldsymbol{u}_2+\boldsymbol{u}_3, \boldsymbol{u}_3+\boldsymbol{u}_1$ も 1 次独立であることを示せ．

4.4　A をベクトル空間 $\mathbb{R}^5$ から $\mathbb{R}^4$ への線形写像を表す行列

$$A=\begin{pmatrix} 1 & 1 & 2 & 2 & 2 \\ 1 & 2 & 3 & 2 & 1 \\ 1 & 3 & 4 & 2 & 1 \\ 1 & 2 & 3 & 2 & 2 \end{pmatrix}$$

とする．（早稲田大学）

(1)　A の階数を求めよ．　(2)　A の像 $\mathrm{Im}\,A$ と核 $\mathrm{Ker}\,A$ を求めよ．

(3)　A に対応する線形写像 T_A がなるべく簡単な行列で表示されるような $\mathbb{R}^5$ と $\mathbb{R}^4$ の基底を取ると，T_A を対角成分 $(1,1)$ から (r,r) までが 1 で残りの成分が 0 であるような行列で表すことができる．ただし，r は A の階数である．
このように T_A が表示されるような $\mathbb{R}^5$ と $\mathbb{R}^4$ の基底を求めよ．

4.5　p, q を実数とし，3 次正方行列 A, B を次の通りとする．

$$A = \begin{pmatrix} 1 & 2 & -1 \\ 3 & 1 & 2 \\ 2 & 3 & -1 \end{pmatrix}, \quad B = \begin{pmatrix} p & 0 & 5 \\ 0 & 5 & 5 \\ 7 & 0 & q \end{pmatrix}$$

さらに，線形写像 $f : \mathbb{R}^3 \to \mathbb{R}^3$, $g : \mathbb{R}^3 \to \mathbb{R}^3$ をそれぞれ

$$f(\boldsymbol{x}) = A\boldsymbol{x}, \quad g(\boldsymbol{x}) = B\boldsymbol{x}$$

で定義する．このとき，以下の問いに答えよ．（電気通信大学）

(1)　f の像 $\mathrm{Im}\, f$ の次元を求め，その基底を 1 組求めよ．

(2)　$\mathbb{R}^3$ のベクトル $\boldsymbol{x} = \begin{pmatrix} x \\ y \\ z \end{pmatrix}$ が $\mathrm{Im}\, f$ に含まれるための x, y, z の条件を求めよ．

(3)　$g(\mathrm{Im}\, f) \subset \mathrm{Im}\, f$ となるような p, q の値を求めよ．ただし，$g(\mathrm{Im}\, f) = \{g(\boldsymbol{x}) \mid \boldsymbol{x} \in \mathrm{Im}\, f\}$ とする．

4.6　a を 0 と異なる実数とし，3 次実正方行列を $A = \begin{pmatrix} a & 0 & 1 \\ 0 & a & -1 \\ a & a & 0 \end{pmatrix}$ で与える．

（筑波大学）

(1)　A が与える数ベクトル空間 $\mathbb{R}^3$ の上の線形変換を $f : \mathbb{R}^3 \to \mathbb{R}^3$, $f(\boldsymbol{x}) = A\boldsymbol{x}$ で表す．この f の核 $\mathrm{Ker}\, f = \{\boldsymbol{x} \mid f(\boldsymbol{x}) = \boldsymbol{0}\}$ および像 $\mathrm{Im}\, f = \left\{f(\boldsymbol{x}) \mid \boldsymbol{x} \in \mathbb{R}^3\right\}$ の基底を 1 組ずつ求めよ．

(2)　$ABA = O$ を満たすすべての 3 次元実正方行列 B の中で，階数が最大であるものを 1 つ求めよ．ただし O は零行列を表す．

4.7　4 次元数ベクトル空間 $\mathbb{R}^4$ の部分空間 W_1 を次のように定める．

$$W_1 = \left\{ \begin{pmatrix} x_1 \\ x_2 \\ x_3 \\ x_4 \end{pmatrix} \in \mathbb{R}^4 \;\middle|\; \begin{array}{r} x_1 + x_2 + x_3 + x_4 = 0 \\ 2x_1 + 2x_2 - x_3 - x_4 = 0 \end{array} \right\}$$

このとき，次の各問いに答えよ．（新潟大学）

(1)　W_1 は $\mathbb{R}^4$ の部分空間になることを示せ．

(2)　W_1 の基底を求めよ．

(3)　線形変換 $f : \mathbb{R}^4 \to \mathbb{R}^4$ の像 $\mathrm{Im}\, f = \left\{f(\boldsymbol{x}) \mid \boldsymbol{x} \in \mathbb{R}^4\right\}$ が W_1 であると仮定する．このとき，f の核 $\mathrm{Ker}\, f$ の次元を求めよ．

(4)　W_2 は $\mathbb{R}^4$ の 2 次元部分空間で，$W_1 \cup W_2$ が $\mathbb{R}^4$ の部分空間であると仮定する．このとき，$W_1 = W_2$ となることを示せ．

5　1変数の微分

導関数の定義　$y=f(x)$ の導関数

$$y' = \frac{dy}{dx} \coloneqq \lim_{h\to 0}\frac{f(x+h)-f(x)}{h}$$

微分公式　$f=f(x)$, $g=g(x)$, $h=h(x)$：微分可能な関数．$(\ )'$ で導関数を表す．

（積）　$(f\cdot g)' = f'\cdot g + f\cdot g'$,

$(f\cdot g\cdot h)' = f'\cdot g\cdot h + f\cdot g'\cdot h + f\cdot g\cdot h'$

（商）　$\left(\dfrac{f}{g}\right)' = \dfrac{f'\cdot g - f\cdot g'}{g^2}$, $\left(\dfrac{1}{g}\right)' = \dfrac{-g'}{g^2}$

（合成）　$\{f(g(x))\}' = f'(g(x))\cdot g'(x)$

（べき関数）　$(f^n)' = nf^{n-1}\cdot f'$, $(\sqrt{f})' = \dfrac{f'}{2\sqrt{f}}$

（三角関数）　$(\sin f)' = f'\cos f$, $(\cos f)' = -f'\sin f$, $(\tan f)' = \dfrac{f'}{\cos^2 f}$

（指数関数）　$(e^f)' = f'\,e^f$, $(a^f)' = f'\,a^f\log a$ $(a>0)$

（対数関数）　$(\log f)' = \dfrac{f'}{f}$, $(\log|f|)' = \dfrac{f'}{f}$,

$(\log_a f)' = \dfrac{f'}{f\log a}$, $(\log_a |f|)' = \dfrac{f'}{f\log a}$

（逆三角関数）　$(\sin^{-1} f)' = \dfrac{f'}{\sqrt{1-f^2}}$,

$(\cos^{-1} f)' = \dfrac{-f'}{\sqrt{1-f^2}}$,

$(\tan^{-1} f)' = \dfrac{f'}{1+f^2}$

ライプニッツの公式

$$\{f(x)g(x)\}^{(n)} = \sum_{i=0}^{n} {}_n\mathrm{C}_i f^{(n-i)}(x)g^{(i)}(x)$$

ロピタルの定理

$$\lim_{x\to a}\frac{f(x)}{g(x)} = \pm\frac{\infty}{\infty},\ \frac{0}{0}\text{（不定形）ならば，}\quad \lim_{x\to a}\frac{f(x)}{g(x)} = \lim_{x\to a}\frac{f'(x)}{g'(x)}$$

■補足　$a=\pm\infty$ のときも定理は成り立つ．

テイラー展開（テイラーの定理）　$f(x)$ は n 回微分可能とする．

$f(x) = \displaystyle\sum_{k=0}^{n-1} \frac{f^{(k)}(a)}{k!}(x-a)^k + R_n$ とすると，

$$R_n = \frac{f^{(n)}(c)}{n!}(x-a)^n$$

を満たす c が x と a の間にある．

$\displaystyle\lim_{n\to\infty} R_n = 0$ のとき，$f(x) = \displaystyle\sum_{n=0}^{\infty} \frac{f^{(n)}(a)}{n!}(x-a)^n$ と展開できる．

マクローリン展開

$f(x) = \displaystyle\sum_{n=0}^{\infty} \frac{f^{(n)}(0)}{n!}x^n$（ただし，適当な範囲（収束域）でのみ成り立つ等式）

(1)　$e^x = \displaystyle\sum_{n=0}^{\infty} \frac{1}{n!}x^n = 1 + x + \frac{1}{2}x^2 + \frac{1}{6}x^3 + \cdots$　（実数全体）

(2)　$\sin x = \displaystyle\sum_{k=0}^{\infty} \frac{(-1)^k}{(2k+1)!}x^{2k+1} = x - \frac{1}{6}x^3 + \frac{1}{120}x^5 - \cdots$　（実数全体）

(3)　$\cos x = \displaystyle\sum_{k=0}^{\infty} \frac{(-1)^k}{(2k)!}x^{2k} = 1 - \frac{1}{2}x^2 + \frac{1}{24}x^4 - \cdots$　（実数全体）

(4)　$\log(1+x) = \displaystyle\sum_{n=0}^{\infty} \frac{(-1)^n}{n+1}x^{n+1} = x - \frac{1}{2}x^2 + \frac{1}{3}x^3 - \cdots$　$(-1 < x \leqq 1)$

(5)　$\dfrac{1}{1-x} = \displaystyle\sum_{n=0}^{\infty} x^n = 1 + x + x^2 + x^3 + \cdots$　$(-1 < x < 1)$

関数の増減・凹凸・極値・変曲点

<table>
<tr><td>x</td><td colspan="4">方程式 $y' = 0$（または $y'' = 0$）の解が
y'（または y''）の符号が変わる点の候補となる．</td></tr>
<tr><td>y'</td><td>$-$
減少 ↘</td><td>$+$
増加 ↗</td><td>$+$
増加 ↗</td><td>$-$
減少 ↘</td></tr>
<tr><td>y''</td><td colspan="2">$+$
下に凸（$y = x^2$ と同様）</td><td colspan="2">$-$
上に凸（$y = -x^2$ と同様）</td></tr>
<tr><td>y</td><td>下に凸で減少
↘</td><td>下に凸で増加
↗</td><td>上に凸で増加
↗</td><td>上に凸で減少
↘</td></tr>
</table>

極大値 $\cdots$ 増加から減少（y' が $+$ から $-$）に変わる点の y 座標の値
極小値 $\cdots$ 減少から増加（y' が $-$ から $+$）に変わる点の y 座標の値
変曲点 $\cdots$ 凹凸（y'' の $\pm$）が変わる点

基本問題 5.1　　導関数の定義

関数 $f(x)$ の導関数は次のように定義される.

$$f'(x) = \lim_{h \to 0} \frac{f(x+h) - f(x)}{h}$$

この定義に従って次の関数の導関数を求めよ. 導く過程も示せ. (東京海洋大学海洋)

(1) $f(x) = x^2 - 4x + 8$　　(2) $f(x) = \dfrac{1}{x^2}$

ポイント　$f(x+h) - f(x) = h \cdot F(x, h)$ のように整理できる.

【解答】 まず, 分子を先に計算する.

(1) $f(x+h) - f(x) = (x+h)^2 - 4(x+h) + 8 - (x^2 - 4x + 8) = h(2x - 4 + h)$ より,

$$f'(x) = \lim_{h \to 0} \frac{h(2x - 4 + h)}{h} = \lim_{h \to 0} (2x - 4 + h) = 2x - 4 \quad \text{答}$$

(2) $f(x+h) - f(x) = \dfrac{1}{(x+h)^2} - \dfrac{1}{x^2} = \dfrac{x^2 - (x+h)^2}{(x+h)^2 x^2} = h \cdot \dfrac{-2x - h}{(x+h)^2 x^2}$ より,

$$f'(x) = \lim_{h \to 0} \frac{h \cdot \frac{-2x-h}{(x+h)^2 x^2}}{h} = \lim_{h \to 0} \frac{-2x - h}{(x+h)^2 x^2} = \frac{-2x}{x^4} = \frac{-2}{x^3} \quad \text{答}$$

類　題

5.1.1 定義に従って次の関数の導関数を求めよ. 導く過程も示せ.

(1) $f(x) = x^3 - x^2$　　(2) $f(x) = \dfrac{1}{x}$

ヒント : (1) 3 乗の展開公式 $(a+b)^3 = a^3 + 3a^2 b + 3ab^2 + b^3$. (2) 分子の計算 $\rightarrow$ 通分する.

5.1.2 積の微分公式 $\{f(x) \cdot g(x)\}' = f'(x) \cdot g(x) + f(x) \cdot g'(x)$ を証明せよ.

ヒント : 定義式の分子を次のように変形する.

$$\begin{aligned} & f(x+h) \cdot g(x+h) - f(x) \cdot g(x) \\ = {} & f(x+h) \cdot g(x+h) - f(x) \cdot g(x+h) + g(x+h) f(x) - f(x) g(x) \end{aligned}$$

基本問題 5.2　導関数の定義

$f(x) = \sin x$ のとき，微分の定義に従って，導関数 $f'(x)$ を導け．（山梨大学工）

ポイント　$f(x) = \sin x$ の微分公式導出には，$\displaystyle\lim_{\theta \to 0} \frac{\sin\theta}{\theta} = 1$ であることを用いる．

（差 → 積 の公式）　$\sin A - \sin B = 2\cos\dfrac{A+B}{2}\sin\dfrac{A-B}{2}$ を用いる．

【解答】

$$\begin{aligned}\frac{f(x+h)-f(x)}{h} &= \frac{\sin(x+h)-\sin x}{h}\\ &= \frac{2\cos\left(x+\frac{h}{2}\right)\sin\left(\frac{h}{2}\right)}{h}\\ &= \frac{\cos\left(x+\frac{h}{2}\right)\sin\left(\frac{h}{2}\right)}{\frac{h}{2}}\end{aligned}$$

ここで，$\theta = \frac{h}{2}$ とおくと，$h \to 0$ のとき，$\theta \to 0$ だから，

$$\begin{aligned}f'(x) &= \lim_{h\to 0}\frac{f(x+h)-f(x)}{h}\\ &= \lim_{\theta\to 0}\frac{\cos(x+\theta)\sin\theta}{\theta}\\ &= \cos x \quad \boxed{答}\end{aligned}$$

類　題

5.2.1　$f(x) = \log x$ のとき，微分の定義に従って，導関数 $f'(x)$ を導け．

ヒント：$\log x$ の微分公式導出には，$\displaystyle\lim_{k\to 0}(1+k)^{\frac{1}{k}} = e$ であることを用いる．

（対数の公式）　$\log e = \log_e e = 1,\quad \log A - \log B = \log\dfrac{A}{B},$

$\log A + \log B = \log AB,\quad a\log A = \log A^a$

基本問題 5.3　いろいろな関数の微分

次の関数を x で微分せよ.　(東京海洋大学海洋)

(1) $\dfrac{1}{2x+5}$　(2) $x^2 \sin \dfrac{1}{x}$

ポイント (1) 商の微分公式

$$\left(\frac{f}{g}\right)' = \frac{f' \cdot g - f \cdot g'}{g^2} \quad \text{または} \quad \left(\frac{1}{g}\right)' = \frac{-g'}{g^2}$$

を用いる.

(2) 積の微分公式 $(f \cdot g)' = f' \cdot g + f \cdot g'$ および合成関数の微分公式を用いると $(\sin f)' = f' \cdot \cos f$ であることに注意する.

【解答】 (1) $\left(\dfrac{1}{2x+5}\right)' = \dfrac{-(2x+5)'}{(2x+5)^2} = \dfrac{-2}{(2x+5)^2}$ 答

(2)
$$\left(x^2 \sin \frac{1}{x}\right)' = 2x \sin \frac{1}{x} + x^2 \left(\frac{1}{x}\right)' \cos \frac{1}{x}$$
$$= 2x \sin \frac{1}{x} + x^2 \left(\frac{-1}{x^2}\right) \cos \frac{1}{x}$$
$$= 2x \sin \frac{1}{x} - \cos \frac{1}{x}$$
答

類　題

5.3.1 次の関数を x で微分せよ.　(東京海洋大学海洋)

(1) $x^2(x^3 - x^2)$　(2) $(x^2 - 2x + 5)^4$　(3) $e^{2x}\sqrt{x}$

(4) $\dfrac{\sin x}{x}$　(5) $x \log_e x$

5.3.2 次の関数を微分せよ.　(埼玉大学工)

$$y = \log(\cos e^x)$$

ヒント：$f = \cos e^x$ とおくと,

$$y' = (\log f)' = \frac{f'}{f}$$

基本問題 5.4　いろいろな関数の微分

次の関数を x で微分せよ．（鹿児島大学工）

$$y = x^{\log_e x} \quad (x > 0)$$

ポイント $(\log y)' = \dfrac{y'}{y}$（対数微分）．

【解答】 両辺の対数を取ると，

$$\log y = \log x^{\log x} = \log x \cdot \log x = (\log x)^2$$

両辺を x で微分して，

$$\frac{y'}{y} = 2(\log x)(\log x)' = (2\log x) \cdot \frac{1}{x} = \frac{2\log x}{x}$$

よって

$$y' = y \cdot \frac{2\log x}{x} = \frac{2x^{\log x}\log x}{x} = 2x^{(\log x)-1}\log x \quad \text{答}$$

類　題

5.4.1 次の関数を x で微分せよ．（東京海洋大学海洋）

$$y = \frac{(x+1)^2}{(x+2)^2(x+3)^3}$$

ヒント：$y = \dfrac{(x+1)^2}{(x+2)^2(x+3)^3}$ とおくと，

$$\log y = \log \frac{(x+1)^2}{(x+2)^2(x+3)^3} = 2\log(x+1) - 2\log(x+2) - 3\log(x+3)$$

5.4.2 次の関数を x で微分せよ．（鹿児島大学工）

$$y = (\tan x)^x$$

ヒント：$\log y = \log(\tan x)^x = x\log(\tan x)$

基本問題 5.5　いろいろな関数の微分

(1)　$x = a\cos^3 t,\ y = a\sin^3 t$（$0 \leqq t \leqq 2\pi$）で表される xy 平面上の曲線について，$\frac{dy}{dx}$ を t の関数として示せ．ただし，a は正の実数とする．　（東北大学工）

(2)　逆関数の微分公式を用いて，$y = \sin^{-1} x$ の導関数 y' を求めよ．

ポイント　(1)　媒介変数表示された関数 $x = f(t),\ y = g(t)$ の微分：

$$\frac{dy}{dx} = \frac{\dot{y}}{\dot{x}} \quad \left(\dot{y} = \frac{dy}{dt} = g'(t), \dot{x} = \frac{dx}{dt} = f'(t)\right)$$

(2)　逆関数の微分，$y = y(x)$ の逆関数を $x = x(y)$ とすると，

$$y' = \frac{dy}{dx} = \frac{1}{x'} \quad \left(x' = \frac{dx}{dy}\right)$$

【解答】　(1)　$\dfrac{dx}{dt} = -3a\cos^2 t\sin t,\ \dfrac{dy}{dt} = 3a\sin^2 t\cos t$ より，

$$\frac{dy}{dx} = \frac{3a\sin^2 t\cos t}{-3a\cos^2 t\sin t} = -\tan t \quad \text{答}$$

(2)　$x = \sin y$（$-\frac{\pi}{2} \leqq y \leqq \frac{\pi}{2}$）より，$\cos y = \sqrt{1-\sin^2 y} = \sqrt{1-x^2}$．したがって，

$$y' = \frac{dy}{dx} = \frac{1}{x'} = \frac{1}{\cos y} = \frac{1}{\sqrt{1-x^2}} \quad \text{答}$$

類　題

5.5.1　サイクロイド曲線 $x(t) = a(t - \sin t),\ y(t) = a(1 - \cos t)$ の，$t = \frac{\pi}{2}$ に対応する点での接線の方程式を求めよ．ただし，a は正の実数とする．

ヒント：媒介変数表示された曲線 $x = x(t),\ y = y(t)$ の $t = p$ に対応する点での接線の方程式：

$$y - y(p) = \left(\frac{\dot{y}}{\dot{x}}\right)_{t=p} (x - x(p))$$

5.5.2　逆関数の微分公式を用いて，$y = \tan^{-1} x$ の導関数 y' を求めよ．

ヒント：$x = \tan y$（$-\frac{\pi}{2} < y < \frac{\pi}{2}$）より，

$$\frac{1}{\cos^2 y} = 1 + \tan^2 y = 1 + x^2$$

基本問題 5.6 関数の極限

次の極限値を求めよ．

（(1) 京都工芸繊維大学工芸，(2) はこだて未来大学情報システム）

(1) $\displaystyle\lim_{x\to 0}\frac{\log(\cos x)}{x^2}$ (2) $\displaystyle\lim_{x\to 0} x\left(\frac{e^{\frac{1}{x}}-1}{e^{\frac{1}{x}}+1}\right)$

ポイント (1) $\displaystyle\lim_{x\to a}\frac{f(x)}{g(x)}=\frac{0}{0}$（不定形）ならば，

$$\lim_{x\to a}\frac{f(x)}{g(x)}=\lim_{x\to a}\frac{f'(x)}{g'(x)}$$ （ロピタルの定理）

(2) $\displaystyle\lim_{x\to +0}\frac{1}{x}=\infty,\ \lim_{x\to -0}\frac{1}{x}=-\infty,\ \lim_{x\to\infty}e^x=\infty,\ \lim_{x\to -\infty}e^x=0.$

【解答】 (1) ロピタルの定理より

$$\lim_{x\to 0}\frac{\log(\cos x)}{x^2}=\lim_{x\to 0}\frac{\frac{-\sin x}{\cos x}}{2x}=\lim_{x\to 0}\frac{-\tan x}{2x}=\lim_{x\to 0}\frac{-\frac{1}{\cos^2 x}}{2}=-\frac{1}{2}$$ 答

(2) $t=\frac{1}{x}$ とおくと，$x\to +0$ のとき $t=\frac{1}{x}\to\infty$，$x\to -0$ のとき $t=\frac{1}{x}\to -\infty$．したがって，

$$\lim_{x\to +0} x\left(\frac{e^{\frac{1}{x}}-1}{e^{\frac{1}{x}}+1}\right)=\lim_{t\to\infty}\frac{1}{t}\left(\frac{e^t-1}{e^t+1}\right)=\lim_{t\to\infty}\frac{1}{t}\left(\frac{1-\frac{1}{e^t}}{1+\frac{1}{e^t}}\right)=0\cdot\frac{1-0}{1+0}=0,$$

$$\lim_{x\to -0} x\left(\frac{e^{\frac{1}{x}}-1}{e^{\frac{1}{x}}+1}\right)=\lim_{t\to -\infty}\frac{1}{t}\left(\frac{e^t-1}{e^t+1}\right)=0\cdot\frac{0-1}{0+1}=0$$

以上より

$$\lim_{x\to 0} x\left(\frac{e^{\frac{1}{x}}-1}{e^{\frac{1}{x}}+1}\right)=0$$ 答

類 題

5.6.1 次の極限値を求めよ． （お茶の水女子大学）

(1) $\displaystyle\lim_{x\to\infty}\frac{x^3}{e^x}$ (2) $\displaystyle\lim_{x\to 1}\frac{\log x}{x-1}$

5.6.2 次の極限値を求めよ． （お茶の水女子大学）

(1) $\displaystyle\lim_{x\to\infty}\frac{5x-7x^3}{x^3}$ (2) $\displaystyle\lim_{x\to 0}\frac{\sin(3\sin 4x)}{x}$

基本問題 5.7　関数の極限

次の極限値を求めよ.　（京都工芸繊維大学工芸）

$$\lim_{n\to\infty}\left(\cos\frac{1}{\sqrt{n}}\right)^n$$

ポイント　$\log \lim_{x\to\infty} f(x) = \lim_{x\to\infty}\{\log f(x)\} = A$ ならば，$\lim_{x\to\infty} f(x) = e^A$.

【解答】　$X = \lim_{n\to\infty}\left(\cos\frac{1}{\sqrt{n}}\right)^n$ とおくと,

$$\begin{aligned}\log X &= \log\left\{\lim_{n\to\infty}\left(\cos\frac{1}{\sqrt{n}}\right)^n\right\}\\ &= \lim_{n\to\infty}\log\left(\cos\frac{1}{\sqrt{n}}\right)^n\\ &= \lim_{n\to\infty} n\log\left(\cos\frac{1}{\sqrt{n}}\right)\end{aligned}$$

ここで，$t = \frac{1}{\sqrt{n}}$ とおくと，$n\to\infty$ のとき，$t = \frac{1}{\sqrt{n}} \to 0$

また，$n = \frac{1}{t^2}$ だから，基本問題 5.6(1) より

$$\log X = \lim_{t\to 0}\frac{\log(\cos t)}{t^2} = -\frac{1}{2}$$

よって,

$$X = \lim_{n\to\infty}\left(\cos\frac{1}{\sqrt{n}}\right)^n = e^{-\frac{1}{2}} = \frac{1}{\sqrt{e}} = \frac{\sqrt{e}}{e}$$ 答

類　題

5.7.1　次の極限値を求めよ．ただし，$a>0, b>0$ とする.　（筑波大学）

$$\lim_{x\to 0}\left(\frac{a^x+b^x}{2}\right)^{\frac{1}{x}}$$

5.7.2　次の極限値を求めよ.　（信州大学工）

$$\lim_{x\to\infty}\left(\frac{x+1}{x-1}\right)^{\sqrt{x^2-1}}$$

ヒント：$A = \lim_{x\to\infty}\left(\frac{x+1}{x-1}\right)^{\sqrt{x^2-1}}$ とおいて，$\log A$ を計算する.

基本問題 5.8　　n 次導関数

以下の関数 $y(x)$ の第 n 次導関数 $y^{(n)}(x)$ を求めよ．　（お茶の水女子大学）

(1)　$y(x) = \dfrac{1}{1-x}$　　(2)　$y(x) = \dfrac{1}{1+x}$　　(3)　$y(x) = \sin x$

ポイント　(1), (2) 何回か微分し形を予想する．(3) $\cos x = \sin\left(x + \dfrac{\pi}{2}\right)$ に注意する．

【解答】 (1)

$$
\begin{aligned}
y(x) &= (1-x)^{-1}, \\
y^{(1)}(x) &= (-1)(1-x)^{-2} \cdot (-1) = 1 \cdot (1-x)^{-2}, \\
y^{(2)}(x) &= 1 \cdot (-2) \cdot (1-x)^{-3} \cdot (-1) = 1 \cdot 2 \cdot (1-x)^{-3}, \\
y^{(3)}(x) &= 1 \cdot 2 \cdot (-3) \cdot (1-x)^{-4} \cdot (-1) = 1 \cdot 2 \cdot 3 \cdot (1-x)^{4}, \quad \ldots
\end{aligned}
$$

よって，$y^{(n)}(x) = n!\,(1-x)^{-(n+1)}$．　答

(2)

$$
\begin{aligned}
y(x) &= (1+x)^{-1}, \\
y^{(1)}(x) &= (-1)(1+x)^{-2}, \\
y^{(2)}(x) &= (-1) \cdot (-2) \cdot (1+x)^{-3} = (-1)^2 \cdot 1 \cdot 2 \cdot (1+x)^{-3}, \\
y^{(3)}(x) &= (-1) \cdot (-2) \cdot (-3) \cdot (1+x)^{-4} = (-1)^3 \cdot 1 \cdot 2 \cdot 3 \cdot (1+x)^{-4}
\end{aligned}
$$

より $y^{(n)} = (-1)^n n!\,(1+x)^{-(n+1)}$．　答

(3)

$$
\begin{aligned}
y^{(1)}(x) &= \cos x = \sin\left(x + \frac{\pi}{2}\right), \\
y^{(2)}(x) &= \cos\left(x + \frac{\pi}{2}\right) = \sin\left(x + \frac{\pi}{2} + \frac{\pi}{2}\right) = \sin\left(x + 2 \cdot \frac{\pi}{2}\right), \\
y^{(3)}(x) &= \cos\left(x + 2 \cdot \frac{\pi}{2}\right) = \sin\left(x + 2 \cdot \frac{\pi}{2} + \frac{\pi}{2}\right) = \sin\left(x + 3 \cdot \frac{\pi}{2}\right), \quad \ldots
\end{aligned}
$$

より $y^{(n)}(x) = \sin\left(x + \dfrac{n\pi}{2}\right)$．　答

類　題

5.8.1　$f(x) = \dfrac{2}{1-x^2}$ について，$f(x)$ の n 次導関数 $f^{(n)}(x)$ を求めよ．

（お茶の水女子大学）

基本問題 5.9　n 次導関数

関数 $f(x)=e^x(ax^2+b)$ に対し，$f^{(n)}(x)$ を $f(x)$ の n 次導関数とする．$f^{(n)}(x)$ を求めよ．また，方程式 $f^{(n)}(x)=0$ が実数解を持つための必要十分条件を，n, a, b を用いて表せ．ただし，a, b は 0 でない実数，n は自然数とする．（はこだて未来大学）

ポイント　ライプニッツの公式 $\{f\cdot g\}^{(n)}=\sum_{i=0}^{n}{}_n\mathrm{C}_i f^{(n-i)}\cdot g^{(i)}$ を適用する．${}_n\mathrm{C}_0=1,\ {}_n\mathrm{C}_1=n,\ {}_n\mathrm{C}_2=\dfrac{1}{2}n(n-1)$ に注意する．

【解答】 $g(x)=e^x,\ h(x)=ax^2+b$ とおくと，

$$g^{(n)}(x)=e^x,\quad h^{(1)}(x)=2ax,\quad h^{(2)}(x)=2a,\quad h^{(n)}(x)=0\quad (n\geqq 3)$$

だから，ライプニッツの公式より

$$\begin{aligned}f^{(n)}(x)&=\sum_{i=0}^{n}{}_n\mathrm{C}_i g^{(n-i)}(x)h^{(i)}(x)\\&=e^x\left\{h(x)+nh^{(1)}(x)+\frac{n(n-1)}{2}h^{(2)}(x)\right\}\\&=e^x\{ax^2+2nax+an(n-1)+b\}\quad \boxed{答}\end{aligned}$$

また，$f^{(n)}(x)=0$ が実数解を持つための必要十分条件は，2 次方程式

$$ax^2+2nax+an(n-1)+b=0$$

が実数解を持つための必要十分条件を求めればよい．よって，

$$（判別式）=D=(na)^2-a\{an(n-1)+b\}=a(an-b)\geqq 0$$

より

$$a(an-b)\geqq 0\quad \boxed{答}$$

類　題

5.9.1　関数 $y(x)=x^2e^x$ の第 n 次導関数 $y^{(n)}(x)$ を求めよ．　（お茶の水女子大学）

基本問題 5.10　マクローリン展開

実数 x の関数 $(x+2)\sin x$ をマクローリン展開して x^3 の項まで求めよ.

（お茶の水女子大学理）

ポイント $\sin x = \sum_{k=0}^{\infty} \frac{(-1)^k}{(2k+1)!} x^{2k+1} = x - \frac{1}{6}x^3 + \frac{1}{120}x^5 - \cdots$ （実数全体）

【解答】 $\sin x$ のマクローリン展開は,

$$\sin x = x - \frac{1}{6}x^3 + (5\text{ 次以上})$$

だから,

$$(x+2)\sin x = (x+2)\left\{x - \frac{1}{6}x^3 + (5\text{ 次以上})\right\}$$
$$= 2x + x^2 - \frac{1}{3}x^3 + \cdots$$ 答

類　題

5.10.1　実数 x の関数 $(x+1)\cos x$ をマクローリン展開して x^4 の項まで求めよ.

（お茶の水女子大学理）

ヒント：$\cos x = \sum_{k=0}^{\infty} \frac{(-1)^k}{(2k)!} x^{2k} = 1 - \frac{1}{2}x^2 + \frac{1}{24}x^4 - \cdots$ （実数全体）

基本問題 5.11　マクローリン展開

次の問いに答えよ．　((1) 香川大学工，(2) 首都大学東京)

(1)　$f(x) = \dfrac{1}{1-2x}$ をマクローリン展開せよ．ただし，収束域は考慮しなくて良い．

(2)　$f(x) = \dfrac{1}{\sqrt{x+1}}$ のマクローリン展開を x^3 の項まで求めよ．

ポイント　(1)　$\dfrac{1}{1-x} = \displaystyle\sum_{n=0}^{\infty} x^n = 1 + x + x^2 + x^3 + \cdots \quad (-1 < x < 1)$

(2)　$f(x) = f(0) + f'(0)x + \dfrac{1}{2!}f''(0)x^2 + \dfrac{1}{3!}f'''(0)x^3 + \cdots$

【解答】　(1)　$\dfrac{1}{1-x}$ のマクローリン展開は，$\dfrac{1}{1-x} = \displaystyle\sum_{n=0}^{\infty} x^n \quad (-1 < x < 1)$ だから，

$$\frac{1}{1-2x} = \sum_{n=0}^{\infty} 2^n x^n \quad \left(\frac{-1}{2} < x < \frac{1}{2}\right)$$ 答

(2)

$f(x) = (x+1)^{\frac{-1}{2}}$,

$f^{(1)}(x) = \dfrac{-1}{2}(x+1)^{\frac{-3}{2}}, \quad f^{(2)}(x) = \dfrac{3}{4}(x+1)^{\frac{-5}{2}}, \quad f^{(3)}(x) = \dfrac{-15}{8}(x+1)^{\frac{-7}{2}},$

$f(0) = 1, \quad f^{(1)}(0) = \dfrac{-1}{2}, \quad \dfrac{1}{2!}f^{(2)}(0) = \dfrac{3}{8}, \quad \dfrac{1}{3!}f^{(3)}(0) = \dfrac{-5}{16}$

よって，

$$f(x) = 1 - \frac{1}{2}x + \frac{8}{3}x^2 - \frac{5}{16}x^3 + \cdots$$ 答

類　題

5.11.1　次の文章中の ① ～ ⑤ に入れるのに最も適当な分数を答えよ．（首都大学東京）

(1)　$\dfrac{1}{\cos x}$ のマクローリン展開を x^4 項まで求めると，$1 +$ ① $x^2 +$ ② x^4 が得られる．

(2)　$\tan x$ のマクローリン展開を x^5 項まで求めると，$x +$ ③ $x^3 +$ ④ x^5 が得られる．

(3)　$\displaystyle\lim_{x\to 0} \frac{x - \tan x}{x^3}$ の極限値は，⑤ である．

基本問題 5.12　関数のグラフ

次の問いに答えよ．　（九州大学）

(1)　関数 $g(x)=\begin{cases} x^x & (x>0) \\ 1 & (x=0) \end{cases}$ の導関数 $g'(x)$ を $x>0$ の範囲で求めよ．

(2)　(1) の関数 g について $\displaystyle\lim_{x\to+0} g(x)=1$ であることを示し，関数 $y=g(x)$ のグラフをかけ．

ポイント　増減表を作成する．

$y''>0 \Rightarrow$ 下に凸（例 $y=x^2$），　$y''<0 \Rightarrow$ 上に凸（例 $y=-x^2$）

【解答】 (1)　$g(x)=x^x$（$x>0$）より，両辺の対数を取ると，

$$\log(g(x))=\log x^x=x\log x$$

さらに両辺を微分すると，$\dfrac{g'(x)}{g(x)}=1+\log x$．よって，

$$g'(x)=g(x)(1+\log x)=x^x(1+\log x)\quad (x>0)$$

(2)　$A=\displaystyle\lim_{x\to+0} g(x)$ とおく．

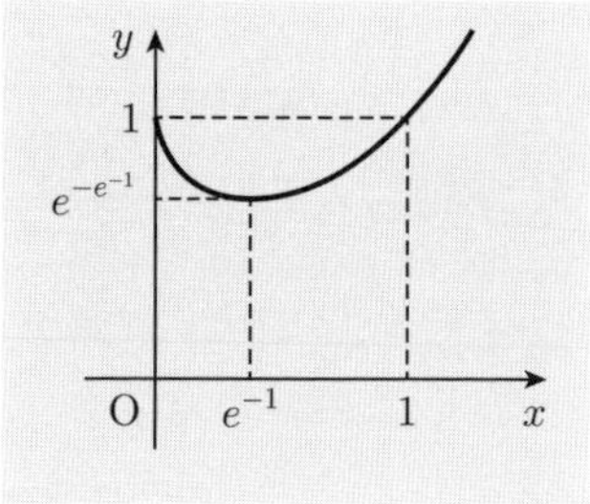

$$\begin{aligned}\log A &= \lim_{x\to+0}\log(g(x))=\lim_{x\to+0}x\log x \\ &= \lim_{x\to+0}\frac{\log x}{\frac{1}{x}}=\lim_{x\to+0}\frac{\frac{1}{x}}{-\frac{1}{x^2}} \\ &= \lim_{x\to+0}(-x)=0 \quad \text{（ロピタルの定理）}\end{aligned}$$

よって，$A=\displaystyle\lim_{x\to+0} g(x)=e^0=1$ を得る．［証明終］

また，$\displaystyle\lim_{x\to\infty} g(x)=\infty$ にも注意して，増減表を作成する．

x	0	$\cdots$	e^{-1}	$\cdots$	∞
y'		$-$	0	$+$	
y	1	↘	$e^{-e^{-1}}$	↗	∞

$x=e^{-1}$ のとき極小値 $e^{-e^{-1}}$ である．

類　題

5.12.1　区間 $(0,\infty)$ 上の関数 $f(x)=e^{-(\log x)^2}$ について以下の問いに答えよ．

（九州大学）

(1)　導関数 $f'(x)$, $f''(x)$ を求めよ．

(2)　関数 $y=f(x)$ の増減，凹凸を調べグラフの概形をかけ．

基本問題 5.13　逆三角関数

$\sec x \left(= \frac{1}{\cos x}\right)$ の逆関数 $y = \sec^{-1} x$（主値：$0 \leqq y \leqq \pi$）について，以下の各問いに答えよ．
（お茶の水女子大学）

(1)　$y = \sec^{-1} x$ の概形をかけ．　(2)　$\sec^{-1} x$ を x で微分せよ．

ポイント　(1)　$y = \cos x$ のグラフをもとに考える．(2)　逆関数の微分．

【解答】　(1)　まず，$y = \cos x\,(0 \leqq x \leqq \pi)$ のグラフをもとに，$y = \sec x \left(= \frac{1}{\cos x}\right) (0 \leqq x \leqq \pi)$ のグラフをかく．

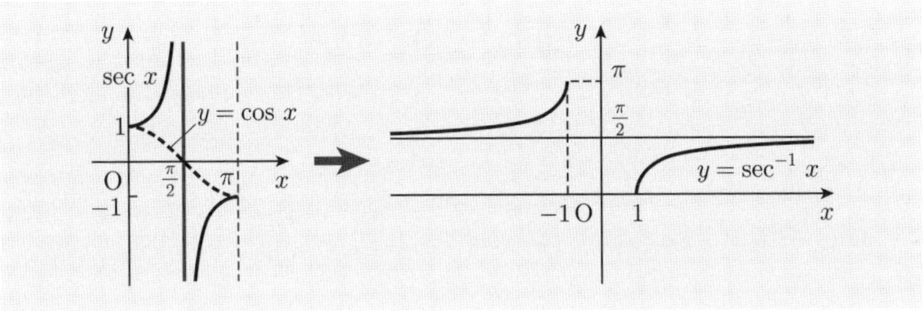

答

$y = \sec x \left(= \frac{1}{\cos x}\right)$ において，x と y を入れ換えて，$x = \sec y \left(= \frac{1}{\cos y}\right)$（$0 \leqq y \leqq \pi$）を y について解くと $y = \sec^{-1} x$ だから，左図の x と y を入れ換えると右図すなわち $y = \sec^{-1} x$ のグラフが得られる．

(2)　$y = \sec^{-1} x$（$0 \leqq y \leqq \pi$）とおくと，$x = \sec y = \frac{1}{\cos y}$（$0 \leqq y \leqq \pi$）より，両辺を x で微分すると $1 = \frac{\sin y}{\cos^2 y} \cdot y'$ だから，

$$y' = \frac{\cos^2 y}{\sin y} = \frac{\frac{1}{x^2}}{\sqrt{1 - \frac{1}{x^2}}} = \frac{1}{x^2\sqrt{1 - \frac{1}{x^2}}} = \frac{1}{|x|^2\sqrt{1 - \frac{1}{x^2}}}$$

$$= \frac{1}{|x|\sqrt{x^2}\sqrt{1 - \frac{1}{x^2}}} = \frac{1}{|x|\sqrt{x^2 - 1}}$$　答

（$0 \leqq y \leqq \pi$ のとき $\sin y \geqq 0$ より，$\sin y = \sqrt{1 - \cos^2 y} = \sqrt{1 - \frac{1}{x^2}}$ であることを用いた.）

類　題

5.13.1　$\sec x \left(= \frac{1}{\cos x}\right)$ の逆関数 $y = \sec^{-1} x$（主値：$0 \leqq y \leqq \pi$）および $\mathrm{cosec}\, x \left(= \frac{1}{\sin x}\right)$ の逆関数 $y = \mathrm{cosec}^{-1} x$（主値：$-\frac{\pi}{2} \leqq y \leqq \frac{\pi}{2}$）について，以下の各問いに答えよ．
（お茶の水女子大学理）

(1)　$\mathrm{cosec}^{-1} x$ を x で微分せよ．　(2)　$\sec^{-1} x + \mathrm{cosec}^{-1} x$ の値を求めよ．

基本問題 5.14　逆三角関数

$\mathrm{Sin}^{-1}\dfrac{3}{5}+\mathrm{Sin}^{-1}\dfrac{4}{5}$ を求めよ．ただし，$\sin x$ の逆関数 $\mathrm{Sin}^{-1}x$ の値域は，$\left[-\dfrac{\pi}{2},\dfrac{\pi}{2}\right]$ とする．（はこだて未来大学情報システム）

ポイント　$\alpha=\mathrm{Sin}^{-1}\dfrac{3}{5}$, $\beta=\mathrm{Sin}^{-1}\dfrac{4}{5}$ とおき，$\sin(\alpha+\beta)=\sin\alpha\cos\beta+\cos\alpha\sin\beta$ の値を求める．

【解答】　$\alpha=\mathrm{Sin}^{-1}\dfrac{3}{5}$ とおくと，$\sin\alpha=\dfrac{3}{5}$．また，$-\dfrac{\pi}{2}\leqq\alpha\leqq\dfrac{\pi}{2}$ より $\cos\alpha\geqq 0$ だから，

$$\cos\alpha=\sqrt{1-\sin^2\alpha}=\sqrt{1-\left(\frac{3}{5}\right)^2}=\frac{4}{5}$$

同様に，$\beta=\mathrm{Sin}^{-1}\dfrac{4}{5}$ とおくと，

$$\sin\beta=\frac{4}{5},\quad \cos\beta=\frac{3}{5}$$

以上より $\sin(\alpha+\beta)=\sin\alpha\cos\beta+\cos\alpha\sin\beta=\left(\dfrac{3}{5}\right)^2+\left(\dfrac{4}{5}\right)^2=1$ だから，

$$\mathrm{Sin}^{-1}\frac{3}{5}+\mathrm{Sin}^{-1}\frac{4}{5}=\alpha+\beta=\mathrm{Sin}^{-1}1=\frac{\pi}{2}$$　答

類　題

5.14.1　$\mathrm{Tan}^{-1}\dfrac{2}{3}+\mathrm{Tan}^{-1}\dfrac{1}{5}$ を求めよ．ただし，$\tan x$ の逆関数 $\mathrm{Tan}^{-1}x$ の値域は，$\left(-\dfrac{\pi}{2},\dfrac{\pi}{2}\right)$ とする．（はこだて未来大学情報システム）

ヒント：$\alpha=\mathrm{Tan}^{-1}\dfrac{2}{3}$, $\beta=\mathrm{Tan}^{-1}\dfrac{1}{5}$ とおき，$\tan(\alpha+\beta)=\dfrac{\tan\alpha+\tan\beta}{1-\tan\alpha\tan\beta}$ の値を求める．

基本問題 5.15　不等式の証明

次の不等式が成り立つことを証明せよ．（首都大学東京）

$$\frac{1}{x}\log(1+x) > 1+\log\frac{2}{x+2} \quad \text{ただし } x>0.$$

ポイント　$x>0$ より，$\log(1+x) > x + x\log\frac{2}{x+2}$ を示せばよい．$f(x) = (\text{左辺}) - (\text{右辺})$ とおき，増減表を作成する．

【解答】　$f(x) = \log(1+x) - \left(x + x\log\frac{2}{x+2}\right)$ とおくと，$f(x) = \log(x+1) - x - x\log 2 + x\log(x+2)$ より，

$$\begin{aligned} f'(x) &= \frac{1}{x+1} - 1 - \log 2 + \log(x+2) + \frac{x}{x+2} \\ &= \frac{1}{x+1} - 1 - \log 2 + \log(x+2) + \left(1 + \frac{-2}{x+2}\right) \end{aligned}$$

さらに微分して

$$f''(x) = \frac{x(x^2+5x+5)}{(x+1)^2(x+2)^2} > 0 \quad (x>0)$$

ここで，$f'(0) = 0$ だから，増減を作成すると

x	0	$\cdots$
f''	0	$+$
f'	0	↗

ゆえに，$x>0$ のとき $f'(x)>0$．$f(0)=0$ だから，再び増減を作成すると

x	0	$\cdots$
f'	0	$+$
f	0	↗

よって，$x>0$ のとき $f(x) = \log(1+x) - \left(x + x\log\dfrac{2}{x+2}\right) > 0$，すなわち

$$\log(1+x) > x + x\log\frac{2}{x+2}$$

が示された．

$x>0$ より，両辺を x で割って，$\frac{1}{x}\log(1+x) > 1 + \log\frac{2}{x+2}$（$x>0$）を得る．［証明終］

類　題

5.15.1　次の不等式を証明せよ．

(1)　$x \geqq \log(x+1)$（$x \geqq 0$）　　(2)　$e^x - 1 \geqq x$（$x \geqq 0$）

5.15.2　実数 p, q は，$p>1$, $\frac{1}{p}+\frac{1}{q}=1$ を満たすとする．このとき，$a \geqq 0, b \geqq 0$ を満たすすべての実数 a, b に対して，不等式 $ab \leqq \dfrac{a^p}{p} + \dfrac{b^q}{q}$ が成り立つことを示せ．

（信州大学工）

基本問題 5.16　連続と一様連続

f を実数全体で定義された実数値関数とする．（筑波大学 改題）

(1)「f は至るところ連続である」という定義を述べよ．

(2) 関数 $f(x) = x^2$ は至るところ連続であることを証明せよ．

(3)「f は一様連続である」という定義を述べよ．

(4) 関数 $f(x) = \sin x$ は一様連続であることを証明せよ．

(5) 関数 $f(x) = x^2$ は一様連続でないことを証明せよ．

ポイント 一様連続性はどの区間で考えているかが重要．有界閉区間で連続ならば一様連続である．

【解答】(1) 任意の実数 y について，$\lim_{x \to y} f(x) = f(y)$ が成り立つ．答

(2) 任意の実数 y について，$\lim_{x \to y} f(x) = \lim_{x \to y} x^2 = y^2$ が成り立つので至るところ連続である．［証明終］

(3) 任意の正の数 ε に対して，ある正の数 δ が存在して「$|x-y| < \delta$ ならば $|f(x)-f(y)| < \varepsilon$」が成り立つ．［証明終］

(4) $f'(x) = \cos x$ に注意すると，平均値の定理より，任意の異なる実数 x, y に対して，$\frac{\sin x - \sin y}{x-y} = \cos\alpha$ を満たす実数 α が存在する．よって，

$$|\sin x - \sin y| = |x-y|\,|\cos\alpha| \leqq |x-y|$$

より，任意の正の数 ε に対して，$\delta = \frac{\varepsilon}{2}$ とすると $|x-y| < \delta$ を満たす任意の実数 x, y に対して，$|\sin(x) - \sin(y)| \leqq |x-y| < \delta = \frac{\varepsilon}{2}$ が成り立つ．［証明終］

(5) $f(x)$ が一様連続でないとは，ある正の数 $\varepsilon > 0$ が存在して，「任意の正の数 δ に対して，$|x-y| < \delta$ であるにもかかわらず，$|f(x)-f(y)| \geqq \varepsilon$ となる実数 x, y が存在する」ことである．

$f(x) = x^2$ の場合は，$\varepsilon = 1, \delta > 0$ として，$x = \frac{1}{\delta} + \frac{\delta}{2}$, $y = \frac{1}{\delta}$ とおくと，$|x-y| = \frac{\delta}{2} < \delta$ であるが，

$$|f(x) - f(y)| = \left(\frac{1}{\delta} + \frac{\delta}{2}\right)^2 - \left(\frac{1}{\delta}\right)^2 = 1 + \frac{\delta^2}{4} > 1$$

となるので一様連続ではない．［証明終］

類　題

5.16.1 次の問いに答えよ．

(1) $f(x) = x^2$ は区間 $0 \leqq x \leqq 1$ で一様連続であることを示せ．

(2) $f(x) = \log x$ は $x \geqq 1$ で一様連続であることを示せ．

(3) $f(x) = x^5$ は（全区間で考えて）一様連続でないことを示せ．

演習問題

5.1　$y = \sqrt{\dfrac{1+\sqrt{x}}{1-\sqrt{x}}}$ の導関数を求めよ．　（広島大学工）

5.2　$\arccos x$ は $\cos x$ $(0 \leqq x \leqq \pi)$ の逆関数とする．次のことを満たす定数 a, b を求めよ．　（早稲田大学理工系）

$$\lim_{x \to 0} \frac{a + \arccos x}{x} = b$$

5.3　次の問いに答えよ．　（埼玉大学）

(1)　関数 $x \cos x$, $\log(1+3x)$ をそれぞれ 3 次の項までマクローリン展開せよ．

(2)　(1) の結果を用いて極限を求めよ．

$$\lim_{x \to 0} \left\{ \frac{1}{\log(1+3x)} - \frac{1}{3x \cos x} \right\}$$

5.4　関数 $f(x)$ は，$\sin f(x) = \cos^2 x$, $0 \leqq f(x) \leqq \frac{\pi}{2}$ を満たす．　（徳島大学）

(1)　$f(0)$, $f\left(\frac{\pi}{4}\right)$ をそれぞれ求めよ．

(2)　$f'\left(\frac{\pi}{4}\right)$, $f''\left(\frac{\pi}{4}\right)$ をそれぞれ求めよ．

(3)　$\displaystyle\lim_{x \to +0} f'(x)$ を求めよ．

5.5　$x > -1$ において，

$$f(x) = x \log(x+1), \quad g(x) = \frac{1}{x+1}$$

を考える．次の問いに答えよ．　（徳島大学）

(1)　$f'(x)$ および $f''(x)$ を求めよ．

(2)　$f'''(x) = g'(x) - g''(x)$ が成り立つことを示せ．

(3)　自然数 n に対して $\displaystyle\sum_{k=1}^{2n+1} f^{(k)}(0)$ を求めよ．

5.6　次の問いに答えよ．　（金沢大学）

(1)　任意の非負整数 $n = 0, 1, 2, \ldots$ に対して $\displaystyle\lim_{x \to \infty} \frac{x^n}{e^x} = 0$ が成り立つことを示せ．

(2)　次の関数

$$f(x) = \begin{cases} e^{-\frac{1}{x^2}} & (x \neq 0) \\ 0 & (x = 0) \end{cases}$$

は $x = 0$ で微分可能であることを示せ．

(3)　(2) の関数 $f(x)$ は $\mathbb{R}$ 上で 2 回微分可能であり，2 階導関数 $f''(x)$ は $x = 0$ で連続であることを示せ．

(4)　関数 $y = f(x)$ のグラフの概形をかけ．

5.7 $a \neq 0$ とし，$f(x)$ を $x = a$ のまわりで定義された関数とする．

$$\lim_{x \to a} \frac{x^2 f(a) - a^2 f(x)}{x - a} \quad \cdots (*)$$

が存在するために $f(x)$ が満たすべき条件を求めよ．また $(*)$ が存在するための条件を $f(x)$ が満たすとき，$(*)$ の値を求めよ． （お茶の水女子大学）

5.8 定数 $a > 0$ を与えて，開区間 $\left(0, \frac{\pi}{a}\right)$ 上で関数

$$f(x) = \frac{\cos(ax)}{\sin(ax)}$$

を考える．次の問いに答えよ． （金沢大学）

(1) $x = 0$ での右側極限 $\displaystyle\lim_{x \to +0} f(x)$ と $x = \frac{\pi}{a}$ での左側極限 $\displaystyle\lim_{x \to \frac{\pi}{a} - 0} f(x)$ をそれぞれ調べよ．

(2) $f(x)$ は開区間 $\left(0, \frac{\pi}{a}\right)$ 上で，$f'(x) = -a\left(1 + f(x)^2\right)$ を満たすことを示せ．

(3) $f(x)$ の逆関数 $f^{-1}(x)$ が存在することを示し，その導関数 $\left(f^{-1}\right)'(x)$ を求めよ．

5.9 関数 $f(x)$ が，$x = a$ の近傍で C^2 級の関数であり，$f''(a) \neq 0$ を満たすとき，以下に答えよ． （筑波大学）

(1) $f(a+h)$ に，テイラーの定理を適用して展開せよ．条件下において，できるだけ高い次数の項まで展開すること．また，剰余項の表記には θ_1 $(0 < \theta_1 < 1)$ を用いること．

(2) $f(a+h) = f(a) + hf'(a + \theta h)$ $(0 < \theta < 1)$ において，$\displaystyle\lim_{h \to 0} \theta = \frac{1}{2}$ となることを示せ．

5.10 次の問いに答えよ． （筑波大学）

(1) 関数 $f(x) = e^x$ をマクローリン展開（$x = 0$ のまわりでテイラー展開）せよ．

(2) 以下の性質 (A) を用いて，次の極限値を求めよ．

$$\lim_{n \to \infty} \frac{1}{n} \left(\frac{n}{1!} + \frac{n-1}{2!} + \cdots + \frac{2}{(n-1)!} + \frac{1}{n!} \right)$$

(A) 数列 $\{a_n\}_{n=1}^{\infty}$ に対して，$\displaystyle\lim_{n \to \infty} a_n = \alpha$ のとき，次が成り立つ．

$$\lim_{n \to \infty} \frac{a_1 + \cdots + a_n}{n} = \alpha$$

(3) 上の性質 (A) を証明せよ．

5.11 次の問いに答えよ． （筑波大学）

(1) 実数列 $\{a_n\}_{n=1}^{\infty}$ がある実数 $\alpha \in \mathbb{R}$ に収束するならば有界であることを証明せよ．

(2) 実数列 $\{a_n\}_{n=1}^{\infty}, \{b_n\}_{n=1}^{\infty}$ に対して，$\displaystyle\lim_{n \to \infty} a_n = \alpha$, $\displaystyle\lim_{n \to \infty} b_n = \beta \in \mathbb{R}$ が成り立つとする．このとき等式 $\displaystyle\lim_{n \to \infty} a_n b_n = \alpha\beta$ を証明せよ．

6　1変数の積分

不定積分　$F(x)$ を $f(x)$ の原始関数とする．

$$\int f(x)\,dx = F(x) + C$$

を不定積分という（C を積分定数という）．

関数 $f(x)$ の不定積分を求めることを x で積分するという．

積分公式 I　C は積分定数とする．

(1)　$\displaystyle\int x^p\,dx = \frac{1}{p+1}x^{p+1} + C$　（p は実数，$p \neq -1$）

(2)　$\displaystyle\int \frac{1}{x}\,dx = \log|x| + C$　　(3)　$\displaystyle\int e^x\,dx = e^x + C$

(4)　$\displaystyle\int \sin x\,dx = -\cos x + C$　　(5)　$\displaystyle\int \cos x\,dx = \sin x + C$

(6)　$\displaystyle\int \frac{1}{\sin^2 x}\,dx = -\frac{1}{\tan x} + C$　　(7)　$\displaystyle\int \frac{1}{\cos^2 x}\,dx = \tan x + C$

(8)　$\displaystyle\int \frac{1}{x^2 - a^2}\,dx = \frac{1}{2a}\log\left|\frac{x-a}{x+a}\right| + C$　（$a \neq 0$）

(9)　$\displaystyle\int \frac{1}{\sqrt{a^2 - x^2}}\,dx = \sin^{-1}\frac{x}{a} + C$　（$a > 0$）

(10)　$\displaystyle\int \frac{-1}{\sqrt{a^2 - x^2}}\,dx = \cos^{-1}\frac{x}{a} + C$　（$a > 0$）

(11)　$\displaystyle\int \frac{1}{x^2 + a^2}\,dx = \frac{1}{a}\tan^{-1}\frac{x}{a} + C$　（$a \neq 0$）

(12)　$\displaystyle\int \frac{f'(x)}{f(x)}\,dx = \log|f(x)| + C$

(13)　$\displaystyle\int \frac{1}{\sqrt{x^2 + A}}\,dx = \log\left|x + \sqrt{x^2 + A}\right| + C$　（$A \neq 0$）

(14)　$\displaystyle\int \sqrt{a^2 - x^2}\,dx = \frac{1}{2}\left(x\sqrt{a^2 - x^2} + a^2\sin^{-1}\frac{x}{a}\right) + C$　（$a > 0$）

(15)　$\displaystyle\int \sqrt{x^2 + A}\,dx = \frac{1}{2}\left(x\sqrt{x^2 + A} + A\log\left|x + \sqrt{x^2 + A}\right|\right) + C$　（$A \neq 0$）

積分の線形性　a, b が定数のとき

$$\int (af(x) + bg(x))\,dx = a\int f(x)\,dx + b\int g(x)\,dx$$

積分公式 II　C は積分定数とする．

$$\int (ax+b)^p\,dx = \frac{1}{a(p+1)}(ax+b)^{p+1} + C \quad (p \neq -1)$$

一般に，$F(x)$ を $f(x)$ の原始関数とするとき，

$$\int f(ax+b)\,dx = \frac{1}{a}F(ax+b) + C$$

が成り立つ．

置換積分法　関数 $f(x)$ の原始関数の 1 つを $F(x)$ とする．x が微分可能な関数 $g(t)$ を用いて，$x = g(t)$ と書けるとき，$\int f(g(t))g'(t)\,dt = F(g(t)) + C = \int f(x)\,dx$

部分積分法　I.　$\int f'(x)g(x)\,dx = f(x)g(x) - \int f(x)g'(x)\,dx,$

II.　$\int f(x)g'(x)\,dx = f(x)g(x) - \int f'(x)g(x)\,dx$

定積分　$F(x)$ を $f(x)$ の原始関数（の 1 つ）とするとき，

$$\int_a^b f(x)\,dx = [F(x)]_a^b = F(b) - F(a)$$

を区間 $[a, b]$ における $f(x)$ の**定積分**という．

定積分の性質　$\int_a^b f(x)\,dx = -\int_b^a f(x)\,dx,\quad \int_a^a f(x)\,dx = 0,$

$$\int_a^c f(x)\,dx + \int_c^b f(x)\,dx = \int_a^b f(x)\,dx$$

$f(x)$ が**偶関数**のとき $\int_{-a}^a f(x)\,dx = 2\int_0^a f(x)\,dx$，$f(x)$ が**奇関数**のとき $\int_{-a}^a f(x)\,dx = 0$

n は自然数とする．

$$\int_0^{\frac{\pi}{2}} \sin^n x\,dx = \int_0^{\frac{\pi}{2}} \cos^n x\,dx = \begin{cases} \frac{n-1}{n}\frac{n-3}{n-2}\cdots\frac{3}{4}\frac{1}{2}\frac{\pi}{2} & (n\text{ が偶数}) \\ \frac{n-1}{n}\frac{n-3}{n-2}\cdots\frac{4}{5}\frac{2}{3}\cdot 1 & (n\text{ が奇数}) \end{cases}$$

三角関数の積分

(1)　$t = \tan x$ とおくと，$dx = \dfrac{1}{1+t^2}\,dt,\ \sin^2 x = \dfrac{t^2}{1+t^2},\ \cos^2 x = \dfrac{1}{1+t^2}$

(2)　$t = \tan\dfrac{x}{2}$ とおくと，

$$dx = \frac{2}{1+t^2}\,dt,\quad \sin x = \frac{2t}{1+t^2},\quad \cos x = \frac{1-t^2}{1+t^2},\quad \tan x = \frac{2t}{1-t^2}$$

面積　$a \leqq x \leqq b$ において

$f(x) \geqq 0$ のとき**面積** $S = \int_a^b f(x)\,dx$，$f(x) \leqq 0$ のとき**面積** $S = -\int_a^b f(x)\,dx$

2 曲線の間の面積　区間 $[a,b]$ で $f(x) \geqq g(x)$ のとき，2 つの曲線 $y = f(x)$, $y = g(x)$ と 2 直線 $x = a$, $x = b$ で囲まれた図形の**面積** $S = \displaystyle\int_a^b \{f(x) - g(x)\}\, dx$

x 軸まわりの回転体の体積　曲線 $y = f(x)$ と x 軸および 2 直線 $x = a$, $x = b$（$a < b$）で囲まれた図形を x 軸まわりに回転してできる回転体の**体積**は

$$V = \pi \int_a^b y^2\, dx = \pi \int_a^b \{f(x)\}^2\, dx$$

曲線の長さ　$f(x)$ が区間 $[a,b]$ で微分可能，その導関数 $f'(x)$ が区間 $[a,b]$ で連続とする．$a \leqq x \leqq b$ における曲線 $y = f(x)$ の**長さ**は

$$L = \int_a^b \sqrt{1 + \{f'(x)\}^2}\, dx$$

媒介変数で表された図形の面積 S・体積 V・線長 L　$x = x(t)$, $y = y(t)$（$\alpha \leqq t \leqq \beta$）のとき

$$S = \int_\alpha^\beta |y(t)x'(t)|\, dt,$$

$$V = \pi \int_\alpha^\beta \{y(t)\}^2 |x'(t)|\, dt,$$

$$L = \int_\alpha^\beta \sqrt{\{x'(t)\}^2 + \{y'(t)\}^2}\, dt$$

極方程式で表された図形の面積 S・線長 L　$r = f(\theta)$（$\alpha \leqq \theta \leqq \beta$）のとき

$$S = \frac{1}{2} \int_\alpha^\beta \{f(\theta)\}^2\, d\theta, \quad L = \int_\alpha^\beta \sqrt{\{f(\theta)\}^2 + \{f'(\theta)\}^2}\, d\theta$$

広義積分

$f(x)$ が $(a,b]$ で連続で $x=a$ で定義されていない場合：$\displaystyle\int_a^b f(x)\, dx = \lim_{\varepsilon \to +0} \int_{a+\varepsilon}^b f(x)\, dx \cdots$ ①

$f(x)$ が $[a,b)$ で連続で $x=b$ で定義されていない場合：$\displaystyle\int_a^b f(x)\, dx = \lim_{\varepsilon \to +0} \int_a^{b-\varepsilon} f(x)\, dx \cdots$ ②

$f(x)$ が $[a,\infty)$ で連続であるとき：　$\displaystyle\int_a^\infty f(x)\, dx = \lim_{b \to \infty} \int_a^b f(x)\, dx \cdots$ ③

$f(x)$ が $(-\infty,b]$ で連続であるとき：　$\displaystyle\int_{-\infty}^b f(x)\, dx = \lim_{a \to \infty} \int_{-a}^b f(x)\, dx \cdots$ ④

$f(x)$ が $(-\infty,\infty)$ で連続であるとき：$\displaystyle\int_{-\infty}^\infty f(x)\, dx = \lim_{a,b \to \infty} \int_{-a}^b f(x)\, dx \cdots$ ⑤

①〜⑤の右辺の極限値が存在する（**収束する**）とき，**広義積分可能**という．このような定積分を**広義積分**という（右辺の極限値が存在しないとき，**発散する**という）．

基本問題 6.1

次の定積分を求めよ. （埼玉大学）

$$\int_0^1 \frac{3x}{x^2+1}\,dx$$

ポイント $\dfrac{(\text{分母})'}{(\text{分母})}$ の形の関数に，公式 (12) $\displaystyle\int \frac{f'(x)}{f(x)}\,dx = \log|f(x)| + C$ を用いる.

【解答】

$$\int_0^1 \frac{3x}{x^2+1}\,dx = 3\int_0^1 \frac{\frac{1}{2}(x^2+1)'}{x^2+1}\,dx$$

$$= \frac{3}{2}\int_0^1 \frac{(x^2+1)'}{x^2+1}\,dx = \frac{3}{2}\left[\log(x^2+1)\right]_0^1$$

$$= \frac{3}{2}(\log 2 - \log 1) = \frac{3}{2}\log 2 \quad \text{答}$$

■**補足** $x^2+1>0$ であるから，$\log|x^2+1| = \log(x^2+1)$ である.

【別解】 （**置換積分法**を用いる） $t = x^2+1$ とおき，両辺の微分を取ると $dt = 2x\,dx$

よって

$$\frac{1}{2}\,dt = x\,dx$$

x	$0 \to 1$
t	$1 \to 2$

$$(\text{与式}) = \int_1^2 \frac{3}{t}\frac{1}{2}\,dt = \frac{3}{2}\int_1^2 \frac{1}{t}\,dt = \frac{3}{2}\left[\log|t|\right]_1^2$$

$$= \frac{3}{2}(\log 2 - \log 1) = \frac{3}{2}\log 2 \quad \text{答}$$

類　題

6.1.1 次の不定積分，定積分を求めよ. （(1), (2) 東京海洋大学，(3) 龍谷大学理工）

(1) $\displaystyle\int \frac{e^x}{1+e^x}\,dx$

(2) $\displaystyle\int_0^2 \frac{x}{\sqrt{9-x^2}}\,dx$

(3) $\displaystyle\int_0^a \frac{1}{\sqrt{x+a}+\sqrt{x}}\,dx$ （ただし，$a>0$）

基本問題 6.2

次の定積分を求めよ.

(1) $\displaystyle\int_0^{\pi} \sin^3 x\,dx$　　(2) $\displaystyle\int_0^{\pi} \cos^4 x\,dx$

ポイント　$y=\sin x$ は奇関数, $y=\cos x$ は偶関数.

$$\int_0^{\frac{\pi}{2}} \sin^n x\,dx=\int_0^{\frac{\pi}{2}} \cos^n x\,dx=\begin{cases}\frac{n-1}{n}\frac{n-3}{n-2}\cdots\frac{3}{4}\frac{1}{2}\frac{\pi}{2} & (n\text{ が偶数})\\ \frac{n-1}{n}\frac{n-3}{n-2}\cdots\frac{4}{5}\frac{2}{3}\cdot 1 & (n\text{ が奇数})\end{cases}$$

（n：自然数）を用いる.

【解答】 (1)　$y=\sin^3 x$ のグラフは $x=\frac{\pi}{2}$ に関して対称だから

$$\int_0^{\pi} \sin^3 x\,dx = 2\int_0^{\frac{\pi}{2}} \sin^3 x\,dx = 2\cdot\frac{2}{3}=\frac{4}{3}$$ 答

(2)　(1) と同様に

$$\int_0^{\pi} \cos^4 x\,dx = 2\int_0^{\frac{\pi}{2}} \cos^4 x\,dx = 2\cdot\frac{3}{4}\frac{1}{2}\frac{\pi}{2}=\frac{3}{8}\pi$$ 答

■補足　次も導けるようにしよう.

$$\int_0^{\pi} \cos^3 x\,dx = 0,$$

$$\int_0^{\frac{\pi}{2}} \sin^n x\,dx = \int_{\frac{\pi}{2}}^{\pi} \sin^n x\,dx,$$

$$\int_0^{\frac{\pi}{2}} \cos^n x\,dx = \int_{-\frac{\pi}{2}}^{0} \cos^n x\,dx$$

類　題

6.2.1　次の定積分を求めよ.　（新潟大学工）

$$\int_{-\frac{\pi}{2}}^{\frac{\pi}{2}} \cos^5 x\,dx$$

ヒント：$y=\cos^5 x$ は偶関数（y 軸対称）.

基本問題 6.3

次の不定積分を求めよ．

$$\int \frac{1}{\sin x}\,dx$$

ポイント　置換積分法と公式 (8)　$\displaystyle\int \frac{1}{x^2-a^2}\,dx = \frac{1}{2a}\log\left|\frac{x-a}{x+a}\right| + C$ を使う．

【解答】（置換積分法を用いる）　$t = \tan\frac{x}{2}$ とおくと

$$dx = \frac{2}{1+t^2}\,dt, \quad \sin x = \frac{2t}{1+t^2}$$

より

$$\int \frac{1}{\sin x}\,dx = \int \frac{1}{\frac{2t}{1+t^2}}\frac{2}{1+t^2}\,dt = \int \frac{1}{t}\,dt$$

$$= \log|t| + C = \log\left|\tan\frac{x}{2}\right| + C \quad \text{答}$$

【別解】　$\dfrac{1}{\sin x}$ の分母分子に，$\sin x$ をかけると，

$$\int \frac{1}{\sin x}\frac{\sin x}{\sin x}\,dx = \int \frac{\sin x}{\sin^2 x}\,dx = \int \frac{\sin x}{1-\cos^2 x}\,dx$$

$t = \cos x$ とおき，両辺の微分を取ると

$$dt = -\sin x\,dx$$

よって

$$(\text{与式}) = \int \frac{-1}{1-t^2}\,dt = \int \frac{1}{t^2-1}\,dt = \frac{1}{2}\log\left|\frac{t-1}{t+1}\right| + C$$

$$= \frac{1}{2}\log\left|\frac{\cos x - 1}{\cos x + 1}\right| + C \quad \text{答}$$

■**補足**　結果の表現は異なるが，三角関数の公式を用いて変形すると同じになる．

類　題

6.3.1　次の不定積分を求めよ．　（愛媛大学工）

$$\int e^{\cos x}\sin 2x\,dx$$

ヒント：$t = \cos x$ とおく．

基本問題 6.4

定積分を求めよ.　　（京都工芸繊維大学）

$$\int_0^1 \frac{dx}{x+\left(\sqrt[3]{x}\right)^2+\sqrt[3]{x}}$$

ポイント　公式 (12)　$\displaystyle\int \frac{f'(x)}{f(x)}\,dx = \log|f(x)| + C$ を使える形に変形.

【解答】（置換積分法を用いる）　$t = \sqrt[3]{x}$ とおくと

$$t^3 = x \qquad \therefore \quad dx = 3t^2\,dt$$

$x : 0 \to 1$ のとき $t : 0 \to 1$ だから

$$\int_0^1 \frac{dx}{x+\left(\sqrt[3]{x}\right)^2+\sqrt[3]{x}} = \int_0^1 \frac{3t^2}{t^3+t^2+t}\,dt = \int_0^1 \frac{3t}{t^2+t+1}\,dt$$

$$= \int_0^1 \frac{3t}{t^2+t+1}\,dt = \frac{3}{2}\int_0^1 \frac{2t+1-1}{t^2+t+1}\,dt$$

$$= \frac{3}{2}\left[\log(t^2+t+1)\right]_0^1 - \frac{3}{2}\int_0^1 \frac{1}{\left(t+\frac{1}{2}\right)^2+\frac{3}{4}}\,dt$$

$$= \frac{3}{2}\left[\log(t^2+t+1)\right]_0^1 - \frac{3}{\cancel{2}}\left[\frac{\cancel{2}}{\sqrt{3}}\tan^{-1}\frac{t+\frac{1}{2}}{\frac{\sqrt{3}}{2}}\right]_0^1$$

$$= \frac{3}{2}(\log 3 - \log 1) - \sqrt{3}\left(\tan^{-1}\sqrt{3} - \tan^{-1}\frac{1}{\sqrt{3}}\right)$$

$$= \frac{3}{2}\log 3 - \sqrt{3}\left(\frac{\pi}{3}-\frac{\pi}{6}\right) = \frac{3}{2}\log 3 - \frac{\sqrt{3}}{6}\pi \quad \text{答}$$

■補足　$\displaystyle\int \frac{1}{(x-p)^2+b^2}\,dx = \frac{1}{b}\tan^{-1}\frac{x-p}{b} + C \ (b>0)$ である.

$x - p = t$ とおいて置換積分法を用いる.

類　題

6.4.1　次の不定積分を求めよ.　　（名古屋工業大学）

$$\int \frac{1}{x^2\sqrt{x^2+4}}\,dx$$

ヒント：$t = x + \sqrt{x^2+4}$ とおく.

基本問題 6.5

次の積分を求めよ．　　（秋田大学理工）

$$\int_1^e \log_e x\,dx \quad (e\ \text{は自然対数の底})$$

ポイント　I. $\displaystyle\int f'(x)g(x)\,dx = f(x)g(x) - \int f(x)g'(x)\,dx$ を用いる．

他に，$\displaystyle\int (\log x)^n\,dx$, $\displaystyle\int$（多項式）$\cdot \log x\,dx$, $\displaystyle\int \sin^{-1} x\,dx$, $\displaystyle\int \tan^{-1} x\,dx$ などに適用．

II. $\displaystyle\int f(x)g'(x)\,dx = f(x)g(x) - \int f'(x)g(x)\,dx$ は，

$\displaystyle\int$（多項式）$\cdot e^{ax}\,dx$, $\displaystyle\int$（多項式）$\cdot \sin ax\,dx$, $\displaystyle\int$（多項式）$\cdot \cos ax\,dx$（a は定数）などに適用．

【解答】（**部分積分法**を用いる）

$$\int_1^e \log_e x\,dx = \int_1^e \underbrace{(x)'}_{f'}\ \underbrace{\log_e x}_{g}\,dx = [x\log_e x]_1^e - \int_1^e x\underbrace{(\log_e x)'}_{g'}\,dx$$

$$= [x\log_e x]_1^e - \int_1^e x\frac{1}{x}\,dx = [x\log_e x]_1^e - [x]_1^e = e - \underbrace{\log_e 1}_{=0} - (e-1) = 1 \quad \text{答}$$

■**補足**　部分積分法より，次が成り立つ．（a, b：定数，$a^2+b^2 \neq 0$，C：積分定数）

$$\int e^{ax}\sin bx\,dx = \frac{e^{ax}}{a^2+b^2}(a\sin bx - b\cos bx) + C,$$

$$\int e^{ax}\cos bx\,dx = \frac{e^{ax}}{a^2+b^2}(a\cos bx + b\sin bx) + C$$

覚えておくと便利である．

類　題

6.5.1　次の不定積分を求めよ．　（(1), (3) 東京海洋大学，(2) お茶の水女子大学）

(1) $\displaystyle\int x^5 \log x\,dx$　　(2) $\displaystyle\int \sin^{-1} x\,dx$　　(3) $\displaystyle\int e^x \sin x\,dx$

6.5.2　次の定積分を求めよ（ただし $a > 0$ とする）．　（秋田大学理工）

$$\int_{-a}^{a} \sqrt{a^2 - x^2}\,dx$$

6.5.3　$0 < x < \pi$ において $\displaystyle\int \sin x \log(\sin x)\,dx$ を求めよ．

（はこだて未来大学情報システム）

基本問題 6.6

不定積分 $\displaystyle\int \frac{1}{x(2-x)}\,dx$ を求めよ.　（九州大学工）

ポイント　**部分分数分解**　A, B, C は定数のとき，分母の形により次のように表せる.

(1)　1 次式の積（a, b, c は相異なる）

$$\frac{px^2+qx+r}{(x-a)(x-b)(x-c)} = \frac{A}{x-a} + \frac{B}{x-b} + \frac{C}{x-c}$$

(2)　1 次式と 2 次式（判別式が 0）の積

$$\frac{px^2+qx+r}{(x-a)^2(x-b)} = \frac{A}{(x-a)^2} + \frac{B}{x-a} + \frac{C}{x-b}$$

(3)　1 次式と 2 次式（判別式が負）の積

$$\frac{px^2+qx+r}{(x-a)(x^2+bx+c)} = \frac{A}{x-a} + \frac{Bx+C}{x^2+bx+c}$$

【解答】　**部分分数分解**する.

$$\frac{1}{x(2-x)} = \frac{a}{x} + \frac{b}{2-x}$$

とおくと

$$1 = a(2-x) + bx$$

よって $a = b = \dfrac{1}{2}$

$$\begin{aligned}\int \frac{1}{x(2-x)}\,dx &= \frac{1}{2}\int\left(\frac{1}{x} - \frac{1}{x-2}\right)dx \\ &= \frac{1}{2}(\log|x| - \log|x-2|) + C \\ &= \log\sqrt{\frac{x}{x-2}} + C \quad \text{答}\end{aligned}$$

類　題

6.6.1　定積分 $\displaystyle\int_3^5 \frac{dx}{x^2+3x-10}$ を求めよ.　（東京海洋大学）

6.6.2　不定積分 $\displaystyle\int \frac{dx}{x^2-x+1}$ を求めよ.　（信州大学工）

基本問題 6.7

次の曲線および直線で囲まれた部分からなる図形について，各問いに答えよ．

（東京海洋大学）

$$y = \sqrt{2x}, \quad x = 9, \quad y = 0$$

(1)　この図形の面積を求めよ．

(2)　この図形を x 軸のまわりに回転して得られる回転体の体積を求めよ．

ポイント　面積・体積・長さの公式をきちんと覚える．

【解答】　(1)　求める面積を S とする．

$$S = \int_0^9 \sqrt{2x}\,dx = \sqrt{2}\left[\frac{2}{3}x^{\frac{3}{2}}\right]_0^9$$

$$= \frac{2\sqrt{2}}{3}(3^2)^{\frac{3}{2}} = 18\sqrt{2} \quad \text{答}$$

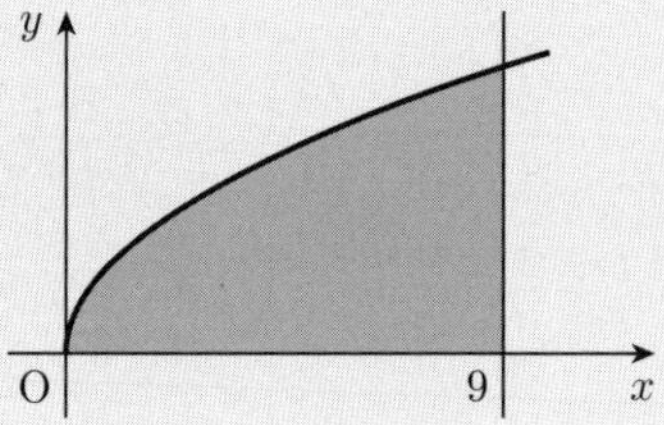

(2)　求める体積を V とする．

$$V = \pi\int_0^9 (\sqrt{2x})^2\,dx = 2\pi\int_0^9 x\,dx$$

$$= \cancel{2}\pi\left[\frac{1}{\cancel{2}}x^2\right]_0^9 = 81\pi \quad \text{答}$$

類　題

6.7.1　曲線 $y = \cos x$ $\left(0 \leqq x \leqq \frac{\pi}{2}\right)$ と x 軸，y 軸で囲まれた部分を，y 軸のまわりに 1 回転してできる立体の体積 V を求めよ．

（早稲田大学理工系）

基本問題 6.8

曲線 $y = \cosh x$ の $x = 0$ から $x = 2$ までの弧の長さを求めよ．　（新潟大学工）

ポイント

$$\sinh x = \frac{e^x - e^{-x}}{2}, \quad \cosh x = \frac{e^x + e^{-x}}{2}, \quad \tanh x = \frac{\sinh x}{\cosh x} = \frac{e^x - e^{-x}}{e^x + e^{-x}}$$

で定義される関数をまとめて**双曲線関数**といい，それぞれ**ハイパボリックサイン**，**ハイパボリックコサイン**，**ハイパボリックタンジェント**という．次が成り立つ．

$$(\sinh x)' = \cosh x, \quad (\cosh x)' = \sinh x, \quad (\tanh x)' = \frac{1}{\cosh^2 x}$$

【解答】　求める長さを L とする．

$$y' = (\cosh x)' = \left(\frac{e^x + e^{-x}}{2}\right)' = \frac{e^x - e^{-x}}{2} \ (= \sinh x),$$

$$\begin{aligned} L &= \int_0^2 \sqrt{1 + (y')^2}\, dx = \int_0^2 \sqrt{1 + \sinh^2 x}\, dx \\ &= \int_0^2 \sqrt{\cosh^2 x}\, dx = \int_0^2 \cosh x\, dx \\ &= [\sinh x]_0^2 \left(= \frac{1}{2}[e^x - e^{-x}]_0^2\right) \\ &= \frac{e^2 - e^{-2}}{2} \quad \text{答} \end{aligned}$$

類　題

6.8.1　以下の関数で表される曲線がある．区間 $-4 \leqq x \leqq 4$ における曲線の長さを求めよ．　（新潟大学工）

$$y = 2(e^{\frac{x}{4}} + e^{-\frac{x}{4}})$$

ヒント：基本問題 6.8 と同様に，曲線の長さの公式を用いる．

基本問題 6.9

$x = a\cos^3 x,\ y = a\sin^3 x$（$0 \leqq t \leqq 2\pi$）で表される xy 平面上の曲線について，以下の問いに答えよ．ただし，a は正の実数とする．（東北大学工）

(1) $\frac{dy}{dx}$ を t の関数として示せ．

(2) この曲線の概形をかき，曲線の全長を求めよ．

(3) この曲線が囲む面積を求めよ．

ポイント 積分に三角関数の公式をよく用いるので覚えておくとよい．

基本公式 $\cos^2\theta + \sin^2\theta = 1,\ 1 + \tan^2\theta = \dfrac{1}{\cos^2\theta},\ \tan\theta = \dfrac{\sin\theta}{\cos\theta}$

2 倍角の公式 $\sin 2\theta = 2\cos\theta\sin\theta,$

$\cos 2\theta = \cos^2\theta - \sin^2\theta = 2\cos^2\theta - 1 = 1 - 2\sin^2\theta$

半角の公式 $\sin^2\dfrac{\theta}{2} = \dfrac{1-\cos\theta}{2},\ \cos^2\dfrac{\theta}{2} = \dfrac{1+\cos\theta}{2}$

【解答】 (1) $\dfrac{dy}{dx} = \dfrac{3a\sin^2 t\cos t}{-3a\cos^2 t\sin t} = -\tan t$ 　答

(2) 全長を L とする．

$$\frac{dx}{dt} = -3a\cos^2 t\sin t,$$
$$\frac{dy}{dt} = 3a\sin^2 t\cos t$$

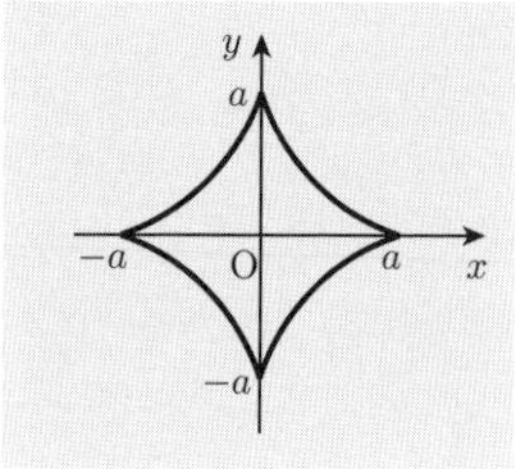

グラフの対称性より

$$L = 4\int_0^{\frac{\pi}{2}} \sqrt{(-3a\cos^2 t\sin t)^2 + (3a\sin^2 t\cos t)^2}\,dt$$
$$= 12a\int_0^{\frac{\pi}{2}} \cos t\sin t\sqrt{\cos^2 t + \sin^2 t}\,dt$$
$$= 6a\int_0^{\frac{\pi}{2}} \sin 2t\,dt = 6a\left[-\frac{1}{2}\cos 2t\right]_0^{\frac{\pi}{2}} = 6a \quad \text{答}$$

■**補足** この曲線をアステロイドという．

(3) 面積を S とする．$x : 0 \to a$ のとき $t : \frac{\pi}{2} \to 0$ より

$$S = 4\int_0^a y\,dx = 4\int_{\frac{\pi}{2}}^0 a\sin^3 t\cdot(-3a\cos^2 t\sin t)\,dt$$
$$= 12a^2\int_0^{\frac{\pi}{2}} \sin^4 t\cos^2 t\,dt = 12a^2\int_0^{\frac{\pi}{2}} (\sin^4 t - \sin^6 t)\,dt$$
$$= 12a^2\left(\frac{3}{4}\frac{1}{2}\frac{\pi}{2} - \frac{5}{6}\frac{3}{4}\frac{1}{2}\frac{\pi}{2}\right) = \frac{3}{8}\pi a^2 \quad \text{答}$$

■**補足**　代表的な曲線のグラフと 2 次曲線

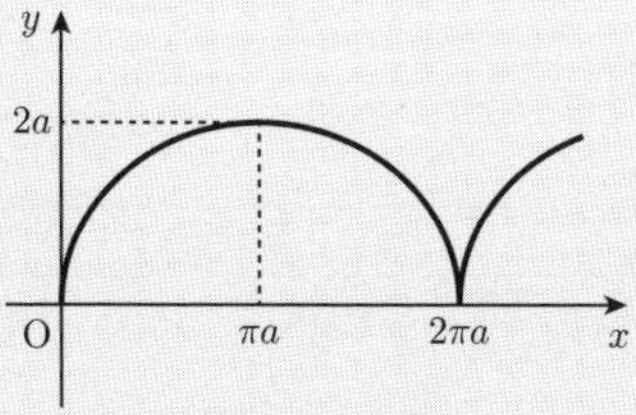

サイクロイド

$\begin{cases} x = a(\theta - \sin\theta) \\ y = a(1 - \cos\theta) \end{cases}$

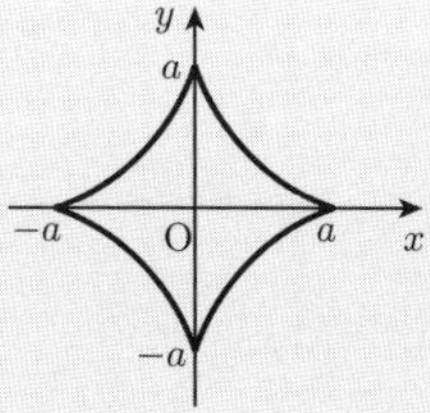

アステロイド

$x^{\frac{2}{3}} + y^{\frac{2}{3}} = a^{\frac{2}{3}}$, $\begin{cases} x = a\cos^3\theta \\ y = a\sin^3\theta \end{cases}$

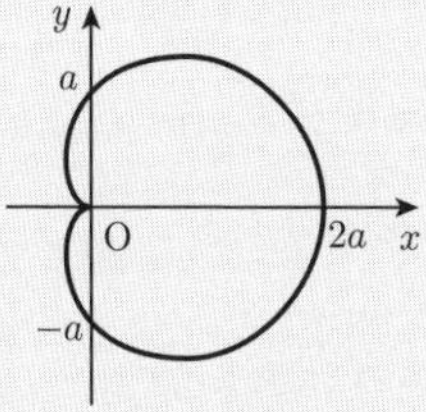

カージオイド

$r = a(1+\cos\theta) \quad (a > 0)$

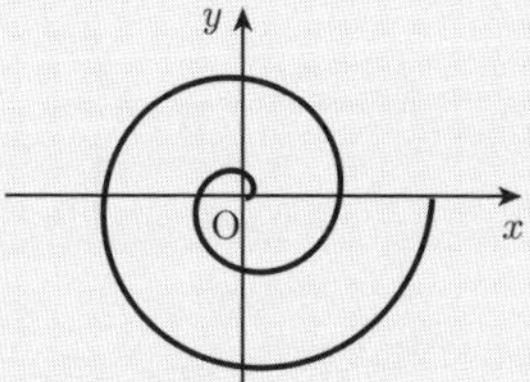

アルキメデスの螺旋《らせん》

$r = a\theta \quad (a > 0)$

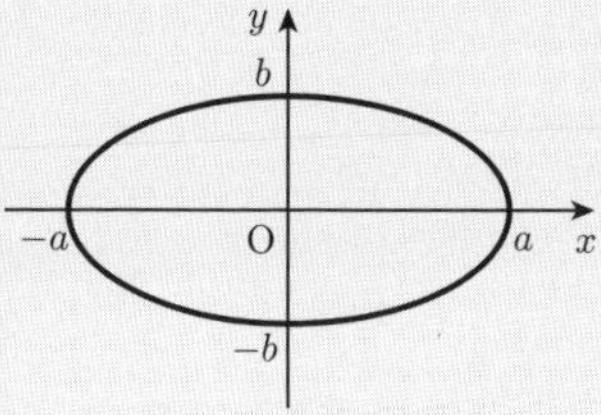

楕円

$\dfrac{x^2}{a^2} + \dfrac{y^2}{b^2} = 1 \quad (a > b)$

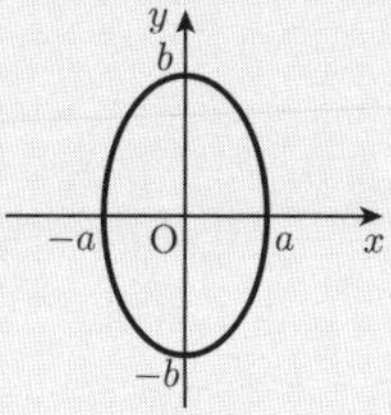

楕円

$\dfrac{x^2}{a^2} + \dfrac{y^2}{b^2} = 1 \quad (a < b)$

類　題

6.9.1　直交座標を (x, y)，極座標を (r, θ) とするとき，曲線 $C : r = 2(1 + \cos\theta)$ について，以下の問いに答えよ．（九州大学工）

(1)　曲線 C と x 軸，y 軸との交点の直交座標を求めて，曲線 C の概形を xy 平面上にかけ．

(2)　$r \leqq 2(1 + \cos\theta)$, $y \geqq 0$, $y \leqq -\dfrac{1}{2}x + 2$ で表される領域の面積を求めよ．

(3)　上の (2) で考えた領域の外周の長さを求めよ．

ヒント：曲線 $r = 2(1 + \cos\theta)$ はカージオイドである．

基本問題 6.10

不定積分 $\displaystyle\int \frac{1}{x^3+1}\,dx$ と，広義積分 $\displaystyle\int_{\frac{1}{2}}^{\infty} \frac{1}{x^3+1}\,dx$ を求めよ．

（京都工芸繊維大学）

ポイント　基本問題 6.4 と同様に，公式 (12) $\int \frac{f'(x)}{f(x)}\,dx = \log|f(x)| + C$ を使える形に変形．

【解答】 **部分分数分解**する． $\frac{1}{x^3+1} = \frac{1}{(x+1)(x^2-x+1)} = \frac{a}{x+1} + \frac{bx+c}{x^2-x+1}$ とおくと

$$1 = a(x^2-x+1) + (x+1)(bx+c) = (a+b)x^2 + (-a+b+c)x + a + c$$

係数を比較して得られる連立方程式 $\begin{cases} a+b=0 \\ -a+b+c=0 \\ a+c=1 \end{cases}$ を解くと $a=\frac{1}{3}$, $b=-\frac{1}{3}$, $c=\frac{2}{3}$ を得る．よって

$$\int \frac{1}{x^3+1}\,dx = \frac{1}{3}\int\left(\frac{1}{x+1} - \frac{x-2}{x^2-x+1}\right)dx = \frac{1}{3}\int\left(\frac{1}{x+1} - \frac{1}{2}\frac{(2x-1)-3}{x^2-x+1}\right)dx$$

$$= \frac{1}{3}\int\left(\frac{1}{x+1} - \frac{1}{2}\frac{2x-1}{x^2-x+1} + \frac{3}{2}\frac{1}{\underset{\sim\sim\sim\sim\sim}{\left(x-\frac{1}{2}\right)^2+\frac{3}{4}}}\right)dx$$

$\int \frac{1}{(x-p)^2+b^2}\,dx = \frac{1}{b}\tan^{-1}\frac{x-p}{b}+C \quad (b>0)$

$$= \frac{1}{3}\left(\log|x+1| - \frac{1}{2}\log(x^2-x+1) + \frac{3}{\cancel{2}}\frac{\cancel{2}}{\sqrt{3}}\tan^{-1}\frac{x-\frac{1}{2}}{\frac{\sqrt{3}}{2}}\right)$$

$$= \frac{1}{6}\left(\log\frac{(x+1)^2}{x^2-x+1} + 2\sqrt{3}\tan^{-1}\frac{\sqrt{3}(2x-1)}{3}\right) + C \quad \text{答}$$

$$\int_{\frac{1}{2}}^{\infty}\frac{1}{x^3+1}\,dx = \frac{1}{6}\left[\log\frac{(x+1)^2}{\underset{\sim\sim\sim\sim\sim}{x^2-x+1}} + 2\sqrt{3}\tan^{-1}\frac{\sqrt{3}(2x-1)}{3}\right]_{\frac{1}{2}}^{\infty}$$

分母と分子に $\frac{1}{x^2}$ をかけて極限を考える

$$= \frac{1}{6}\left\{\lim_{x\to\infty}\left(\log\frac{\left(1+\frac{1}{x}\right)^2}{1-\frac{1}{x}+\frac{1}{x^2}} + 2\sqrt{3}\tan^{-1}\frac{\sqrt{3}(2x-1)}{3}\right) - (\log 3 + 2\sqrt{3}\tan^{-1}0)\right\}$$

$$= \frac{1}{6}\left(0 + 2\sqrt{3}\cdot\frac{\pi}{2} - \log 3\right) = \frac{1}{6}(\sqrt{3}\pi - \log 3) \quad \text{答}$$

類　題

6.10.1　広義積分 $\displaystyle\int_0^{\infty}\frac{dx}{x^3+1}$ の値を求めよ．

（信州大学工）

基本問題 6.11

$\displaystyle\int_{-\infty}^{\frac{\pi}{2}} e^x \cos x\,dx$ を求めよ．（新潟大学工）

ポイント 次の 2 つを用いる．

三角関数の合成

$$a\sin x + b\cos x = \sqrt{a^2+b^2}\sin(x+\alpha)$$

$$\left(\cos\alpha = \frac{a}{\sqrt{a^2+b^2}},\ \sin\alpha = \frac{b}{\sqrt{a^2+b^2}} \quad (a^2+b^2 \neq 0)\right)$$

はさみうちの原理

$$\lim_{x\to a} f(x) = c, \quad \lim_{x\to a} g(x) = c, \quad f(x) \leqq h(x) \leqq g(x) \Rightarrow \lim_{x\to a} h(x) = c$$

【解答】 $I = \displaystyle\int e^x \cos x\,dx$ とおく．部分積分法より

$$I = \int (e^x)' \cos x\,dx = e^x \cos x - \int e^x (\cos x)'\,dx$$

$$= e^x \cos x + \int e^x \sin x\,dx = e^x \cos x + (e^x \sin x - I)$$

$$\therefore \quad I = \frac{e^x}{2}(\cos x + \sin x) + C$$

ここで，三角関数を合成すると $\cos x + \sin x = \sqrt{2}\sin\left(x + \dfrac{\pi}{4}\right)$

また，$e^x > 0$, $\left|\sin\left(x + \frac{\pi}{4}\right)\right| \leqq 1$ より

$$\lim_{x\to-\infty} |e^x(\cos x + \sin x)| = \lim_{x\to-\infty} \sqrt{2}\,e^x \left|\sin\left(x + \frac{\pi}{4}\right)\right| \leqq \sqrt{2}\,e^x \xrightarrow[x\to-\infty]{} 0$$

よって，はさみうちの原理より

$$\lim_{x\to-\infty} e^x(\cos x + \sin x) = 0,$$

$$\therefore \quad \int_{-\infty}^{\frac{\pi}{2}} e^x \cos x\,dx = \frac{1}{2}\left[e^x(\cos x + \sin x)\right]_{-\infty}^{\frac{\pi}{2}} = \frac{e^{\frac{\pi}{2}}}{2}$$ 答

■補足 $\displaystyle\int c^x \cos x\,dx = \int e^x (\sin x)'\,dx$ としてもよい．

または，公式 $\displaystyle\int e^{ax}\cos bx\,dx = \frac{e^{ax}}{a^2+b^2}(a\cos bx + b\sin bx) + C$ を直接用いる．

類　題

6.11.1 $x = \sin^2\theta$ と変数変換して，次の積分の値を求めよ．（神戸大学工）

$$\int_0^1 \sqrt{\frac{x}{1-x}}\,dx$$

演習問題

6.1 広義積分 $\displaystyle\int_{-\infty}^{\infty} \frac{dx}{x^2+2x+3}$ の値を求めよ.　（愛媛大学工）

6.2 $\displaystyle\int_0^{\frac{\pi}{2}} \frac{1}{a^2\cos^2 x + b^2 \sin^2 x}\,dx = \frac{\pi}{2ab}$ を用いて，次の定積分を求めよ.　（筑波大学医）

$$I = \int_0^{\frac{\pi}{2}} \frac{1}{(a^2\cos^2 x + b^2\sin^2 x)^2}\,dx$$

6.3 a, b は定数で $a < b$ とする. $a < p < q < b$ を満たす p, q に対して

$$I(p,q) = \int_p^q \frac{dx}{\sqrt{(b-x)(x-a)}}$$

とおく. このとき，次の問いに答えよ.　（信州大学工）

(1)　$t = \sqrt{\frac{x-a}{b-x}}$ （$p \leqq x \leqq q$）とおいて，置換積分法により $I(p,q)$ を求めよ.

(2)　極限 $\displaystyle I = \lim_{p\to a+0}\left\{\lim_{q\to b-0} I(p,q)\right\}$ を求めよ.

6.4 a を実数の定数とする. このとき，次の問いに答えよ.　（富山大学理）

(1)　広義積分 $\displaystyle\int_0^1 x^a \log x\,dx$ が収束する a の値の範囲を求めよ.

(2)　(1) の広義積分が収束するとき，その値を求めよ.

6.5 定数 $a > 0$ を与えて，開区間 $\left(0, \frac{\pi}{a}\right)$ 上で関数

$$f(x) = \frac{\cos ax}{\sin ax}$$

を考える. 次の問いに答えよ.　（金沢大学理工）

(1)　$x = 0$ での右側極限 $\displaystyle\lim_{x\to+0} f(x)$ と $x = \frac{\pi}{a}$ での左側極限 $\displaystyle\lim_{x\to\frac{\pi}{a}-0} f(x)$ をそれぞれ調べよ.

(2)　$f(x)$ は開区間 $\left(0, \frac{\pi}{a}\right)$ 上で，

$$f'(x) = -a(1+f(x)^2)$$

を満たすことを示せ.

(3)　$f(x)$ の逆関数 $f^{-1}(x)$ が存在することを示し，その導関数 $(f^{-1})'(x)$ を求めよ.

(4)　(3) の関数 $f^{-1}(x)$ と $f(b) = b$ を満たす定数 b （$0 < b < \frac{\pi}{a}$）に対して，広義積分

$$\int_b^{\infty} \frac{1}{(1+x^2)\{1+(f^{-1}(x))^2\}}\,dx$$

を a と b を用いて表せ.

7 偏微分

偏微分係数と偏導関数　2 変数関数 $z = f(x, y)$ において，y を固定すると x だけの関数となる．このとき，x について微分可能であるとき，得られた関数を x についての**偏導関数**といい，$\frac{\partial f}{\partial x}(x, y)$ や $f_x(x, y)$ で表す．同様に x を固定して考えれば y についての**偏導関数** $f_y(x, y)$ が得られる．両方とも存在するときは，$f(x, y)$ は**偏微分可能**という．そして $f_x(x, y)$, $f_y(x, y)$ を求めることをそれぞれ x, y で**偏微分する**という．$f_x(a, b)$ と $f_y(a, b)$ は点 (a, b) における**偏微分係数**という．

$f(x, y)$ の領域 D において，$f_x(x, y)$, $f_y(x, y)$ が存在して，ともに連続であるとき，$f(x, y)$ は領域 D において $\boldsymbol{C^1}$ **級**であるという．

$f_x(x, y)$, $f_y(x, y)$ がさらに偏微分可能であるとき，$f(x, y)$ は **2 回偏微分可能**であるといい，

$$\frac{\partial}{\partial x} f_x(x, y) = \frac{\partial^2}{\partial x^2} f(x, y) = f_{xx}(x, y), \qquad \frac{\partial}{\partial y} f_x(x, y) = \frac{\partial^2}{\partial y \partial x} f(x, y) = f_{xy}(x, y),$$

$$\frac{\partial}{\partial x} f_y(x, y) = \frac{\partial^2}{\partial x \partial y} f(x, y) = f_{yx}(x, y), \qquad \frac{\partial}{\partial y} f_y(x, y) = \frac{\partial^2}{\partial y^2} f(x, y) = f_{yy}(x, y)$$

などと表す．これらを **2 階偏導関数**という．領域 D において 2 階導関数がすべて存在して連続であるとき，$f(x, y)$ は領域 D において $\boldsymbol{C^2}$ **級**であるという．

合成関数の偏微分

$z = f(x, y)$ で $x = x(t)$, $y = y(t)$ のとき，

$$\frac{dz}{dt} = \frac{\partial f}{\partial x}\frac{dx}{dt} + \frac{\partial f}{\partial y}\frac{dy}{dt}$$

$z = f(x, y)$ で $x = x(u, v)$, $y = y(u, v)$ のとき，

$$\frac{\partial z}{\partial u} = \frac{\partial f}{\partial x}\frac{\partial x}{\partial u} + \frac{\partial f}{\partial y}\frac{\partial y}{\partial u}, \quad \frac{\partial z}{\partial v} = \frac{\partial f}{\partial x}\frac{\partial x}{\partial v} + \frac{\partial f}{\partial y}\frac{\partial y}{\partial v}$$

2 変数関数の極値　関数 $f(x, y)$ が点 (a, b) の近くの任意の点 (x, y) で

$f(x, y) < f(a, b)$ ならば点 (a, b) で**極大**,

$f(x, y) > f(a, b)$ ならば点 (a, b) で**極小**

であるといい，$f(a, b)$ を**極大値**または**極小値**という．これらを合わせて**極値**という．

偏微分可能な $f(x, y)$ に対し，$f_x(a, b) = f_y(a, b) = 0$ を満たす点を**停留点**という．このとき，次が成り立つ．

$f(x, y)$ が点 (a, b) で極値を取る $\Rightarrow$ 点 (a, b) は停留点である

(1) **極値の判定法**

$f(x,y)$ が停留点 (a,b) の近くで C^2 級であるとする．$H(x,y) = f_{xx}(x,y)f_{yy}(x,y) - \{f_{xy}(x,y)\}^2$ とおくとき，$H(x,y)$ を**ヘッシアン**という．このとき，

$H(a,b) > 0$ かつ $f_{xx}(a,b) < 0$ $\Rightarrow$ $f(x,y)$ は点 (a,b) で極大

$H(a,b) > 0$ かつ $f_{xx}(a,b) > 0$ $\Rightarrow$ $f(x,y)$ は点 (a,b) で極小

$H(a,b) < 0$ $\Rightarrow$ $f(x,y)$ は極値を取らない

$H(a,b) = 0$ $\Rightarrow$ 極値の存在の判定はできない

(2) **ラグランジュの未定乗数法**

条件 $g(x,y)=0$ のもとで，関数 $z=f(x,y)$ が点 (a,b) で極値を取るとする．$g_x(a,b) \neq 0$ または $g_y(a,b) \neq 0$ ならば次を満たす実数 λ が存在する．

$$\begin{cases} f_x(a,b) - \lambda g_x(a,b) = 0 \\ f_y(a,b) - \lambda g_y(a,b) = 0 \\ g(a,b) = 0 \end{cases}$$

接線と法線の方程式　$F(x,y)$ が点 (a,b) の近傍で C^1 級であるとする．曲線 $C : F(x,y) = 0$ 上の点 (a,b) における接線と法線の方程式は，

接線　$F_y(a,b)(y-b) + F_x(a,b)(x-a) = 0$

法線　$F_x(a,b)(y-b) - F_y(a,b)(x-a) = 0$

で与えられる．

陰関数定理　関数 $F(x,y)$ が点 (a,b) の近傍で C^1 級で $F(a,b)=0$, $F_y(a,b) \neq 0$ ならば，$x=a$ の近傍における関数 $y=f(x)$ で

$$F(x,f(x)) = 0, \quad b = f(a)$$

を満たすものがただ1つ存在する．このとき，$y=f(x)$ は微分可能であり，

$$\frac{dy}{dx} = -\frac{F_x(x,y)}{F_y(x,y)}$$

接平面と全微分　曲面 $z=f(x,y)$ 上の点 $(a,b,f(a,b))$ における**接平面の方程式**は，

$$z - f(a,b) = f_x(a,b)(x-a) + f_y(a,b)(y-b)$$

で与えられる．曲面 $z=f(x,y)$ が点 $(a,b,f(a,b))$ で接平面を持つとき，$f(x,y)$ は点 (a,b) で**全微分可能**であるといい，

$$dz = f_x(x,y)dx + f_y(x,y)dy$$

と表す．

基本問題 7.1 1階偏導関数

関数

$$f(x,y)=e^{-x}\cos 2y$$

の偏導関数 $\dfrac{\partial f}{\partial x}(x,y)$, $\dfrac{\partial f}{\partial y}(x,y)$ を求めよ. （東京工科大学）

ポイント x の関数と y の関数で分離される関数である.

【解答】

$$\frac{\partial f}{\partial x}(x,y)=\left(\frac{d}{dx}e^{-x}\right)\cos 2y$$

$$=-e^{-x}\cos 2y \quad \text{答}$$

同様に,

$$\frac{\partial f}{\partial y}(x,y)=-2e^{-x}\sin 2y \quad \text{答}$$

類 題

7.1.1 関数

$$f(x,y)=\sqrt{x}\sin(2y+1)$$

の偏導関数 $\dfrac{\partial f}{\partial x}(x,y)$, $\dfrac{\partial f}{\partial y}(x,y)$ を求めよ. （東京工科大学）

ヒント：$\sqrt{x}$ の微分は $x^{\frac{1}{2}}$ に直して考える.

基本問題 7.2 2 階偏導関数

以下に示す関数の 2 階偏導関数 $\dfrac{\partial^2 z}{\partial y \partial x}$ を求めよ. （香川大学）

$$z = \frac{x^3 + y^2}{x - y}$$

ポイント どの変数で微分するかをはっきりさせよう.

【解答】 まず x で偏微分して,

$$\begin{aligned}\frac{\partial z}{\partial x} &= \frac{3x^2(x-y) - (x^3+y^2)}{(x-y)^2} \\ &= \frac{2x^3 - 3x^2y - y^2}{(x-y)^2}\end{aligned}$$

次に y で偏微分すると,

$$\begin{aligned}\frac{\partial^2 z}{\partial y \partial x} &= \frac{\partial}{\partial y}\left\{\frac{2x^3 - 3x^2y - y^2}{(x-y)^2}\right\} \\ &= \frac{(-3x^2 - 2y)(x-y)^2 - (2x^3 - 3x^2y - y^2)\cdot(-2)(x-y)}{(x-y)^4} \\ &= \frac{x^3 - 3x^2y - 2xy}{(x-y)^3}\end{aligned}$$ 答

類 題

7.2.1 次の関数の 2 階の偏導関数 $\dfrac{\partial^2 z}{\partial x^2}, \dfrac{\partial^2 z}{\partial y \partial x}, \dfrac{\partial^2 z}{\partial x \partial y}, \dfrac{\partial^2 z}{\partial y^2}$ をそれぞれ求めよ.

（名古屋大学）

$$z = \sin(x^2 y)$$

ヒント：偏微分する順番に注意する.

基本問題 7.3　　1 階，2 階偏導関数

$f(x,y) = x^{\frac{1}{y}}$ の 1 階偏導関数，2 階偏導関数をすべて求めよ．　（新潟大学）

ポイント　$f(x,y)$ を x で偏微分するときは，y を定数と思う．

【解答】　x で偏微分すると

$$\frac{\partial f}{\partial x} = \frac{1}{y}x^{\frac{1}{y}-1} = \frac{1}{y}x^{\frac{1-y}{y}} \quad \text{答}$$

一方，y で偏微分するには，$t = \dfrac{1}{y}$ とおいて合成関数の微分を使うと，

$$\frac{\partial f}{\partial y} = \frac{df}{dt}\frac{dt}{dy} = x^t \log x \cdot \left(-\frac{1}{y^2}\right) = -\frac{x^{\frac{1}{y}}}{y^2}\log x \quad \text{答}$$

2 階偏微分は，

$$\frac{\partial^2 f}{\partial x^2} = \frac{1}{y}\frac{1-y}{y}x^{\frac{1-y}{y}-1} = \frac{1-y}{y^2}x^{\frac{1-2y}{y}} \quad \text{答}$$

$$\frac{\partial^2 f}{\partial x \partial y} = \frac{\partial^2 f}{\partial y \partial x} = -\frac{1}{y^2}\frac{\partial}{\partial x}\left(x^{\frac{1}{y}}\log x\right) = -\frac{1}{y^2}\left(\frac{1}{y}x^{\frac{1-y}{y}}\log x + x^{\frac{1}{y}}\cdot\frac{1}{x}\right)$$

$$= -\frac{x^{\frac{1-y}{y}}}{y^3}(\log x + y) \quad \text{答}$$

$$\frac{\partial^2 f}{\partial y^2} = -\log x\frac{\partial}{\partial y}\left(\frac{x^{\frac{1}{y}}}{y^2}\right) = -\log x \cdot \frac{1}{y^4}\left\{\left(-\frac{x^{\frac{1}{y}}}{y^2}\log x\right)y^2 - x^{\frac{1}{y}}\cdot 2y\right\}$$

$$= \frac{x^{\frac{1}{y}}\log x}{y^4}(\log x + 2y) \quad \text{答}$$

類　題

7.3.1　次の関数の 1 階偏導関数を求めよ．　（静岡大学）

(1)　$f(x,y) = \arctan\dfrac{y^2}{x} - \arctan\dfrac{x+y^2}{x-y^2}$

(2)　$f(x,y) = x\sqrt{y^2-x^2} + y^2\arcsin\dfrac{x}{y}$

基本問題 7.4 双曲線関数の偏微分

$$f(x,y) = \frac{\sin x}{\cos x + \cosh y}$$

に対して，$\dfrac{\partial^2 f}{\partial x^2}(x,y) + \dfrac{\partial^2 f}{\partial y^2}(x,y)$ を計算せよ．ただし，$\cosh y = \dfrac{e^y + e^{-y}}{2}$ である．

（神戸大学）

ポイント $\dfrac{d}{dx}(\sinh x) = \cosh x$, $\dfrac{d}{dx}(\cosh x) = \sinh x$, $(\cosh x)^2 - (\sinh x)^2 = 1$ に注意.

【解答】 $\dfrac{\partial f}{\partial x} = \dfrac{1 + \cos x \cosh y}{(\cos x + \cosh y)^2}$ より，x でさらに偏微分すると

$$\frac{\partial^2 f}{\partial x^2} = -\frac{\sin x \cosh y}{(\cos x + \cosh y)^2} + \frac{2\sin x(1 + \cos x \cosh y)}{(\cos x + \cosh y)^3} \cdots ①$$

を得る．同様に $\dfrac{\partial f}{\partial y} = -\dfrac{\sin x \sinh y}{(\cos x + \cosh y)^2}$ より，y でさらに偏微分すれば

$$\frac{\partial^2 f}{\partial y^2} = -\sin x \left\{ \frac{\cosh y}{(\cos x + \cosh y)^2} - \frac{2(\sinh y)^2}{(\cos x + \cosh y)^3} \right\} \cdots ②$$

を得る．よって，①, ②を足し合わせると

$$\begin{aligned}\frac{\partial^2 f}{\partial x^2} + \frac{\partial^2 f}{\partial y^2} &= -2\frac{\sin x \cosh y}{(\cos x + \cosh y)^2} + 2\frac{\sin x\{1 + \cos x \cosh y + (\sinh y)^2\}}{(\cos x + \cosh y)^3} \\ &= -2\frac{\sin x}{(\cos x + \cosh y)^3} \left\{ -1 + \underbrace{(\cosh y)^2 - (\sinh y)^2}_{=1} \right\} \\ &= 0\end{aligned}$$

答

類 題

7.4.1 $a \neq 0$ を定数として，$f(x,y) = \log(x^a + y^a)$ とする．（愛媛大学）

(1) $\dfrac{\partial f}{\partial x}(x,y)$, $\dfrac{\partial f}{\partial y}(x,y)$, $\dfrac{\partial^2 f}{\partial x^2}(x,y) + \dfrac{\partial^2 f}{\partial y^2}(x,y)$ を求めよ．

(2) $\dfrac{\partial^2 f}{\partial x^2}(x,y) + \dfrac{\partial^2 f}{\partial y^2}(x,y) = 0$ がすべての $x > 0$, $y > 0$ に対して成り立つように，a の値を定めよ．

基本問題 7.5　　極値の判定

$f(x,y)=x^3-y^3-xy$ について，以下の問いに答えよ．　（名古屋工業大学）

(1)　$f_x(a,b)=f_y(a,b)=0$ を満たす (a,b) を求めよ．

(2)　(1) で求めた点において，極値の判定をせよ．

ポイント　停留点 (a,b) におけるヘッシアン $H(a,b)$ の符号で極値の判定をしよう．

【解答】 (1)

$$\begin{cases} f_x(x,y)=3x^2-y=0 & \cdots \textcircled{1} \\ f_y(x,y)=-3y^2-x=0 & \cdots \textcircled{2} \end{cases}$$

より，①を②に代入すると $-x(27x^3+1)=0$ を得る．よって

$$(a,b)=(0,0),\left(-\frac{1}{3},\frac{1}{3}\right) \quad \boxed{答}$$

(2)

$$f_{xx}(x,y)=6x,\quad f_{xy}(x,y)=-1,\quad f_{yy}(x,y)=-6y$$

より

$$H(x,y)=6x\cdot(-6y)-(-1)^2=-36xy-1$$

よって，$(0,0)$ のとき，$H(0,0)=-1<0$ より極値を取らない．

$\left(-\frac{1}{3},\frac{1}{3}\right)$ のとき，$H\left(-\frac{1}{3},\frac{1}{3}\right)=4-1>0$ かつ $f_{xx}\left(-\frac{1}{3},\frac{1}{3}\right)=-2<0$ より極大となる．

以上より，$(0,0)$ のとき，極値を取らない．$\left(-\frac{1}{3},\frac{1}{3}\right)$ のとき，極大値 $f\left(-\frac{1}{3},\frac{1}{3}\right)=\frac{1}{27}$ を取る．　答

類　題

7.5.1　関数

$$f(x,y)=\frac{x^2}{2}+xy-3x-\frac{y^3}{3}+y^2-y-\frac{1}{3}$$

の極値とそのときの点 (x,y) を求めよ．ただし極値が極大値であるか極小値であるかを明記すること．

（東京農工大学）

基本問題 7.6　　**極座標変換**

$u = f(x, y)$, $x = r\cos\theta$, $y = r\sin\theta$ $(r > 0)$ とするとき，以下の問いに答えよ．　（九州大学）

(1) $\left(\dfrac{\partial u}{\partial x}\right)^2 + \left(\dfrac{\partial u}{\partial y}\right)^2$ を r, θ および u の r, θ に関する偏導関数を用いて表せ．

(2) $\dfrac{\partial^2 u}{\partial x^2} + \dfrac{\partial^2 u}{\partial y^2}$ を r, θ および u の r, θ に関する偏導関数を用いて表せ．

ポイント　$f(r\cos\theta, r\sin\theta)$ の r と θ の偏微分は合成関数の偏微分を使おう．

【解答】 (1)　r と θ の1階偏微分は，

$$u_r = f_x\cos\theta + f_y\sin\theta \cdots ①,\quad u_\theta = -f_x r\sin\theta + f_y r\cos\theta \cdots ②$$

より，

$$f_x = u_r\cos\theta - \frac{1}{r}u_\theta\sin\theta,\quad f_y = u_r\sin\theta + \frac{1}{r}u_\theta\cos\theta$$

よって，f_x と f_y について解けば

$$\left(\frac{\partial u}{\partial x}\right)^2 + \left(\frac{\partial u}{\partial y}\right)^2 = u_r^2 + \frac{1}{r^2}u_\theta^2 \quad \text{答}$$

(2)　2階偏微分は

$$u_{rr} = f_{xx}\cos^2\theta + 2f_{xy}\cos\theta\sin\theta + f_{yy}\sin^2\theta \quad \cdots ③$$

$$u_{r\theta} = -f_{xx}r\sin\theta\cos\theta + f_{xy}r(\cos^2\theta - \sin^2\theta) + f_{yy}r\cos\theta\sin\theta - f_x\sin\theta + f_y\cos\theta \quad \cdots ④$$

$$u_{\theta\theta} = f_{xx}r^2\sin^2\theta - 2f_{xy}r^2\cos\theta\sin\theta + f_{yy}r^2\cos^2\theta - f_x r\cos\theta - f_y r\sin\theta \quad \cdots ⑤$$

より，⑤を $\dfrac{1}{r^2}$ 倍して③に加えると

$$\begin{aligned} u_{rr} + \frac{1}{r^2}u_{\theta\theta} &= f_{xx} + f_{yy} - \frac{1}{r}(f_x\cos\theta + f_y\sin\theta) \\ &= f_{xx} + f_{yy} - \frac{1}{r}u_r \quad \text{((1) より)} \end{aligned}$$

ゆえに

$$\frac{\partial^2 u}{\partial x^2} + \frac{\partial^2 u}{\partial y^2} = \frac{\partial^2 u}{\partial r^2} + \frac{1}{r}\frac{\partial u}{\partial r} + \frac{1}{r^2}\frac{\partial^2 u}{\partial \theta^2} \quad \text{答}$$

類　題

7.6.1　$f(x, y)$ を C^2 級の実数値関数とする．極座標変換 $x = r\cos\theta$, $y = r\sin\theta$ を行ったとき，$f(r\cos\theta, r\sin\theta)$ が r だけの関数（$g(r)$ とする）になるならば以下が成り立つことを示せ．　（金沢大学）

(1)　$f_x y = f_y x$　　(2)　$f_{xx} + f_{yy} = g_{rr} + \dfrac{1}{r}g_r$

基本問題 7.7　　接線の方程式

次の方程式で与えられる曲線上の点 $(1,3)$ における接線の方程式を求めよ．

（愛媛大学）

$$f(x,y) = x^3 - 2xy + y^2 - x - 3 = 0$$

ポイント　$f_x(1,3)$, $f_y(1,3)$ を求めて接線の方程式の公式に当てはめよう．

【解答】　$f_x(x,y) = 3x^2 - 2y - 1$, $f_y(x,y) = -2x + 2y$ より，

$$f_x(1,3) = -4, \quad f_y(1,3) = 4$$

接線の公式から

$$f_y(1,3)(y-3) + f_x(1,3)(x-1) = 0,$$

$$4(y-3) + (-4)(x-1) = 0$$

より，求める接線の方程式は $y = x + 2$　答

類　題

7.7.1　関数

$$f(x,y) = 3x^2 + 2y^3 - 6xy - 3$$

について，$f(x,y) = 0$ を表す曲線 C 上の点 $(1, \sqrt{3})$ における C の接線の方程式を求めよ．

（東京農工大学 類題）

ヒント：接線の公式を思い出そう．

基本問題 7.8 極値，最大値・最小値

領域 $D = \{(x, y) \mid x^2 + y^2 \leqq 1\}$ において，関数

$$f(x, y) = x^2 + xy + y^2$$

を考える．以下の問いに答えよ．（九州大学）

(1) 領域 $\{(x, y) \mid x^2 + y^2 < 1\}$ における $f(x, y)$ の極値とそれを与える (x, y) を求めよ．極大か極小かも答えよ．

(2) 単位円 $x^2 + y^2 = 1$ 上での $f(x, y)$ の最大値，最小値とそれらを与える (x, y) を求めよ．

(3) 領域 D における $f(x, y)$ の最大値，最小値とそれらを与える (x, y) を求めよ．

ポイント $f(x, y)$ の領域 D における最大値・最小値は D の内部の極値と D の境界での値を調べる．

【解答】 (1)

$$\begin{cases} f_x(x, y) = 2x + y = 0 \cdots ① \\ f_y(x, y) = x + 2y = 0 \cdots ② \end{cases}$$

より，①, ②を連立すると停留点は $(0, 0)$

$$f_{xx}(x, y) = 2, \quad f_{xy}(x, y) = 1, \quad f_{yy}(x, y) = 2$$

より

$$H(x, y) = 2 \cdot 2 - 1 = 3 > 0$$

よって，

$$H(0, 0) > 0, \quad f_{xx}(0, 0) > 0$$

から，点 $(0, 0)$ で極小値 $f(0, 0) = 0$ を取る． 答

(2) $g(x, y) = x^2 + y^2 - 1$ とおく．

$$\begin{cases} f_x(x, y) - \lambda g_x(x, y) = 2x + y - \lambda \cdot 2x = 0 \cdots ③ \\ f_y(x, y) - \lambda g_y(x, y) = x + 2y - \lambda \cdot 2y = 0 \cdots ④ \\ g(x, y) = x^2 + y^2 - 1 = 0 \quad \cdots ⑤ \end{cases}$$

③, ④より λ を消去すると $y^2 = x^2$，つまり $y = \pm x$ を得る．$y = x$ のとき，⑤に代入して $x = \pm\dfrac{1}{\sqrt{2}}$．$y = -x$ のときも同様に $x = \pm\dfrac{1}{\sqrt{2}}$ を得る．

ゆえに極値を取り得る点は，

$$\left(\frac{1}{\sqrt{2}}, \frac{1}{\sqrt{2}}\right),\ \left(\frac{1}{\sqrt{2}}, -\frac{1}{\sqrt{2}}\right),\ \left(-\frac{1}{\sqrt{2}}, \frac{1}{\sqrt{2}}\right),\ \left(-\frac{1}{\sqrt{2}}, -\frac{1}{\sqrt{2}}\right)$$

最大値，最小値はこれらの点で取るので，

$(x,y)=\left(\pm\dfrac{1}{\sqrt{2}},\mp\dfrac{1}{\sqrt{2}}\right)$（複号同順）のとき最小値 $\dfrac{1}{2}$,

$(x,y)=\left(\pm\dfrac{1}{\sqrt{2}},\pm\dfrac{1}{\sqrt{2}}\right)$（複号同順）のとき最大値 $\dfrac{3}{2}$ を取る．　答

(3)　領域 D における最大値，最小値は D の内部か境界で取る．
よって (1), (2) より

$(x,y)=(0,0)$ のとき最小値 0,

$(x,y)=\left(\pm\dfrac{1}{\sqrt{2}},\pm\dfrac{1}{\sqrt{2}}\right)$（複号同順）のとき最大値 $\dfrac{3}{2}$ を取る．　答

類　題

7.8.1　閉領域 $\{(x,y)\in\mathbb{R}^2 \mid x \geqq 0, y \geqq 0,\ x+y \leqq 1\}$ 上の関数

$$f(x,y)=x^2+y^2+xy-x-y$$

の最大値と最小値を求め，最大値・最小値を与える点 (x,y) を求めよ．　（金沢大学）

7.8.2　条件 $x^2+y^2 \leqq 9$ のもとで，関数

$$f(x,y)=x^4+y^4-4(x-y)^2$$

の最大値と最小値を求めよ．　（東京工業大学）

基本問題 7.9 接平面の方程式

関数 $f(x,y) = x^2 - 2xy + y^3 - y$ について，以下の問いに答えよ．

（名古屋工業大学）

(1) 曲面 $z = f(x,y)$ 上の点 $(-1, 1, f(-1,1))$ における接平面の方程式を求めよ．

(2) $f(x,y)$ の極値を調べよ．

ポイント $f(x,y)$ の偏微分を求め，点 $(-1,1)$ における f, f_x, f_y の値を接平面の公式に当てはめる．

【解答】 (1)

$$\begin{cases} f_x(x,y) = 2x - 2y & \cdots ① \\ f_y(x,y) = -2x + 3y^2 - 1 & \cdots ② \end{cases}$$

より，

$$f(-1,1) = 3, \quad f_x(-1,1) = -4, \quad f_y(-1,1) = 4$$

接平面は

$$z - 3 = -4(x+1) + 4(y-1)$$

つまり

$$4x - 4y + z + 5 = 0 \quad \boxed{答}$$

(2) ①, ②より停留点は $\left(-\dfrac{1}{3}, -\dfrac{1}{3}\right), (1,1)$

$f_{xx}(x,y) = 2$, $H(x,y) = 12y - 4$ から，

$\left(-\dfrac{1}{3}, -\dfrac{1}{3}\right)$ のとき，$f_{xx} = 2 > 0$, $H = -8 < 0$ なので極値を取らない．

$(1,1)$ のとき，$f_{xx} = 2 > 0$, $H = 8 > 0$ なので極小値 -1 を取る． 答

類 題

7.9.1 xy 平面上の関数 $f(x,y) = \dfrac{x(y^2-1)}{x^2+1}$ について，次の問いに答えよ．

（京都工芸繊維大学）

(1) xyz 空間の曲面 $z = f(x,y)$ の点 $(1,1,0)$ における接平面の方程式を求めよ．

(2) 関数 $f(x,y)$ の極値をすべて求めよ．

7.9.2 関数 $f(x,y) = (x+y)e^{-(x^2+y^2)}$ について，次の問いに答えよ． （金沢大学）

(1) 曲面 $z = f(x,y)$ の点 $(1, 0, f(1,0))$ における接平面の方程式を $z = ax + by + c$ と表すとき，定数 a, b, c を求めよ．

(2) $f(x,y)$ の極値を調べよ．

演習問題

7.1 次の関数の偏導関数 $\dfrac{\partial f}{\partial x}$ および $\dfrac{\partial f}{\partial y}$ を求めよ.　（埼玉大学）

$$f(x,y)=\cos(xy)\sin y$$

7.2 次の関数について，以下の問いに答えよ.　（岐阜大学）

$$f(x,y)=y(e^x-e^{-y})$$

(1) 偏導関数 $\dfrac{\partial f}{\partial y}$ を求めよ.

(2) 10 階の偏導関数 $\dfrac{\partial^{10} f}{\partial y^{10}}$ を求めよ.

7.3 2 変数関数 $f(x,y)=\dfrac{xy}{x^4+y^4+2}$ の極値をすべて求めよ.　（東京工業大学）

7.4 2 変数関数 $f(x,y)=xye^{-\frac{1}{2}(x^2+y^2)}$ の極値をすべて求めよ.　（東京工業大学）

7.5 2 変数関数 $f(x,y)=(x^2+y^2)e^{-x-y}$ の極値をすべて求めよ.　（東京工業大学）

7.6 2 変数関数 $f(x,y)=x^2+y^2-2xy+\log(x^2+y^2+2xy+1)$ の極値を求めよ.

（東京工業大学）

7.7 以下の問いに答えよ.　（広島市立大学）

(1) 関数 $z=\cos(xy)$ の偏導関数 $\dfrac{\partial z}{\partial x}$, $\dfrac{\partial z}{\partial y}$ を求めよ.

(2) 関数 $f(x,y)=xe^{-(x^2+y^2)}$ の極値と，極値を取る点を求めよ.

7.8 関数 $f(x,y)=x^2+xy+y^2+3x+6y$ が極値を求めよ.　（島根大学）

7.9 a, b を定数とし，

$$f(x,y)=x^3+axy^2+x^2+by^2$$

とする. $\dfrac{\partial^2 f}{\partial x^2}+\dfrac{\partial^2 f}{\partial y^2}=0$ が常に成り立っているとき，以下の問いに答えよ.

（名古屋工業大学）

(1) a, b の値を定めよ.

(2) $f(x,y)$ の極値を調べよ.

7.10 α を負でない実数とするとき，関数

$$f(x,y)=x^4+y^4-4axy$$

の極値を求めよ. また極値を取るときの x, y の値を求めよ.　（東京工業大学）

7.11 $x^2 - 4xy + 2y^3 + 6 = 0$ で定まる陰関数 $y = y(x)$ の極値を求めよ.

(名古屋工業大学)

7.12 何回でも偏微分可能な関数 $u(x, y, z)$ が

$$\Delta u = 0 \quad \left(\Delta u = \frac{\partial^2 u}{\partial x^2} + \frac{\partial^2 u}{\partial y^2} + \frac{\partial^2 u}{\partial z^2}\right)$$

を満たしているとする. このとき, $v = x\dfrac{\partial u}{\partial x} + y\dfrac{\partial u}{\partial y} + z\dfrac{\partial u}{\partial z}$ に対して, Δv を計算せよ.

(金沢大学 参考問題)

8 重　積　分

重積分　xy 平面内の有界な領域 D で定義された連続関数 $f(x,y)$ に対し，$D_1,\ldots,D_n$ を D の分割，S_i を D_i の面積とするとき，$f(x,y)$ の D での **2 重積分**を

$$\iint_D f(x,y)\,dxdy = \lim_{|\Delta|\to 0}\sum_{i=1}^{n} f(P_i)S_i$$

と定義する．ただし，P_i は D_i 内の任意の点であり，$|\Delta|\to 0$ は分割を細かくする極限である．

例　定数関数 $f(x,y)=1$ のとき，$\displaystyle\iint_D dxdy$ は領域 D の面積を表す．

例　一般の関数 $f(x,y)\geqq 0$ のとき，$\displaystyle\iint_D f(x,y)\,dxdy$ は高さが $f(x,y)$ で与えられた曲面と領域 D とが上下で挟まれる立体の体積を表す．

累次積分

(1)　領域 D が $\{(x,y)\mid a\leqq x\leqq b, g_1(x)\leqq y\leqq g_2(x)\}$（$g_1(x)$, $g_2(x)$ は連続）と表されるとき，

$$\iint_D f(x,y)\,dxdy = \int_a^b\left(\int_{g_1(x)}^{g_2(x)} f(x,y)\,dy\right)dx$$

(2)　領域 D が $\{(x,y)\mid c\leqq y\leqq d, h_1(y)\leqq x\leqq h_2(y)\}$（$h_1(y)$, $h_2(y)$ は連続）と表されるとき，

$$\iint_D f(x,y)\,dxdy = \int_c^d\left(\int_{h_1(y)}^{h_2(y)} f(x,y)\,dx\right)dy$$

変数変換　変数変換 $x=\varphi(u,v)$, $y=\psi(u,v)$ に対して，行列式

$$J(u,v)=\frac{\partial(x,y)}{\partial(u,v)}=\det\begin{pmatrix}\frac{\partial x}{\partial u} & \frac{\partial x}{\partial v}\\ \frac{\partial y}{\partial u} & \frac{\partial y}{\partial v}\end{pmatrix}$$

をこの変換の**ヤコビアン**と呼ぶ．このとき，面積要素の関係式 $dxdy=|J|\,dudv$ が成り立ち，ヤコビアン J は微小面積の変化率を表している．

例　1 次変換 $x=au+bv$, $y=cu+dv$（$ad-bc\neq 0$）に対して，ヤコビアン

$$J(u,v)=\det\begin{pmatrix}a & b\\ c & d\end{pmatrix}=ad-bc$$

例 極座標変換 $x = r\cos\theta,\ y = r\sin\theta$（$r \geqq 0$）に対して，ヤコビアン

$$J(r,\theta) = \det\begin{pmatrix}\cos\theta & -r\sin\theta \\ \sin\theta & r\cos\theta\end{pmatrix} = r$$

変数変換 $x = \varphi(u,v),\ y = \psi(u,v)$ により，uv 平面上の領域 E が xy 平面上の領域 D に（面積 0 の部分を除いて）1 対 1 にうつされて，$\varphi,\ \psi$ が連続な 1 階偏導関数を持つとする．このとき，D 上の連続関数 $f(x,y)$ に対して，

$$\iint_D f(x,y)\,dxdy = \iint_E f(x(u,v),y(u,v))|J(u,v)|\,dudv$$

が成り立つ．

広義積分

●領域 D 内の有界閉領域の列 $\{D_n\}_{n=1}^{\infty}$ が (i), (ii) を満たすとき，この列を D の**近似増加列**という．

(i) $D_1 \subset D_2 \subset \cdots \subset D,\ \bigcup_{n=1}^{\infty} D_n = D$

(ii) D に含まれる任意の有界閉領域 E に対して，$E \subset D_n$ となる自然数 n が存在する．

● D の任意の近似増加列 $\{D_n\}$ に対して，$\displaystyle\lim_{n\to\infty}\iint_{D_n} f(x,y)\,dxdy$ が収束して，かつその極限値が $\{D_n\}$ の選び方によらないとき，$f(x,y)$ は D 上の**広義 2 重積分可能**であるといい，

$$\iint_D f(x,y)\,dxdy = \lim_{n\to\infty}\iint_{D_n} f(x,y)\,dxdy$$

と表す．

● $f(x,y)$ は D 上で非負の連続関数とする．D のある近似増加列 $\{D_n\}$ に対して $\displaystyle\lim_{n\to\infty}\iint_{D_n} f(x,y)\,dxdy$ が収束するとき，$f(x,y)$ は D 上で広義 2 重積分可能である．

曲面積・重心

● xy 平面の有界な領域に対応する局面 $z = f(x,y)$ の面積は

$$S = \iint \sqrt{1 + f_x(x,y)^2 + f_y(x,y)^2}\,dxdy$$

で与えられる．

●領域 D の面積密度 $\rho(x,y)$ とするとき，D の全質量は

$$M = \iint_D \rho(x,y)\,dxdy$$

で与えられ，D の重心の座標 $(\overline{x},\overline{y})$ は

$$\overline{x} = \frac{\iint_D \rho(x,y)x\,dxdy}{M},\quad \overline{y} = \frac{\iint_D \rho(x,y)y\,dxdy}{M}$$

である．

例　D の面積密度が一様であるとき，

$$\overline{x} = \frac{\iint_D x\,dxdy}{\iint_D dxdy}, \quad \overline{y} = \frac{\iint_D y\,dxdy}{\iint_D dxdy}$$

3 重積分

●空間の直方体分割を考えることにより，3 重積分が定義される．xyz 空間内の領域 V 上の関数 $f(x,y,z)$ の **3 重積分**を

$$\iiint_V f(x,y,z)\,dxdydz$$

と書く．

例　定数関数 $f(x,y,z)=1$ のとき，$\displaystyle\iiint_V dxdydz$ は領域 V の体積を表す．

例　関数 $f(x,y,z)$ が領域 V の密度を意味するとき，$\displaystyle\iiint_V f(x,y,z)\,dxdydz$ は V の質量を表す．

● uvw 空間内の領域 $\varOmega$ が変換 $\varPhi:(u,v,w)\to(x,y,z)$ によって，xyz 空間内の領域 V に（面積になる部分を除いて）1 対 1 にうつされて，2 重積分の場合と同様の仮定の下で，

$$\iiint_V f(x,y,z)\,dxdydz = \iiint_\varOmega f(\varPhi(u,v,w))|J(u,v,w)|\,dudvdw$$

が成り立つ．ただし，変換 $\varPsi$ のヤコビアンは関数行列式

$$J(u,v,w) = \frac{\partial(x,y,z)}{\partial(u,v,w)} = \det\begin{pmatrix} \frac{\partial x}{\partial u} & \frac{\partial x}{\partial v} & \frac{\partial x}{\partial w} \\ \frac{\partial y}{\partial u} & \frac{\partial y}{\partial v} & \frac{\partial y}{\partial w} \\ \frac{\partial z}{\partial u} & \frac{\partial z}{\partial v} & \frac{\partial z}{\partial w} \end{pmatrix}$$

である．

代表的な変数変換のヤコビアン

例 **(1)**　球面座標変換 $x=r\sin\theta\cos\varphi$, $y=r\sin\theta\sin\varphi$, $z=r\cos\theta$（$r\geqq 0$）に対して，ヤコビアン

$$J(r,\theta,\varphi) = \det\begin{pmatrix} \sin\theta\cos\varphi & r\cos\theta\cos\varphi & -r\sin\theta\sin\varphi \\ \sin\theta\sin\varphi & r\cos\theta\sin\varphi & r\sin\theta\cos\varphi \\ \cos\theta & -r\sin\theta & 0 \end{pmatrix} = r^2\sin\theta$$

例 **(2)**　円柱座標変換 $x=r\cos\theta$, $y=r\sin\theta$, $z=z$（$r\geqq 0$）に対して，ヤコビアン

$$J(r,\theta,z) = \det\begin{pmatrix} \cos\theta & -r\sin\theta & 0 \\ \sin\theta & r\cos\theta & 0 \\ 0 & 0 & 1 \end{pmatrix} = r$$

基本問題 8.1　累次積分

次の問いに答えよ．

(1) 2 重積分 $\iint_D e^x \cos 3y\, dxdy$, $D = \left\{(x,y) \,\middle|\, 0 \leqq x \leqq 1, 0 \leqq y \leqq \dfrac{\pi}{2}\right\}$ の値を求めよ． （山梨大学）

(2) 累次積分 $\displaystyle\int_0^3 \left(\int_{y^2}^{3y} f(x,y)\, dx\right) dy$ の積分順序を変更せよ．

ポイント 2 重積分の計算において累次積分は基本である．具体的な計算において積分領域の形状に応じて積分順序や積分区間をどう選択するかが重要である．まずは積分領域を図示しよう．

【解答】 (1)

$$\int_0^1 \left(\int_0^{\frac{\pi}{2}} e^x \cos 3y\, dy\right) dx = \int \left[e^x \frac{\sin 3y}{3}\right]_{y=0}^{y=\frac{\pi}{2}} dx$$

$$= \int_0^1 -\frac{e^x}{3}\, dx = \left[-\frac{e^x}{3}\right]_{x=0}^{x=1} = \frac{1-e}{3} \quad \text{答}$$

(2) $D = \{(x,y) \mid 0 \leqq y \leqq 3, y^2 \leqq x \leqq 3y\} = \{(x,y) \mid 0 \leqq x \leqq 9, \frac{x}{3} \leqq y \leqq \sqrt{x}\}$ より

$$\text{（与式）} = \int_0^9 \left(\int_{\frac{x}{3}}^{\sqrt{x}} f(x,y)\, dy\right) dx \quad \text{答}$$

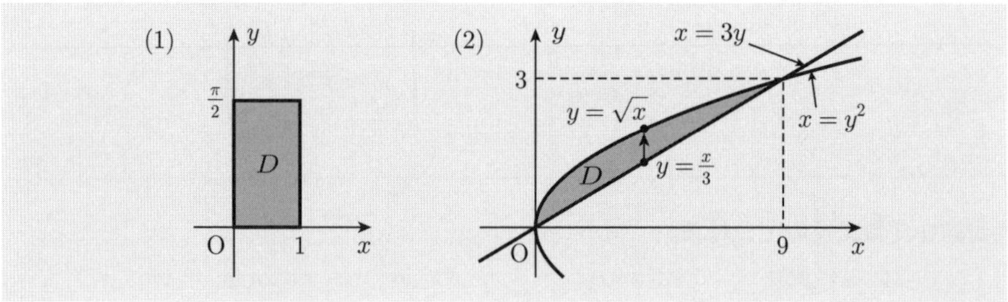

類 題

8.1.1 次の 2 重積分の値を求めよ． （(1) 茨城大学，(2) 名古屋工業大学 類題）

(1) $\displaystyle\int_0^{\frac{\sqrt{\pi}}{2}} \left(\int_y^{\frac{\sqrt{\pi}}{2}} \cos(x^2)\, dx\right) dy$

(2) xy 平面の 5 点 $(0,0)$, $(0,1)$, $(1,3)$, $(2,2)$, $(2,0)$ を頂点とする 5 角形が作る閉領域を D とする．

$$\iint_D x\, dxdy$$

基本問題 8.2　変数変換 (1)（一般の変数変換）

2 重積分

$$\iint_D (x-y)^2\cos^2(x+y)\,dxdy, \quad D = \{(x,y) \mid |x| + |y| \leqq \pi\}$$

の値を求めよ.　（電気通信大学）

ポイント　2 重積分の計算において変数変換は重要である. 具体的な計算において積分領域の形状や被積分関数の形に応じて適当な変数変換を選択すると計算が簡単になる. ヤコビアンの絶対値は変換前と変換後における領域の面積倍率を意味する. ヤコビアンの絶対値を掛けるのを忘れないように注意しよう.

【解答】　$D = \{(x,y) \mid -\pi \leqq x-y \leqq \pi, -\pi \leqq x+y \leqq \pi\}$ と書ける. $u = x-y, v = x+y$ と変数変換すると, D は $E = \{(u,v) \mid -\pi \leqq u \leqq \pi, -\pi \leqq v \leqq \pi\}$ にうつる.
$x = \frac{u+v}{2}, y = \frac{-u+v}{2}$ より, ヤコビアンは

$$J = \frac{\partial(x,y)}{\partial(u,v)} = \det\begin{pmatrix} \frac{1}{2} & \frac{1}{2} \\ -\frac{1}{2} & \frac{1}{2} \end{pmatrix} = \frac{1}{2}$$

$$\begin{aligned}（与式）&= \iint_E u^2\cos^2 v|J|\,dudv \\ &= \int_{-\pi}^{\pi}\left(\int_{-\pi}^{\pi} u^2\cdot\frac{1+\cos 2v}{2}\frac{1}{2}\,dv\right)du \\ &= \int_{-\pi}^{\pi}\left[\frac{u^2}{4}\left(v+\frac{\sin 2v}{2}\right)\right]_{v=-\pi}^{v=\pi} du \\ &= \int_{-\pi}^{\pi}\frac{\pi}{2}u^2\,du = \left[\frac{\pi}{2}\frac{u^3}{3}\right]_{u=-\pi}^{u=\pi} \\ &= \frac{\pi^4}{3}\end{aligned}$$

答

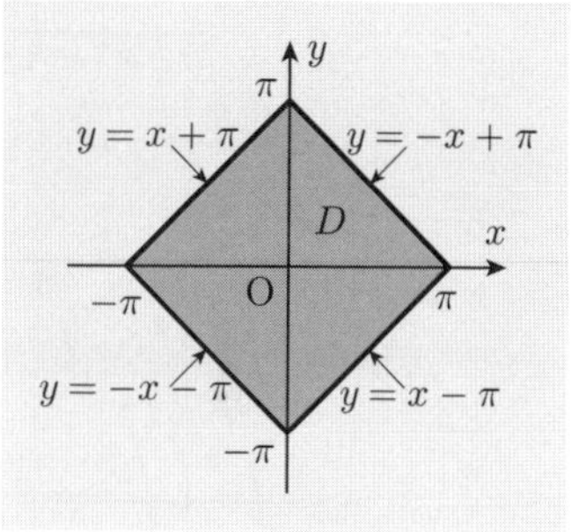

類　題

8.2.1　次の 2 重積分の値を求めよ.

(1)　$\iint_D e^{(x+y)^2}\,dxdy,\ D = \{(x,y) \mid x \geqq 0, y \geqq 0, x+y \leqq 1\}$　（徳島大学 改題）

(2)　$\iint_D (x-y)^2\,dxdy,\ D = \{(x,y) \mid x^2 - 2xy + 2y^2 \leqq 1\}$

ヒント：(1) 1 次変換を適用.

(2) 1 次変換, 極座標変換の順に 2 回適用.

基本問題 8.3 変数変換 (2)（極座標変換）

2 重積分の値を求めよ. （茨城大学）

$$\iint_D \frac{xy}{1+x^2+y^2}\,dxdy, \quad D = \{(x,y) \mid t^2 \leqq x^2+y^2 \leqq 4t^2, x \geqq 0, y \geqq 0\} \quad (t>0)$$

ポイント 変数変換の中で極座標変換 $\boxed{x = r\cos\theta,\ y = r\sin\theta}$ は頻出である．領域の形状が円の周および内部やその一部であるとき，極座標を用いると計算が簡単になることが多い．ヤコビアンは $\boxed{r}$ である．

【解答】 $x = r\cos\theta, y = r\sin\theta$ と変数変換すると，D は $E = \{(r,\theta) \mid t \leqq r \leqq 2t, 0 \leqq \theta \leqq \frac{\pi}{2}\}$ にうつる．ヤコビアンは

$$J = \frac{\partial(x,y)}{\partial(r,\theta)} = \det\begin{pmatrix} \cos\theta & -r\sin\theta \\ \sin\theta & r\cos\theta \end{pmatrix} = r$$

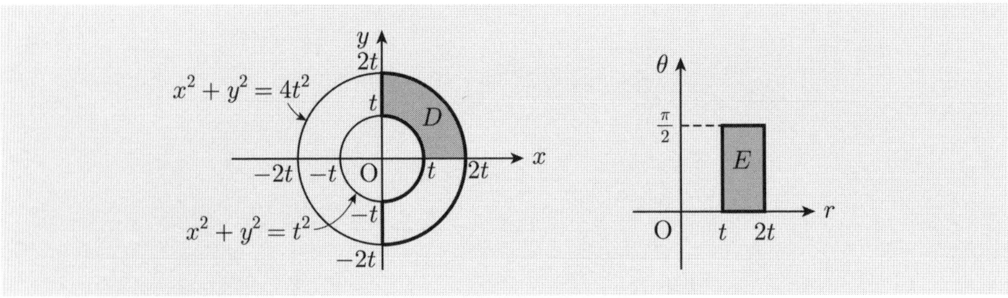

$$\begin{aligned}
(\text{与式}) &= \iint_E \frac{r^2\cos\theta\sin\theta}{1+r^2}|J|\,drd\theta \\
&= \int_t^{2t}\left(\int_0^{\frac{\pi}{2}} \frac{r^3}{1+r^2}\frac{\sin 2\theta}{2}\,d\theta\right)dr = \int_t^{2t}\frac{r^3}{1+r^2}\left[-\frac{1}{4}\cos 2\theta\right]_{\theta=0}^{\theta=\frac{\pi}{2}} dr \\
&= \int_t^{2t}\frac{1}{2}\left(r - \frac{r}{1+r^2}\right)dr = \frac{1}{2}\left[\frac{r^2}{2} - \frac{1}{2}\log(1+r^2)\right]_{r=t}^{r=2t} \\
&= \frac{1}{4}(4t^2-t^2) - \frac{1}{4}\left\{\log(1+4t^2) - \log(1+t^2)\right\} \\
&= \frac{1}{4}\left(3t^2 - \log\frac{1+4t^2}{1+t^2}\right) \quad \boxed{\text{答}}
\end{aligned}$$

類 題

8.3.1 次の 2 重積分の値を求めよ. （(1) 金沢大学 改題, (2) 筑波大学）

(1) $\displaystyle\iint_D \sqrt{1-x^2-y^2}\,dxdy,\ D = \left\{(x,y)\ \middle|\ \frac{1}{2} \leqq x^2+y^2 \leqq x\right\}$

(2) $\displaystyle\iint_D (x^2+y^2)\,dxdy,\ D = \left\{(x,y)\ \middle|\ \frac{x^2}{a^2}+\frac{y^2}{b^2} \leqq 1, x \geqq 0, y \geqq 0\right\}$

基本問題 8.4　広義積分 (1)（積分領域が非有界）

$\displaystyle\iint_D e^{-(x^2+y^2)}\,dxdy$ を求めよ.　（神戸大学）

ただし，$D = \{(x, y) \mid x, y \in \mathbb{R}, 0 \leqq x^2 + y^2 < \infty\}$

ポイント　積分領域に関する極限を用いて定まる積分を広義積分という．領域 D に対して D を含むような長方形が存在しないとき，領域 D は有界でないという．積分領域が有界でない場合には，領域を有界な部分に制限して極限を取ることで値を求めることができる．

【解答】　$D_a = \{(x, y) \mid x, y \in \mathbb{R}, 0 \leqq x^2 + y^2 \leqq a^2\}$（$a > 0$）を考える．$x = r\cos\theta$, $y = r\sin\theta$ と変数変換すると，D_a は $E_a = \{(r, \theta) \mid 0 \leqq r \leqq a, 0 \leqq \theta \leqq 2\pi\}$ にうつる．ヤコビアンは

$$J = \frac{\partial(x, y)}{\partial(r, \theta)} = \det\begin{pmatrix}\cos\theta & -r\sin\theta \\ \sin\theta & r\cos\theta\end{pmatrix} = r$$

$$\begin{aligned}
I_a &= \iint_{D_a} e^{-(x^2+y^2)}\,dxdy = \iint_{E_a} e^{-r^2}|J|\,drd\theta \\
&= \int_0^{2\pi}\left(\int_0^a re^{-r^2}\,dr\right)d\theta = \int_0^{2\pi}\left[\frac{-1}{2}e^{-r^2}\right]_{r=0}^{r=a} d\theta \\
&= -\frac{1}{2}\int_0^{2\pi}(e^{-a^2} - 1)\,d\theta \\
&= \pi(1 - e^{-a^2})
\end{aligned}$$

$$\begin{aligned}
(\text{与式}) &= \lim_{a\to\infty}\iint_{D_a} e^{-(x^2+y^2)}dxdy = \lim_{a\to\infty}\iint_{E_a} e^{-r^2}|J|\,drd\theta \\
&= \lim_{a\to\infty}\pi(1 - e^{-a^2}) = \pi \quad \text{答}
\end{aligned}$$

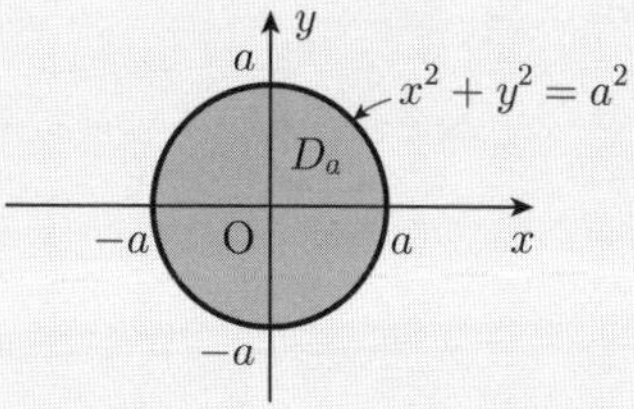

類　題

8.4.1　$p > 2$ は実数とする．2 重積分 $\displaystyle\iint_D \frac{1}{(1 + x + y)^p}\,dxdy$, $D = \{(x, y) \mid x \geqq 0, y \geqq 0\}$ の値を求めよ.　（信州大学 改題）

基本問題 8.5 広義積分 (1)（積分領域が非有界）

基本問題 8.4 の結果を用いて，

$$\int_0^{\infty} e^{-x^2}\,dx = \frac{\sqrt{\pi}}{2}$$

となることを示せ．（神戸大学）

ポイント ガウス積分の公式 $\boxed{\int_{-\infty}^{\infty} e^{-ax^2}\,dx = \sqrt{\frac{\pi}{a}}}$ は重要で，統計で用いられる正規分布と関係が深い．また，1 変数の広義積分であるが，2 変数の広義積分における非有界領域のはさみうちの原理を用いて求めることができる．

【解答】 $D'_a = \{(x, y) \mid x, y \in \mathbb{R}, -a \leqq x \leqq a, -a \leqq y \leqq a\}$ とすると

$$\iint_{D'_a} e^{-(x^2+y^2)}\,dxdy = \left(\int_{-a}^{a} e^{-x^2}\,dx\right)^2 = 4\left(\int_0^{a} e^{-x^2}\,dx\right)^2$$

$D_a \subset D'_a \subset D_{\sqrt{2}\,a}$（$D_a$, $D_{\sqrt{2}\,a}$ は基本問題 8.4 で定義）より

$$I_a < 4\left(\int_0^{a} e^{-x^2}\,dx\right)^2 < I_{\sqrt{2}\,a}$$

$\lim\limits_{a\to\infty} I_a = \lim\limits_{a\to\infty} I_{\sqrt{2}\,a} = \pi$ より

$$\lim_{a\to\infty} 4\left(\int_0^{a} e^{-x^2}dx\right)^2 = \pi$$

よって $\displaystyle\int_0^{\infty} e^{-x^2}\,dx = \frac{\sqrt{\pi}}{2}$ 答

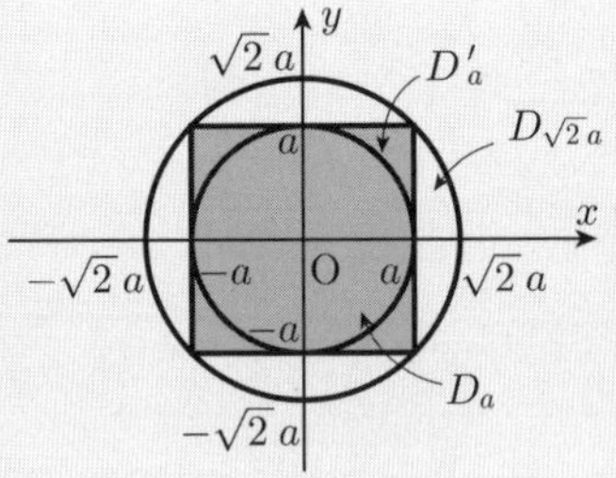

類 題

8.5.1 2 重積分 $\displaystyle\iint_D (x+y)e^{-(x^2+y^2)}\,dxdy$, $D = \{(x, y) \mid x \geqq 0, y \geqq 0\}$ の値を求めよ．必要ならば $\displaystyle\int_0^{\infty} e^{-t^2}\,dt = \frac{\sqrt{\pi}}{2}$ を利用して良い．（金沢大学）

基本問題 8.6　広義積分 (2)（積分領域に特異点）

次の 2 重積分の値を求めよ．（早稲田大学）

$$\iint_D \frac{1}{x+y}\,dxdy, \quad D=\{(x,y)\mid 0 \leqq x \leqq 1, 0 \leqq y \leqq 1\}$$

ポイント　広義積分には積分領域が有界でない場合と積分領域が特異点（被積分関数が不連続となる点）を含む場合がある．後者の場合は，特異点を回避した部分に制限して極限を取ることで値を求めることができる．

【解答】　$D_a=\{(x,y)\mid a \leqq x \leqq 1, a \leqq y \leqq 1\}$（$0<a<1$）を考える．

$$\iint_{D_a} \frac{1}{x+y}\,dxdy=\int_a^1\left(\int_a^1 \frac{1}{x+y}\,dy\right)dx=\int_a^1 [\log(x+y)]_{y=a}^{y=1}\,dx$$

$$=\int_a^1 \{\log(x+1)-\log(x+a)\}\,dx$$

$$=[x\log(x+1)-x\log(x+a)]_{x=a}^{x=1}-\int_{x=a}^{x=1}\left(\frac{x}{x+1}-\frac{x}{x+a}\right)dx$$

$$=\{\log 2-\log(1+a)\}-\{a\log(1+a)-a\log 2a\}-\int_{x=a}^{x=1}\left\{\left(1+\frac{-1}{x+1}\right)-\left(1+\frac{-a}{x+a}\right)\right\}dx$$

$$=\{\log 2-\log(1+a)\}-\{a\log(1+a)-a\log 2a\}-[-\log(x+1)+a\log(x+a)]_{x=a}^{x=1}$$

$$=2\log 2-2(1+a)\log(1+a)+2a\log 2a \xrightarrow[a\to+0]{} 2\log 2$$　答

（ロピタルの定理より $\displaystyle\lim_{a\to+0} a\log a=\lim_{a\to+0}\frac{\log a}{\frac{1}{a}}=\lim_{a\to+0}\frac{\frac{1}{a}}{-\frac{1}{a^2}}=\lim_{a\to+0}(-a)=0$）

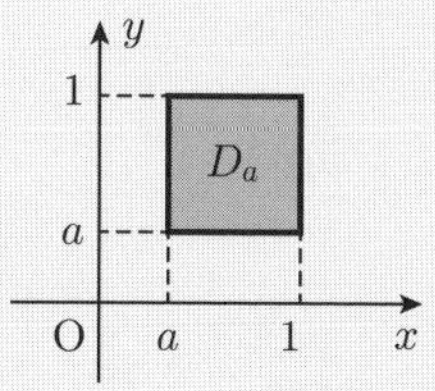

類　題

8.6.1　次の 2 重積分の値を求めよ．（(1) 滋賀県立大学，(2) 岐阜大学）

(1) $\displaystyle\iint_D \frac{1}{\sqrt{x^2+y^2}}\,dxdy,\ D=\{(x,y)\mid x^2+y^2 \leqq 2x\}$

(2) $\displaystyle\iint_D \frac{ab}{\sqrt{a^2b^2-b^2x^2-a^2y^2}}\,dxdy,\ D=\left\{(x,y)\ \middle|\ \frac{x^2}{a^2}+\frac{y^2}{b^2} \leqq 1\right\}$

（ただし，$a>0,\ b>0$）

基本問題 8.7 応用 (1)(体積・曲面積)

次の問いに答えよ. ((1) 広島大学, (2) 九州大学)

(1) D_1, D_2 の共通部分の体積を求めよ ($a > 0$).

$$D_1 = \{(x, y, z) \mid x^2 + y^2 + z^2 \leqq a^2, x, y, z \geqq 0\}, \quad D_2 = \{(x, y) \mid x^2 + y^2 \leqq ay\}$$

(2) $z = x^2 - y^2$ のグラフが作る曲面が柱面 $x^2 + y^2 = 1$ で切り取られる部分の曲面積を求めよ.

ポイント 2重積分の応用として立体の体積と曲面積は頻出である. 具体的な計算において立体の概形を考え, 積分領域と被積分関数を適当に選択する必要がある. 曲面積を求めるには公式

$$\boxed{S = \iint \sqrt{1 + f_x(x, y)^2 + f_y(x, y)^2}\, dxdy}$$

を利用する.

【解答】 (1) $D_1 \cap D_2$ の体積 V は上半球面 $z = \sqrt{a^2 - x^2 - y^2}$ の $x \geqq 0, y \geqq 0$ に対応する部分と円筒

$$D_2 = \left\{(x, y) \,\middle|\, x^2 + \left(y - \frac{a}{2}\right)^2 \leqq \left(\frac{a}{2}\right)^2\right\}$$

で囲まれる部分の体積に等しいので, D_2 上の $x \geqq 0$ の範囲で $0 \leqq z \leqq \sqrt{a^2 - x^2 - y^2}$ となる部分の体積を求めれば良い. $x = r\cos\theta, y = r\sin\theta$ と変数変換すると, D_2 は

$$D_3 = \left\{(r, \theta) \,\middle|\, 0 \leqq r \leqq a\sin\theta, 0 \leqq \theta \leqq \frac{\pi}{2}\right\}$$

にうつる. ヤコビアンは

$$J = \frac{\partial(x, y)}{\partial(r, \theta)} = \det\begin{pmatrix} \cos\theta & -r\sin\theta \\ \sin\theta & r\cos\theta \end{pmatrix} = r$$

$$\begin{aligned}
V &= \int_0^{\frac{\pi}{2}} \left(\int_0^{a\sin\theta} \sqrt{a^2 - r^2}|J|\, dr\right) d\theta = \int_0^{\frac{\pi}{2}} \left[-\frac{1}{3}(a^2 - r^2)^{\frac{3}{2}}\right]_{r=0}^{r=a\sin\theta} d\theta \\
&= -\frac{a^3}{3}\int_0^{\frac{\pi}{2}} \{|\cos\theta|^3 - 1\}\, d\theta = -\frac{a^3}{3}\left(\int_0^{\frac{\pi}{2}} \cos^3\theta\, d\theta - \int_0^{\frac{\pi}{2}} d\theta\right) \\
&= -\frac{a^3}{3}\left\{\int_0^{\frac{\pi}{2}} (1 - \sin^2\theta)\cos\theta\, d\theta - \int_0^{\frac{\pi}{2}} d\theta\right\} \\
&= \frac{-a^3}{3}\left(\left[\sin\theta - \frac{\sin^3\theta}{3}\right]_{\theta=0}^{\theta=\frac{\pi}{2}} - [\theta]_{\theta=0}^{\theta=\frac{\pi}{2}}\right) \\
&= \frac{a^3}{18}(3\pi - 4) \quad \boxed{答}
\end{aligned}$$

(2)　$D = \{(x, y) \mid 0 \leqq x^2 + y^2 \leqq 1\}$ を考える．$x = r\cos\theta$, $y = r\sin\theta$ と変数変換すると，D は

$$E = \{(r, \theta) \mid 0 \leqq r \leqq 1, 0 \leqq \theta \leqq 2\pi\}$$

にうつる．ヤコビアンは

$$J = \frac{\partial(x, y)}{\partial(r, \theta)} = \det\begin{pmatrix} \cos\theta & -r\sin\theta \\ \sin\theta & r\cos\theta \end{pmatrix} = r$$

求める曲面

$$\begin{aligned} S &= \iint_D \sqrt{1 + z_x^2 + z_y^2}\, dxdy = \iint_D \sqrt{1 + (2x)^2 + (-2y)^2}\, dxdy \\ &= \iint_E \sqrt{1 + 4r^2}|J|\, drd\theta = \int_0^{2\pi} \left(\int_0^1 r\sqrt{1 + 4r^2}\, dr \right) d\theta \\ &= \int_0^{2\pi} \left[\frac{1}{12}(1 + 4r^2)^{\frac{3}{2}} \right]_{r=0}^{r=1} d\theta \\ &= \frac{1}{12} \int_0^{2\pi} (5^{\frac{3}{2}} - 1) d\theta \\ &= \frac{\pi}{6}(5\sqrt{5} - 1) \end{aligned}$$

答

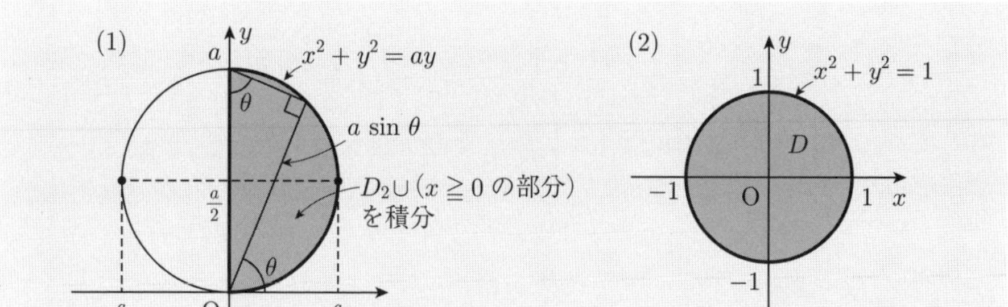

類　題

8.7.1　次の問いに答えよ．　　((1) 東京農工大学，(2) 東北大学)

(1)　xyz 空間の 2 つの曲面 $S_1 : z = x^2 + 2x$, $S_2 : z = -y^2 + 4y - 1$ によって囲まれた部分の体積を求めよ．

(2)　$a > 0$ を定数とするとき，$\mathbb{R}^3 = \{(x, y, z) \mid x, y, z \in \mathbb{R}\}$ の中で 2 つの曲面 $x^2 + y^2 = a^2$ と $x^2 + z^2 = a^2$ で囲まれる立体の表面積を求めよ．

基本問題 8.8 応用 (2)（重心）

曲線 $y=f(x)$，x 軸，直線 $x=a,\ x=b$ で囲まれた領域の重心 $(\overline{x},\overline{y})$ を考える．ただし，区間 $[a,b]$ で $f(x)\geqq 0$ とする． （大阪大学）

(1) 上記の領域を D とするとき，$\overline{x}$ は $\overline{x}=\dfrac{\iint_D x\,dxdy}{\iint_D dxdy}$ で定義される．$\overline{x}=\dfrac{\int_a^b xf(x)\,dx}{\int_a^b f(x)\,dx}$ となることを証明せよ．

(2) 同様の形式で $\overline{y}$ を求めよ．

(3) $f(x)=\exp(-\frac{x}{3})$ で区間が $[0,1]$ となるときの重心 $(\overline{x},\overline{y})$ を求めよ．ただし，exp は指数関数を表すものとする．

ポイント 2 重積分の応用として重心がある．領域 D の面積密度が一様であるとき，D の重心の座標 $(\overline{x},\overline{y})$ は $\boxed{\overline{x}=\frac{\iint_D x\,dxdy}{\iint_D dxdy},\ \overline{y}=\frac{\iint_D y\,dxdy}{\iint_D dxdy}}$ で与えられる．

【解答】 (1) 領域 $D=\{(x,y)\mid a\leqq x\leqq b, 0\leqq y\leqq f(x)\}$ より，

$$\iint_D dxdy=\int_a^b\left(\int_0^{f(x)}dy\right)dx$$
$$=\int_a^b[y]_{y=0}^{y=f(x)}\,dx=\int_a^b f(x)\,dx,$$
$$\iint_D x\,dxdy=\int_a^b\left(\int_0^{f(x)}x\,dy\right)dx$$
$$=\int_a^b[xy]_{y=0}^{y=f(x)}\,dx=\int_a^b xf(x)\,dx$$

よって $\overline{x}=\dfrac{\iint_D x\,dxdy}{\iint_D dxdy}$ に代入して $\overline{x}=\dfrac{\int_a^b xf(x)}{\int_a^b f(x)}$ が得られる． ［証明終］

(2) (1) と同様に $\overline{y}=\dfrac{\iint_D y\,dxdy}{\iint_D dxdy}$ を定義する．

$$\iint_D y\,dxdy=\int_a^b\left(\int_0^{f(x)}y\,dy\right)dx$$
$$=\int_a^b\left[\frac{y^2}{2}\right]_{y=0}^{y=f(x)}dx=\frac{1}{2}\int_a^b\{f(x)\}^2\,dx$$

よって

$$\overline{y}=\frac{\int_a^b\{f(x)\}^2\,dx}{2\int_a^b f(x)\,dx}$$ 答

(3)　$f(x) = \exp(-\frac{x}{3})$, $a = 0$, $b = 1$ を (1) と (2) の結果を代入する.

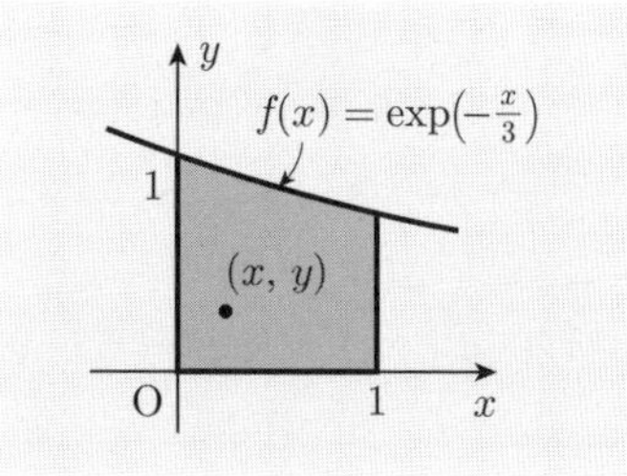

$$\int_a^b f(x)dx = \int_0^1 \exp\left(-\frac{x}{3}\right)dx$$
$$= \left[-3e^{-\frac{x}{3}}\right]_{x=0}^{x=1}$$
$$= 3\left(1 - e^{-\frac{1}{3}}\right),$$

$$\int_a^b xf(x)dx = \int_0^1 x\exp\left(-\frac{x}{3}\right)dx$$
$$= \left[x\left(-3e^{-\frac{x}{3}}\right)\right]_{x=0}^{x=1} - \int_0^1 \left(-3e^{-\frac{x}{3}}\right)dx$$
$$= \left(-3e^{-\frac{1}{3}} - 0\right) + 3\left[-3e^{-\frac{x}{3}}\right]_{x=0}^{x=1}$$
$$= 3\left(3 - 4e^{-\frac{1}{3}}\right),$$

$$\int_a^b \{f(x)\}^2\,dx = \int_0^1 \left\{\exp\left(-\frac{x}{3}\right)\right\}^2\,dx = \int_0^1 e^{-\frac{2x}{3}}dx$$
$$= \left[\frac{-3}{2}e^{-\frac{2x}{3}}\right]_{x=0}^{x=1} = \frac{-3}{2}\left(e^{-\frac{2}{3}} - 1\right)$$
$$= \frac{3}{2}\left(1 + e^{-\frac{1}{3}}\right)\left(1 - e^{-\frac{1}{3}}\right)$$

よって

$$(\overline{x}, \overline{y}) = \left(\frac{3 - 4e^{-\frac{1}{3}}}{1 - e^{-\frac{1}{3}}}, \frac{1 + e^{-\frac{1}{3}}}{4}\right) \quad \text{答}$$

類　題

8.8.1　領域 $D = \{(x, y) \mid x^2 + y^2 \leqq 1, \sqrt{2}\,x^2 \leqq y\}$ について，以下の問いに答えよ.

（東北大学）

(1)　領域 D の面積 S を求めよ.

(2)　領域 D の重心の座標を求めよ．ここで，領域 D の重心の座標 $(\overline{x}, \overline{y})$ は以下の式で表される.

$$(\overline{x}, \overline{y}) = \left(\frac{1}{S}\iint_D x\,dxdy, \frac{1}{S}\iint_D y\,dxdy\right), \quad S：\text{領域 } D \text{ の面積}$$

ヒント：領域 D は y 軸に関して対称.

基本問題 8.9 **3重積分**

次の3重積分の値を求めよ．　((1) 北九州市立大学，(2) 電気通信大学)

(1) $\displaystyle\iiint_D (xy+yz+zx)\,dxdydz,\ D=\{(x,y,z)\mid 0\leqq z\leqq y\leqq\sqrt{1-x^2}\}$

(2) $\displaystyle\iiint_V x^2\,dxdydz,\ V=\left\{(x,y,z)\mid y\leqq x, x\geqq 0, z\geqq 0, x^2+y^2+z^2\leqq 1\right\}$

ポイント 2重積分と同様に，3重積分の計算においても累次積分が基本である．特に3重積分の変数変換において球面座標変換 $\boxed{x=r\sin\theta\cos\varphi,\ y=r\sin\theta\sin\varphi,\ z=r\cos\theta}$ は頻出である．ヤコビアンは $\boxed{r^2\sin\theta}$ である．球面座標の意味を理解しヤコビアンを導出できるようにしておこう．

【解答】 (1) $D=\{(x,y,z)\mid -1\leqq x\leqq 1, 0\leqq y\leqq\sqrt{1-x^2}, 0\leqq z\leqq y\}$

$$
\begin{aligned}
(\text{与式}) &= \int_{-1}^{1}\int_{0}^{\sqrt{1-x^2}}\int_{0}^{y}(xy+yz+zx)\,dzdydx \\
&= \int_{-1}^{1}\int_{0}^{\sqrt{1-x^2}}\left[xyz+\frac{x+y}{2}z^2\right]_{z=0}^{z=y}dydx \\
&= \int_{-1}^{1}\int_{0}^{\sqrt{1-x^2}}\left(\frac{3xy^2}{2}+\frac{y^3}{2}\right)dydx = \int_{-1}^{1}\left[\frac{xy^3}{2}+\frac{y^4}{8}\right]_{y=0}^{y=\sqrt{1-x^2}}dx \\
&= \int_{-1}^{1}\left\{\frac{x}{2}(1-x^2)\sqrt{1-x^2}+\frac{1}{8}(1-x^2)^2\right\}dx \\
&= 2\int_{0}^{1}\frac{1}{8}(1-x^2)^2\,dx = \frac{1}{4}\left[x-\frac{2x^3}{3}+\frac{x^5}{5}\right]_{x=0}^{x=1} = \frac{2}{15}
\end{aligned}
$$
答

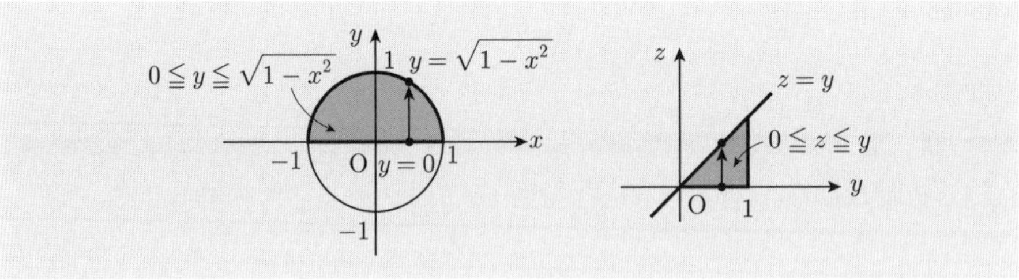

(2) $x=r\sin\theta\cos\varphi,\ y=r\sin\theta\sin\varphi,\ z=r\cos\theta$ と変数変換すると，V は

$$
W=\left\{(r,\theta,\varphi)\mid 0\leqq r\leqq 1, 0\leqq\theta\leqq\frac{\pi}{2}, -\frac{\pi}{2}\leqq\varphi\leqq\frac{\pi}{4}\right\}
$$

にうつる．ヤコビアンは

$$J(r,\theta,\varphi) = \frac{\partial(x,y,z)}{\partial(r,\theta,\varphi)} = \det\begin{pmatrix} \sin\theta\cos\varphi & r\cos\theta\cos\varphi & -r\sin\theta\sin\varphi \\ \sin\theta\sin\varphi & r\cos\theta\sin\varphi & r\sin\theta\cos\varphi \\ \cos\theta & -r\sin\theta & 0 \end{pmatrix}$$

$$= r^2\sin\theta$$

$$\text{（与式）} = \iint_W (r\sin\theta\cos\varphi)^2 |J|\, drd\theta d\varphi$$

$$= \int_{-\frac{\pi}{2}}^{\frac{\pi}{4}} \int_0^{\frac{\pi}{2}} \int_0^1 r^4 \sin^3\theta\cos^2\varphi\, drd\theta d\varphi$$

$$= \int_{-\frac{\pi}{2}}^{\frac{\pi}{4}} \cos^2\varphi\, d\varphi \int_0^{\frac{\pi}{2}} \sin^3\theta\, d\theta \int_0^1 r^4\, dr$$

$$= \int_{-\frac{\pi}{2}}^{\frac{\pi}{4}} \frac{1+\cos 2\varphi}{2}\, d\varphi \int_0^{\frac{\pi}{2}} (1-\cos^2\theta)\sin\theta\, d\theta \int_0^1 r^4\, dr$$

$$= \left[\frac{\varphi}{2} + \frac{\sin 2\varphi}{4}\right]_{\varphi=-\frac{\pi}{2}}^{\varphi=\frac{\pi}{4}} \left[-\cos\theta + \frac{\cos^3\theta}{3}\right]_{\theta=0}^{\theta=\frac{\pi}{2}} \left[\frac{r^5}{5}\right]_{r=0}^{r=1}$$

$$= \left(\frac{3\pi}{8} + \frac{1}{4}\right) \times \frac{2}{3} \times \frac{1}{5} = \frac{3\pi+2}{60}$$ 答

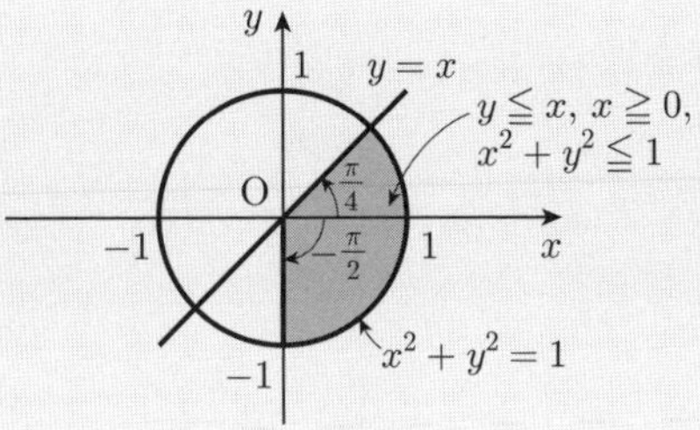

類　題

8.9.1　次の 3 重積分の値を求めよ．　（(1) 神戸大学，(2) 首都大学東京）

(1)　$a, b, c > 0$ とする．

$$\iiint_V (x^2+y^2)\, dxdydz, \quad V = \left\{ (x,y,z) \in \mathbb{R}^3 \;\middle|\; \frac{x^2}{a^2} + \frac{y^2}{b^2} + \frac{z^2}{c^2} \leqq 1 \right\}$$

(2)　$\iiint_R (x^2+y^2)z\, dxdydz,\ R = \{(x,y,z) \mid x^2+y^2 \leqq a^2, 0 \leqq z \leqq b\}$

ヒント：(1) 楕円面座標変換（$x = ar\sin\theta\cos\varphi,\ y = br\sin\theta\sin\varphi,\ z = cr\cos\theta$）を適用．

(2) 円柱座標変換を適用．

演習問題

8.1 2重積分

$$V = \iint_D \frac{1}{x^2+y^2}\,dxdy, \quad D = \{(x,y) \mid 1 \leqq x \leqq 2, 0 \leqq y \leqq \sqrt{3}\,x\}$$

について，次の問いに答えよ．（神戸大学）

(1) D が変数変換 $x = u$, $y = uv$ によってどのような領域にうつされるかを図示せよ．

(2) (1) の変数変換に対するヤコビアンを求めよ．

(3) V の値を求めよ．

8.2 $D = \left\{(x,y) \,\middle|\, y \geqq 0, \dfrac{x^2}{a^2} + \dfrac{y^2}{b^2} \leqq \dfrac{2x}{a^2}\right\}$ のとき次の値を求めよ．ただし，$a > 0, b > 0$ とする．（茨城大学）

$$\iint_D y\,dxdy$$

8.3 次の2重積分の値を求めよ．（神戸大学）

$$\iint_{\mathbb{R}^2} e^{-(2x^2+2\sqrt{2}\,xy+3y^2)}\,dxdy$$

8.4 次の2重積分の値を求めよ．$0 < \alpha < 1$ とする．（金沢大学）

$$\iint_D \frac{xy}{(x^2-y^2)^\alpha}\,dxdy, \quad D = \{(x,y) \mid 0 \leqq y < x \leqq 1\}$$

8.5 次の3重積分の値を求めよ．（神戸大学）

$$\iiint_D \frac{2x^2+y^2+x}{z}\,dxdydz, \quad D = \{(x,y,z) \mid 1 \leqq x^2+y^2 \leqq 4, 1 \leqq z \leqq x^2+y^2\}$$

9 微分方程式

微分方程式　x を独立変数とする未知関数 y の導関数を含む関係式 $F(x, y, y', y'', \ldots, y^{(n)}) = 0$ を（常）**微分方程式**という．F に含まれる y の導関数の最大階数を微分方程式の**階数**という．微分方程式を満たす関数 $y(x)$ を**解**といい，次の 3 種類に分類される．

一般解：n 階微分方程式の解で，階数 n と同じ個数の任意定数を含む解

特殊解：一般解の任意定数の一部またはすべてに値を代入して得られる解

特異解：一般解の任意定数にどんな値を代入しても得られない解

変数分離形微分方程式　$y' = f(x)g(y)$ は，$g(y) \neq 0$ のとき，$\frac{1}{g(y)}\frac{dy}{dx} = f(x)$（ここで $y' = \frac{dy}{dx}$ に注意）の形に変形して，両辺を x で積分すれば，$\int \frac{dy}{g(y)} = \int f(x)\,dx$ となる．これから一般解を得る．

■補足　もしある点 $y = y_0$ において $g(y_0) = 0$ ならば，定数関数 $y = y_0$ も解となる．

1 階線形微分方程式　$y' + P(x)y = Q(x)$ の形に表される微分方程式を **1 階線形微分方程式**という．$Q(x) = 0$ の場合を**斉次**（**同次**），$Q(x) \neq 0$ の場合を**非斉次**（**非同次**）という．

n **階非斉次線形微分方程式**の一般解は $y(x) = y_h(x) + y_p(x)$ で与えられる．ここで，$y_h(x)$: 対応する斉次方程式の一般解，$y_p(x)$: 非斉次方程式の特殊解である．

1 階斉次線形微分方程式は変数分離を用いて解くことができる．1 階非斉次線形微分方程式の解法として，次の 2 つは重要である．

(1)　**未定係数法**（1 階定数係数非斉次線形微分方程式 $y' + py = Q(x)$ に適用，p は定数）

　(i)　斉次方程式 $y' + py = 0$ は変数分離形であり，積分によって一般解 $y_h(x)$ を求めることができる．

　(ii)　非斉次方程式の非同次項 $r(x)$ に似た形として，未定係数を含んだ関数 $y_p(x)$ を選び，非斉次方程式に代入し特殊解 $y_p(x)$ を求める．

　(iii)　非斉次の一般解は $y(x) = y_h(x) + y_p(x)$

(2)　**定数変化法**（1 階変数係数非斉次線形微分方程式 $y' + P(x)y = Q(x)$ に適用）

　(i)　斉次方程式 $y' + P(x)y = 0$ に対して変数分離を用いて，一般解 $y = Cf(x)$（C は任意定数）を求める．

　(ii)　非斉次方程式 $y' + P(x)y = Q(x)$ に対して一般解を $y = u(x)f(x)$ とおき，これを非斉次方程式に代入すると，u の斉次 1 階線形微分方程式を得る．これから $u(x)$ を求める．

1 階非線形微分方程式　以下の非線形微分方程式は適当な変数変換によって変数分離形や線形微分方程式に帰着させることができる．

(1) $y' = f\left(\dfrac{y}{x}\right)$ 型（同次形）
変換 $\frac{y}{x} = u$ により，$u + x\frac{du}{dx} = f(u)$（変数分離形）

(2) $y' = f(ax + by + c)$ 型
変換 $u = ax + by + c$ により，$\frac{du}{dx} = a + bf(u)$（変数分離形）

(3) $y' = f\left(\dfrac{k(ax + by) + c'}{ax + by + c}\right)$ 型
変換 $u = ax + by$ により，$\frac{du}{dx} = a + bf\left(\frac{ku+c'}{u+c}\right)$（変数分離形）

(4) $y' = f\left(\dfrac{a'x + b'y + c'}{ax + by + c}\right)$ 型（$ab' \neq a'b$ の場合）
連立方程式 $ax + by + c = 0$, $a'x + b'y + c' = 0$ の解 $(x, y) = (\alpha, \beta)$ に対して，
変換 $u = x - \alpha$, $v = y - \beta$ により，$\frac{dv}{du} = f\left(\frac{a'u+b'v}{au+bv}\right)$（同次形）

(5) ベルヌーイ型微分方程式 $y' + P(x)y = Q(x)y^n$（$n \neq 0, 1$）
変数変換 $z = y^{1-n}$ により，$z' + (1-n)P(x)z = (1-n)Q(x)$（1 階線形微分方程式）．
ただし，$n = 0, 1$ のとき，1 階線形微分方程式になる．

完全微分方程式　1 階微分方程式は完全微分形ならば非線形の場合でも求積可能である．1 階微分方程式 $\frac{dy}{dx} = -\frac{P(x,y)}{Q(x,y)}$ を $P(x, y)\,dx + Q(x, y)dy = 0 \cdots (\mathrm{T})$ の形で表すことがある．この形の微分方程式を**全微分方程式**という．全微分方程式 (T) に対して $F_x = P$ かつ $F_y = Q$ を満たす 2 変数関数 $F(x, y)$ が存在するとき，(T) は**完全微分方程式**（または**完全微分形**）であるという．その一般解は $F(x, y) = c$（c は任意定数）で与えられる．

完全微分形の判定条件　P, Q は偏微分可能で，その偏導関数は連続であるとする．このとき，全微分方程式 (T) が完全微分形となる必要十分条件は $P_y = Q_x$ である．

2 階定数係数線形微分方程式（斉次型）　2 階線形微分方程式 $y'' + P(x)y' + Q(x)y = 0$ に対しては，一般的な解の公式は存在しないが，定数係数の場合は解の公式が存在する．斉次方程式 $y'' + py' + qy = 0$（p, q は実定数）の一般解は，$y = e^{\lambda x}$ とおいてできる，特性方程式 $\lambda^2 + p\lambda + q = 0$ の解の種類に応じて，次の 3 つの場合に分類される．

(1) 相異なる 2 実数解 λ_1, λ_2 であるとき，一般解は $y = C_1 e^{\lambda_1 x} + C_2 e^{\lambda_2 x}$

(2) 2 重解 $\lambda_1 = \lambda_2$ であるとき，一般解 $y = (C_1 + C_2 x)e^{\lambda_1 x}$

(3) 相異なる共役複素数解 $\lambda_1 = \alpha + \beta i$, $\lambda_2 = \alpha - \beta i$（$i = \sqrt{-1}$）であるとき，一般解

$$y = C_1 e^{(\alpha+\beta i)x} + C_2 e^{(\alpha-\beta i)x} = e^{\alpha x}\left\{D_1 \cos(\beta x) + D_2 \sin(\beta x)\right\}$$

■補足　2 階線形微分方程式の一般解は 1 次独立な解の線形結合の形で与えられる．

定数係数 2 階線形微分方程式（非斉次型）　$y'' + py' + qy = R(x) \cdots (*)$（$p$, q は実定数，$R(x) \neq 0$）の同伴方程式 $y'' + py' + qy = 0$ の基本解を y_1, y_2，一般解を y_h，非斉次方程

式 $(*)$ の特殊解を y_p とするとき，一般解 y は，$y = y_h + y_p = C_1y_1 + C_2y_2 + y_p$．この特殊解 y_p は次の方法で求まる．

(1)　$R(x)$ の形が簡単な場合：$R(x)$ の形から推測できる（**未定係数法**）．

非斉次項 $R(x)$ の形	特殊解 y_p の選択
$ke^{\alpha x}$	$ae^{\alpha x}$, $axe^{\alpha x}$, $ax^2e^{\alpha x}$
$kx^n + mx^{n-1} + \cdots$	$ax^n + bx^{n-1} + \cdots$
$k\sin(\alpha x) + m\cos(\alpha x)$	$a\sin(\alpha x) + b\cos(\alpha x)$, $x\{a\sin(\alpha x) + b\cos(\alpha x)\}$
$e^{\alpha x}\{k\cos(\alpha x) + m\sin(\alpha x)\}$	$e^{\alpha x}\{a\cos(\alpha x) + b\sin(\alpha x)\}$, $xe^{\alpha x}\{a\cos(\alpha x) + b\sin(\alpha x)\}$

(2)　$R(x)$ の形が複雑な場合：解の公式が与えられる（**定数変化法**）．

$$y_p = -y_1\int\frac{y_2R}{W}\,dx + y_2\int\frac{y_1R}{W}\,dx.\ \text{ただし，}W = \begin{vmatrix} y_1 & y_2 \\ y_1' & y_2' \end{vmatrix} = y_1y_2' - y_1'y_2 \neq 0$$

オイラー型微分方程式　$x^2y'' + pxy' + qy = R(x)$ は変数係数だが求積可能である．

斉次オイラー型微分方程式（$R(x) = 0$ の場合）$x^2y'' + pxy' + qy = 0$（$x > 0$, p, q は実定数）の一般解は，$y = x^\lambda$ とおいてできる，特性方程式 $\lambda^2 + (p-1)\lambda + q = 0$ の解の種類に応じて，次の 3 つの場合に分類される．

(1)　相異なる 2 実数解 λ_1, λ_2 であるとき，一般解 $y = C_1x^{\lambda_1} + C_2x^{\lambda_2}$

(2)　$\lambda_1 = \lambda_2$ の 2 重解であるとき，一般解 $y = \{C_1 + C_2\log(x)\}x^{\lambda_1}$

(3)　相異なる共役な虚数解 $\lambda_1 = \alpha + i\beta$, $\lambda_2 = \alpha - i\beta$ であるとき（α, β は実定数，$i = \sqrt{-1}$），一般解 $y = x^\alpha\{C_1\cos(\beta\log(x)) + C_2\sin(\beta\log(x))\}$

■**補足**　$x^2y'' + pxy' + qy = R(x)$ は，未定係数法や定数変化法により求積可能である．

オイラー型微分方程式 $x^2\frac{d^2}{dx^2}y + px\frac{d}{dx}y + qy = R(x)$ は，オイラー変換 $x = e^t$ によって，定数係数 2 階線形微分方程式 $\frac{d^2}{dt^2}y + (p-1)\frac{d}{dt}y + qy = R(e^t)$ に変形される．

連立微分方程式　2 元連立線形 1 階微分方程式 $\begin{cases} y_1' = a_{11}y_1 + a_{12}y_2 + g_1 \\ y_2' = a_{21}y_1 + a_{22}y_2 + g_2 \end{cases}$（$a_{ij}$, g_i は定数または変数）に対して

(1)　$a_{12} \neq 0$ のとき，第 1 式 $y_2 = -\frac{a_{11}y_1 - y_1' + g_1}{a_{12}}$ を第 2 式に代入すれば y_1 の単独 2 階線形微分方程式 $y_1'' + py_1' + q = r$ に帰着される（p, q, r は定数または変数で $a_{i,j}$, g_i により定まる）．

(2)　行列とベクトルを用いて表示できる（ただし，A は 2×2 型行列）．

$$\frac{d}{dx}\begin{pmatrix} y_1 \\ y_2 \end{pmatrix} = \begin{pmatrix} a_{11} & a_{12} \\ a_{21} & a_{22} \end{pmatrix}\begin{pmatrix} y_1 \\ y_2 \end{pmatrix} + \begin{pmatrix} g_1 \\ g_2 \end{pmatrix}$$

基本問題 9.1　変数分離形微分方程式 $\left(\frac{dy}{dx} = f(x)g(x)\right)$

次の問いに答えよ．　((1) お茶の水女子大学，(2) 横浜国立大学，(3) 静岡大学)

(1)　微分方程式 $\dfrac{dy}{dx} = -xy$，初期条件 $y(0) = 2$ を満たす特殊解を求めよ．

(2)　微分方程式 $\dfrac{dy}{dx} = \dfrac{x-1}{2x^2y}$ の一般解を求めよ．

(3)　微分方程式 $\dfrac{dy}{dx} = xe^{x+y}$ の一般解を求めよ．

ポイント　変数分離法は基本的な解法である．$\frac{dy}{dx} = f(x)g(x)$ を $\int \frac{dy}{g(y)} = \int f(x)\,dx$ に変形して一般解を求める．

【解答】　(1)　与式の両辺を y で割ると，$\frac{1}{y}\frac{dy}{dx} = -x$．両辺を x で積分すると，

$$\int \frac{1}{y}\frac{dy}{dx}\,dx = -\int x\,dx,\quad \int \frac{dy}{y} = -\int x\,dx,\quad \log|y| = -\frac{1}{2}x^2 + c,\quad |y| = \pm e^{-\frac{1}{2}x^2+c}$$

$C = \pm e^c$ とおくと，一般解は $y = Ce^{-\frac{1}{2}x^2}$．初期条件 $y(0) = 2$ より，$C = 2$．したがって，求める特殊解は

$$y = 2e^{-\frac{1}{2}x^2} \quad \boxed{答}$$

(2)　与式の両辺に y を掛けると，$y\frac{dy}{dx} = \frac{x-1}{2x^2}$．両辺を x で積分すると，

$$\int y\frac{dy}{dx}\,dx = \int \frac{x-1}{2x^2}\,dx,\quad \int y\,dy = \frac{1}{2}\int\left(\frac{x}{x^2} - \frac{1}{x^2}\right)dx,\quad \frac{1}{2}y^2 = \frac{1}{2}\left(\frac{1}{2}\log x^2 + \frac{1}{x}\right)+c$$

$C = 2c$ とおくと，一般解は

$$y^2 = \log|x| + \frac{1}{x} + C \quad \boxed{答}$$

(3)　与式の両辺を e^y で割ると，$e^{-y}\frac{dy}{dx} = xe^x$．両辺を x で積分すると，

$$\int e^{-y}\frac{dy}{dx}\,dx = \int xe^x\,dx,\quad \int e^{-y}\,dy = \int xe^x\,dx$$

部分積分法を用いて $-e^{-y} = xe^x - \int e^x\,dx$．よって求める一般解は

$$e^{-y} = (1-x)e^x + C \quad \boxed{答}$$

類　題

9.1.1　次の問いに答えよ．　((1) 東京農工大学，(2) 京都工芸繊維大学)

(1)　微分方程式 $y' = y(1-y)$，初期条件 $y(0) = \frac{1}{3}$ を満たす特殊解を求めよ．

(2)　微分方程式 $\frac{dy}{dx} = e^{2x-y}$，初期条件 $y(0) = 1$ を満たす特殊解を求めよ．また，この特殊解に対して，極限値 $\displaystyle\lim_{x\to\infty}\frac{y(x)}{x}$ を求めよ．

基本問題 9.2　1 階線形微分方程式 $(y' + P(x)y = Q(x))$

次の微分方程式の一般解を求めよ．　((1) 徳島大学，(2) 横浜国立大学)

(1) $\dfrac{dy}{dx} + y = 3x$　　(2) $x\dfrac{dy}{dx} + y = 2x^2 \log x$

ポイント　1 階線形微分方程式の解法は，(i) 斉次方程式の一般解を求める．(ii) 未定係数法（非斉次項の形が簡単な場合）または定数変化法（非斉次項の形が複雑な場合）を適用する．未定係数法と定数変化法は使い分けができるようになろう．斉次方程式 $y' + P(x)y = 0$ の一般解は $\boxed{y = Ce^{\int P(x)\,dx}}$，非斉次方程式 $y' + P(x)y = Q(x)$ の一般解は $\boxed{y = Ce^{-\int P(x)\,dx}\left(\int Q(x)e^{\int P(x)\,dx}\,dx + C\right)}$ として解の公式が与えられるが，暗記せずとも導出はできるようにしておこう．

【解答】 (1) (i) 斉次方程式 $\frac{dy}{dx} + y = 0$ の一般解を求める．

$$\frac{dy}{y} = -dx, \quad \int \frac{dy}{y} = -\int dx, \quad \log|y| = -x + c, \quad y = \pm e^{-x+c}$$

$C = \pm e^c$ とおくと，斉次方程式の一般解は $y = Ce^{-x}$

(ii) 未定係数法を用いる．非斉次方程式 $\frac{dy}{dx} + y = 3x$ の特殊解を $\varphi(x) = ax + b$（a, b は定数）と予想して非斉次方程式に代入して整理すると，$ax + (a + b) = 3x$．$\varphi(x)$ が解であるのは，この式が恒等的に成り立つ場合であるから，両辺の係数を比較して $a = 3, a + b = 0$ から $a = 3, b = -3$ が得られる．したがって，$\varphi(x) = 3x - 3$ が非斉次方程式の特殊解であるから，求める一般解は $y = Ce^{-x} + 3x - 3$　答

(2) (i) 斉次方程式 $x\frac{dy}{dx} + y = 0$ の一般解を求める．

$$\frac{dy}{y} = -\frac{dx}{x}, \quad \int \frac{dy}{y} = -\int \frac{dx}{x}, \quad \log|y| = -\log|x| + c, \quad xy = \pm e^c$$

$C = \pm e^c$ とおくと，斉次方程式の一般解は $y = \frac{C}{x}$．

(ii) 定数変化法を用いて，非斉次方程式 $x\frac{dy}{dx} + y = 2x^2 \log x$ の一般解を求める．$y = \frac{u(x)}{x}$ とおくと $y' = \frac{u'(x)}{x} - \frac{u(x)}{x^2}$．非斉次方程式に代入すると，

$$u'(x) = 2x^2 \log x,$$

$$u(x) = 2\int x^2 \log x\,dx = 2\left(\frac{x^3}{3}\log x - \int \frac{x^3}{3}\frac{1}{x}\,dx\right) = \frac{2x^3}{3}\log x - \frac{2x^3}{9} + C$$

非斉次方程式の一般解は $y = -\dfrac{2x^2}{9} + \dfrac{C}{x} + \dfrac{2x^2}{3}\log x$　答

類　題

9.2.1　次の微分方程式の一般解を求めよ．　((1) 京都大学，(2) 静岡大学)

(1) $(1 + x^2)\dfrac{dy}{dx} = xy + 1$　　(2) $\dfrac{dy}{dx} + \dfrac{\cos x}{\sin x}y = \dfrac{1}{\cos^2 x}$，初期条件 $y\left(\dfrac{\pi}{4}\right) = 2$

基本問題 9.3　変数分離形へ帰着できる微分方程式

次の微分方程式を解け．　　((1) 琉球大学，(2) 広島大学)

(1)　$xy\dfrac{dy}{dx} = 2y^2 + 4x^2$　　(2)　$\dfrac{dy}{dx} = \dfrac{x^2 - 2xy + y^2}{x^2 - 2xy + y^2 + 1}$

ポイント　変数分離形に変形できない場合でも，適当な変数変換によって変数分離形に帰着されることがある．変数分離形の応用として，いろいろなパターンに慣れよう．

【解答】　(1)　与式の両辺を x^2 で割ると

$$\frac{y}{x}\frac{dy}{dx} = 2\left(\frac{y}{x}\right)^2 + 4$$

に変形される．$u = \frac{y}{x}$ とおくと，

$$ux = y, \quad \frac{dy}{dx} = \frac{du}{dx}x + u$$

これらを変形された式に代入すると

$$ux\frac{du}{dx} + u^2 = 2u^2 + 4$$

これは変数分離形だから，

$$\int \frac{u}{u^2+4}\,du = \int \frac{1}{x}\,dx, \quad \frac{1}{2}\log(u^2+4) = \log|x| + c, \quad u^2 + 4 = e^{2c}x^2$$

$C = e^{2c}$ とおいて $u = \frac{y}{x}$ を代入すると，求める一般解は $y^2 = Cx^4 - 4x^2$　答

(2)　与式は $\dfrac{dy}{dx} = \dfrac{(y-x)^2}{(y-x)^2+1}$ に変形される．$u = y - x$ とおくと

$$y = u + x, \quad \frac{dy}{dx} = \frac{du}{dx} + 1$$

これらを変形された式に代入すると，$\frac{du}{dx} + 1 = \frac{u^2}{u^2+1}$．これは変数分離形だから，

$$\int (u^2+1)\,du = -\int dx, \quad \frac{u^3}{3} + u = -x + c$$

これに $u = y - x$ を代入して $C = -c$ とおくと，求める一般解は $\dfrac{(x-y)^3}{3} = y + C$　答

類　題

9.3.1　次の微分方程式の一般解を求めよ．　　((1) 京都大学，(2) 鹿児島大学)

(1)　$x\tan\dfrac{y}{x} - y + x\dfrac{dy}{dx} = 0$　　(2)　$y' = (2x+y-5)^2 + 3(2x+y-5)$

ヒント：(1) $y' = f(\frac{y}{x})$ 型．(2) $y' = f(ax+by+c)$ 型．

基本問題 9.4 ＝ ベルヌーイ型微分方程式（$y' + P(x)y = Q(x)y^n$）

微分方程式

$$\frac{dy(x)}{dx} + 2y(x) = -\frac{1}{2}\{y(x)\}^3$$

について以下の問いに答えよ．ただし，$x \geqq 0$ とする．　（室蘭工業大学）

(1)　$z(x) = \dfrac{1}{\{y(x)\}^2}$ とおくと，与えられた微分方程式が $\dfrac{dz(x)}{dx} - 4z(x) = 1$ と書けることを示せ．

(2)　初期条件 $y(0) = 2$ のもとで微分方程式を解き，$y(x)$ を求めよ．

ポイント　ベルヌーイ型微分方程式 $y' + P(x)y = Q(x)y^n$（$n \neq 0, 1$）は，変数変換 $\boxed{z = y^{1-n}}$ により，1 階線形微分方程式 $z' + (1-n)P(x)z = (1-n)Q(x)$ に帰着される．ベルヌーイ型微分方程式は 1 階線形微分方程式の応用として重要である．

【解答】　(1)　$z = \dfrac{1}{y^2} \cdots$① とおくと $z' = -\dfrac{2}{y^3}y' \cdots$②.

与式の両辺を y^3 で割ると $\dfrac{y'}{y^3} + \dfrac{2}{y^2} = -\dfrac{1}{2}$

これに①, ②を代入すると，非斉次 1 階線形微分方程式

$$z' - 4z = 1 \cdots ③$$

を得る．［証明終］

(2)　$z' - 4z = 0$ の一般解は $z = ce^{4x}$，③の特殊解は $z = \dfrac{-1}{4}$

よって③の一般解は $z = ce^{4x} - \dfrac{1}{4} \cdots$④

④を①に代入すると，与えられた微分方程式の一般解は $y^2 = \dfrac{1}{ce^{4x} - \frac{1}{4}}$

初期条件 $y(0) = 2$ より

$$4 = \frac{1}{c - \frac{1}{4}} \qquad \therefore\ c = \frac{1}{2}$$

よって求める特殊解は $y^2 = \dfrac{4}{2e^{4x} - 1}$　答

【別解】　(2)　③を変数分離形として解くこともできる．

$$\int \frac{dz}{1+4z} = \int dx,\quad \frac{1}{4}\log|1+4z| = x + c_1,\quad 1 + 4z = \pm e^{4x+4c_1},\quad z = \pm\frac{1}{4}e^{4c_1}e^{4x} - \frac{1}{4}$$

$c_2 = \pm\dfrac{1}{4}e^{4c_1}$ とおくと，③の一般解は $z = c_2e^{4x} - \dfrac{1}{4}$　答

類　題

9.4.1　次の微分方程式の一般解を求めよ．　（(1) 埼玉大学，(2) 佐賀大学）

(1)　$2x\dfrac{dy}{dx} - y = -xy^3$　　(2)　$\dfrac{dy}{dx} + y = y^2(\cos x - \sin x)$

基本問題 9.5 ── 完全微分方程式 ($P(x,y)\,dx + Q(x,y)\,dy = 0$)

次の微分方程式が完全形であることを示し，一般解を求めよ．（首都大学東京）

$$(x^3 + \log y)\,dx + \frac{x}{y}\,dy = 0$$

ポイント $\boxed{P_y = Q_x}$ となるとき**完全形**という．$F_x = P$, $F_y = Q$ となる関数 $F(x,y)$ を求めるには，まず第 1 式を x で積分して，$F(x,y) = \int P\,dx + c(y)$（$c(y)$ は x で微分すると 0 になることに注意）．これを y について微分して $F_y = \frac{\partial}{\partial y}\left(\int P\,dx\right) + c'(y) = Q$ から $c(y)$ を求めれば良い．2 変数関数の全微分と完全微分方程式の関係を押さえよう．計算過程で x で積分，y で積分を 1 回ずつ操作する意味を理解しておこう．

【解答】 $f(x,y) = x^3 + \log y$, $g(x,y) = \frac{x}{y}$ とおく．$f_y = \frac{1}{y}$, $g_x = \frac{1}{y}$ であり $f_y = g_x$ であるから与式は完全微分方程式である．次に，$F_x = f$ かつ $F_y = g$ を満たす関数 $F(x,y)$ を求める．$F_x = f$ より

$$F(x,y) = \int f(x,y)\,dx = \int (x^3 + \log y)\,dx = \frac{x^4}{4} + x\log y + c(y)$$

$$\therefore\quad F_y = \frac{x}{y} + c'(y)$$

一方，$F_y = g = \frac{x}{y}$ であるから $c'(y) = 0$, $\therefore c(y) = c_1$．よって

$$F(x,y) = \frac{x^4}{4} + x\log y + c_1$$

したがって，求める一般解は

$$\frac{x^4}{4} + x\log y + c_1 = c_2 \quad \text{つまり} \quad y = e^{-\frac{x^3}{4} + \frac{C}{x}} \quad (\text{ただし } C = c_2 - c_1)$$ 答

類　題

9.5.1 次の完全微分方程式の一般解を求めよ．（(1) お茶の水女子大学，(2) 京都大学）

(1) $(3x^2 + 2xy - 2y^2)\,dx + (x^2 - 4xy)\,dy = 0$

(2) $(\tan y - 6x^2)\,dx + \dfrac{x}{\cos^2 y}\,dy = 0$

ヒント：(1) $f(x,y) = 3x^2 + 2xy - 2y^2$, $g(x,y) = x^2 - 4xy$ とおく．

基本問題 9.6　定数係数 2 階線形斉次線形微分方程式 $(y'' + ay' + by = 0)$

次の微分方程式の一般解を求めよ．

（(1) 茨城大学 改題，(2) 滋賀県立大学，(3) 佐賀大学）

(1) $\dfrac{d^2y}{dx^2} + \dfrac{dy}{dx} - 6y = 0$　　(2) $y'' + 6y' + 9y = 0$

(3) $\dfrac{d^2y}{dx^2} + 4\dfrac{dy}{dx} + 13y = 0$

ポイント　定数係数 2 階線形斉次線形微分方程式の一般解は，$\boxed{y = e^{\lambda x}}$ とおくと，次の公式が導出できる．

特性方程式 $\lambda^2 + p\lambda + q = 0$ の解の種類に応じて，次の 3 つの場合に分類される．

(i)　相異なる 2 実数解 λ_1, λ_2 であるとき，一般解 $y = C_1e^{\alpha x} + C_2e^{\beta x}$

(ii)　2 重解 $\lambda_1 = \lambda_2$ であるとき，一般解 $y = (C_1 + C_2x)e^{\lambda_1 x}$

(iii)　相異なる共役複素数解 $\lambda_1 = \alpha + \beta i$, $\lambda_2 = \alpha - \beta i$（$i = \sqrt{-1}$）であるとき，一般解 $y = C_1e^{(\alpha+\beta i)x} + C_2e^{(\alpha-\beta i)x} = e^{\alpha x}\{D_1\cos(\beta x) + D_2\sin(\beta x)\}$

【解答】　(1)　特性方程式は $\lambda^2 + \lambda - 6 = 0$, $(\lambda + 3)(\lambda - 2) = 0$, $\therefore \lambda = -3, 2$（異なる 2 つの実数解）．よって求める一般解は

$$y = C_1e^{-3x} + C_2e^{2x}\quad \boxed{\text{答}}$$

(2)　特性方程式は $\lambda^2 + 6\lambda + 9 = 0$, $(\lambda + 3)^2 = 0$, $\therefore \lambda = -3$（重解）．よって求める一般解は

$$y = e^{-3x}(C_1 + C_2x)\quad \boxed{\text{答}}$$

(3)　特性方程式は $\lambda^2 + 4\lambda + 13 = 0$, $\therefore \lambda = -2 \pm 3i$（異なる 2 つの虚数解）．よって求める一般解は

$$y = C_1e^{-2x}\cos 3x + C_2e^{-2x}\sin 3x\quad \boxed{\text{答}}$$

類　題

9.6.1　次の微分方程式の一般解を求めよ．

（(1) 埼玉大学，(2) 滋賀県立大学，(3) 鹿児島大学 改題）

(1) $3\dfrac{d^2y}{dx^2} + 5\dfrac{dy}{dx} + 2y = 0$　　(2) $y'' - 2\sqrt{3}\,y' + 3y = 0$

(3) $\dfrac{d^2y}{dx^2} + 9y = 0$

基本問題 9.7 定数係数2階線形非斉次線形微分方程式 $(y''+ay'+by=R(x))$

次の微分方程式の一般解を求めよ. ((1) 茨城大学, (2) 滋賀県立大学)

(1) $\dfrac{d^2y}{dx^2}+\dfrac{dy}{dx}-6y=x^2$ (2) $y''+6y'+9y=\cos x$

ポイント 非斉次方程式 $y''+ay'+by=R(x)$ の一般解 y, 特殊解 y_p, 斉次方程式 $y''+py'+qy=0$ の一般解 $C_1y_1+C_2y_2$ に対して, $\boxed{y=C_1y_1+C_2y_2+y_p}$ は頻出である. 特殊解 y_p の求め方は未定係数法（非斉次項 $R(x)$ の形が簡単な場合）が頻出である.

【解答】 (1) 斉次方程式 $\frac{d^2y}{dx^2}+\frac{dy}{dx}-6y=0$ の一般解を求める. 特性方程式は

$$\lambda^2+\lambda-6=0,\quad (\lambda+3)(\lambda-2)=0 \qquad \therefore\ \lambda=-3,2$$ （異なる2つの実数解）

よって, 斉次方程式の一般解は $y=C_1e^{-3x}+C_2e^{2x}$

次に, 非斉次方程式 $\frac{d^2y}{dx^2}+\frac{dy}{dx}-6y=x^2$ の特殊解を未定係数法を用いて求める. $y=ax^2+bx+c$ とおくと $\frac{dy}{dx}=2ax+b$, $\frac{d^2y}{dx^2}=2a$. これらを非斉次方程式に代入すると $-6ax^2+(2a-6b)x+(2a+b-6c)=x^2$. これが x について恒等的に成り立つのは $-6a=1$, $2a-6b=0$, $2a+b-6c=0$, $\therefore a=\frac{-1}{6}$, $b=\frac{-1}{18}$, $c=\frac{-7}{108}$

したがって, 非斉次方程式の特殊解は $y=-\frac{x^2}{6}-\frac{x}{18}-\frac{7}{108}$

以上より, 非斉次方程式の一般解は $y=C_1e^{-3x}+C_2e^{2x}-\dfrac{x^2}{6}-\dfrac{x}{18}-\dfrac{7}{108}$ 答

(2) 斉次方程式 $y''+6y'+9y=0$ の一般解を求める. 特性方程式は $\lambda^2+6\lambda+9=0$, $(\lambda+3)^2=0$, $\therefore \lambda=-3$（重解）. よって, 斉次方程式の一般解は $y=e^{-3x}(C_1+C_2x)$

次に, 非斉次方程式 $y''+6y'+9y=\cos x$ の特殊解を未定係数法を用いて求める. $y=a\cos x+b\sin x$ とおくと

$$\frac{dy}{dx}=-a\sin x+b\cos x,\quad \frac{d^2y}{dx^2}=-a\cos x-b\sin x$$

これらを非斉次方程式に代入すると

$$(8a+6b)\cos x+(-6a+8b)\sin x=\cos x$$

これが x について恒等的に成り立つのは $8a+6b=1$, $-6a+8b=0$, $\therefore a=\frac{2}{25}$, $b=\frac{3}{50}$.

したがって, 非斉次方程式の特殊解は $y=\frac{1}{50}(4\cos x+3\sin x)$.

以上より, 非斉次方程式の一般解は $y=e^{-3x}(C_1+C_2x)+\dfrac{1}{50}(4\cos x+3\sin x)$ 答

類 題

9.7.1 次の微分方程式の一般解を求めよ.

((1) お茶の水女子大学, (2) 埼玉大学, (3) 九州大学)

(1) $y''+2y'-3y=e^x$ (2) $\dfrac{d^2y}{dx^2}-2\dfrac{dy}{dx}+y=4e^x$ (3) $y''+y=\sin x$

基本問題 9.8　2 階オイラー型微分方程式 $(x^2y'' + axy' + by = R(x))$

微分方程式 $x^2\dfrac{d^2y}{dx^2} + 4x\dfrac{dy}{dx} + 2y = 0 \cdots (*)$ を考える．$x = e^t$ とするとき，下の問いに答えよ．（長岡技術科学大学）

(1) $\frac{dy}{dt}$ を，$\frac{dy}{dx}$ と x とで表せ．　(2) $\frac{d^2y}{dt^2}$ を，$\frac{d^2y}{dx^2}$ と $\frac{dy}{dx}$ と x で表せ．

(3) 微分方程式 $(*)$ の一般解を求めよ．

ポイント 変数係数 2 階線形微分方程式は一般には求積可能とは限らない．求積可能な特別な場合として，オイラー型微分方程式は重要である．オイラー変換 $\boxed{x = e^t}$ によって定数係数 2 階線形微分方程式へ導出できるようになろう．計算上では $\boxed{y = x^\lambda}$ とおく解法が簡単である．どちらの解法も身につけよう．

【解答】 (1) $x = e^t$ より

$$\frac{dx}{dt} = e^t = x, \quad \frac{dy}{dt} = \frac{dy}{dx}\frac{dx}{dt} = \frac{dy}{dx}\cdot e^t = \frac{dy}{dx}\cdot x = x\frac{dy}{dx} \cdots ① \quad \boxed{答}$$

(2)

$$\frac{d^2y}{dt^2} = \frac{d}{dt}\left(\frac{dy}{dt}\right) = \frac{d}{dt}\left(x\cdot\frac{dy}{dx}\right) = \frac{d}{dt}x\cdot\frac{dy}{dx} + x\frac{d}{dt}\left(\frac{dy}{dx}\right)$$

$$= e^t\cdot\frac{dy}{dx} + x\frac{d}{dx}\left(\frac{dy}{dx}\right)\cdot\frac{dx}{dt} = x\frac{dy}{dx} + x^2\frac{d^2y}{dx^2} \cdots ② \quad \boxed{答}$$

(3) ①, ②を与えられた微分方程式に代入すると

$$\left(\frac{d^2y}{dt^2} - \frac{dy}{dt}\right) + 4\frac{dy}{dt} + 2y = 0, \quad \frac{d^2y}{dt^2} + 3\frac{dy}{dt} + 2y = 0 \cdots ③$$

③の特性方程式は

$$\lambda^2 + 3\lambda + 2 = 0, \quad (\lambda + 2)(\lambda + 1) = 0 \qquad \therefore \quad \lambda = -2, -1$$

よって③の一般解は $y = C_1e^{-2t} + C_2e^{-t}$

したがって，これに $x = e^t$ を代入すると，求める一般解は

$$y = \frac{C_1}{x^2} + \frac{C_2}{x} \quad \boxed{答}$$

類　題

9.8.1 次の微分方程式の一般解を求めよ．

（(1) 大阪大学，(2) 埼玉大学，(3) 徳島大学）

(1) $x^2\dfrac{d^2y}{dx^2} + 3x\dfrac{dy}{dx} - 3y = \log x \ (x > 0)$

(2) $x^2\dfrac{d^2y}{dx^2} - 3x\dfrac{dy}{dx} + 4y = x$　　(3) $x^2y'' + xy' + y = x$

基本問題 9.9　　連立微分方程式

$x = x(t)$, $y = y(t)$ のとき，次の連立微分方程式を初期条件 $x(0) = 5$, $y(0) = 2$ の下で解け．（茨城大学）

$$\begin{cases} \frac{dx}{dt} = 3x - 4y \\ \frac{dy}{dt} = x - 2y \end{cases}$$

ポイント 連立微分方程式の解法として，(1) 従属変数を消去する解法と，(2) 行列の対角化を用いた解法が代表的である．従属変数が 3 個以上の場合は一般には変数消去する解法は適用できない．連立微分方程式論において行列の対角化を用いた解法は重要である．どちらの解法も習得しておこう．

【解答】 第 1 式より $y = \dfrac{1}{4}\left(3x - \dfrac{dx}{dt}\right) \cdots$ ①,　$y' = \dfrac{1}{4}\left(3x' - \dfrac{d^2x}{dt^2}\right)$

これらを第 2 式に代入すると $\dfrac{d^2x}{dt^2} - \dfrac{dx}{dt} - 2x = 0 \cdots$ ②

②の特性方程式は $\lambda^2 - \lambda - 2 = 0$, $(\lambda + 1)(\lambda - 2) = 0$, $\therefore \lambda = -1, 2$（異なる 2 つの実数解）

よって，②の一般解は $x = C_1e^{-t} + C_2e^{2t}$

次に，この一般解を①に代入すると $y = C_1e^{-t} + \frac{C_2}{4}e^{2t} \cdots$ ③

②, ③と初期条件 $x(0) = 5$, $y(0) = 2$ より $C_1 + C_2 = 5$, $C_1 + \frac{C_2}{4} = 2$. これを解いて $C_1 = 1$, $C_2 = 4$. したがって，求める特殊解は $x = e^{-t} + 4e^{2t}$, $y = e^{-t} + e^{2t}$　答

【別解】 $x = k_1e^{\lambda t}$, $y = k_2e^{\lambda t}$ とおいて連立微分方程式に代入すると，$\begin{cases} \lambda k_1 = 3k_1 - 4k_2 \\ \lambda k_2 = k_1 - 2k_2 \end{cases}$

より λ は $\begin{pmatrix} 3 & -4 \\ 1 & -2 \end{pmatrix}$ の固有値であり，$\begin{pmatrix} k_1 \\ k_2 \end{pmatrix}$ は固有ベクトルである（3 章参照）．

ゆえに $\lambda = -1$ のとき $\begin{pmatrix} k_1 \\ k_2 \end{pmatrix} = c_1\begin{pmatrix} 1 \\ 1 \end{pmatrix}$，$\lambda = 2$ のとき $\begin{pmatrix} k_1 \\ k_2 \end{pmatrix} = c_2\begin{pmatrix} 4 \\ 1 \end{pmatrix}$

よって一般解は $\begin{pmatrix} x \\ y \end{pmatrix} = c_1e^{-t}\begin{pmatrix} 1 \\ 1 \end{pmatrix} + c_2e^{2t}\begin{pmatrix} 4 \\ 1 \end{pmatrix} = \begin{pmatrix} 1 & 4 \\ 1 & 1 \end{pmatrix}\begin{pmatrix} e^{-t} & 0 \\ 0 & e^{2t} \end{pmatrix}\begin{pmatrix} c_1 \\ c_2 \end{pmatrix}$

$t = 0$ とすると $\begin{pmatrix} x(0) \\ y(0) \end{pmatrix} = \begin{pmatrix} 1 & 4 \\ 1 & 1 \end{pmatrix}\begin{pmatrix} c_1 \\ c_2 \end{pmatrix}$

したがって $\begin{pmatrix} x \\ y \end{pmatrix} = \begin{pmatrix} 1 & 4 \\ 1 & 1 \end{pmatrix}\begin{pmatrix} e^{-t} & 0 \\ 0 & e^{2t} \end{pmatrix}\begin{pmatrix} 1 & 4 \\ 1 & 1 \end{pmatrix}^{-1}\begin{pmatrix} x(0) \\ y(0) \end{pmatrix}$　答

類　題

9.9.1 $x = x(t)$, $y = y(t)$ のとき，次の連立微分方程式の解で，初期条件 $x(0) = 4$, $y(0) = 1$ を満たすものを求めよ．ただし，$x' = \frac{dx}{dt}$, $y' = \frac{dy}{dt}$ である．（東京農工大学）

$$\begin{cases} x' - 3x + y = -2e^{2t} \\ 6x + y' - 4y = 4e^{2t} \end{cases}$$

演習問題

9.1 次の 1 階常微分方程式の解の公式を求めよ．（大分大学）

(1) $\dfrac{dy}{dx} + P(x)y = 0$

(2) $\dfrac{dy}{dx} + P(x)y = Q(x)$

9.2 次の微分方程式の一般解を求めよ．（富山大学）

$$\frac{dy}{dx} = \frac{2x + y - 3}{x + 2y - 5} = 0$$

9.3 次の微分方程式の一般解を求めよ．（千葉大学）

$$\frac{dy}{dx} = 3xy - 5xy^{-\frac{1}{3}}$$

9.4 次の微分方程式を解け．（名古屋大学）

$$x(-1 - 2xy)y' = 2y(1 + xy)$$

9.5 x の関数 $y = y(x)$ についての微分方程式

$$y'' - y' - 6y = 6x + 4e^{-x}$$

の解のうち，$y(0) = 0,\ y'(0) = 0$ を満たすものを求めよ．（東京農工大学）

9.6 $-\frac{\pi}{4} < x < \frac{\pi}{4}$ で定義された関数 y についての微分方程式

$$\frac{d^2y}{dx^2} + 4y = \frac{1}{\cos 2x} \cdots ①$$

の一般解を以下の設問の手順に従って求めることを考える．（東京大学）

(1) 微分方程式 $\dfrac{d^2y}{dx^2} + 4y = 0$ の 2 つの 1 次独立解 $y_1,\ y_2$ を実関数の形で求め，そのロンスキ行列式 $W(y_1, y_2)$ を計算せよ．ここでロンスキ行列とは

$$W(y_1, y_2) = y_1\frac{dy_2}{dx} - y_2\frac{dy_1}{dx}$$

のことである．

(2) ①の特殊解が $\dfrac{du}{dx}y_1 + \dfrac{dv}{dx}y_2 = 0$ を満たす $u(x),\ v(x)$ を用いて $y = u(x)y_1 + v(x)y_2$ という形に書けると仮定したとき，$u(x),\ v(x)$ それぞれが満たす 1 階の微分方程式を導け．

(3) ①の一般解を求めよ．

9.7 次の微分方程式について以下の問いに答えよ. (千葉大学)

$$\frac{d^2y}{dx^2} - \frac{4+x}{x}\frac{dy}{dx} + \frac{6+2x}{x^2}y = 0$$

(1) $y = x^2$ がこの微分方程式の解となっていることを示せ.

(2) $y = ux^2$ (u は x の関数) がこの微分方程式の解となるために, u が満たすべき微分方程式を求めよ.

(3) (2) で求めた微分方程式を u について解き, 最初の微分方程式の解を求めよ.

9.8 次の連立定数係数線形同次微分方程式

$$\begin{cases} \frac{dy_1(x)}{dx} + 2y_1(x) - y_2(x) = 0 \\ \frac{dy_2(x)}{dx} - y_1(x) + 2y_2(x) = 0 \end{cases}$$

を行列 $A = \begin{pmatrix} 2 & -1 \\ -1 & 2 \end{pmatrix}$ を用いて, $\dfrac{d\boldsymbol{y}(x)}{dx} + A\boldsymbol{y}(x) = \boldsymbol{0}$ (ただし, $\boldsymbol{y}(x) = \begin{pmatrix} y_1(x) \\ y_2(x) \end{pmatrix}$) のように表現する. 解 $\boldsymbol{y}(x)$ を行列 A を対角化を利用して以下の設問に沿って求めよ. (九州大学)

(1) 行列 A の固有値 λ_1, λ_2 と固有ベクトル $\boldsymbol{c}_1, \boldsymbol{c}_2$ を求めよ.

(2) $\boldsymbol{c}_1, \boldsymbol{c}_2$ を列ベクトルとする行列を $P = (\boldsymbol{c}_1, \boldsymbol{c}_2)$ とする. $P^{-1}AP$ を求めよ.

(3) $\boldsymbol{z}(x) = \begin{pmatrix} z_1(x) \\ z_2(x) \end{pmatrix} = P^{-1}\boldsymbol{y}(x)$ とするとき, $\boldsymbol{z}(x)$ に関する微分方程式を導き, $\boldsymbol{z}(x)$ の一般解を求めよ.

(4) $\boldsymbol{y}(0) = \begin{pmatrix} 2 \\ 0 \end{pmatrix}$ のとき, $\boldsymbol{y}(x)$ を求めよ.

10 ベクトル解析

内積　2つのベクトル $\boldsymbol{a}, \boldsymbol{b}$ のなす角を θ（$0 \leqq \theta \leqq \pi$）とするとき，

$$|\boldsymbol{a}||\boldsymbol{b}|\cos\theta$$

を $\boldsymbol{a}$ と $\boldsymbol{b}$ の**内積**といい，記号 $\boldsymbol{a}\cdot\boldsymbol{b}$ などと表す．空間ベクトル $\boldsymbol{a} = (a_1, a_2, a_3)$ と $\boldsymbol{b} = (b_1, b_2, b_3)$ のとき，

$$\boldsymbol{a}\cdot\boldsymbol{b} = a_1b_1 + a_2b_2 + a_3b_3$$

外積　2つの空間ベクトル $\boldsymbol{a}, \boldsymbol{b}$ のなす角を θ（$0 \leqq \theta \leqq \pi$）とする．このとき，条件

- 大きさが $\boldsymbol{a}$ と $\boldsymbol{b}$ の作る平行四辺形の面積 $|\boldsymbol{a}||\boldsymbol{b}|\sin\theta$ に等しく，
- 向きが $\boldsymbol{a}$ と $\boldsymbol{b}$ の両方に垂直で，$\boldsymbol{a}$ をこの平行四辺形の中で $\boldsymbol{b}$ に重ねるように回すとき，右ネジの進む向きに等しい

を満たす空間ベクトルを $\boldsymbol{a}$ と $\boldsymbol{b}$ の**外積**といい，記号 $\boldsymbol{a}\times\boldsymbol{b}$ で表す．$\boldsymbol{a} = (a_1, a_2, a_3)$，$\boldsymbol{b} = (b_1, b_2, b_3)$ のとき，

$$\boldsymbol{a}\times\boldsymbol{b} = (a_2b_3 - a_3b_2, a_3b_1 - a_1b_3, a_1b_2 - a_2b_1)$$

$$= \begin{vmatrix} \boldsymbol{i} & \boldsymbol{j} & \boldsymbol{k} \\ a_1 & a_2 & a_3 \\ b_1 & b_2 & b_3 \end{vmatrix}$$

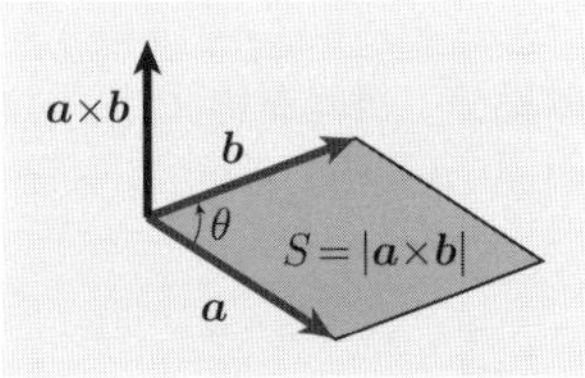

が成り立つ．空間内の三角形 ABC の面積を S とし，四面体 ABCD の体積を V とすると

$$S = \frac{1}{2}|\overrightarrow{\mathrm{AB}} \times \overrightarrow{\mathrm{AC}}|, \quad V = \frac{1}{6}|(\overrightarrow{\mathrm{AB}} \times \overrightarrow{\mathrm{AC}})\cdot\overrightarrow{\mathrm{AD}}|$$

勾配・発散・回転　スカラー場 $\varphi = \varphi(x, y, z)$ に対して

ベクトル場

$$\mathrm{grad}\,\varphi = \left(\frac{\partial\varphi}{\partial x}, \frac{\partial\varphi}{\partial y}, \frac{\partial\varphi}{\partial z}\right)$$

を φ の**勾配**という．$\mathrm{grad}\,\varphi$ は等位面（$\varphi = $ (定数) の曲面）に垂直である．ベクトル場 $\boldsymbol{A} = (A_1(x, y, z), A_2(x, y, z), A_3(x, y, z))$ に対してスカラー場

$$\mathrm{div}\,\boldsymbol{A} = \frac{\partial A_1}{\partial x} + \frac{\partial A_2}{\partial y} + \frac{\partial A_3}{\partial z}$$

を $\boldsymbol{A}$ の**発散**という．$\boldsymbol{A}$ を流体の速度の場とすると，$\mathrm{div}\,\boldsymbol{A}$ は単位時間，単位体積当たりの流体の湧出量を表す．また，$\boldsymbol{A}$ に対してベクトル場

$$\mathrm{rot}\,\boldsymbol{A} = \left(\frac{\partial A_3}{\partial y} - \frac{\partial A_2}{\partial z}, \frac{\partial A_1}{\partial z} - \frac{\partial A_3}{\partial x}, \frac{\partial A_2}{\partial x} - \frac{\partial A_1}{\partial y}\right)$$

を $\boldsymbol{A}$ の**回転**という．

微分演算子

$$\nabla = \left(\frac{\partial}{\partial x}, \frac{\partial}{\partial y}, \frac{\partial}{\partial z}\right) = \boldsymbol{i}\frac{\partial}{\partial x} + \boldsymbol{j}\frac{\partial}{\partial y} + \boldsymbol{k}\frac{\partial}{\partial z}$$

を用いると形式的に

$$\mathrm{grad}\,\varphi = \nabla\varphi, \quad \mathrm{div}\,\boldsymbol{A} = \nabla\cdot\boldsymbol{A}, \quad \mathrm{rot}\,\boldsymbol{A} = \nabla\times\boldsymbol{A}$$

と表すことができる（∇ を**ナブラ**と呼ぶ）．以下の公式が成り立つ．

$$\begin{aligned}
&\nabla(\varphi\psi) = (\nabla\varphi)\psi + \varphi(\nabla\psi), \\
&\nabla\left(\frac{\varphi}{\psi}\right) = \frac{(\nabla\varphi)\psi - \varphi(\nabla\psi)}{\psi^2}, \\
&\nabla\cdot(\varphi\boldsymbol{A}) = (\nabla\varphi)\cdot\boldsymbol{A} + \varphi(\nabla\cdot\boldsymbol{A}), \\
&\nabla\times(\varphi\boldsymbol{A}) = (\nabla\varphi)\times\boldsymbol{A} + \varphi(\nabla\times\boldsymbol{A}), \\
&\nabla\cdot(\nabla\times\boldsymbol{A}) = 0, \\
&\nabla\times(\nabla\varphi) = \boldsymbol{0}
\end{aligned}$$

線積分　空間曲線 $C\ :\ \boldsymbol{r}(t) = (x(t), y(t), z(t))$（$\alpha \leqq t \leqq \beta$）に対してその微分 $\boldsymbol{r}'(t) = (x'(t), y'(t), z'(t))$ は曲線の接線方向の向きを持つベクトルであり，

$$\boldsymbol{t} = \pm\frac{\boldsymbol{r}'(t)}{|\boldsymbol{r}'(t)|}$$

は**単位接線ベクトル**を表す．曲線 C に沿うスカラー場 $\varphi(x, y, z)$ の**線積分**を

$$\int_C \varphi\,ds = \int_\alpha^\beta \varphi(x(t), y(t), z(t))\sqrt{\left(\frac{dx}{dt}\right)^2 + \left(\frac{dy}{dt}\right)^2 + \left(\frac{dz}{dt}\right)^2}\,dt$$

で定義する．ここで ds は曲線の微小な長さを表す．また，$\displaystyle\int_C \varphi\,dx$ は

$$\int_C \varphi\,dx = \int_\alpha^\beta \varphi(x(t), y(t), z(t))\,\frac{dx}{dt}\,dt$$

と計算する．曲線 C に沿うベクトル場 $\boldsymbol{A} = (A_1, A_2, A_3)$ の**線積分**を

$$\begin{aligned}
\int_C \boldsymbol{A}\cdot d\boldsymbol{r} &= \int_\alpha^\beta \boldsymbol{A}\cdot\frac{d\boldsymbol{r}}{dt}\,dt \\
&= \int_\alpha^\beta \left(A_1\frac{dx}{dt} + A_2\frac{dy}{dt} + A_3\frac{dz}{dt}\right)dt
\end{aligned}$$

と定義する．

面積分　曲面 $S : \boldsymbol{r}(u,v) = (x(u,v), y(u,v), z(u,v))$（$(u,v) \in D$）（$D$ は (u,v) 平面の領域とする）について，その u,v に関する偏微分 $\boldsymbol{r}_u = (x_u, y_u, z_u)$, $\boldsymbol{r}_v = (x_v, y_v, z_v)$ は曲面に接するベクトルとなる．この 2 つの接ベクトルの外積 $\boldsymbol{r}_u \times \boldsymbol{r}_v$ は曲面 S に垂直なベクトルとなり

$$\boldsymbol{n} = \pm \frac{\boldsymbol{r}_u \times \boldsymbol{r}_v}{|\boldsymbol{r}_u \times \boldsymbol{r}_v|}$$

は**単位法線ベクトル**である．面積要素は

$$dS = |\boldsymbol{r}_u \times \boldsymbol{r}_v|\, dudv$$

と表される．曲面 S 上のスカラー場 $\varphi(x,y,z)$ の**面積分**を

$$\int_S \varphi\, dS = \iint_D \varphi(x(u,v), y(u,v), z(u,v))|\boldsymbol{r}_u \times \boldsymbol{r}_v|\, dudv$$

で定義する．同様に曲面 S 上のベクトル場 $\boldsymbol{A}$ の**面積分**を

$$\int_S \boldsymbol{A} \cdot \boldsymbol{n}\, dS = \iint_D \boldsymbol{A} \cdot \boldsymbol{n} |\boldsymbol{r}_u \times \boldsymbol{r}_v|\, dudv = \iint_D \boldsymbol{A} \cdot (\boldsymbol{r}_u \times \boldsymbol{r}_v)\, dudv$$

と定義する．

ガウスの発散定理　閉曲面 S で囲まれた領域を V と表し，曲面 S の外向きの法線ベクトルを $\boldsymbol{n}$ で表すとき，

$$\int_S \boldsymbol{A} \cdot \boldsymbol{n}\, dS = \int_V \mathrm{div}\, \boldsymbol{A}\, dv$$

が成り立つ．$dv = dxdydz$ は体積要素を表し，右辺は体積積分である．

ストークスの定理　閉曲線 C で囲まれた曲面を S とする．

$$\int_C \boldsymbol{A} \cdot d\boldsymbol{r} = \int_S \mathrm{rot}\, \boldsymbol{A} \cdot \boldsymbol{n}\, dS$$

が成り立つ．ここで，曲面 S の単位法線ベクトル $\boldsymbol{n}$ の向きは，右ネジを閉曲線 C の向きに回すとき，ネジの進む向きとする．

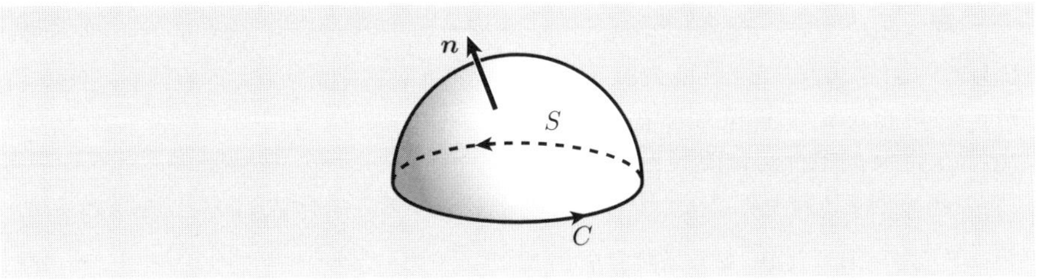

基本問題 10.1 外積

4 点 A$(1,0,-1)$, B$(3,3,0)$, C$(2,1,1)$, D$(-1,4,2)$ がある．次の問いに答えよ．

(1) 内積 $\overrightarrow{\mathrm{AB}}\cdot\overrightarrow{\mathrm{AC}}$，および，外積 $\overrightarrow{\mathrm{AB}}\times\overrightarrow{\mathrm{AC}}$ を求めよ．

(2) 三角形 ABC の面積 S を求めよ．

(3) 四面体 ABCD の体積 V を求めよ．

ポイント 空間内の三角形 ABC の面積を S とし，四面体 ABCD の体積を V とすると

$$S=\frac{1}{2}|\overrightarrow{\mathrm{AB}}\times\overrightarrow{\mathrm{AC}}|,\quad V=\frac{1}{6}|(\overrightarrow{\mathrm{AB}}\times\overrightarrow{\mathrm{AC}})\cdot\overrightarrow{\mathrm{AD}}|$$

【解答】 (1)

$$\overrightarrow{\mathrm{AB}}\cdot\overrightarrow{\mathrm{AC}}=(2,3,1)\cdot(1,1,2)=2+3+2=7 \quad \text{答}$$

$$\overrightarrow{\mathrm{AB}}\times\overrightarrow{\mathrm{AC}}=(2,3,1)\times(1,1,2)$$

$$=\left(\begin{vmatrix}3&1\\1&2\end{vmatrix},\begin{vmatrix}1&2\\2&1\end{vmatrix},\begin{vmatrix}2&3\\1&1\end{vmatrix}\right)=(5,-3,-1) \quad \text{答}$$

(2)

$$S=\frac{1}{2}|\overrightarrow{\mathrm{AB}}\times\overrightarrow{\mathrm{AC}}|=\frac{1}{2}\sqrt{5^2+(-3)^2+(-1)^2}=\frac{\sqrt{35}}{2} \quad \text{答}$$

(3)

$$V=\frac{1}{6}|(\overrightarrow{\mathrm{AB}}\times\overrightarrow{\mathrm{AC}})\cdot\overrightarrow{\mathrm{AD}}|=\frac{1}{6}|(5,-3,-1)\cdot(-2,4,3)|$$

$$=\frac{1}{6}|-10-12-3|=\frac{25}{6} \quad \text{答}$$

類 題

10.1.1 4 点 A$(0,1,-2)$, B$(1,2,3)$, C$(-1,2,0)$, D$(5,3,4)$ がある．次の問いに答えよ．

(1) 三角形 ABC の面積 S を求めよ．

(2) 四面体 ABCD の体積 V を求めよ．

(3) 点 A から直線 BC に下した垂線の足を H とする．線分 AH の長さを求めよ．

ヒント：(3) $\overrightarrow{\mathrm{BA}}$ と $\overrightarrow{\mathrm{BC}}$ のなす角を θ（$0\leqq\theta\leqq\pi$）とすると

$$\mathrm{AH}=|\overrightarrow{\mathrm{BA}}|\sin\theta=\frac{|\overrightarrow{\mathrm{BA}}||\overrightarrow{\mathrm{BC}}|\sin\theta}{|\overrightarrow{\mathrm{BC}}|}=\frac{|\overrightarrow{\mathrm{BA}}\times\overrightarrow{\mathrm{BC}}|}{|\overrightarrow{\mathrm{BC}}|}$$

となる（図を描いて確めよ）．

基本問題 10.2　ベクトルの微分

曲線 C : $\boldsymbol{r}(t) = (t^3 - 2t, t^2, 2t+1)$ と曲面 S : $\boldsymbol{r}(u,v) = (u+v, u-2v, u^2v)$ がある．次を求めよ．

(1)　曲線 C 上の $t=1$ に対応する点 P における単位接線ベクトル $\boldsymbol{t}$ と点 P での曲線 C の接線の方程式

(2)　曲面 S 上の $(u,v) = (3,1)$ に対応する点 Q における単位法線ベクトル $\boldsymbol{n}$ と点 Q における曲面 S の接平面の方程式

ポイント　曲線 C : $\boldsymbol{r} = \boldsymbol{r}(t)$ において $\boldsymbol{r}'(t) = \frac{d\boldsymbol{r}}{dt}$ は曲線 C の接線方向のベクトル．曲面 S : $\boldsymbol{r} = \boldsymbol{r}(u,v)$ において $\boldsymbol{r}_u = \frac{\partial \boldsymbol{r}}{\partial u}$, $\boldsymbol{r}_v = \frac{\partial \boldsymbol{r}}{\partial v}$ は S の接ベクトルでその外積 $\boldsymbol{r}_u \times \boldsymbol{r}_v$ は S に垂直なベクトルである．

【解答】　(1)　$\boldsymbol{r}'(t) = (3t^2 - 2, 2t, 2)$ に $t=1$ を代入すると $\left.\frac{d\boldsymbol{r}}{dt}\right|_{\mathrm{P}} = \boldsymbol{r}'(1) = (1,2,2)$ よって

$$\boldsymbol{t} = \pm\frac{\boldsymbol{r}'(1)}{|\boldsymbol{r}'(1)|} = \pm\frac{(1,2,2)}{\sqrt{1^2+2^2+2^2}} = \pm\left(\frac{1}{3}, \frac{2}{3}, \frac{2}{3}\right) \quad \text{答}$$

求める接線はベクトル $(1,2,2)$ に平行で点 $\mathrm{P}(-1,1,3)$ を通るからその方程式は

$$x+1 = \frac{y-1}{2} = \frac{z-3}{2} \quad \text{答}$$

(2)　$\boldsymbol{r}_u = (1,1,2uv)$, $\boldsymbol{r}_v = (1,-2,u^2)$ より

$$\boldsymbol{r}_u|_{\mathrm{Q}} \times \boldsymbol{r}_v|_{\mathrm{Q}} = (1,1,6) \times (1,-2,9) = (21,-3,-3) = 3\,(7,-1,-1)$$

これより，点 Q における単位法線ベクトル $\boldsymbol{n}$ は

$$\boldsymbol{n} = \pm\frac{(7,-1,-1)}{\sqrt{7^2+(-1)^2+(-1)^2}} = \pm\left(\frac{7}{\sqrt{51}}, -\frac{1}{\sqrt{51}}, -\frac{1}{\sqrt{51}}\right) \quad \text{答}$$

求める接平面は点 $\mathrm{Q}(4,1,9)$ を通り，ベクトル $(7,-1,-1)$ に垂直なのでその方程式は

$$7(x-4) - (y-1) - (z-9) = 0 \quad \text{よって} \quad 7x - y - z = 18 \quad \text{答}$$

類　題

10.2.1　曲線 C : $\boldsymbol{r}(t) = (t+1, (t-1)e^t, t^2+3t+2)$ と曲面 S : $\boldsymbol{r}(u,v) = (u-v, u+v, v^2)$ がある．次のものを求めよ．

(1)　曲線 C 上の $t=0$ に対応する点 P における単位接線ベクトル $\boldsymbol{t}$ と点 P での接線の方程式

(2)　曲面 S 上の $(u,v) = (1,-1)$ に対応する点 Q における単位法線ベクトル $\boldsymbol{n}$ と点 Q における接平面の方程式

基本問題 10.3　ベクトル場

スカラー場 $\varphi = xz + y^2$ とベクトル場 $\boldsymbol{A} = (xz, x^2 + yz, 2x + y^2)$ について次のものを求めよ．

(1)　$\nabla\varphi$（$= \mathrm{grad}\,\varphi$）　(2)　$\nabla \cdot \boldsymbol{A}$（$= \mathrm{div}\,\boldsymbol{A}$）　(3)　$\nabla \times \boldsymbol{A}$（$= \mathrm{rot}\,\boldsymbol{A}$）

(4)　方程式 $\varphi = 2$ で定まる曲面上の点 $\mathrm{P}(1, -1, 1)$ におけるこの曲面の単位法線ベクトル $\boldsymbol{n}$

ポイント　$\nabla\varphi$（$= \mathrm{grad}\,\varphi$）は $\varphi =$ 定数 で定まる曲面に垂直なベクトルである．

【解答】 (1)

$$\nabla\varphi = \left(\frac{\partial\varphi}{\partial x}, \frac{\partial\varphi}{\partial y}, \frac{\partial\varphi}{\partial z}\right) = (z, 2y, x) \quad \text{答}$$

(2)

$$\nabla \cdot \boldsymbol{A} = \frac{\partial A_1}{\partial x} + \frac{\partial A_2}{\partial y} + \frac{\partial A_3}{\partial z} = z + z + 0 = 2z \quad \text{答}$$

(3)

$$\begin{aligned}\nabla \times \boldsymbol{A} &= \left(\frac{\partial A_3}{\partial y} - \frac{\partial A_2}{\partial z}, \frac{\partial A_1}{\partial z} - \frac{\partial A_3}{\partial x}, \frac{\partial A_2}{\partial x} - \frac{\partial A_1}{\partial y}\right) \\ &= (2y - y, x - 2, 2x - 0) = (y, x - 2, 2x) \quad \text{答}\end{aligned}$$

(4)

$$(\nabla\varphi)_{\mathrm{P}} = (1, -2, 1)$$

は点 $\mathrm{P}(1, -1, 1)$ における $\varphi = 2$ で定まる曲面に垂直なベクトルである．求める単位法線ベクトル $\boldsymbol{n}$ は

$$\boldsymbol{n} = \pm\frac{(1, -2, 1)}{\sqrt{1^2 + (-2)^2 + 1^2}} = \pm\left(\frac{1}{\sqrt{6}}, -\frac{2}{\sqrt{6}}, \frac{1}{\sqrt{6}}\right) \quad \text{答}$$

類　題

10.3.1　スカラー場 $\varphi = x + y^2 + xyz$ がある．次のものを求めよ．

(1)　φ の勾配 $\nabla\varphi$

(2)　方程式 $\varphi = 7$ で定まる曲面上の点 $\mathrm{P}(2, -1, -2)$ における接平面の方程式

10.3.2　$r = \sqrt{x^2 + y^2 + z^2}$, $\boldsymbol{r} = (x, y, z)$ とし，$f(r)$ を r の微分可能な関数とする．次のものを求めよ．

(1)　$f(r)$ の勾配 $\mathrm{grad}\, f(r)$　(2)　$f(r)\boldsymbol{r}$ の回転 $\mathrm{rot}(f(r)\boldsymbol{r})$

基本問題 10.4　　**線積分**

曲線 $C : \boldsymbol{r}(t) = (e^t, \sqrt{2}\,t, e^{-t})$（$0 \leqq t \leqq 1$）とスカラー場 $\varphi = y^2 + xz$ について次の線積分の値を求めよ．

(1) $\displaystyle\int_C 2x^3\,dz$　　(2) $\displaystyle\int_C x\,ds$　　(3) $\displaystyle\int_C \mathrm{grad}(\varphi)\cdot d\boldsymbol{r}$

ポイント　曲線 $C : \boldsymbol{r} = \boldsymbol{r}(t)$（$\alpha \leqq t \leqq \beta$）に沿う線積分は，媒介変数 t の定積分に直して求める．媒介変数のとり方によらない．特に s を弧長とすると $\int_C \varphi(x,y,z)\,ds = \int_\alpha^\beta \varphi(x(t),y(t),z(t))\sqrt{(\frac{dx}{dt})^2 + (\frac{dy}{dt})^2 + (\frac{dz}{dt})^2}\,dt$ となる．他も同様.

【解答】 (1)

$$\int_C 2x^3\,dz = \int_0^1 2x^3\frac{dz}{dt}\,dt = \int_0^1 2e^{3t}(-1)e^{-t}\,dt$$
$$= \int_0^1 (-2)e^{2t}\,dt = [-e^{2t}]_0^1 = 1 - e^2 \quad \text{答}$$

(2)

$$\int_C x\,ds = \int_0^1 x\sqrt{\left(\frac{dx}{dt}\right)^2 + \left(\frac{dy}{dt}\right)^2 + \left(\frac{dz}{dt}\right)^2}\,dt = \int_0^1 e^t\sqrt{e^{2t} + 2 + e^{-2t}}\,dt$$
$$= \int_0^1 e^t(e^t + e^{-t})\,dt = \int_0^1 (e^{2t} + 1)\,dt = \left[\frac{1}{2}e^{2t} + t\right]_0^1 = \frac{e^2 + 1}{2} \quad \text{答}$$

(3)　$\mathrm{grad}(\varphi)\cdot d\boldsymbol{r} = \left(\frac{\partial\varphi}{\partial x}, \frac{\partial\varphi}{\partial y}, \frac{\partial\varphi}{\partial z}\right)\cdot(dx,\,dy,\,dz) = z\,dx + 2y\,dy + x\,dz$ であるから

$$(\text{与式}) = \int_0^1 \left(z\frac{dx}{dt} + 2y\frac{dy}{dt} + x\frac{dz}{dt}\right)dt$$
$$= \int_0^1 \left(e^{-t}\cdot e^t + 2\sqrt{2}\,t\cdot\sqrt{2} + e^t\cdot(-1)e^{-t}\right)dt = \int_0^1 4t\,dt = [2t^2]_0^1 = 2 \quad \text{答}$$

【(3) の別解】　$\mathrm{grad}(\varphi)\cdot d\boldsymbol{r} = \dfrac{\partial\varphi}{\partial x}dx + \dfrac{\partial\varphi}{\partial y}dy + \dfrac{\partial\varphi}{\partial z}dz = d\varphi$ であるから，

$$(\text{与式}) = \int_C d\varphi = [\varphi(\boldsymbol{r}(t))]_0^1 = [2t^2 + 1]_0^1 = (2+1) - 1 = 2 \quad \text{答}$$

類　題

10.4.1　xyz 空間上のスカラー場 $\varphi = x - \frac{2}{3}yz$ の曲線 C に沿う線積分 $\int_C \varphi\,ds$ を求めよ．ただし，C は原点 O から点 $(3,3,3)$ に至る線分とする．　（埼玉大学工）

10.4.2　始点 $(0,0,0)$ と終点 $(1,1,1)$ を直線で結ぶ経路を C とする．経路 C に沿ったベクトル関数 $\boldsymbol{A} = (x^2 + y)\boldsymbol{i} + (xy + z)\boldsymbol{j} - yz\boldsymbol{k}$ の線積分 $\int_C \boldsymbol{A}\cdot d\boldsymbol{r}$ を計算せよ．

（金沢大学物理）

基本問題 10.5　面積分 (1)

xy 平面の領域 D 上で定義された曲面 $S : z = f(x, y)$ とスカラー場 $\varphi = \varphi(x, y, z)$ がある.

(1)　面積分に関する次の等式が成り立つことを示せ.

$$\int_S \varphi(x, y, z)\, dS = \iint_D \varphi(x, y, f(x, y))\sqrt{(f_x)^2 + (f_y)^2 + 1}\, dxdy$$

(2)　原点を中心とする半径 2 の球面の $z \geqq 0$ の部分を S とおく．面積分 $\int_S x^2\, dS$ の値を求めよ.

ポイント　曲面 $S : \boldsymbol{r} = \boldsymbol{r}(u, v)$ について面積要素 dS は $dS = |\boldsymbol{r}_u \times \boldsymbol{r}_v|\, dudv$.

【解答】 (1)　曲面上の点を表す位置ベクトルを $\boldsymbol{r} = (x, y, f(x, y))$ と表すとこの曲面に垂直なベクトルは $\boldsymbol{r}_x \times \boldsymbol{r}_y = (1, 0, f_x) \times (0, 1, f_y) = (-f_x, -f_y, 1)$ となる．このとき,

$$dS = |\boldsymbol{r}_x \times \boldsymbol{r}_y|\, dxdy = \sqrt{(f_x)^2 + (f_y)^2 + 1}\, dxdy$$

となるから

$$\int_S \varphi(x, y, z)\, dS = \iint_D \varphi(x, y, f(x, y))\sqrt{(f_x)^2 + (f_y)^2 + 1}\, dxdy \quad \text{[証明終]}$$

(2)　S の方程式は $z = f(x, y) = \sqrt{4 - x^2 - y^2}$ である．このとき,

$$f_x = \frac{1}{2}(4 - x^2 - y^2)^{-\frac{1}{2}}(-2x) = -\frac{x}{z},$$
$$f_y = \frac{1}{2}(4 - x^2 - y^2)^{-\frac{1}{2}}(-2y) = -\frac{y}{z}$$

より

$$dS = \sqrt{\left(-\frac{x}{z}\right)^2 + \left(-\frac{y}{z}\right)^2 + 1}\, dxdy = \frac{\sqrt{x^2 + y^2 + z^2}}{z}\, dxdy = \frac{2}{z}\, dxdy$$

となる．また，S に対応する xy-平面の領域は $D : x^2 + y^2 \leqq 4$ であり，$x = r\cos\theta$, $y = r\sin\theta$ とおくと D は $0 \leqq r \leqq 2$, $0 \leqq \theta \leqq 2\pi$ に対応する．よって,

$$\int_S x^2\, dS = \iint_D x^2 \frac{2}{z}\, dxdy = \int_0^{2\pi}\int_0^2 r^2\cos^2\theta \frac{2}{\sqrt{4 - r^2}} r\, drd\theta$$
$$= \int_0^{2\pi} 2\cos^2\theta\, d\theta \cdot \underbrace{\int_0^2 \frac{r^3}{\sqrt{4 - r^2}}\, dr}\cdots ①$$

ここで，波線部の積分において $\sqrt{4 - r^2} = u$ とおくと $4 - r^2 = u^2$ より $r\, dr = (-1)u\, du$ となり，積分範囲は $r : 0 \to 2$ より $u : 2 \to 0$ となるので

$$① = \int_0^{2\pi} \{1 + \cos(2\theta)\}\, d\theta \cdot \int_2^0 (4 - u^2)(-1)\, du$$
$$= \left[\theta + \frac{1}{2}\sin(2\theta)\right]_0^{2\pi} \cdot \left[4u - \frac{u^3}{3}\right]_0^2 = 2\pi \cdot \frac{16}{3} = \frac{32}{3}\pi \quad \text{答}$$

■**補足**　球面では球面座標 (θ, φ) を使うこともできる．球面 $x^2+y^2+z^2=a^2$（a は半径）の位置ベクトルを

$$\boldsymbol{r} = (a\sin\theta\cos\varphi, a\sin\theta\sin\varphi, a\cos\theta) \quad (0 \leqq \theta \leqq \pi,\ 0 \leqq \varphi \leqq 2\pi)$$

と表すことができる．このとき，

$$\boldsymbol{r}_\theta = a(\cos\theta\cos\varphi,\ \cos\theta\sin\varphi,\ -\sin\theta), \quad \boldsymbol{r}_\varphi = a(-\sin\theta\sin\varphi,\ \sin\theta\cos\varphi,\ 0)$$

$$\boldsymbol{r}_\theta \times \boldsymbol{r}_\varphi = a^2\sin\theta \cdot (\sin\theta\cos\varphi, \sin\theta\sin\varphi, \cos\theta)$$

が成り立ち，これは外向きの法線ベクトルになる．これより

$$dS = |\boldsymbol{r}_\theta \times \boldsymbol{r}_\varphi|\, d\theta d\varphi = a^2 \sin\theta\, d\theta d\varphi$$

(2) の問題に適用すると $a=2$ であり，(θ,φ) の範囲は，$0 \leqq \theta \leqq \frac{\pi}{2}$, $0 \leqq \varphi \leqq 2\pi$ であるから

$$\begin{aligned}
\int_S x^2\, dS &= \int_0^{2\pi} \left(\int_0^{\frac{\pi}{2}} 4\sin^2\theta\cos^2\varphi \cdot 4\sin\theta\, d\theta \right) d\varphi \\
&= 8\int_0^{2\pi} 2\cos^2\varphi\, d\varphi \cdot \int_0^{\frac{\pi}{2}} \sin^3\theta\, d\theta \\
&= 8\int_0^{2\pi} \{1+\cos(2\varphi)\}\, d\varphi \cdot \int_0^{\frac{\pi}{2}} (1-\cos^2\theta)\sin\theta\, d\theta \\
&= 8\left[\varphi + \frac{1}{2}\sin(2\varphi)\right]_0^{2\pi} \cdot \left[-\cos\theta + \frac{1}{3}\cos^3\theta\right]_0^{\frac{\pi}{2}} \\
&= 8 \cdot 2\pi \cdot \frac{2}{3} = \frac{32}{3}\pi
\end{aligned}$$ 答

類　題

10.5.1　平面 $x+y+z=1$ が座標軸と交わる点を A, B, C とする．3 点 A, B, C を結ぶ線分で囲まれた三角形を S とする．ベクトル関数 $\boldsymbol{A} = 2x\boldsymbol{i} + y\boldsymbol{j} + 2z\boldsymbol{k}$ の S 上での面積分 $\iint_S \boldsymbol{A}\cdot\boldsymbol{n}\, dS$ を計算せよ．ただし，$\boldsymbol{n}$ は S の単位法線ベクトルで原点から S へ引いた垂線の向かう向きとする．（金沢大学物理）

ヒント：平面 $ax+by+cz=d$ はベクトル (a,b,c) に垂直を利用し $\boldsymbol{n}$ を求める．$z=1-x-y$ $(=f(x,y))$ と変形し，基本問題 10.5(1) の公式を用いよ．

基本問題 10.6 面積分 (2)

円柱面 $(x-3)^2+y^2=25$ の平面 $z=0$ と平面 $z=4$ で囲まれた部分を S とする．円柱面の外向きの単位法線ベクトルを $\boldsymbol{n}$ とする．ベクトル場 $\boldsymbol{A}=(x+3, y, 2x+z)$ について面積分 $\int_S \boldsymbol{A}\cdot\boldsymbol{n}\,dS$ の値を計算せよ．

ポイント 単位法線ベクトル $\boldsymbol{n}$ は公式 $\boldsymbol{n}=\pm\frac{\boldsymbol{r}_u\times\boldsymbol{r}_v}{|\boldsymbol{r}_u\times\boldsymbol{r}_v|}$ で与えられるが円柱面（球面）の場合には円柱の軸（球面の中心）からの位置ベクトルを半径で割ることによって得ることもできる．

【解答】 円柱面 $S=\{(x,y,z)\mid(x-3)^2+y^2=25,\ 0\leqq z\leqq 4\}$ の座標 (u,v) を

$$x-3=5\cos u,\quad y=5\sin u,\quad z=v$$

で定義する．S は (u,v) の領域 $D=\{(u,v)\mid 0\leqq u\leqq 2\pi, 0\leqq v\leqq 4\}$ に対応する．曲面 S 上の任意の点の位置ベクトルを $\boldsymbol{r}$ とすると

$$\boldsymbol{r}=(3+5\cos u, 5\sin u, v)$$

となり，

$$\boldsymbol{r}_u=(-5\sin u, 5\cos u, 0),\quad \boldsymbol{r}_v=(0,0,1)$$

より

$$dS=|\boldsymbol{r}_u\times\boldsymbol{r}_v|\,dudv=\sqrt{(5\cos u)^2+(5\sin u)^2}\,dudv=5\,dudv$$

となる．

$$\boldsymbol{n}=\frac{(x,y,z)-(3,0,z)}{5}=\left(\frac{x-3}{5},\frac{y}{5},0\right)$$

であるから，

$$\begin{aligned}\int_S \boldsymbol{A}\cdot\boldsymbol{n}\,dS&=\int_S\frac{(x+3)(x-3)+y^2}{5}\,dS\\&=\iint_D\Big((3+5\cos u)^2-9+(5\sin u)^2\Big)\,dudv\\&=\iint_D(25+30\cos u)\,dudv=\int_0^{2\pi}(25+30\cos u)\,du\cdot\int_0^4 dv\\&=\Big[25u+30\sin u\Big]_0^{2\pi}\cdot\Big[v\Big]_0^4=50\pi\cdot 4=200\pi\end{aligned}$$ 答

類 題

10.6.1 原点を中心とする半径 3 の球面を S とし，球面 S に囲まれた領域を V とする．このとき，ベクトル場 $\boldsymbol{A}=(x-y, x+y, z)$ について次の積分を計算せよ．ただし，$\boldsymbol{n}$ は S の外向きの単位法線ベクトルとする．

(1) 面積分 $\int_S \boldsymbol{A}\cdot\boldsymbol{n}\,dS$　　(2) 体積積分 $\int_V \nabla\cdot\boldsymbol{A}\,dv$

演習問題

10.1 $\boldsymbol{f}(t), \boldsymbol{g}(t)$ は t を変数とする 3 次元ベクトル関数とする．以下の問いに答えよ．なお，$\frac{d}{dt}\boldsymbol{f} = \boldsymbol{f}'$ と記すこととする．（名古屋大学工）

(1) $\boldsymbol{f}(t)$ が長さ一定のベクトル関数である場合，$\boldsymbol{f}(t)$ と $\boldsymbol{f}'(t)$ は直交することを証明せよ．ただし，$|\boldsymbol{f}(t)| > 0, |\boldsymbol{f}'(t)| > 0$ とする．

(2) 点 A の位置ベクトルを $\boldsymbol{g}(t)$ とするときに，位置ベクトルが $\boldsymbol{g}'(t)$ となる点を B とする．もし，$\boldsymbol{g}(t) \,/\!/\, \boldsymbol{g}''(t)$ が成り立つならば，三角形 OAB の面積は t に依存しないことを証明せよ．ただし，$\boldsymbol{g}(t)$ は t に関して 2 階微分可能であるとし，O は原点とする．また，

$$\{\boldsymbol{f}(t) \times \boldsymbol{g}(t)\}' = \boldsymbol{f}'(t) \times \boldsymbol{g}(t) + \boldsymbol{f}(t) \times \boldsymbol{g}'(t)$$

の公式を用いてよい．

10.2 $\boldsymbol{i}, \boldsymbol{j}, \boldsymbol{k}$ をそれぞれ，x, y, z 方向の単位ベクトルとして，以下の設問に答えよ．（北海道大学工）

(1) $C : \boldsymbol{r}(t) = \cos t\boldsymbol{i} + \sin t\boldsymbol{j} + 2t\boldsymbol{k}$（$t = 0$ から $t = 2\pi$）に沿った，ベクトル関数

$$\boldsymbol{F} = x\boldsymbol{i} + 2y\boldsymbol{j} + z\boldsymbol{k}$$

の線積分 $\displaystyle\int_C \boldsymbol{F} \cdot d\boldsymbol{r}$ を求めよ．

(2)

$$f(\boldsymbol{r}) = \frac{1}{\sqrt{r^2 + 1}} \quad (\boldsymbol{r} = x\boldsymbol{i} + y\boldsymbol{j} + z\boldsymbol{k},\ r = |\boldsymbol{r}| = \sqrt{x^2 + y^2 + z^2})$$

とし，原点を中心とする半径が 2 の球の表面を S と表す．このとき，S 上の点 $\boldsymbol{p} = x_p\boldsymbol{i} + y_p\boldsymbol{j} + z_p\boldsymbol{k}$ における $\nabla f \cdot \boldsymbol{n}$ を求めよ．ただし，$\boldsymbol{n}$ は $\boldsymbol{p}$ における S の外向きの単位法線ベクトルであり，

$$\nabla f = \frac{\partial f}{\partial x}\boldsymbol{i} + \frac{\partial f}{\partial y}\boldsymbol{j} + \frac{\partial f}{\partial z}\boldsymbol{k}$$

とする．

10.3 原点で正規直交する基底ベクトル $\vec{e}_x, \vec{e}_y, \vec{e}_z$ を持ち，それぞれの基底ベクトルに対応する座標を x, y, z とするユークリッド空間を考える．また，演算子 ∇ を

$$\nabla = \frac{\partial}{\partial x}\vec{e}_x + \frac{\partial}{\partial y}\vec{e}_y + \frac{\partial}{\partial z}\vec{e}_z$$

と定義する．（名古屋大学工）

(1) $V = xy(x^2 + y^2 + z^2)$ とする．∇V を基底ベクトルと x, y, z を用いて表せ．

(2) 以下に示す $\vec{f}$ に対して，$\nabla W = \vec{f}$ となるスカラー関数 $W(x, y, z)$ が存在するかを考える．ここで，W の 2 階偏導関数は連続であり，$W(0, 0, 0) = 0$ とする．W が存在するならばそれを 1 つ示し，W が存在しないならばそれを証明せよ．

(i)　$\overrightarrow{f} = (2x + yz)\overrightarrow{e}_x + (2y + zx)\overrightarrow{e}_y + (xy + 1)\overrightarrow{e}_z$

(ii)　$\overrightarrow{f} = (2x + yz)\overrightarrow{e}_x + (2y + z)\overrightarrow{e}_y + (xy + 1)\overrightarrow{e}_z$

10.4　ベクトル関数 $\boldsymbol{A}$ が恒等的に $\nabla \times \boldsymbol{A} = \boldsymbol{0}$ を満たすとき，始点を P_1，終点を P_2 とする $\boldsymbol{A}$ の線積分 $\displaystyle\int_{\mathrm{P}_1}^{\mathrm{P}_2} \boldsymbol{A} \cdot d\boldsymbol{r}$ は，P_1 から P_2 への経路によらないことを示せ．

（金沢大学物理）

10.5　z 軸上の点 $(0, 0, 2)$ を中心とする半径 1 の球面を S とする．ベクトル場

$$\boldsymbol{E}(\boldsymbol{r}) = \frac{\boldsymbol{r}}{r^3}$$

の球面 S 上での面積分を求めよ．ただし，$\boldsymbol{r}$ は位置ベクトル，$r = |\boldsymbol{r}|$ である．

（金沢大学物理）

10.6　直交座標系の x, y, z 軸の基本ベクトルを $\boldsymbol{i}$, $\boldsymbol{j}$, $\boldsymbol{k}$ とし，位置ベクトルを $\boldsymbol{r} = x\boldsymbol{i} + y\boldsymbol{j} + z\boldsymbol{k}$ とする．閉曲線

$$C : \boldsymbol{r} = 2\cos\theta\boldsymbol{i} + 2\sin\theta\boldsymbol{j} + \boldsymbol{k} \quad (0 \leqq \theta \leqq 2\pi)$$

について，以下の問いに答えよ．　（九州大学工）

(1)　閉曲線 C 上の点における大きさ 1 の接ベクトルを求めよ．

(2)　スカラー場 $\varphi = \dfrac{1}{4}x^2 y$ の閉曲線 C に沿う線積分を求めよ．

(3)　閉曲線 C で囲まれた円板を S とし，ベクトル場 $\boldsymbol{A}$ を

$$\boldsymbol{A} = -\frac{1 + z}{x^2}\boldsymbol{i} + \frac{z^2}{xy}\boldsymbol{j} + (x^2 z - y)\boldsymbol{k}$$

とする．

$$(\nabla\varphi) \times \boldsymbol{A} + \varphi(\nabla \times \boldsymbol{A})$$

の S 上の面積分を求めよ．

11 ラプラス変換・フーリエ解析

❶ラプラス変換

ラプラス変換の定義　関数 $f(t)$（$t>0$）に対して積分

$$F(s)=\mathscr{L}[f(t)]=\int_0^\infty f(t)e^{-st}\,dt$$

が存在するとき，$F(s)$ を $f(t)$ の**ラプラス変換**という．

■補足　定義に基づいて具体的な関数のラプラス変換を求めるときによく用いられる．
任意の実数 a, b（a は正の数），自然数 n に対し，以下の等式が成り立つ．

$$\lim_{t\to\infty} e^{-at}=0,\quad \lim_{t\to\infty} e^{-at}\sin bt=0,\quad \lim_{t\to\infty} e^{-at}\cos bt=0,\quad \lim_{t\to\infty} e^{-at}t^n=0$$

具体的な関数のラプラス変換

(1)　$\mathscr{L}[1]=\dfrac{1}{s}$, $\mathscr{L}[t]=\dfrac{1}{s^2}$, $\mathscr{L}[t^n]=\dfrac{n!}{s^{n+1}}$

(2)　$\mathscr{L}[e^{\alpha t}]=\dfrac{1}{s-\alpha}$

(3)　$\mathscr{L}[te^{\alpha t}]=\dfrac{1}{(s-\alpha)^2}$, $\mathscr{L}[t^n e^{\alpha t}]=\dfrac{n!}{(s-\alpha)^{n+1}}$

(4)　$\mathscr{L}[\sin\omega t]=\dfrac{\omega}{s^2+\omega^2}$, $\mathscr{L}[\cos\omega t]=\dfrac{s}{s^2+\omega^2}$

(5)　$\mathscr{L}[e^{\alpha t}\sin\omega t]=\dfrac{\omega}{(s-\alpha)^2+\omega^2}$, $\mathscr{L}[e^{\alpha t}\cos\omega t]=\dfrac{s-\alpha}{(s-\alpha)^2+\omega^2}$

■補足　上記公式 (3), (5) は公式 (1), (2), (4) に下記の「ラプラス変換の性質」(2) を適用して得られる．

ラプラス変換の性質　$\mathscr{L}[f(t)]=F(s)$, $\mathscr{L}[g(t)]=G(s)$ とおく．a, b, α を実数の定数として

(1)　線形性　$\mathscr{L}[af(t)+bg(t)]=aF(s)+bG(s)$

(2)　像関数の移動法則　$\mathscr{L}[e^{\alpha t}f(t)]=F(s-\alpha)$

(3)　原関数の微分法則（微分方程式の初期値問題によく使われる）

$$\mathscr{L}[f'(t)]=sF(s)-f(0),\quad \mathscr{L}[f''(t)]=s^2F(s)-f(0)s-f'(0),\quad \cdots$$
$$\mathscr{L}[f^{(n)}(t)]=s^nF(s)-f(0)s^{n-1}-f'(0)s^{n-2}-\cdots-f^{(n-1)}(0)$$

(4)　原関数の積分法則・畳込み（積分方程式や積分微分方程式の問題によく使われる）

$$\mathscr{L}\left[\int_0^t f(\tau)\,d\tau\right]=\frac{F(s)}{s},\quad \mathscr{L}[f(t)*g(t)]=F(s)G(s)$$

ただし $f(t)*g(t)=\int_0^t f(\tau)g(t-\tau)\,d\tau$（$f(t)$ と $g(t)$ の**畳込み**，または**合成積**）

(5)　像関数の微分法則　$\mathscr{L}[tf(t)]=-F'(s)$．さらに $\mathscr{L}[t^n f(t)]=(-1)^n F^{(n)}(s)$

逆ラプラス変換　関数 $F(s)$ に対して $\mathscr{L}[f(t)]=F(s)$ となる関数 $f(t)$ が存在する場合には不連続な点を除いて 1 つに定まる．$f(t)$ を $F(s)$ の**逆ラプラス変換**といい $f(t)=\mathscr{L}^{-1}[F(s)]$ と表す．

具体的な関数の逆ラプラス変換

(1)　$\mathscr{L}^{-1}\left[\dfrac{1}{s}\right]=1,\ \mathscr{L}^{-1}\left[\dfrac{1}{s^n}\right]=\dfrac{1}{(n-1)!}t^{n-1}$

(2)　$\mathscr{L}^{-1}\left[\dfrac{1}{s-\alpha}\right]=e^{\alpha t},\ \mathscr{L}^{-1}\left[\dfrac{1}{(s-\alpha)^n}\right]=\dfrac{1}{(n-1)!}t^{n-1}e^{\alpha t}$

(3)　$\mathscr{L}^{-1}\left[\dfrac{\omega}{s^2+\omega^2}\right]=\sin\omega t,\ \mathscr{L}^{-1}\left[\dfrac{s}{s^2+\omega^2}\right]=\cos\omega t$

(4)　$\mathscr{L}^{-1}\left[\dfrac{\omega}{(s-\alpha)^2+\omega^2}\right]=e^{\alpha t}\sin\omega t,\ \mathscr{L}^{-1}\left[\dfrac{s-\alpha}{(s-\alpha)^2+\omega^2}\right]=e^{\alpha t}\cos\omega t$

逆ラプラス変換の性質　$\mathscr{L}^{-1}[F(s)]=f(t),\ \mathscr{L}^{-1}[G(s)]=g(t)$ とおく．a, b, α を実数の定数として

(1)　線形性　$\mathscr{L}^{-1}[aF(s)+bg(t)]=af(t)+bg(t)$

(2)　$\mathscr{L}^{-1}[F(s-\alpha)]=e^{\alpha t}f(t),\quad \mathscr{L}^{-1}\left[\dfrac{F(s)}{s}\right]=\displaystyle\int_0^t f(\tau)\,d\tau,$

$\mathscr{L}^{-1}[F(s)G(s)]=f(t)*g(t),\quad \mathscr{L}^{-1}[F'(s)]=-tf(t)$

❷フーリエ解析

周期 2π の関数 $f(x)$ のフーリエ級数

$$f(x)\sim\frac{a_0}{2}+\sum_{n=1}^{\infty}(a_n\cos nx+b_n\sin nx)$$（右辺を $f(x)$ の**フーリエ級数**という）

ここで $a_n=\dfrac{1}{\pi}\displaystyle\int_{-\pi}^{\pi}f(x)\cos nx\,dx\ (n=0,1,2,\dots)$，特に $a_0=\dfrac{1}{\pi}\displaystyle\int_{-\pi}^{\pi}f(x)\,dx,$

$$b_n=\frac{1}{\pi}\int_{-\pi}^{\pi}f(x)\sin nx\,dx\ (n=1,2,3,\dots)$$

■補足　上記記号 $\sim$ は $f(x)$ に右辺の三角関数が対応することを意味する（下記のフーリエの収束定理参照）．

一般の周期関数のフーリエ級数

(1)　周期 $2L$ の関数 $f(x)$ の場合

$$f(x)\sim\frac{a_0}{2}+\sum_{n=1}^{\infty}\left(a_n\cos\frac{n\pi x}{L}+b_n\sin\frac{n\pi x}{L}\right)$$（右辺を $f(x)$ の**フーリエ級数**という）

ここで

$$a_n = \frac{1}{L}\int_{-L}^{L} f(x)\cos\frac{n\pi x}{L}\,dx\ (n=0,1,2,\dots),\ \text{特に}\ a_0 = \frac{1}{L}\int_{-L}^{L} f(x)\,dx,$$

$$b_n = \frac{1}{L}\int_{-L}^{L} f(x)\sin\frac{n\pi x}{L}\,dx\ (n=1,2,3,\dots)$$

■補足　上記記号 $\sim$ は $f(x)$ に右辺の三角関数が対応することを意味する.

(2)　周期 $2L$ の奇関数 $f(x)$ のフーリエ級数（**フーリエ正弦級数**）

$$f(x) \sim \sum_{n=1}^{\infty} b_n \sin\frac{n\pi x}{L}, \quad b_n = \frac{2}{L}\int_0^L f(x)\sin\frac{n\pi x}{L}\,dx \quad (n=1,2,3,\dots)$$

(3)　周期 $2L$ の偶関数 $f(x)$ のフーリエ級数（**フーリエ余弦級数**）

$$f(x) \sim \frac{a_0}{2} + \sum_{n=1}^{\infty} a_n \cos\frac{n\pi x}{L}, \quad a_n = \frac{2}{L}\int_0^L f(x)\cos\frac{n\pi x}{L}\,dx \quad (n=0,1,2,\dots)$$

(4)　**フーリエの収束定理**

$$\text{フーリエ級数の値} = \frac{f(x-0)+f(x+0)}{2}$$

特に $f(x)$ が連続な点では，フーリエ級数の値 $= f(x)$

ここで $f(x-0) = \lim_{t\to x-0} f(t)$, $f(x+0) = \lim_{t\to x+0} f(t)$ と定める.

フーリエ変換・逆フーリエ変換

(1)　**フーリエ変換**

$F(\xi) = \displaystyle\int_{-\infty}^{\infty} f(x)e^{-i\xi x}\,dx$ で定まる関数 $F(\xi)$ を関数 $f(x)$ の**フーリエ変換**という.

(2)　**逆フーリエ変換**

上記の関数 $F(\xi)$ に対し，$G(x) = \displaystyle\frac{1}{2\pi}\int_{-\infty}^{\infty} F(\xi)e^{i\xi x}\,d\xi$ で定まる関数 $G(x)$ を $F(\xi)$ の**逆フーリエ変換**という.

(3)　**フーリエの積分公式**

逆フーリエ変換の値は $\dfrac{f(x-0)+f(x+0)}{2}$ に等しい，すなわち

$$\frac{1}{2\pi}\int_{-\infty}^{\infty} F(\xi)e^{i\xi x}\,d\xi = \frac{f(x-0)+f(x+0)}{2}$$

特に $f(x)$ が連続な点では，逆フーリエ変換の値は $f(x)$ となる.

■補足　$f(x)$ のフーリエ変換を $\displaystyle\frac{1}{\sqrt{2\pi}}\int_{-\infty}^{\infty} f(x)e^{-i\xi x}\,dx$ で定義することもある．この場合 $F(\xi)$ の逆フーリエ変換は $\displaystyle\frac{1}{\sqrt{2\pi}}\int_{-\infty}^{\infty} F(\xi)e^{i\xi x}\,dx$ で定義する.

基本問題 11.1 ラプラス変換の定義

次の関数のラプラス変換 $F(s)$（$s>0$）を定義に従って求めよ．

$$f(t)=t+3$$

ポイント 広義積分を行う．部分積分法，ロピタルの定理などを用いる（おのおの 1 変数の積分（第 6 章），微分（第 5 章）の要項参照）．

【解答】 $F(s)=\int_0^\infty e^{-st}(t+3)\,dt=\int_0^\infty \frac{-1}{s}(e^{-st})'(t+3)\,dt$

$$=\frac{-1}{s}\left\{[e^{-st}\cdot(t+3)]_0^\infty-\int_0^\infty e^{-st}\,dt\right\}$$

$$=\frac{-1}{s}\left\{\lim_{t\to\infty}e^{-st}\cdot(t+3)-3+\frac{1}{s}\left[e^{-st}\right]_0^\infty\right\}$$

ロピタルの定理により，

$$\lim_{t\to\infty}e^{-st}(t+3)=\lim_{t\to\infty}\frac{t+3}{e^{st}}=\lim_{t\to\infty}\frac{1}{se^{st}}=0$$

だから

$$F(s)=\frac{-1}{s}\left\{-3+\frac{1}{s}(0-1)\right\}=\frac{1}{s^2}+\frac{3}{s}$$ 答

類 題

11.1.1 次の関数のラプラス変換 $F(s)$ を定義に従って求めよ．

(1) $f(t)=t^2+1$（$s>0$）

(2) $f(t)=e^{at}\sin\omega t$（$s>a$）

ヒント：(2) については

$$F(s)=\int_0^\infty e^{-st}e^{at}\sin wt\,dt=\int_0^\infty e^{-(s-a)t}\sin wt\,dt$$

そこで

$$I=\int e^{-(s-a)t}\sin wt$$

とおいて，まず I を求める．

基本問題 11.2　ラプラス変換の計算

次の関数のラプラス変換を求めよ．

(1) $3-4t+4t^2$　　(2) $3e^t-2e^{3t}$

(3) $e^{-t}-3te^{2t}$　　(4) $3e^{2t}\cos 2t+e^{2t}\sin 2t$

ポイント ❶「ラプラス変換」の要項「具体的な関数のラプラス変換」の公式を使う．

【解答】 (1) $\mathscr{L}[3-4t+4t^2]=3\mathscr{L}[1]-4\mathscr{L}[t]+4\mathscr{L}[t^2]$

$$=\frac{3}{s}-\frac{4}{s^2}+\frac{8}{s^3}=\frac{3s^2-4s+8}{s^3}$$ 答

(2) $\mathscr{L}[3\mathrm{e}^t-2\mathrm{e}^{3t}]=3\mathscr{L}[\mathrm{e}^t]-2\mathscr{L}[\mathrm{e}^{3t}]$

$$=\frac{3}{s-1}-\frac{2}{s-3}=\frac{s-7}{(s-1)(s-3)}$$ 答

(3) $\mathscr{L}[\mathrm{e}^{-t}-3t\mathrm{e}^{2t}]=\mathscr{L}[\mathrm{e}^{-t}]-3\mathscr{L}[t\mathrm{e}^{2t}]$

$$=\frac{1}{s+1}-\frac{3}{(s-2)^2}=\frac{s^2-7s+1}{(s+1)(s-2)^2}$$ 答

(4) $\mathscr{L}[3\mathrm{e}^{2t}\cos t+\mathrm{e}^{2t}\sin 2t]=3\mathscr{L}[\mathrm{e}^{2t}\cos t]+\mathscr{L}[\mathrm{e}^{2t}\sin 2t]$

$$=3\frac{s-2}{(s-2)^2+4}+\frac{2}{(s-2)^2+4}$$

$$=\frac{3s-4}{s^2-4s+8}$$ 答

類　題

11.2.1 次の関数のラプラス変換を求めよ．

(1) $4+5t+\dfrac{1}{2}t^2$　　(2) $\dfrac{5}{9}e^{-4t}+\dfrac{4}{9}e^{3t}$

(3) $2e^t-e^{3t}+10te^{3t}$　　(4) $3e^{-3t}\cos 2t-8e^{-3t}\sin 2t$

(5) $2\sqrt{2}\sin\left(3t+\dfrac{\pi}{4}\right)$

ヒント：(5) は加法定理 $\sin(\alpha+\beta)=\sin\alpha\cos\beta+\cos\alpha\sin\beta$ を利用する．

基本問題 11.3　逆ラプラス変換

次の関数の逆ラプラス変換を求めよ．

(1) $\dfrac{4s-7}{s^2}$　(2) $\dfrac{3s+1}{s^2+4}$　(3) $\dfrac{3s-1}{s^2-2s+6}$　(4) $\dfrac{3s+1}{(s-3)(s+1)}$

ポイント　ラプラス変換の公式を逆に用いる．逆ラプラス変換も線形性

$$\mathscr{L}^{-1}[aF(s)+bG(s)] = a\mathscr{L}^{-1}[F(s)] + b\mathscr{L}^{-1}[G(s)]$$

(a, b は定数) が成立する．(4) では与えられた式の部分分数分解を行う．

【解答】 (1) $\mathscr{L}^{-1}\left[\dfrac{4s-7}{s^2}\right] = 4\mathscr{L}^{-1}\left[\dfrac{1}{s}\right] - 7\mathscr{L}^{-1}\left[\dfrac{1}{s^2}\right] = 4-7t$　答

(2) $\mathscr{L}^{-1}\left[\dfrac{3s+1}{s^2+4}\right] = 3\mathscr{L}^{-1}\left[\dfrac{s}{s^2+4}\right] + \dfrac{1}{2}\mathscr{L}^{-1}\left[\dfrac{2}{s^2+4}\right] = 3\cos 2t + \dfrac{1}{2}\sin 2t$　答

(3) $\mathscr{L}^{-1}\left[\dfrac{3s-1}{(s-1)^2+5}\right] = \mathscr{L}^{-1}\left[\dfrac{3(s-1)+2}{(s-1)^2+5}\right]$

$$= 3\mathscr{L}^{-1}\left[\frac{s-1}{(s-1)^2+(\sqrt{5})^2}\right] + \frac{2}{\sqrt{5}}\mathscr{L}^{-1}\left[\frac{\sqrt{5}}{(s-1)^2+(\sqrt{5})^2}\right]$$

$$= 3e^t\cos\sqrt{5}\,t + \frac{2}{\sqrt{5}}e^t\sin\sqrt{5}\,t$$　答

(4) $\frac{3s+1}{(s-3)(s+1)} = \frac{A}{s-3} + \frac{B}{s+1}$ とおく．両辺を $(s-3)(s+1)$ 倍して

$$3s+1 = (A+B)s + (A-3B)$$

より，$A+B=3$, $A-3B=1$, $\therefore\ A=\frac{5}{2}$, $B=\frac{1}{2}$.

$$\mathscr{L}^{-1}\left[\frac{3s+1}{(s-3)(s+1)}\right] = \frac{5}{2}\mathscr{L}^{-1}\left[\frac{1}{s-3}\right] + \frac{1}{2}\mathscr{L}^{-1}\left[\frac{1}{s+1}\right] = \frac{5}{2}e^{3t} + \frac{1}{2}e^{-t}$$　答

■**補足**　(4) の A, B を数値代入法で求めることができる．

$$3s+1 = A(s+1) + B(s-3)$$

$s=3$ を代入すると $10=4A$, $A=\frac{5}{2}$ となり，$s=-1$ を代入すると $-2=-4B$, $B=\frac{1}{2}$ となる．

類　題

11.3.1　次の関数の逆ラプラス変換を求めよ．

(1) $\dfrac{3s^2-7s+1}{s^3}$　(2) $\dfrac{3s+2}{s^2-4s+8}$　(3) $\dfrac{2s-2}{s^2+2s+3}$

(4) $\dfrac{8s-1}{s^2+s-6}$　(5) $\dfrac{5s-12}{6s^2+5s-6}$

(6) $\dfrac{3s+1}{(s+3)^5}$　(7) $\dfrac{s^2-12s-10}{s^3+s^2-2s}$

基本問題 11.4　微分方程式への応用

$y = y(t)$ に関する次の微分方程式の初期値問題を解け．

(1)　$y'(t) = -3y(t),\ y(0) = -1$

(2)　$y'(t) - 2y(t) = -4e^{2t},\ y(0) = 1$

(3)　$y''(t) + y(t) = 0,\ y(0) = -2,\ y'(0) = -1$

ポイント　微分方程式の両辺をラプラス変換して $y(t)$ のラプラス変換 $Y(s)$ を求めた後，逆ラプラス変換の計算により $y(t)$ を求める．

【解答】　(1), (2), (3) いずれも $Y(s) = \mathscr{L}[y(t)]$ とおく．

(1)　$y'(t) + 3y(t) = 0$ より，両辺のラプラス変換を取ると

$$\mathscr{L}[y' + 3y] = sY + 1 + 3Y = 0 \qquad \therefore\ \ Y = \frac{-1}{s+3}$$

よって $y = \mathscr{L}^{-1}\left[\dfrac{-1}{s+3}\right] = -e^{-3t}$　答

(2)　微分方程式の両辺のラプラス変換を取ると

$$\mathscr{L}[y' - 2y] = sY - 1 - 2Y = -4\frac{1}{s-2} \qquad \therefore\ \ Y = \frac{s-6}{(s-2)^2}$$

よって

$$\begin{aligned} y &= \mathscr{L}^{-1}\left[\frac{s-6}{(s-2)^2}\right] = \mathscr{L}^{-1}\left[\frac{s-2-4}{(s-2)^2}\right] \\ &= \mathscr{L}^{-1}\left[\frac{1}{s-2}\right] - 4\mathscr{L}^{-1}\left[\frac{1}{(s-2)^2}\right] = e^{2t}(1-4t) \end{aligned}$$　答

(3)　微分方程式の両辺のラプラス変換を取ると

$$\mathscr{L}[y'' + y] = s^2Y + 2s + 1 + Y = 0 \qquad \therefore\ \ Y = \frac{-2s-1}{s^2+1}$$

よって

$$\begin{aligned} y &= \mathscr{L}^{-1}\left[\frac{-2s-1}{s^2+1}\right] = -2\mathscr{L}^{-1}\left[\frac{s}{s^2+1}\right] - \mathscr{L}^{-1}\left[\frac{1}{s^2+1}\right] \\ &= -2\cos t - \sin t \end{aligned}$$　答

類　題

11.4.1　次の $y = y(t)$ に関する微分方程式の初期値問題を解け．

(1)　$y'(t) - y(t) = 2e^{t}\sin 2t,\ y(0) = 3$

(2)　$y''(t) - 4y'(t) + 3y(t) = 8e^{-t},\ y(0) = 1,\ y'(0) = 3$

基本問題 11.5　積分項を含む方程式

$y = y(t)$ に関する次の積分方程式を解け．

$$y(t) + \int_0^t y(\tau)e^{t-\tau}\,d\tau = e^t - 1$$

ポイント　基本問題 11.4 と同じ解き方だが，畳込み（合成積）も用いる（要項「ラプラス変換の性質」(4) 参照）．

【解答】

$$\int_0^t y(\tau)e^{t-\tau}\,d\tau = y(t) * e^{t-\tau} \quad \left(\text{ここで } f(t) * g(t) = \int_0^t f(\tau)g(t-\tau)\,d\tau \text{ は畳込み}\right)$$

$y(t) + y(t) * e^t = e^t - 1$, $Y(s) = \mathscr{L}[y(t)]$ とおく．

$$\mathscr{L}[y(t) + y(t) * e^t] = Y + Y\frac{1}{s-1} = \frac{1}{s-1} - \frac{1}{s},$$

$$\therefore \quad \frac{s}{s-1}Y = \frac{1}{s(s-1)}$$

$$\therefore \quad Y = \frac{1}{s^2}$$

$$\therefore \quad y(t) = \mathscr{L}^{-1}\left[\frac{1}{s^2}\right] = t \quad \boxed{\text{答}}$$

類　題

11.5.1　$y = y(t)$ に関する次の積分方程式または積分微分方程式を解け．

(1)　$y(t) + \displaystyle\int_0^t y(\tau)e^{3(t-\tau)}\,d\tau = 5\cos t$

(2)　$y'(t) + 3y(t) + 2\displaystyle\int_0^t y(\tau)\,d\tau = 6e^t$, $y(0) = 0$

ヒント：両問とも要項「ラプラス変換の性質」(4) 参照．

(1)$\cdots$ 畳込み，(2)$\cdots$ 原関数の積分法則

基本問題 11.6　フーリエ級数

次の周期 2π の関数 $f(x)$ のフーリエ級数を求めよ．（九州大学工）

$$f(x)=\begin{cases}-1 & \left(-\pi \leqq x < -\frac{\pi}{4}\right)\\ 1 & \left(-\frac{\pi}{4} \leqq x < \frac{3\pi}{4}\right),\qquad f(x+2\pi)=f(x)\\ -1 & \left(\frac{3\pi}{4} \leqq x < \pi\right)\end{cases}$$

ポイント　関数 $f(x)$ を表す式が区間により異なるため，積分計算は各区間に分けて行う．

【解答】

$$a_0=\frac{1}{\pi}\int_{-\pi}^{\pi} f(x)\,dx=\frac{1}{\pi}\left(-\int_{-\pi}^{-\frac{\pi}{4}} dx+\int_{-\frac{\pi}{4}}^{\frac{3\pi}{4}} dx-\int_{\frac{3\pi}{4}}^{\pi} dx\right)=0$$

$n \geqq 1$ に対し，

$$a_n=\frac{1}{\pi}\int_{-\pi}^{\pi} f(x)\cos nx\,dx=\frac{1}{\pi}\left(-\int_{-\pi}^{-\frac{\pi}{4}}\cos nx\,dx+\int_{-\frac{\pi}{4}}^{\frac{3\pi}{4}}\cos nx\,dx-\int_{\frac{3\pi}{4}}^{\pi}\cos nx\,dx\right)$$

$$=\frac{2}{n\pi}\left(\sin\frac{n\pi}{4}+\sin\frac{3n\pi}{4}\right)=\frac{4}{n\pi}\sin\frac{n\pi}{2}\cos\frac{n\pi}{4}\quad\text{（三角比の和を積に直す公式を利用）}$$

$$b_n=\frac{1}{\pi}\int_{-\pi}^{\pi} f(x)\sin nx\,dx=\frac{1}{\pi}\left(-\int_{-\pi}^{-\frac{\pi}{4}}\sin nx\,dx+\int_{-\frac{\pi}{4}}^{\frac{3\pi}{4}}\sin nx\,dx-\int_{\frac{3\pi}{4}}^{\pi}\sin nx\,dx\right)$$

$$=\frac{2}{n\pi}\left(\cos\frac{n\pi}{4}-\cos\frac{3n\pi}{4}\right)=\frac{4}{n\pi}\sin\frac{n\pi}{2}\sin\frac{n\pi}{4}\quad\text{（三角比の差を積に直す公式を利用）}$$

フーリエ級数は，

$$f(x)\sim\frac{a_0}{2}+\sum_{n=1}^{\infty}(a_n\cos nx+b_n\sin nx)$$

$$=\frac{4}{\pi}\sum_{n=1}^{\infty}\frac{1}{n}\left(\sin\frac{n\pi}{2}\cos\frac{n\pi}{4}\cos nx+\sin\frac{n\pi}{2}\sin\frac{n\pi}{4}\sin nx\right)$$ 答

類　題

11.6.1　次の周期 4 の関数 $f(x)$ のフーリエ級数を求めよ．

$$f(x)=\begin{cases}2 & (-2 \leqq x < 0)\\ 2-x & (0 \leqq x < 2)\end{cases}$$

基本問題 11.7　正弦級数または余弦級数

次の問いに答えよ．　（九州大学工）

(1)　次の周期 2π の関数 $f(x)$ のフーリエ級数を求めよ．

$$f(x) = |x| \ (-\pi \leqq x < \pi), \quad f(x+2\pi) = f(x)$$

(2)　$\displaystyle\sum_{n=1}^{\infty} \frac{1}{(2n-1)^2} = \frac{\pi^2}{8}$ であることを示せ．

ポイント　周期関数 $f(x)$ は偶関数なら余弦級数，奇関数なら正弦級数で表される．

【解答】 (1)　$f(x)$ は偶関数だからフーリエ余弦級数を求める．

$$a_0 = \frac{2}{\pi}\int_0^{\pi} |x|\, dx = \frac{2}{\pi}\int_0^{\pi} x\, dx = \pi$$

$n \geqq 1$ のとき，

$$\begin{aligned} a_n &= \frac{2}{\pi}\int_0^{\pi} |x| \cos nx\, dx \\ &= \frac{2}{\pi}\int_0^{\pi} x\cos nx\, dx = \frac{2}{\pi}\left\{\frac{1}{n}[x\sin nx]_0^{\pi} - \frac{1}{n}\int_0^{\pi} \sin nx\, dx\right\} \\ &= \frac{2}{n^2\pi}\{(-1)^n - 1\} \quad (\because\ \sin(n\pi) = 0,\ \cos(n\pi) = (-1)^n) \end{aligned}$$

$$a_{2m} = 0, \quad a_{2m-1} = \frac{-4}{(2m-1)^2\pi} \quad (m \geqq 1)$$

$f(x)$ のフーリエ級数は，

$$\frac{a_0}{2} + \sum_{n=1}^{\infty} a_n \cos nx = \frac{\pi}{2} - \frac{4}{\pi}\sum_{m=1}^{\infty} \frac{1}{(2m-1)^2}\cos(2m-1)x \quad \text{答}$$

(2)　$x=0$ において $f(x)$ は連続だから，$x=0$ におけるフーリエ級数の値は $f(0)$ に等しい．

$$f(0) = \frac{\pi}{2} - \frac{4}{\pi}\sum_{m=1}^{\infty}\frac{1}{(2m-1)^2} = 0, \quad \frac{4}{\pi}\sum_{m=1}^{\infty}\frac{1}{(2m-1)^2} = \frac{\pi}{2},$$

$$\therefore \quad \sum_{n=1}^{\infty}\frac{1}{(2n-1)^2} = \frac{\pi^2}{8} \quad \text{答}$$

類　題

11.7.1　次の問いに答えよ．　（大阪大学基礎工）

(1)　関数 $f(x) = \frac{x^2}{4}$ $(-\pi \leqq x \leqq \pi)$ を $f(x) = \frac{a_0}{2} + \sum_{n=1}^{\infty} (a_n \cos nx + b_n \sin nx)$ とフーリエ級数に展開したとき，a_n, b_n を求めよ．

(2)　(1) の結果を用いて $\sum_{n=1}^{\infty} \frac{(-1)^{n+1}}{n^2} = \frac{\pi^2}{12}$ を示せ．

11.7.2　周期が $f(t) = t$ $(-1 \leqq t < 1)$ となる周期関数 $f(t)$ のフーリエ級数を求めよ．　（大分大学工）

基本問題 11.8　フーリエ変換

次の問いに答えよ.　（九州大学工 改題）

(1)　次の関数 $f(x)$ のフーリエ変換 $F(\omega) = \frac{1}{\sqrt{2\pi}} \int_{-\infty}^{\infty} f(x)e^{-i\omega x}\,dx$ を求めよ.

$$f(x) = \begin{cases} 2 & (|x| \leqq 1) \\ 0 & (|x| > 1) \end{cases}$$

(2)　フーリエの積分定理（逆フーリエ変換）を利用して $\int_0^{\infty} \frac{1}{x} \sin x\,dx$ を求めよ.

ポイント　(1) において，フーリエ変換を求める際に行う積分 $\int_{-\infty}^{\infty} f(x)e^{-i\omega x}\,dx$ は $f(x) \neq 0$ を満たす範囲，すなわち $-1 \leqq x \leqq 1$ の範囲で行えばよい．さらにオイラーの公式 $e^{ix} = \cos x + i\sin x$, $e^{-ix} = \cos x - i\sin x$ も用いる.

■**補足**　この問題は，❷「フーリエ解析」の要項の補足で述べているようにフーリエ変換の定義式にも逆フーリエ変換の定義式にも係数 $\frac{1}{\sqrt{2\pi}}$ がつく.

【解答】 (1)　
$$F(\omega) = \frac{1}{\sqrt{2\pi}} \int_{-1}^{1} 2e^{-i\omega x}\,dx = \frac{2}{\sqrt{2\pi}} \int_{-1}^{1} (\cos\omega x - i\sin\omega x)\,dx$$
$$= \sqrt{\frac{2}{\pi}} \left(\int_{-1}^{1} \cos\omega x\,dx - i\int_{-1}^{1} \sin\omega x\,dx \right)$$
$$= \sqrt{\frac{2}{\pi}} \left(2\int_{0}^{1} \cos\omega x\,dx - 0 \right) = \frac{2\sqrt{2}}{\sqrt{\pi}} \frac{\sin\omega}{\omega} \quad (\omega \neq 0)$$

$$F(0) = \frac{1}{\sqrt{2\pi}} \int_{-1}^{1} 2\,dx = \frac{2\sqrt{2}}{\sqrt{\pi}} \quad \boxed{答}$$

(2)　$f(x) \sim \frac{1}{\sqrt{2\pi}} \int_{-\infty}^{\infty} F(\omega)e^{i\omega x}\,d\omega$. $f(x)$ は $x = 0$ で連続，$f(0) = 2$ かつ $\frac{\sin\omega}{\omega}$ は偶関数なので，

$$2 = \frac{2}{\pi} \times 2\int_{0}^{\infty} \frac{\sin\omega}{\omega}\,d\omega \qquad \therefore \quad \int_{0}^{\infty} \frac{\sin\omega}{\omega}\,d\omega = \frac{\pi}{2}$$

ω を x にかえて

$$\int_{0}^{\infty} \frac{\sin x}{x}\,dx = \frac{\pi}{2} \quad \boxed{答}$$

類　題

11.8.1　(1)　次の関数 $f(x)$ のフーリエ変換 $F(\omega) = \frac{1}{\sqrt{2\pi}} \int_{-\infty}^{\infty} f(x)e^{-i\omega x}\,dx$ を求めよ.

$$f(x) = \begin{cases} 1 - |x| & (|x| \leqq 1) \\ 0 & (|x| > 1) \end{cases}$$

(2)　フーリエの積分定理（逆フーリエ変換）を利用して $\int_0^{\infty} \frac{\sin^2 x}{x^2}\,dx$ を求めよ.

演習問題

11.1　関数 $f(t)$ は $t>0$ で定義されているものとし，$f(t)$ のラプラス変換を $F(s)=\int_0^\infty e^{-st}f(t)\,dt$ で定義するとき，以下の問いに答えよ．　（九州大学工）

(1)　$f(t)=\sin\omega t$ のラプラス変換が $F(s)=\dfrac{\omega}{s^2+\omega^2}$ であることを示せ．

(2)　$f(t)=\cos\omega t$ のラプラス変換が $F(s)=\dfrac{s}{s^2+\omega^2}$ であることを示せ．

(3)　$f(t)=a+bt$ のラプラス変換が $F(s)=\dfrac{as+b}{s^2}$ であることを示せ．

11.2　$t>0$ で定義された関数 $f(t)$ のラプラス変換を $F(s)=\mathscr{L}[f(t)]=\int_0^\infty f(t)e^{-st}\,dt$ とする．必要ならば下記の表にある関係式を用いて，次の関数の逆ラプラス変換を求めよ．また (2) については，$f(t)$（$t>0$）のグラフをかけ．　（九州大学工）

(1)　$F(s)=\dfrac{2}{s(s+1)(s+2)}$　　(2)　$F(s)=\dfrac{-s+2}{s^2+2s+4}$

表：

$$\mathscr{L}[1]=\frac{1}{s},\quad \mathscr{L}[t^n]=\frac{n!}{s^{n+1}}\ (n=1,2,\dots),\quad \mathscr{L}[e^{at}]=\frac{1}{s-a}$$
$$\mathscr{L}[\sin\omega t]=\frac{\omega}{s^2+\omega^2},\quad \mathscr{L}[\cos\omega t]=\frac{s}{s^2+\omega^2},\quad \mathscr{L}[f(at)]=\frac{1}{a}F\left(\frac{s}{a}\right)$$
$$\mathscr{L}[e^{at}f(t)]=F(s-a),\quad \mathscr{L}[f(t-\tau)]=e^{-s\tau}F(s)$$

11.3　次の $y=y(t)$ に関する微分方程式の初期値問題を解け．　（東京農工大学 改題）

$$y''-2y'+y=(3t+1)e^t,\quad y(0)=6,\quad y'(0)=1$$

11.4　次の $y=y(t)$ に関する積分方程式を解け．

$$y(t)-\int_0^t \sin(t-\tau)y(\tau)\,d\tau=t^2$$

11.5　次の問いに答えよ．　（九州大学工 改題）

(1)　周期 $2L$ の区分的に連続な関数 $f(x)$ をフーリエ級数で表現した式を示し，そのフーリエ係数を求める式を示せ．

(2)　次の関数 $f(x)$（$f(x+4)=f(x)$）のフーリエ級数を求めよ．

$$f(x)=\begin{cases}-2x-4 & (-2\leqq x<0)\\ 0 & (x=0)\\ 4-2x & (0<x\leqq 2)\end{cases}$$

11.6　$a > 0$ とし，$[-\pi, \pi]$ 上の関数 $f(x)$ を

$$f(x) = \frac{1}{2}e^{ax} + \frac{1}{2}e^{-ax}, \quad -\pi \leqq x \leqq \pi \quad (f(x + 2\pi) = f(x))$$

と定義する．（大阪大学基礎工 改題）

(1)　$f(x)$ のフーリエ係数：

$$a_n = \frac{1}{\pi}\int_{-\pi}^{\pi} f(x)\cos nx\,dx \quad (n = 0, 1, 2, \ldots)$$

$$b_n = \frac{1}{\pi}\int_{-\pi}^{\pi} f(x)\sin nx\,dx \quad (n = 1, 2, 3, \ldots)$$

を求めよ．

(2)　$\displaystyle\sum_{n=0}^{\infty} \frac{1}{n^2 + 1}$ を求めよ．

11.7　周期 2π の関数 $f(x)$ のフーリエ級数を次のように定める．以下の問いに答えよ．

（九州大学工）

$$a_n = \frac{1}{\pi}\int_{-\pi}^{\pi} f(x)\cos nx\,dx \quad (n = 0, 1, \ldots),$$

$$b_n = \frac{1}{\pi}\int_{-\pi}^{\pi} f(x)\sin nx\,dx \quad (n = 1, 2, \ldots)$$

(1)　任意の実数 α に対して $\displaystyle\frac{1}{\pi}\int_{\alpha}^{\alpha+2\pi} f(x)\cos nx\,dx = a_n$ が成立することを示せ．

(2)　整数 n と実数 x に対して

$$\cos n(x + \pi) = \begin{cases} \cos nx & (n \text{ が偶数}) \\ -\cos nx & (n \text{ が奇数}) \end{cases}$$

が成立する．このことを踏まえ，関数 $g(x) = f(x + \pi)$ のフーリエ係数

$$a'_n = \frac{1}{\pi}\int_{-\pi}^{\pi} g(x)\cos nx\,dx, \quad b'_n = \int_{-\pi}^{\pi} g(x)\sin nx\,dx$$

を a_n, b_n を用いて表せ．

11.8　関数 $f(x)$ のフーリエ変換を $F(\omega) = \displaystyle\int_{-\infty}^{\infty} f(x)e^{-i\omega x}\,dx$ とおく．以下の問いに答えよ．

（九州大学工）

(1)　$f(x) = e^{-|x|}$ のフーリエ変換を求めよ．

(2)　フーリエの積分定理（逆フーリエ変換）を利用して，次の定積分を求めよ．

$$\int_0^{\infty} \frac{\cos u}{1 + u^2}\,du$$

12 複素解析

複素数　x, y を実数 $i = \sqrt{-1}$ を虚数単位とする．$z = x + iy$ の形を**複素数**という．

$x = \mathrm{Re}(z)$: z の**実部**，$y = \mathrm{Im}(z)$: z の**虚部**，

$|z| = \sqrt{x^2 + y^2}$: z の**絶対値**という．

極形式

$z = r(\cos\theta + i\sin\theta)$（$r \geqq 0$），$r = |z|$: z の絶対値

$\theta = \arg(z)$: z の偏角

オイラーの公式　$\cos\theta + i\sin\theta = e^{i\theta}$

ド・モアブルの公式　$(\cos\theta + i\sin\theta)^n = \cos n\theta + i\sin n\theta$（$n = 1, 2, 3, \ldots$）

正則関数　D を複素平面の領域，$f(x + iy) = u(x, y) + iv(x, y)$ を D 上で定義された複素関数とする．

(1)　$w = f(z)$ が D で正則 $\Leftrightarrow$ $w = f(z)$ が D のすべての点で微分可能　（正則の定義）

(2)　$w = f(z)$ が D で正則 $\Leftrightarrow$ u, v それぞれの偏導関数が D 上で存在して連続かつ

$u_x = v_y$,　$u_y = -v_x$　（**コーシー–リーマンの方程式**）（必要十分条件）

このとき $f' = u_x + iv_x = v_y - iu_y$ が成り立つ．

指数・対数・三角関数

(1)　指数関数の定義と性質

$z = x + iy$ とおくとき，$e^z = e^x(\cos y + i\sin y)$ と定義する．

$$(e^z)' = e^z, \quad e^{\alpha}e^{\beta} = e^{\alpha+\beta}, \quad (e^{\alpha})^n = e^{n\alpha}$$

(2)　対数関数とその微分

$z \neq 0$ に対し，$\log z = \mathrm{Log}\,|z| + i\arg z$ と定義する．

ただし，$\mathrm{Log}\,r$ は実数 $r > 0$ に対する通常の自然対数 $(\log z)' = \dfrac{1}{z}$（$z \neq 0$）

(3)　三角関数とその微分

$$\cos z = \frac{e^{iz} + e^{-iz}}{2}, \quad \sin z = \frac{e^{iz} - e^{-iz}}{2i}$$

と定義する．

$$(\cos z)' = -\sin z, \quad (\sin z)' = \cos z$$

コーシーの積分定理　関数 $f(z)$ は単純閉曲線 C の内部および周を含む領域で正則ならば

$\displaystyle\int_C f(z)\,dz = 0$,　ただし C は反時計回りの向きがついているものとする．

コーシーの積分表示（およびグルサの公式）　関数 $f(z)$ は，単純閉曲線 C の内部および周を含む領域で**正則**ならば，C の内部にある任意の点 a に対し

$$f(a) = \frac{1}{2\pi i}\int_C \frac{f(z)}{z-a}\,dz \quad \text{（コーシーの積分表示）}$$

ただし C は反時計回りの向きがついているものとする．

■補足　一般に

$$f^{(n)}(a) = \frac{n!}{2\pi i}\int_C \frac{f(z)}{(z-a)^{n+1}}\,dz \quad (n = 1, 2, 3, \ldots) \quad \text{（グルサの公式）}$$

テイラー展開・マクローリン展開

(1)　テイラー展開

関数 $f(z)$ が円の内部 $D = \{z \mid |z-a| < r\}$ で正則なら，$z \in D$ に対して，

$$f(z) = f(a) + \frac{f'(a)}{1!}(z-a) + \frac{f''(a)}{2!}(z-a)^2 + \frac{f'''(a)}{3!}(z-a)^3 + \cdots$$

（$f(z)$ の $z = a$ を中心とする**テイラー展開**）

(2)　マクローリン展開

特に $f(z)$ の $z = 0$ を中心とするテイラー展開を**マクローリン展開**と呼ぶ．

$$f(z) = f(0) + \frac{f'(0)}{1!}z + \frac{f''(0)}{2!}z^2 + \frac{f'''(0)}{3!}z^3 + \cdots$$

例　$\dfrac{1}{1-z} = 1 + z + z^2 + \cdots \ (|z| < 1)$,　　$e^z = 1 + \dfrac{z}{1!} + \dfrac{z^2}{2!} + \cdots$

関数の孤立特異点と展開

(1)　孤立特異点，ローラン展開

関数 $f(z)$ が円の内部 $D = \{z \mid |z-a| < r\}$ から中心 a を除いた領域 $\{z \mid 0 < |z-a| < r\}$ で正則だが $z = a$ では定義されていないとき $z = a$ を $f(z)$ の**孤立特異点**という．このとき上記領域 $\{z \mid 0 < |z-a| < r\}$ において

$$f(z) = \sum_{n=-\infty}^{\infty} b_n (z-a)^n$$

と表される（$f(z)$ の $z = a$ を中心とする**ローラン展開**）．

(2)　孤立特異点の分類

$f(z)$ の孤立特異点 $z = a$ を中心とするローラン展開を $f(z) = \displaystyle\sum_{n=-\infty}^{\infty} b_n (z-a)^n$ とするとき

(i)　$b_{-1} = b_{-2} = b_{-3} = \cdots = 0$ の場合，$z = a$ を $f(z)$ の**除去可能な特異点**という．

$$z = a \text{ が除去可能な特異点} \iff \lim_{z \to a} f(z) \text{ が収束}$$

このとき $\lim_{z \to a} f(z) = b_0$ が成り立ち，$f(a) = b_0$ と定めることにより $f(z)$ は円の内部 D で正則となる．

(ii)　ある自然数 k に対し，$b_{-k} \neq 0$, $b_{-k-1} = b_{-k-2} = b_{-k-3} = \cdots = 0$ となる場合，$z = a$ を $f(z)$ の **k 位の極**（あるいは**位数 k の極**）という．

$$z = a \text{ が } k \text{ 位の極} \iff \lim_{z \to a} (z-a)^k f(z) \text{ が } 0 \text{ と異なる値に収束}$$

このとき $\lim_{z \to a} f(z)(z-a)^k = b_{-k}$ が成り立つ．

(iii)　上記 (i), (ii) 以外の孤立特異点，すなわち b_{-k}（$k = 1, 2, 3, \ldots$）の中に 0 と異なるものが無数に存在する場合，$z = a$ を $f(z)$ の**真性特異点**という．

$$z = a \text{ が真性特異点} \iff \lim_{z \to a} (z-a)^k f(z) \text{ が発散} \quad (k = 1, 2, 3, \ldots)$$

留数　$f(z)$ の孤立特異点 $z = a$ を中心とするローラン展開を

$$f(z) = \sum_{n=-\infty}^{\infty} b_n (z-a)^n$$

とするとき点 a における $f(z)$ の**留数**を

$$\mathrm{Res}[f, a] = b_{-1}$$

で定義する．留数の求め方をいくつか述べる．

(1)　$\mathrm{Res}[f, a] = \lim_{z \to a} (z-a) f(z)$

ただし右辺の極限が収束する場合に限る（$z = a$ が 1 位の極なら適用できる）．

(2)　自然数 k に対し $\mathrm{Res}[f, a] = \dfrac{1}{(k-1)!} \lim_{z \to a} \dfrac{d^{k-1}}{dz^{k-1}} \{(z-a)^k f(z)\}$

ただし $\lim_{z \to a} (z-a)^k f(z)$ が収束する場合に限る（$z = a$ が k 位の極なら適用できる）．

(3)　$\mathrm{Res}\left[\dfrac{f_2}{f_1}, a\right] = \dfrac{f_2(a)}{f_1'(a)}$，ただし $f_1(a) = 0$, $f_1'(a) \neq 0$ の場合に限る．

留数定理　単純閉曲線 C の内部にある有限個の点 $a_1, a_2, \ldots, a_m$ を除き，C とその内部を含む領域で関数 $f(z)$ が正則であるなら

$$\int_C f(z)\, dz = 2\pi i \sum_{k=1}^{m} \mathrm{Res}[f, a_k]$$

が成り立つ（C の向きは反時計回りとする）．

基本問題 12.1　複素数の極形式の応用

次の問いに答えよ．　（(1) 静岡大学工，(2) 大阪府立大学工）

(1) 複素数 $\left(\dfrac{\sqrt{3}+i}{1+i}\right)^{14}$ を $x+iy$ の形に改めよ（i は虚数単位）．

(2) $-1+\sqrt{3}i$ の 3 乗根を求めよ．

ポイント　与えられた複素数を極形式に直してから解く．

【解答】 (1) $\dfrac{\sqrt{3}+i}{1+i}=\dfrac{2e^{\frac{\pi}{6}i}}{\sqrt{2}\,e^{\frac{\pi}{4}i}}=\sqrt{2}\,e^{-\frac{\pi}{12}i}$

$$\left(\frac{\sqrt{3}+i}{1+i}\right)^{14}=(\sqrt{2})^{14}e^{-\frac{14}{12}\pi i}=2^7e^{-\frac{7}{6}\pi i}$$

$$=128\left(\cos\frac{7}{6}\pi-i\sin\frac{7}{6}\pi\right)$$

$$=128\times\left(-\frac{\sqrt{3}}{2}+\frac{1}{2}i\right)=-64\sqrt{3}+64i \quad \text{答}$$

(2) 3 乗根を z とおく．$z^3=-1+\sqrt{3}i\cdots$①

$z=r(\cos\theta+i\sin\theta)$（$0\leqq r,\ 0\leqq\theta<2\pi$）とおく．

①の両辺を極形式で表す．

$$r^3(\cos 3\theta+i\sin 3\theta)=2\left(\cos\frac{2}{3}\pi+i\sin\frac{2}{3}\pi\right)$$

これより

$$r^3=2\cdots②$$

$$3\theta=\frac{2}{3}\pi+2k\pi \quad (k\text{ は整数})\cdots③$$

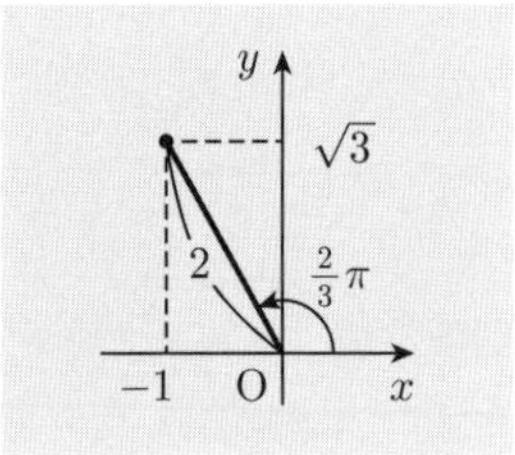

$r\geqq 0$ なので②より $r=\sqrt[3]{2}$

③より $\theta=\dfrac{2}{9}\pi+\dfrac{2}{3}k\pi$

$0\leqq\theta<2\pi$ より $\theta=\dfrac{2}{9}\pi,\ \dfrac{8}{9}\pi,\ \dfrac{14}{9}\pi$

以上より 3 乗根は

$$\sqrt[3]{2}\left(\cos\frac{2}{9}\pi+i\sin\frac{2}{9}\pi\right),\quad \sqrt[3]{2}\left(\cos\frac{8}{9}\pi+i\sin\frac{8}{9}\pi\right),\quad \sqrt[3]{2}\left(\cos\frac{14}{9}\pi+i\sin\frac{14}{9}\pi\right) \quad \text{答}$$

類　題

12.1.1　次の (1) および (2) の方程式の解を，複素数の範囲で求めよ．

（お茶の水女子大学生活科学）

(1) $x^3-1=0$　　(2) $x^5-1=0$

基本問題 12.2　コーシー–リーマンの方程式

$z = x + iy$ とするとき，実部が $u(x, y) = x^2 - y^2$ で与えられる正則関数 $f(z)$ の虚部を求めよ．また，$f(z)$ を z の関数として表せ．　（大阪府立大学工）

ポイント　$f(z)$ の虚部を $v(x, y)$ とおいて，コーシー–リーマンの方程式を用いる．

【解答】 $f(z) = u(x, y) + iv(x, y)$ とおく．コーシー–リーマンの方程式より，$u_x = v_y$, $u_y = -v_x$.

$$v_x = -u_y = 2y \cdots ① \qquad v_y = u_x = 2x \cdots ②$$

①より

$$v = \int 2y\,dx = 2xy + \varphi(y)\ (\varphi(y) \text{ は } y \text{ の任意の関数})\quad \boxed{答}$$

②へ代入，

$$v_y = 2x + \varphi'(y) = 2x, \quad \varphi'(y) = 0$$

したがって

$$\varphi(y) = C\ (C \text{ は実数の定数}), \quad v = 2xy + C$$

これより，

$$f(z) = u + iv = (x^2 - y^2) + i(2xy + C) = (x + iy)^2 + iC,$$

$$f(z) = z^2 + Ci \quad (C \text{ は実数の定数})\quad \boxed{答}$$

類　題

12.2.1　$z = x + iy$ とするとき，虚部が $v(x, y) = 5x + 6y$ で与えられる正則関数 $f(z)$ の実部を求めよ．また，$f(z)$ を z の関数として表せ．

ヒント：$f(z)$ の実部を $u(x, y)$ とおいてコーシー–リーマンの方程式を用いる．

基本問題 12.3 関数の展開

次の問いに答えよ. （茨城大学工）

(1) z を複素数とし, $S_n = 1 + z + z^2 + \cdots + z^{n-1}$ $(n = 1, 2, 3, \ldots)$ とおく. $n \to \infty$ としたときの数列 $\{S_n\}$ の収束・発散を調べよ.

(2) 複素関数 $f(z) = \dfrac{1}{z(z-1)}$ を領域 $|z| > 1$ で考える. $z = 0$ を中心とするローラン展開が $f(z) = \dfrac{1}{z^2} + \dfrac{1}{z^3} + \cdots + \dfrac{1}{z^n} + \cdots$ となることを示せ.

ポイント $r > 0$ に対し $\lim_{n \to \infty} r^n$ の収束・発散の結果をもとに解く.

【解答】 (1) もし $\{S_n\}$ が収束するなら, $\lim_{n \to \infty} S_n = \alpha$ とすると, $n \to \infty$ のとき

$$z^n = S_{n+1} - S_n = \alpha - \alpha \to 0$$

となる. したがって

（ア） $|z| \geqq 1$ のとき $|z^n| = |z|^n \to 0$ とならないから $\{S_n\}$ は発散する.

（イ） 等比数列の和の公式より

$$S_n = \frac{1 - z^n}{1 - z} \to \frac{1}{1 - z} \quad (\because\ |z^n| = |z|^n \to 0)$$

以上より

$|z| < 1$ のとき, $\lim_{n \to \infty} S_n = \dfrac{1 - z^n}{1 - z}$ （収束）

$|z| \geqq 1$ のとき, $\lim_{n \to \infty} S_n$ は発散. 答

(2) $|z| > 1$ に対し, $w = \frac{1}{z}$ とおくと, $|w| = \frac{1}{|z|} < 1$. また $z = \frac{1}{w}$ より,

$$f(z) = \frac{1}{z}\frac{1}{z-1} = w \cdot \frac{1}{\frac{1}{w} - 1} = \frac{w^2}{1 - w} = w^2(1 + w + w^2 + \cdots) \quad (\because\ (1) の結果より)$$

$$= w^2 + w^3 + w^4 + \cdots = \frac{1}{z^2} + \frac{1}{z^3} + \frac{1}{z^4} + \cdots \quad [証明終]$$

類 題

12.3.1 $f(z) = \dfrac{1}{z(z-2)^2}$ の $0 < |z - 2| < 2$ におけるローラン展開を $\displaystyle\sum_{k=-\infty}^{\infty} c_k (z-2)^k$ の形に表せ.

ヒント：$w = z - 2$ とおき, まず $\frac{1}{z}$ を w のべき級数で表す.

基本問題 12.4　　留数定理

複素変数の関数

$$f(z) = \frac{1}{2z^2 - 5z + 2}$$

について次の問いに答えよ．ただし，積分路 C は，単位円周 $|z| = 1$ を反時計回りに一周する閉曲線とする．（九州大学工）

(1)　$f(z)$ の各極における留数を求めよ．

(2)　積分 $I = \displaystyle\int_C f(z)\,dz$ の値を求めよ．

ポイント　留数定理を利用して単位円周に沿う積分を求める．

【解答】　(1)　$2z^2 - 5z + 2 = (2z-1)(z-2)$ より $z = \frac{1}{2}, 2$ が $f(z)$ の 1 位の極である．

$$\mathrm{Res}\left[f, \frac{1}{2}\right] = \lim_{z \to \frac{1}{2}} \left(z - \frac{1}{2}\right) \frac{1}{2\left(z - \frac{1}{2}\right)(z-2)}$$

$$= \lim_{z \to \frac{1}{2}} \frac{1}{2(z-2)} = -\frac{1}{3},$$

$$\mathrm{Res}[f, 2] = \lim_{z \to 2} (z-2) \frac{1}{(2z-1)(z-2)}$$

$$= \lim_{z \to 2} \frac{1}{2z-1} = \frac{1}{3} \quad \boxed{答}$$

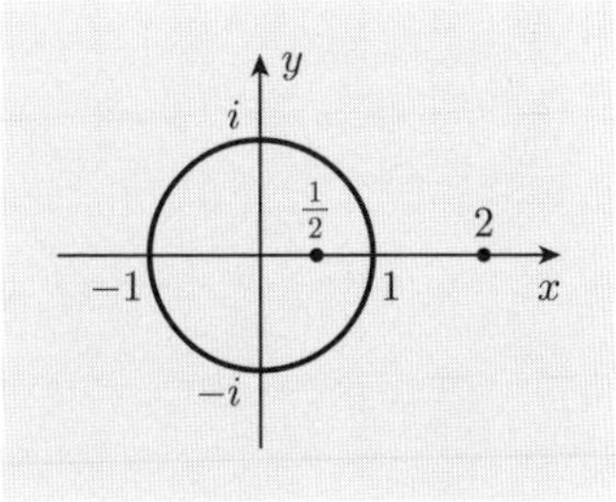

(2)　極 $z = \frac{1}{2}, 2$ はそれぞれ C の内部，外部の点となるので，留数定理より，

$$\int_C f(z)\,dz = 2\pi i \,\mathrm{Res}\left[f, \frac{1}{2}\right] = -\frac{2}{3}\pi i \quad \boxed{答}$$

類　題

12.4.1　次の問いに答えよ．（電気通信大学電気通信）

(1)　関数 $f(z) = \dfrac{1}{z^2 + z + 1}$ の極をすべて求め，それらを複素平面上で図示せよ．

(2)　(1) の関数 $f(z)$ について次の積分を計算せよ．積分路はすべて反時計回りとする．

(a)　$\displaystyle\int_{|z-i|=\frac{1}{2}} f(z)\,dz$　　(b)　$\displaystyle\int_{|z-i|=\frac{3}{2}} f(z)\,dz$

12.4.2　$\displaystyle\int_C \frac{z^2}{(z+1)(z-2)^2}\,dz$　$(C : |z| = 3)$ を求めよ．積分路は反時計回りとする．

基本問題 12.5　実積分の計算

定積分 $I = \displaystyle\int_0^{2\pi} \frac{1}{5 - 4\sin\theta}\, d\theta$ について，以下の問いに答えよ．

（電気通信大学電気通信）

(1) $z = e^{i\theta}$ とおくとき，$\sin\theta$ を z で表せ．ただし，i は虚数単位である．

(2) $I = \displaystyle\int_C f(z)\, dz$ の形に表せ．ここで，積分路 C は円 $|z| = 1$ を正の向きに一周するものとする．

(3) I の値を求めよ．

ポイント　基本問題 12.4 の考え方と，オイラーの関係式を利用して実積分を計算する．

【解答】 (1) $z = e^{i\theta} = \cos\theta + i\sin\theta,\ \frac{1}{z} = e^{-i\theta} = \cos\theta - i\sin\theta$ より

$$\sin\theta = \frac{1}{2i}\left(z - \frac{1}{z}\right) \quad \boxed{答}$$

(2) $5 - 4\sin\theta = 5 - \dfrac{4}{2i}\left(z - \dfrac{1}{z}\right) = \dfrac{2iz^2 + 5z - 2i}{z},\ dz = (e^{i\theta})'\, d\theta = ie^{i\theta}\, d\theta = iz\, d\theta$ より

$$d\theta = \frac{dz}{iz}, \quad I = \int_C \frac{z}{2iz^2 + 5z - 2i}\frac{dz}{iz} = \int_C \frac{-1}{2z^2 - 5iz - 2}\, dz \quad \boxed{答}$$

(3) $f(z) = \frac{-1}{2z^2 - 5iz - 2}$ とおく．$f(z)$ の特異点は，

$$2z^2 - 5iz - 2 = (z - 2i)(2z - i) = 0$$

を解いて，$z = 2i,\ \frac{i}{2}$．$2i$ は C の外部の点，$\frac{i}{2}$ は C の内部の点となるので

$$I = 2\pi i \operatorname{Res}\left[f, \frac{i}{2}\right] = 2\pi i \lim_{z \to \frac{i}{2}} \left(z - \frac{i}{2}\right) f(z)$$

$$= 2\pi i \lim_{z \to \frac{1}{2}i} \left(z - \frac{i}{2}\right) \frac{-1}{2(z - 2i)\left(z - \frac{i}{2}\right)} = \frac{2}{3}\pi \quad \boxed{答}$$

類　題

12.5.1　積分 $I = \displaystyle\int_0^{2\pi} \frac{1}{1 + a\cos\theta}\, d\theta$ を複素平面の積分に変換して計算する．ただし，a は $0 < a < 1$ を満たす実数である．

（九州大工）

(1) 単位円上の任意の点，$z = e^{i\theta}$ に対して，$d\theta = \frac{dz}{iz}$ であることを示せ．

(2) $\cos\theta = \dfrac{1}{2}\left(z + \dfrac{1}{z}\right)$ であることから，I を積分路を単位円 $|z| = 1$ とする複素積分へ変換せよ．

(3) (2) で得られた複素積分の被積分関数の特異点のうち，単位円内部に含まれる点をかけ．

(4) 留数計算によって，$I = \frac{2\pi}{\sqrt{1 - a^2}}$ となることを示せ．

演習問題

12.1 複素平面において，0 を始点，π を終点とする曲線 $C : z(t) = t + i\sin t \ (0 \leqq t \leqq \pi)$ を考える．以下の各問いに答えよ．（茨城大学）

(1) 曲線 C を複素平面上に図示せよ．

(2) 導関数 $z'(t)$ を求めよ．

(3) 複素積分 $\int_C \bar{z}\,dz$ を計算せよ．ただし，$\bar{z}$ は z の共役複素数を表す．

12.2 正則関数 $f(z) = u(x, y) + iv(x, y)$ の虚部が

$$v(x, y) = \frac{-y}{x^2 + y^2}$$

で与えられるとき，実部 $u(x, y)$ を求め，$f(z)$ を z の関数として表せ．ただし，$z = x + iy$ で，i は虚数単位である．（静岡大学工）

12.3 複素関数 $f(z) = (z^2 - 2z + 3)e^{z-1}$ について，以下の各問いに答えよ．（茨城大学）

(1) $f(z)$ の $z = 1$ を中心とするテイラー展開を

$$f(z) = \sum_{k=0}^{\infty} a_k (z - 1)^k$$

と書くとき，a_1, a_2 をそれぞれ求めよ．

(2) C は複素平面上の円 $|z| = 2$ を正の向きに一周する閉曲線とする．次の複素積分を計算せよ．

$$\int_C \frac{f(z)}{(z - 1)^n}\,dz$$

ただし，n は 3 以上の自然数とする．

12.4 以下の各問いに答えよ．ただし，i は虚数単位とする．（茨城大学）

(1) 複素数 $8i$ を極形式 $r(\cos\theta + i\sin\theta)$ で表せ．ただし，$r \geqq 0,\ 0 \leqq \theta < 2\pi$ とする．

(2) 関係式 $z^3 = 8i$ を満たす z の値をすべて求めよ．

(3) 複素積分 $\displaystyle\int_C \frac{1}{z^3 - 8i}\,dz$ の値を求めよ．ただし，C は複素平面上の円 $|z + i| = 2$ を正の向きに一周する閉曲線とする．

12.5 以下の問いに答えよ．ただし，$i = \sqrt{-1}$ とする．（電気通信大学情報理工）

(1) $z = e^{i\theta}$ とおくとき，$\sin\theta$ を z の式で表せ．

(2) 複素関数 $f(z) = \dfrac{1}{z^2 + 4iz - 1}$ の極をすべて求め，各極における留数を計算せよ．

(3) 定積分 $I = \displaystyle\int_0^{2\pi} \frac{d\theta}{2 + \sin\theta}$ の値を求めよ．

12.6 複素関数 $f(z) = \dfrac{z^2}{z^4 + 1}$ について以下の問いに答えよ．（電気通信大学情報理工）

(1) $f(z)$ のすべての極を極形式（$re^{i\theta}$ の形）で表せ．

(2) α を $f(z)$ の極とするとき，$f(z)$ の α における留数が $\frac{1}{4\alpha}$ であることを示せ．

(3) 広義積分 $\displaystyle\int_{-\infty}^{\infty} f(x)\,dx$ を求めよ．

13 確　　率

確率の定義　全事象が N 個の根元事象からなり，これらの根元事象が同様に確からしいとき，事象 A の起こる**確率**を

$$P(A) = \frac{n(A)}{N}$$

で定義する．ただし，$n(A)$ は事象 A に含まれる根元事象の個数である．

反復試行の確率　1 回の試行で事象 A が起こる確率を p とする．この試行を n 回繰り返したとき，事象 A がちょうど r 回起きる確率を p_r とすると

$$p_r = {}_n\mathrm{C}_r\, p^r (1-p)^{n-r}$$

条件付き確率　$P(A) \neq 0$ であるとき，事象 A が起こったときに事象 B が起こる**条件付き確率**を

$$P_A(B) = \frac{P(A \cap B)}{P(A)}$$

と定義する．この記号 $P_A(B)$ の代わりに記号 $P(B|A)$ が用いられることもある．

事象の独立　2 つの事象 A と B が $P(A \cap B) = P(A)P(B)$ を満たすとき，A と B は**互いに独立**であるという．

離散型確率変数　試行の結果によって取り得る値が定まり，その値を取る確率が定まっている変数を**確率変数**という．確率変数がとびとびの値を取るとき，**離散型確率変数**という．確率変数 X の値とその値を取る確率との対応を X の**確率分布**という．離散型確率変数 X の確率分布が $P(X = x_i) = p_i$ $(i = 1, 2, \ldots, n)$ であるとき，次が成り立つ．

$$p_i \geqq 0 \quad (i = 1, 2, \ldots, n), \quad \sum_{i=1}^{n} p_i = 1$$

連続型確率変数　実数全体で定義された変量 X について，ある負でない値を取る関数 $f(x)$ が存在して X が不等式 $a \leqq X \leqq b$ を満たす確率が

$$P(a \leqq X \leqq b) = \int_a^b f(x)\,dx$$

で表されるとき，X を**連続型確率変数**といい，$f(x)$ を X の**確率密度関数**という．確率密度関数 $f(x)$ は次を満たす．

$$f(x) \geqq 0, \quad \int_{-\infty}^{\infty} f(x)\,dx = 1$$

確率変数の平均（期待値） 確率変数 X の平均（または期待値）$E[X]$ は

$$\text{離散型のとき,}\quad E[X]=\sum_{i=1}^{n} x_i p_i$$

$$\text{連続型のとき,}\quad E[X]=\int_{-\infty}^{\infty} x f(x)\,dx$$

分散と標準偏差 X を確率変数とし，$E[X]=m$ とするとき，X の**分散** $V[X]$ と**標準偏差** $S[X]$ を次のように定義する．

$$V[X]=E[(X-m)^2],\quad S[X]=\sqrt{V[X]}$$

特に

$$\text{離散型のとき,}\quad V[X]=\sum_{i=1}^{n}(x_i-m)^2 p_i$$

$$\text{連続型のとき,}\quad V[X]=\int_{-\infty}^{\infty}(x-m)^2 f(x)\,dx$$

分散に関する公式 X を確率変数とするとき，次が成り立つ．

$$V[X]=E[X^2]-(E[X])^2$$

1 次式の平均，分散 X を確率変数とし，a, b を定数とするとき，次が成り立つ．

$$E[aX+b]=aE[X]+b,\quad V[aX+b]=a^2V[X],\quad S[aX+b]=|a|S[X]$$

二項分布 1 回の試行で事象 A が起こる確率が p であるとする．この試行を n 回繰り返したとき，事象 A が起こる回数を X とすると X の確率分布は

$$P(X=k)={}_n\mathrm{C}_k\,p^k(1-p)^{n-k}\quad (k=0,1,2,\ldots,n)$$

で与えられる．この確率分布を**二項分布** $B(n,p)$ という．確率変数 X が二項分布 $B(n,p)$ に従うとき，その平均と分散は次式で与えられる．

$$E[X]=np,\quad V[X]=npq\quad (\text{ただし,}\ q=1-p)$$

ポアソン分布 確率変数 X の確率分布が定数 λ を用いて

$$P(X=k)=\frac{\lambda^k}{k!}e^{-\lambda}\quad (k=0,1,2,\ldots)$$

で与えられるとき，X の確率分布を**ポアソン分布**といい，記号 $Po(\lambda)$ で表す．ポアソン分布 $Po(\lambda)$ の平均と分散はどちらも λ である．

正規分布　確率変数 X の確率密度関数 $f(x)$ が定数 m と正の定数 σ を用いて

$$f(x)=\frac{1}{\sqrt{2\pi}\,\sigma}\exp\left\{-\frac{(x-m)^2}{2\sigma^2}\right\}$$

で与えられるとき，X の確率分布を平均 m，標準偏差 σ の**正規分布** $N(m,\sigma^2)$ という．特に平均が 0，分散が 1 の正規分布 $N(0,1)$ を**標準正規分布**という．

正規分布の標準化　確率変数 X が正規分布 $N(m,\sigma^2)$ に従うとき，

$$Z=\frac{X-m}{\sigma}$$

は標準正規分布 $N(0,1)$ に従う．この Z を X の**標準化**という．

二項分布の正規分布による近似　確率変数 X が二項分布 $B(n,p)$ に従うとする．自然数 n が十分大きいとき，X は近似的に正規分布 $N(np,npq)$ に従う．ただし，$q=1-p$ とする．このとき，

$$Z=\frac{X-np}{\sqrt{npq}}$$

は標準正規分布に従うとしてよく，0 以上 n 以下の整数 a, b について，次の式が成り立つ．

$$P(a\leqq X\leqq b)\fallingdotseq P\left(\frac{a-0.5-np}{\sqrt{npq}}\leqq Z\leqq\frac{b+0.5-np}{\sqrt{npq}}\right)$$

分布関数　連続型確率変数 X の確率密度関数を $f(x)$ とするとき，

$$F(x)=P(X\leqq x)=\int_{-\infty}^{x}f(x)\,dx$$

で定められる関数 $F(x)$ を X の（**累積**）**分布関数**という．次の (1)〜(3) が成立．

(1)　$F(x)$ は単調増加　　(2)　$\displaystyle\lim_{x\to\infty}F(x)=1$　　(3)　$F'(x)=f(x)$

2 次元確率分布の平均と分散　X, Y を確率変数とし，a, b を定数とするとき，

$$E[aX+bY]=aE[X]+bE[Y]$$

が成り立つ．特に確率変数 X と Y が独立であるとき，

$$E[XY]=E[X]\cdot E[Y],\quad V[X+Y]=V[X]+V[Y]$$

が成り立つ．

基本問題 13.1　確率基本

次の問いに答えよ．

(1) 5 人でジャンケンをするとき，次の確率を求めよ．

（ア） ちょうど 1 人勝つ　（イ） ちょうど 2 人勝つ　（ウ） あいこになる

(2) 1 枚の硬貨を 8 回投げるとき，次の確率を求めよ．

（ア） 表がちょうど 3 回出る　（イ） 表が 2 回以上出る

ポイント 余事象を考えるとわかりやすいことがある．また，反復試行の確率の計算は頻出事項である．よく理解して使えるようにしておくとよい．

【解答】 (1) 5 人でジャンケンをするとき，ジャンケンの出し方は 3^5 通りある．

（ア） ちょうど 1 人が勝つのは，勝つ人の選び方が ${}_5C_1$ 通り，勝ち方が（1 人がグーで残りの 4 人がチョキなど）3 通りあるから，その確率は

$$\frac{{}_5C_1 \cdot 3}{3^5} = \frac{5}{81} \quad \boxed{答}$$

（イ） ちょうど 2 人が勝つ確率は（ア）と同様に考えて

$$\frac{{}_5C_2 \cdot 3}{3^5} = \frac{10}{81} \quad \boxed{答}$$

（ウ） あいこになる事象の余事象はちょうど 1 人が勝つ，または，2 人が勝つ，または，3 人が勝つ，または，4 人が勝つのいずれかであるから，求める確率は

$$1 - \frac{{}_5C_1 \cdot 3 + {}_5C_2 \cdot 3 + {}_5C_3 \cdot 3 + {}_5C_4 \cdot 3}{3^5} = 1 - \frac{30}{81} = \frac{17}{27} \quad \boxed{答}$$

(2) 1 枚の硬貨を 1 回投げるとき，表が出る確率と裏が出る確率はともに $\frac{1}{2}$ である．

（ア） 表がちょうど 3 回出る確率は

$${}_8C_3 \left(\frac{1}{2}\right)^3 \left(\frac{1}{2}\right)^5 = \frac{8 \cdot 7 \cdot 6}{3 \cdot 2 \cdot 1} \cdot \frac{1}{2^8} = \frac{7}{32} \quad \boxed{答}$$

（イ） 「表が 2 回以上出る」の余事象は「表が出ない，または，1 回出る」．よって求める確率は

$$1 - \left\{ \left(\frac{1}{2}\right)^8 + {}_8C_1 \left(\frac{1}{2}\right)^1 \left(\frac{1}{2}\right)^7 \right\} = 1 - \frac{1+8}{2^8} = \frac{247}{256} \quad \boxed{答}$$

類　題

13.1.1 青玉 4 個，赤玉 3 個，白玉 2 個の計 9 個の玉の入った袋からよくかき混ぜて 1 個玉を取り，色を見て元に戻す．この操作を 5 回繰り返したとき青玉 2 個，赤玉 2 個，白玉 1 個を取り出す確率を求めよ．

基本問題 13.2　条件付き確率

さいころ 1 個を 3 回ふる．3 回の目の和を X とする．次の確率を求めよ．

(1)　$X=9$ となる確率

(2)　$X=9$ であるとき，2 番目に出た目の数が 3 以上である確率

ポイント　条件付き確率を求めるためには各事象をはっきり識別し，A と B 等と名付け，定義に従って求めていくとよい．

【解答】　さいころをふって最初に出た目の数を x，2 番目に出た目の数を y，3 番目に出た数を z とすると $X=x+y+z$ である．目の出方の場合の数は 6^3 通りであり，どれも同様に確からしい．$X=9$ となる事象を A，2 番目に出た目の数が 3 以上である事象を B とおく．

(1)　$X=x+y+z=9$ となる場合の数は

- $y=1$ のとき，$x+z=8$ より 5 通り
- $y=2$ のとき，$x+z=7$ より 6 通り
- $y=3$ のとき，$x+z=6$ より 5 通り
- $y=4$ のとき，$x+z=5$ より 4 通り
- $y=5$ のとき，$x+z=4$ より 3 通り
- $y=6$ のとき，$x+z=3$ より 2 通り

より，全部で 25 通りあるから，求める確率 $P(A)$ は

$$P(A)=\frac{25}{6^3}=\frac{25}{216}\quad \text{答}$$

(2)　事象 $A\cap B$ の場合の数は (1) より，$5+4+3+2=14$ 通りであるから，求める確率は

$$P_A(B)=\frac{P(A\cap B)}{P(A)}=\frac{14}{216}\div\frac{25}{216}=\frac{14}{25}\quad \text{答}$$

類　題

13.2.1　青玉 4 個，白玉 3 個，赤玉 2 個の計 9 個の玉の入った袋からよくかき混ぜて 1 個ずつ玉を取り出す．取り出した玉は元に戻さない．3 番目に取り出した玉が赤であるとき，1 番目と 2 番目に取り出した玉に白が入っていない確率を求めよ．

13.2.2　ある会社は，A, B, C の 3 社から 2 . 3 : 1 の割合で製品を購入している．製品の中には不良品が A 社では 4%，B 社では 2%，C 社では 1%，含まれていることが知られている．購入した全製品の中から任意に 1 個取り出したとき，次の確率を求めよ．

(1)　それが不良品である確率

(2)　不良品であったとき，それが B 社の製品である確率

ヒント：取り出した製品が A 社，B 社，C 社の製品である事象をそれぞれ A, B, C とし，不良品である事象を F と名付けると考えやすい．

基本問題 13.3　　確率と漸化式

箱の中に7枚のカードがあり，それぞれ1から7までの数字が1つずつ書かれている．この中からカードを1枚取り出し，元に戻すことを n 回繰り返す．このとき，取り出したカードに書かれていた数字の合計が偶数である確率 p_n を求めよ．

ポイント　p_{n-1} と p_n の関係を調べ，漸化式を作る．$p_n = ap_{n-1} + b$（a, b は定数で $a \neq 1$）は両辺から方程式 $\alpha = a\alpha + b$ を満たす α を引くことによって $p_n - \alpha = a(p_{n-1} - \alpha)$ と変形でき，これより，$p_n - \alpha = (p_1 - \alpha) \cdot a^{n-1}$ を得る．

【解答】　7枚のカードから偶数のカードを取り出す確率は $\frac{3}{7}$，奇数のカードを取り出す確率は $\frac{4}{7}$ である．n 回目までの数字の合計が偶数となるのは，

(i)　$n-1$ 回目までの数字の合計が偶数で n 回目に偶数を取り出す

(ii)　$n-1$ 回目までの数字の合計が奇数で n 回目に奇数を取り出す

の2つの場合がある．これより，次の漸化式が成り立つ．

$$p_n = p_{n-1} \times \frac{3}{7} + (1 - p_{n-1}) \times \frac{4}{7} \quad \Longleftrightarrow \quad p_n = -\frac{1}{7}p_{n-1} + \frac{4}{7}$$

この両辺から，方程式 $\alpha = -\frac{1}{7}\alpha + \frac{4}{7}$ の解 $\alpha = \frac{1}{2}$ を引くと

$$p_n - \frac{1}{2} = -\frac{1}{7}\left(p_{n-1} - \frac{1}{2}\right)$$

と変形でき，等比数列の一般項の式から

$$p_n - \frac{1}{2} = \left(p_1 - \frac{1}{2}\right)\left(-\frac{1}{7}\right)^{n-1}$$

を得る．$p_1 = \frac{3}{7}$ であるから

$$p_n - \frac{1}{2} = -\frac{1}{14}\left(-\frac{1}{7}\right)^{n-1} \quad \Longleftrightarrow \quad p_n = \frac{1}{2}\left\{1 + \left(-\frac{1}{7}\right)^n\right\}$$ 答

類　題

13.3.1　赤玉1個と白玉2個が入った袋Aと白玉4個だけが入っている袋Bがある．2つの袋から同時に1個ずつ玉を取り出して互いに相手の袋に入れる．この操作を n 回繰り返した後に，袋Aに赤玉が入っている確率 p_n を求めよ．

ヒント：p_n と p_{n-1} の関係を式で表せ．

基本問題 13.4　　確率分布

白玉 5 個と赤玉 4 個が入っている袋から同時に 4 個取り出すとき，取り出した玉の中の赤玉の個数を X とする．次の問いに答えよ．

(1)　X の確率分布表を作れ．　　(2)　X の平均と分散を求めよ．

ポイント　確率分布の問題は頻出である．期待値 $E[X]$ は定義に従って求めればよい．分散 $V[X]$ については公式 $V[X] = E[X^2] - (E[X])^2$ を用いると簡単になることが多い．

【解答】　(1)　$P(X = 0) = \dfrac{{}_5\mathrm{C}_4}{{}_9\mathrm{C}_4} = \dfrac{5}{126}$

$$P(X = 1) = \frac{{}_5\mathrm{C}_3 \cdot {}_4\mathrm{C}_1}{{}_9\mathrm{C}_4} = \frac{40}{126}, \qquad P(X = 2) = \frac{{}_5\mathrm{C}_2 \cdot {}_4\mathrm{C}_2}{{}_9\mathrm{C}_4} = \frac{60}{126},$$

$$P(X = 3) = \frac{{}_5\mathrm{C}_1 \cdot {}_4\mathrm{C}_3}{{}_9\mathrm{C}_4} = \frac{20}{126}, \qquad P(X = 4) = \frac{{}_4\mathrm{C}_4}{{}_9\mathrm{C}_4} = \frac{1}{126}$$

これより求める確率分布は次の表のようになる．

X	0	1	2	3	4	計
確率	$\frac{5}{126}$	$\frac{40}{126}$	$\frac{60}{126}$	$\frac{20}{126}$	$\frac{1}{126}$	1

答

(2)　X の平均を $E[X]$，X の分散を $V[X]$ とおくと，

$$E[X] = 0 \times \frac{5}{126} + 1 \times \frac{40}{126} + 2 \times \frac{60}{126} + 3 \times \frac{20}{126} + 4 \times \frac{1}{126} = \frac{224}{126} = \frac{16}{9}$$ 答

$$\begin{aligned} V[X] &= E[X^2] - \{E[X]\}^2 \\ &= \left(0^2 \times \frac{5}{126} + 1^2 \times \frac{40}{126} + 2^2 \times \frac{60}{126} + 3^2 \times \frac{20}{126} + 4^2 \times \frac{1}{126}\right) - \left(\frac{16}{9}\right)^2 \\ &= \frac{476}{126} - \left(\frac{16}{9}\right)^2 = \frac{50}{81} \end{aligned}$$ 答

類　題

13.4.1　25%の不良品を含む大量の製品の中から無作為に 3 個取り出すとき，その中の不良品の個数を X とする．次の問いに答えよ

(1)　X の確率分布表を作れ．　　(2)　X の平均と分散を求めよ．

13.4.2　n を 2 以上の自然数とする．袋の中に $1, 2, \ldots, n$ と書いたボールが 1 つずつある．ここから 2 個取り出して，出た順にその数字を X, Y とする．X と Y の大きい方を Z とする．以下の問いに答えよ．　（長岡技術科学大学）

(1)　$k = 1, 2, \ldots, n$ に対して確率 $P(X = k)$，および期待値 $E[X]$ を求めよ．

(2)　$k = 1, 2, \ldots, n$ に対して確率 $P(Z = k)$，および期待値 $E[Z]$ を求めよ．

基本問題 13.5　二項分布

二項分布 $B(n,p)$ の確率分布は次式で表される．

$$P(X=k) = {}_n\mathrm{C}_k\, p^k (1-p)^{n-k} \quad (k=0,1,2,\ldots,n)$$

$1-p=q$ とおき，$f(x)=(px+q)^n$ とおく．次の問いに答えよ．

(1)　$f'(x)$ と $f''(x)$ を求めよ．

(2)　X の期待値 $E[X]$ と分散 $V[X]$ を $f'(1)$ と $f''(1)$ で表せ．

(3)　(1), (2) より $E[X]$ と $V[X]$ を求めよ．

ポイント　二項分布の期待値，分散は二項定理を用いると，簡単に求められる．

【解答】　(1)　$f'(x)=np(px+q)^{n-1}$，　$f''(x)=n(n-1)p^2(px+q)^{n-2}$　答

(2)　二項定理より

$$f(x)=\sum_{k=0}^{n} {}_n\mathrm{C}_k\,(px)^k q^{n-k} = \sum_{k=0}^{n} {}_n\mathrm{C}_k\, p^k q^{n-k} x^k$$

この両辺を x で微分すると

$$f'(x)=\sum_{k=0}^{n} k\cdot {}_n\mathrm{C}_k\, p^k q^{n-k} x^{k-1}, \quad f''(x)=\sum_{k=0}^{n} k(k-1)\cdot {}_n\mathrm{C}_k\, p^k q^{n-k} x^{k-2}$$

これより，

$$f'(1)=\sum_{k=0}^{n} k\cdot {}_n\mathrm{C}_k\, p^k q^{n-k} = \sum_{k=0}^{n} k\cdot P(X=k) = E[X],$$

$$f''(1)=\sum_{k=0}^{n} k(k-1)\cdot {}_n\mathrm{C}_k\, p^k q^{n-k} = \sum_{k=0}^{n} (k^2-k)\cdot P(X=k) = E[X^2]-E[X]$$

よって

$$E[X]=f'(1), \quad V[X]=E[X^2]-\{E[X]\}^2 = f''(1)+f'(1)-\{f'(1)\}^2$$　答

(3)　$f'(1)=np,\ f''(1)=n(n-1)p^2$ であるから

$$E[X]=np, \quad V[X]=n(n-1)p^2+np-(np)^2=np(1-p)=npq$$　答

類　題

13.5.1　λ, μ を正の定数とする．確率変数 X が 0 以上の整数 k のみを取り，その確率が $P(X=k)=\frac{\lambda^k}{k!}e^{-\lambda}$ で表されるとき，X はポアソン分布 $Po(\lambda)$ に従うという．

(1)　確率変数 X が $Po(\lambda)$ に従うとき，X の平均 $E[X]$ と分散 $V[X]$ を求めよ．

(2)　確率変数 X と Y が独立でそれぞれ，X は $Po(\lambda)$ に，Y は $Po(\mu)$ に従うとする．このとき，$Z=X+Y$ はポアソン分布 $Po(\lambda+\mu)$ に従うことを示せ．

基本問題 13.6　　連続型確率分布

a は定数とする．X の確率密度関数が

$$f(x) = \begin{cases} a(3-x) & (0 \leqq x \leqq 3) \\ 0 & (x < 0, 3 < x) \end{cases}$$

で与えられるとき，次のものを求めよ．

(1)　定数 a の値　　(2)　確率 $P(1 \leqq X \leqq 2)$

(3)　平均 $E[X]$ と分散 $V[X]$

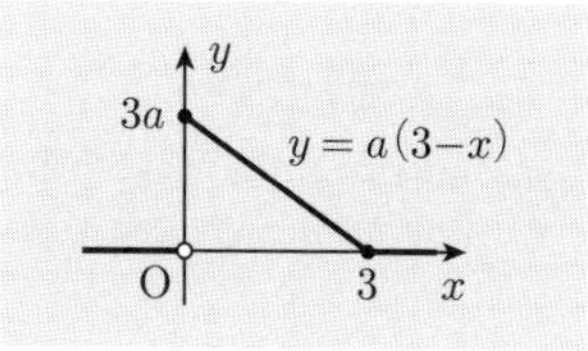

ポイント　連続型確率分布の確率，平均（期待値），分散の定義と計算方法をしっかり覚えておくことが大事である．

【解答】 (1)　全確率は 1 であるから

$$\int_{-\infty}^{\infty} f(x)\,dx = \int_0^3 a(3-x)\,dx = a\left[3x - \frac{x^2}{2}\right]_0^3 = \frac{9}{2}a = 1 \text{ より，} a = \frac{2}{9} \quad \boxed{答}$$

(2)　求める確率は

$$\int_1^2 f(x)\,dx = \int_1^2 a(3-x)\,dx = a\left[3x - \frac{x^2}{2}\right]_1^2 = \frac{3}{2}a = \frac{3}{2}\frac{2}{9} = \frac{1}{3} \quad \boxed{答}$$

(3)　X の平均 $E[X]$ は

$$E[X] = \int_{-\infty}^{\infty} xf(x)\,dx = \int_0^3 a(3x - x^2)\,dx = a\left[\frac{3}{2}x^2 - \frac{x^3}{3}\right]_0^3 = \frac{9}{2}a = 1 \quad \boxed{答}$$

また，

$$E[X^2] = \int_{-\infty}^{\infty} x^2 f(x)\,dx = \int_0^3 a(3x^2 - x^3)\,dx = a\left[x^3 - \frac{x^4}{4}\right]_0^3 = \frac{27}{4}a = \frac{3}{2}$$

が成り立つから，X の分散 $V[X]$ は

$$V[X] = E[X^2] - \{E[X]\}^2 = \frac{3}{2} - 1^2 = \frac{1}{2} \quad \boxed{答}$$

類　題

13.6.1　m および σ（> 0）は与えられた定数とする．X の確率密度関数が

$$f(x) = a\exp\left\{-\frac{(x-m)^2}{2\sigma^2}\right\}$$

で表されるとき，定数 a を定めよ．また，X の平均 $E[X]$ と分散 $V[X]$ を求めよ．ここで指数関数 e^x を $\exp(x)$ と表した．定積分の公式

$$\int_{-\infty}^{\infty} e^{-x^2}\,dx = \sqrt{\pi}$$

を用いてもよい．

演習問題

13.1 大小2つのさいころを投げて出た目をそれぞれ a, b とし，行列 $A = \begin{pmatrix} 3 & a \\ b & 4 \end{pmatrix}$ を作る．以下の問いに答えよ．（長岡技術科学大学）

(1) A が対称行列になる確率を求めよ．　(2) A が正則行列になる確率を求めよ．

(3) 行列式 $|A|$ の期待値を求めよ．

13.2 表が出る確率が θ のコインを繰り返し投げ，表を1，裏を0として結果を $0110\cdots$ のように記録していく．ここで $0 < \theta < 1$ である．始めてパターン "01" が現れるまでの待ち時間を T で表す．例えば $1001\cdots$ ならば $T = 4$，$000001\cdots$ ならば $T = 6$ である．以下の問いに答えよ．（九州大学工）

(1) $T = 3$ となる確率 $p(3)$ を θ の多項式で表せ．

(2) $T = 5$ となる確率 $p(5)$ を θ の多項式で表せ．

(3) $T = t$（$t \geqq 2$）となる確率 $p(t)$ を求めよ．

13.3 3つのつぼがあり，つぼAには白玉5個，赤玉3個，つぼBには白玉4個，赤玉4個，つぼCには白玉1個，赤玉7個が入っている．1から6の目が等しい確率で出るサイコロを振って，1の目が出たらつぼAを，2, 3の目が出たらつぼBを，4, 5, 6の目が出たらつぼCを選択して，そのつぼから玉を無作為に1個取り出して元に戻す試行を繰り返す．（九州大学工）

(1) 1回の試行を行ったときに白玉を取り出す確率を求めよ．

(2) 1回の試行を行って白玉を取り出した場合にさいころの4の目が出た確率を求めよ．

(3) 4回試行した場合の白玉が出る回数の確率の分布を求めよ．

(4) 10回試行した場合の白玉が出る回数 X の期待値 $E[X]$ と分散 $V[X]$ を求めよ．

13.4 ある行列に並んでいる人の待ち時間 t は確率密度関数

$$f(t) = \begin{cases} 0 & (t < 0) \\ \lambda e^{-\lambda t} & (t \geqq 0) \end{cases}$$

に従うものとする．ただし，λ は正の実数である．以下の問いに答えよ．

（東京大学工 改題）

(1) 待ち時間が t 以下である確率 $F(t)$ を求めよ．

(2) 待ち時間の平均 μ と分散 σ^2 を求めよ．

(3) 十分な数の観測の結果，待ち時間の平均が T であったとする．待ち始めてから時間 τ だけ経過したとき，残りの平均待ち時間を求めよ．

(4) 確率変数 X と Y が独立でともに上記の分布に従うとする．このとき，$Z = \max\{X, Y\}$ の満たす確率密度関数を求めよ．ここで $Z = \max\{X, Y\}$ は X, Y の小さくない方を表す．

類題・演習問題解答

第 1 章

1.1.1 (1)

$$\boldsymbol{a}\cdot\boldsymbol{b} = 2-2+2 = 2,$$
$$|\boldsymbol{a}| = \sqrt{2^2+(-2)^2+1^2} = 3,$$
$$|\boldsymbol{b}| = \sqrt{1^2+1^2+2^2} = \sqrt{6}$$

よって，

$$\cos\theta = \frac{\boldsymbol{a}\cdot\boldsymbol{b}}{|\boldsymbol{a}||\boldsymbol{b}|} = \frac{\sqrt{6}}{9}$$

(2) 求める単位ベクトルを (p,q,r)（$p^2+q^2+r^2=1$）とおくと，

$$\boldsymbol{a}\cdot(p,q,r) = 2p-2q+r = 0,$$
$$\boldsymbol{b}\cdot(p,q,r) = p+q+2r = 0$$

より，$(p,q,r) = \left(p, \frac{3}{5}p, -\frac{4}{5}p\right)$ となる．$p^2 + \left(\frac{3}{5}p\right)^2 + \left(-\frac{4}{5}p\right)^2 = 1$ より $p = \pm\frac{1}{\sqrt{2}}$ なので，単位ベクトルは

$$\left(\pm\frac{1}{\sqrt{2}}, \pm\frac{3}{5\sqrt{2}}, \mp\frac{4}{5\sqrt{2}}\right) \quad \text{（複号同順）}$$

1.1.2 (1) 内積 $\overrightarrow{\mathrm{OA}}\cdot\overrightarrow{\mathrm{OB}}$ は，

$$\overrightarrow{\mathrm{OA}}\cdot\overrightarrow{\mathrm{OB}} = -3+2-6 = -7$$

また，

$$\begin{aligned}&\overrightarrow{\mathrm{OA}}\cdot\overrightarrow{\mathrm{OB}}\\ &= \sqrt{1+4+9}\cdot\sqrt{9+1+4}\cdot\cos(\angle\mathrm{AOB})\\ &= 14\cos(\angle\mathrm{AOB})\end{aligned}$$

よって，$\cos(\angle\mathrm{AOB}) = \frac{-7}{\sqrt{14}\cdot\sqrt{14}} = \frac{-1}{2}$
$0 \leqq \theta \leqq \pi$ なので $\angle\mathrm{AOB} = \frac{2}{3}\pi$

(2) $\triangle\mathrm{AOB}$ の面積は，

$$\begin{aligned}&\frac{1}{2}|\overrightarrow{\mathrm{OA}}||\overrightarrow{\mathrm{OB}}|\sin(\angle\mathrm{AOB})\\ &= \frac{1}{2}\cdot\sqrt{14}\cdot\sqrt{14}\cdot\frac{\sqrt{3}}{2} = \frac{7\sqrt{3}}{2}\end{aligned}$$

1.2.1 (1) $|\boldsymbol{a}+\boldsymbol{b}|^2 = |\boldsymbol{a}|^2+|\boldsymbol{b}|^2+2\boldsymbol{a}\cdot\boldsymbol{b} = 25$ より，$\boldsymbol{a}\cdot\boldsymbol{b} = 6$

(2) $|\boldsymbol{a}-\boldsymbol{b}|^2 = |\boldsymbol{a}|^2+|\boldsymbol{b}|^2-2\boldsymbol{a}\cdot\boldsymbol{b} = 4+9-2\cdot6 = 1$．よって，$|\boldsymbol{a}-\boldsymbol{b}| = 1$

1.3.1 (1) $\dfrac{x-1}{2} = y-8 = \dfrac{z-8}{3}$

(2) $\dfrac{x-1}{2} = y-8 = \dfrac{0-8}{3}$ より，xy 平面 $z=0$ との交点は $\left(-\dfrac{13}{3}, \dfrac{16}{3}, -\dfrac{8}{3}\right)$

1.4.1 (1) 求める平面を $ax+by+cz+d=0$ とすると，3 点 A, B, C を含むので，

$$\begin{cases}a+b+c+d=0\\ 2a+3b+2c+d=0\\ -2a+3c+d=0\end{cases}$$

となる．よって，$b=d=-a$, $c=a$ なので，求める平面は $x-y+z-1=0$

(2) 求める直線の方向ベクトルは，(1) で求めた平面の法線ベクトルと平行なので，直線の方程式は

$$(x,y,z) = (0,2,5)+k(1,-1,1) \quad (k \text{ は実数})$$

よって，$x = -y+2 = z-5$

(3) 点と平面との距離の公式より，

$$\frac{|0-2+5-1|}{\sqrt{1+(-1)^2+1}} = \frac{2}{\sqrt{3}} = \frac{2\sqrt{3}}{3}$$

1.5.1 (1) S の直径は $|\overrightarrow{\mathrm{AB}}| = 6$ となる．また，中心の座標は 2 点 A, B の中点と一致するので，$\left(\frac{5+1}{2}, \frac{3-1}{2}, \frac{4+2}{2}\right) = (3,1,3)$．よって，$S$ の方程式は

$$(x-3)^2+(y-1)^2+(z-3)^2 = 36$$

(2) $\overrightarrow{\mathrm{AB}} = (1-5, -1-3, 2-4) = (-4,-4,-2)$ を法線ベクトルとし，点 $(3,1,3)$ を通る平面を求めればよいので，

$$-4(x-3)-4(y-1)-2(z-3) = 0$$

より，

$$2x+2y+z-11 = 0$$

(3) $\overrightarrow{\mathrm{AB}} = (-4,-4,-2)$ を方向ベクトルとし，点 C を通る直線を求めればよいので，l の方程式は

$$\frac{x+1}{2} = \frac{y+3}{2} = z-1$$

(4)

$$\frac{x+1}{2} = \frac{y+3}{2} = z-1 = n$$

とおくと $x = 2n-1$, $y = 2n-3$, $z = n+1$．これらを $(x-3)^2+(y-1)^2+(z-3)^2 = 36$ に代入すると $n = 0, 4$ が得られる．よって，求める交点は $(-1,-3,-1)$, $(7,5,5)$

1.5.2 (1) S は原点を中心とする半径 1 の球なので，$x^2+y^2+z^2 = 1$．L を $ax+by+cz+d=0$ とすると，3 点 A, B, C を含むので，

$$\begin{cases} a+d=0 \\ b+d=0 \\ c+d=0 \end{cases}$$

$a=b=c=-d$ なので，L は $x+y+z-1=0$

(2)　求める円の中心を $\mathrm{P}(p,q,r)$ とすると，L 上にあるので $p+q+r-1=0$．また，$\overrightarrow{\mathrm{OP}}=(p,q,r)$ は L の法線ベクトル $(1,1,1)$ に平行なので，$p=q=r$．よって，P の座標は $\left(\frac{1}{3},\frac{1}{3},\frac{1}{3}\right)$．半径は $|\overrightarrow{\mathrm{AP}}|=\frac{\sqrt{6}}{3}$

1.6.1　(1)

$$A^2=\frac{1}{2}\begin{pmatrix}0&1&0\\1&0&1\\0&1&0\end{pmatrix}\begin{pmatrix}0&1&0\\1&0&1\\0&1&0\end{pmatrix}=\frac{1}{2}\begin{pmatrix}1&0&1\\0&2&0\\1&0&1\end{pmatrix},$$

$$\begin{aligned}B^2&=-\frac{1}{2}\begin{pmatrix}0&1&0\\-1&0&1\\0&-1&0\end{pmatrix}\begin{pmatrix}0&1&0\\-1&0&1\\0&-1&0\end{pmatrix}\\&=-\frac{1}{2}\begin{pmatrix}-1&0&1\\0&-2&0\\1&0&-1\end{pmatrix},\end{aligned}$$

$$C^2=\begin{pmatrix}1&0&0\\0&0&0\\0&0&-1\end{pmatrix}\begin{pmatrix}1&0&0\\0&0&0\\0&0&-1\end{pmatrix}=\begin{pmatrix}1&0&0\\0&0&0\\0&0&1\end{pmatrix}$$

なので，$A^2+B^2+C^2=2I$．よって，$k=2$

1.6.2　(1)　$P^2=-E,\ Q=\begin{pmatrix}1-a&0\\0&-a\end{pmatrix}$

(2)　$Q^n=\begin{pmatrix}(1-a)^n&0\\0&(-a)^n\end{pmatrix}$．また，(1) より $(-P)\cdot P=E$ なので，$P^{-1}=-P$．よって，

$$A=P^{-1}QP^{-1}=(-P)Q(-P)=PQP$$

したがって，

$$\begin{aligned}A^n&=(-1)^{n-1}PQ^nP\\&=(-1)^{n-1}\\&\quad\cdot\begin{pmatrix}(1-a)^n-2(-a)^n&2(1-a)^n-2(-a)^n\\-(1-a)^n+(-a)^n&-2(1-a)^n+(-a)^n\end{pmatrix}\end{aligned}$$

(3)　$\displaystyle\lim_{n\to\infty}A^n=O$ となるためには，$-1<1-a<1$，かつ $-1<-a<1$ となればよい．したがって，$0<a<1$

1.6.3　(1)　正しい．実際に，

$$A=\begin{pmatrix}a_{11}&a_{12}\\a_{21}&a_{22}\end{pmatrix},\quad B=\begin{pmatrix}b_{11}&b_{12}\\b_{21}&b_{22}\end{pmatrix}$$

とおくと，

$$\begin{aligned}\mathrm{tr}(A+B)&=\mathrm{tr}\begin{pmatrix}a_{11}+b_{11}&a_{12}+b_{12}\\a_{21}+b_{21}&a_{22}+b_{22}\end{pmatrix}\\&=(a_{11}+b_{11})+(a_{22}+b_{22})\\&=(a_{11}+a_{22})+(b_{11}+b_{22})\\&=\mathrm{tr}(A)+\mathrm{tr}(B)\end{aligned}$$

(2)　正しくない．例えば，

$$A=\begin{pmatrix}1&0\\0&1\end{pmatrix},\quad B=\begin{pmatrix}1&2\\3&4\end{pmatrix}$$

のとき，$\mathrm{tr}(AB)=\mathrm{tr}(B)=5$．しかし，$\mathrm{tr}(A)\cdot\mathrm{tr}(B)=2\cdot5=10$ となり，$\mathrm{tr}(AB)\neq\mathrm{tr}(A)\cdot\mathrm{tr}(B)$

1.7.1　行基本変形により，以下のように簡約化できる．

$$\begin{pmatrix}3&1&-2&4\\-2&1&1&5\\-3&-1&2&-4\end{pmatrix}\xrightarrow[\substack{③+①\\②+①\times\frac{2}{3}}]{}\begin{pmatrix}3&1&-2&4\\0&\frac{5}{3}&\frac{-1}{3}&\frac{23}{3}\\0&0&0&0\end{pmatrix}$$

$$\xrightarrow[\substack{①\times\frac{1}{3}\\②\times\frac{3}{5}}]{}\begin{pmatrix}1&\frac{1}{3}&\frac{-2}{3}&\frac{4}{3}\\0&1&\frac{-1}{5}&\frac{23}{5}\\0&0&0&0\end{pmatrix}$$

よって，階数は 2.

1.7.2　行基本変形を行うと

$$\begin{pmatrix}1&2&2k\\1&2k&2\\k&2&2\end{pmatrix}\xrightarrow[\substack{②-①\\③-①\times k}]{}\begin{pmatrix}1&2&2k\\0&2k-2&2-2k\\0&2-2k&2-2k^2\end{pmatrix}$$

$$\xrightarrow[\substack{②\times\frac{1}{2}\\③\times\frac{1}{2}}]{}\begin{pmatrix}1&2&2k\\0&k-1&1-k\\0&1-k&1-k^2\end{pmatrix}$$

となる．$k=1$ のとき，A の階数は 1

$k\neq1$ のとき，

$$\begin{pmatrix}1&2&2k\\0&k-1&1-k\\0&1-k&1-k^2\end{pmatrix}\xrightarrow[\substack{②\times\frac{1}{k-1}\\③\times\frac{1}{1-k}}]{}\begin{pmatrix}1&2&2k\\0&1&-1\\0&1&k+1\end{pmatrix}$$

$$\xrightarrow[③-②]{}\begin{pmatrix}1&2&2k\\0&1&-1\\0&0&k+2\end{pmatrix}$$

となるので，$k=-2$ のとき，A の階数は 2.

$k\neq1,-2$ のとき，A の階数は 3

1.7.3　(1)　行基本変形を行って，

$$\begin{pmatrix}2&1&-1&1\\1&-1&1&0\\8&4&-4&2a\\1&2&-2&a-1\end{pmatrix}\xrightarrow[\substack{③-①\times4\\④-②}]{}\begin{pmatrix}2&1&-1&1\\1&-1&1&0\\0&0&0&2(a-2)\\0&3&-3&a-1\end{pmatrix}$$

$$\xrightarrow[\substack{①-④\times\frac{1}{3}\\②+④\times\frac{1}{3}}]{}\begin{pmatrix}2&0&0&1-\frac{a-1}{3}\\1&0&0&\frac{a-1}{3}\\0&0&0&2(a-2)\\0&3&-3&a-1\end{pmatrix}$$

$$\xrightarrow[\substack{①-②\times2\\④\times\frac{1}{3}}]{}\begin{pmatrix}0&0&0&2-a\\1&0&0&\frac{a-1}{3}\\0&0&0&2(a-2)\\0&1&-1&\frac{a-1}{3}\end{pmatrix}$$

$$\xrightarrow[\substack{①\leftrightarrow②\\②\leftrightarrow④}]{}\begin{pmatrix}1&0&0&\frac{a-1}{3}\\0&1&-1&\frac{a-1}{3}\\0&0&0&2(a-2)\\0&0&0&2-a\end{pmatrix}$$

とできる．よって，A の階数が 2 になるのは，$a=2$ のとき．

(2)　$a=5$ のとき，

$$\begin{pmatrix}1&0&0&\frac{4}{3}\\0&1&-1&\frac{4}{3}\\0&0&0&6\\0&0&0&-3\end{pmatrix}\xrightarrow[\substack{④+③\times\frac{1}{2}\\③\times\frac{1}{6}}]{}\begin{pmatrix}1&0&0&\frac{4}{3}\\0&1&-1&\frac{4}{3}\\0&0&0&1\\0&0&0&0\end{pmatrix}$$

なので，A の階数は 3

1.8.1　行基本変形によって，

$$\left(\begin{array}{cccc|c} 1&2&3&4&1\\ 2&1&4&a&1\\ 3&4&1&2&1\\ 4&3&2&1&b \end{array}\right) \longrightarrow \left(\begin{array}{cccc|c} 1&2&3&4&1\\ 0&3&2&-a+8&1\\ 0&1&-6&-a-2&-1\\ 0&0&0&-a+3&b-1 \end{array}\right)$$

となる．よって，$a=3, b=1$ のとき，無数の解を持つことがわかる．このとき，

$$\left(\begin{array}{cccc|c} 1&2&3&4&1\\ 0&3&2&5&1\\ 0&1&-6&-5&-1\\ 0&0&0&0&0 \end{array}\right) \longrightarrow \left(\begin{array}{cccc|c} 1&2&3&4&1\\ 0&1&-6&-5&-1\\ 0&0&1&1&\frac{1}{5}\\ 0&0&0&0&0 \end{array}\right)$$

と簡約化できることから，求める解は，

$$\begin{pmatrix} x\\ y\\ z\\ w \end{pmatrix} = \frac{1}{5}\begin{pmatrix} 0\\ 1\\ 1\\ 0 \end{pmatrix} + t\begin{pmatrix} 1\\ -1\\ -1\\ 1 \end{pmatrix} \ (t \text{ は実数})$$

1.9.1　行基本変形により，以下のように簡約化できる．

$$\left(\begin{array}{ccc|ccc} 1&2&0&1&0&0\\ 0&1&1&0&1&0\\ 2&0&-2&0&0&1 \end{array}\right)$$

$$\xrightarrow[\text{③}-\text{①}\times 2]{} \left(\begin{array}{ccc|ccc} 1&2&0&1&0&0\\ 0&1&1&0&1&0\\ 0&-4&-2&-2&0&1 \end{array}\right)$$

$$\xrightarrow[\text{③}+\text{②}\times 4]{} \left(\begin{array}{ccc|ccc} 1&2&0&1&0&0\\ 0&1&1&0&1&0\\ 0&0&2&-2&4&1 \end{array}\right)$$

$$\xrightarrow[\substack{\text{②}-\text{③}\times\frac{1}{2}\\ \text{①}-\text{②}\times 2\\ \text{③}\div 2}]{} \left(\begin{array}{ccc|ccc} 1&0&0&-1&2&1\\ 0&1&0&1&-1&\frac{-1}{2}\\ 0&0&1&-1&2&\frac{1}{2} \end{array}\right)$$

よって，逆行列

$$A^{-1} = \begin{pmatrix} -1&2&1\\ 1&-1&\frac{-1}{2}\\ -1&2&\frac{1}{2} \end{pmatrix} = \frac{1}{2}\begin{pmatrix} -2&4&2\\ 2&-2&-1\\ -2&4&1 \end{pmatrix}$$

1.9.2　$AB = \left(\begin{smallmatrix} 6&2\\ 7&2 \end{smallmatrix}\right)$ の逆行列を求める．

$$\left(\begin{array}{cc|cc} 6&2&1&0\\ 7&2&0&1 \end{array}\right) \xrightarrow[\text{①}-\text{②}\times 1]{} \left(\begin{array}{cc|cc} -1&0&1&-1\\ 7&2&0&1 \end{array}\right)$$

$$\xrightarrow[\substack{\text{①}\times(-1)\\ \text{②}+\text{①}\times 7}]{} \left(\begin{array}{cc|cc} 1&0&-1&1\\ 0&2&7&-6 \end{array}\right)$$

$$\xrightarrow[\text{②}\times\frac{1}{2}]{} \left(\begin{array}{cc|cc} 1&0&-1&1\\ 0&1&\frac{7}{2}&-3 \end{array}\right)$$

より，$(AB)^{-1} = \frac{1}{2}\left(\begin{smallmatrix} -2&2\\ 7&-6 \end{smallmatrix}\right)$

第 1 章　演習問題解答

1.1　(1)　求める平面の方程式を $ax+by+cz+d=0$ とすると

$$\begin{cases} a+3b+c+d=0\\ 2a+4b+3c+d=0\\ 3a-3b-c+d=0 \end{cases}$$

より，$b=\frac{3}{5}a$, $c=-\frac{4}{5}a$, $d=-2a$ が得られる．よって，$5x+3y-4z-10=0$.

【別解】　外積を用いる．$\overrightarrow{\mathrm{AB}} = (1,1,2)$, $\frac{1}{2}\overrightarrow{\mathrm{AC}} = (1,-3,-1)$ なので，外積 $\overrightarrow{\mathrm{AB}} \times \left(\frac{1}{2}\overrightarrow{\mathrm{AC}}\right)$ は，

$$\begin{aligned} &\overrightarrow{\mathrm{AB}} \times (\tfrac{1}{2}\overrightarrow{\mathrm{AC}})\\ &= \left(\left|\begin{smallmatrix} 1&-3\\ 2&-1 \end{smallmatrix}\right|, -\left|\begin{smallmatrix} 1&1\\ 2&-1 \end{smallmatrix}\right|, \left|\begin{smallmatrix} 1&1\\ 1&-3 \end{smallmatrix}\right|\right) = (5,3,-4) \end{aligned}$$

となる．点 A を通り，ベクトル $(5,3,-4)$ に垂直な平面を求めればよいので，

$$5x+3y-4z-10=0$$

(2)　求める平面の方程式を $5x+3y-4z+k=0$ とおく．点と平面の距離の公式より，

$$\frac{|5\cdot 1+3\cdot 1-4\cdot 1+k|}{\sqrt{5^2+3^2+(-4)^2}} = 5$$

なので，$|k+4| = 5\sqrt{50} = 25\sqrt{2}$. よって，$k = -4 \pm 25\sqrt{2}$. 求める平面の方程式は，

$$5x+3y-4z-4\pm 25\sqrt{2}=0$$

(3)　球面 S の方程式は，

$$(x-1)^2+(y-1)^2+(z-1)^2=5^2$$

点 P と平面 α との距離は，

$$\frac{|5+3-4-10|}{\sqrt{50}} = \frac{6}{5\sqrt{2}}$$

なので，求める円の半径は，

$$\sqrt{5^2-\left(\frac{6}{5\sqrt{2}}\right)^2} = \frac{\sqrt{607}}{5}$$

また，点 P を通り，平面 α に直交する直線 $(x,y,z) = (1,1,1)+k(5,3,-4)$（$k$ は実数）と平面 α との交点が，求める円の中心となるので，

$$5(1+5k)+3(1+3k)-4(1-4k)-10=0$$

より，$k=\frac{3}{25}$. よって，中心の座標は

$$\begin{aligned} &(1+5\cdot\tfrac{3}{25}, 1+3\cdot\tfrac{3}{25}, 1-4\cdot\tfrac{3}{25})\\ &= (\tfrac{8}{5}, \tfrac{34}{25}, \tfrac{13}{25}) \end{aligned}$$

1.2　(1)　点 P が球面 β 上にあるとき，$\overrightarrow{\mathrm{OP}} = (x_0,y_0,z_0)$ は，α の法線ベクトルの 1 つなので，平面 α を表す方程式は，

$$x_0(x-x_0)+y_0(y-y_0)+z_0(z-z_0)=0$$

(2)　α と β の接点を $\mathrm{Q}(x_1,y_1,z_1)$ とすると，$\overrightarrow{\mathrm{PQ}}$ と (a,b,c) は垂直なので，内積 $\overrightarrow{\mathrm{PQ}}\cdot(a,b,c)=0$. よって，

$$a(x_1-x_0)+b(y_1-y_0)+c(z_1-z_0)=0$$

また，$\overrightarrow{\mathrm{OQ}}$ と (a,b,c) は平行なので，ある実数 k について，$(x_1,y_1,z_1)=k(a,b,c)$ となる．よって，

$$a(ka - x_0) + b(kb - y_0) + c(kc - z_1) = 0$$

(a, b, c) が単位ベクトルであることより，$k = ax_0 + by_0 + cz_0$．さらに，

$$r = |\overrightarrow{\mathrm{OQ}}| = |k|\sqrt{a^2 + b^2 + c^2}$$

なので，求める条件は $r = |ax_0 + by_0 + cz_0|$

1.3 (1) $\boldsymbol{n}_1 \cdot \overrightarrow{\mathrm{OA}} = s|\overrightarrow{\mathrm{OA}}|^2 + \overrightarrow{\mathrm{OA}} \cdot \overrightarrow{\mathrm{OB}} = 0$ より，

$$s = \frac{-\overrightarrow{\mathrm{OA}} \cdot \overrightarrow{\mathrm{OB}}}{|\overrightarrow{\mathrm{OA}}|^2}$$

2 点 A, B は半径 1 の球面上にあるので，辺の長さ c は，中心角 $\angle\mathrm{AOB}$ と一致する．よって，

$$s = \frac{-|\overrightarrow{\mathrm{OA}}||\overrightarrow{\mathrm{OB}}|\cos c}{|\overrightarrow{\mathrm{OA}}|^2} = -\cos c$$

となり，

$$\boldsymbol{n}_1 = -\overrightarrow{\mathrm{OA}}\cos c + \overrightarrow{\mathrm{OB}}$$

同様にして，$t = -\cos b$ となり，

$$\boldsymbol{n}_2 = -\overrightarrow{\mathrm{OA}}\cos b + \overrightarrow{\mathrm{OC}}$$

(2) $\boldsymbol{n}_1 \cdot \boldsymbol{n}_2 = |\boldsymbol{n}_1||\boldsymbol{n}_2|\cos\alpha$ より，

$$\cos\alpha = \frac{\cos a - \cos b \cos c}{\sin b \sin c}$$

(3) $a = b = c = \frac{\pi}{2}$ のとき，$\cos\alpha = 0$ なので，$\alpha = \frac{\pi}{2}$．同様にして，$\beta = \gamma = \frac{\pi}{2}$．よって，$\alpha + \beta + \gamma = \frac{3}{2}\pi$

1.4 (1)

$$|A| = \begin{vmatrix} |\boldsymbol{a}_1|^2 & 0 & 0 \\ 0 & |\boldsymbol{a}_2|^2 & \boldsymbol{a}_2 \cdot \boldsymbol{a}_3 \\ 0 & \boldsymbol{a}_3 \cdot \boldsymbol{a}_2 & |\boldsymbol{a}_3|^2 \end{vmatrix}$$

$$= |\boldsymbol{a}_1|^2 \begin{vmatrix} |\boldsymbol{a}_2|^2 & \boldsymbol{a}_2 \cdot \boldsymbol{a}_3 \\ \boldsymbol{a}_3 \cdot \boldsymbol{a}_2 & |\boldsymbol{a}_3|^2 \end{vmatrix}$$

$$= |\boldsymbol{a}_1|^2 \left\{ |\boldsymbol{a}_2|^2|\boldsymbol{a}_3|^2 - (\boldsymbol{a}_2 \cdot \boldsymbol{a}_3)^2 \right\} \geqq 0$$

$\boldsymbol{a}_1$，$\boldsymbol{a}_2$，$\boldsymbol{a}_3$ は 1 次独立なので，$|\boldsymbol{a}_1| \neq 0$，$|\boldsymbol{a}_2|^2|\boldsymbol{a}_3|^2 - (\boldsymbol{a}_2 \cdot \boldsymbol{a}_3)^2 \neq 0$．よって，$|A| > 0$

(2)

$$f(x) = \begin{pmatrix} 1 & 1 & x \end{pmatrix} \begin{pmatrix} |\boldsymbol{a}_1|^2 & 0 & 0 \\ 0 & |\boldsymbol{a}_2|^2 & \boldsymbol{a}_2 \cdot \boldsymbol{a}_3 \\ 0 & \boldsymbol{a}_3 \cdot \boldsymbol{a}_2 & |\boldsymbol{a}_3|^2 \end{pmatrix} \begin{pmatrix} 1 \\ 1 \\ x \end{pmatrix}$$

$$= |\boldsymbol{a}_3|^2 x^2 + 2\boldsymbol{a}_2 \cdot \boldsymbol{a}_3 x + |\boldsymbol{a}_1|^2 + |\boldsymbol{a}_2|^2$$

(3)

$$f(x) = |\boldsymbol{a}_3|^2 \left(x + \frac{\boldsymbol{a}_2 \cdot \boldsymbol{a}_3}{|\boldsymbol{a}_3|^2} \right)^2 - \left(\frac{\boldsymbol{a}_2 \cdot \boldsymbol{a}_3}{|\boldsymbol{a}_3|} \right)^2 + |\boldsymbol{a}_1|^2 + |\boldsymbol{a}_2|^2$$

より，$f(x)$ は $x = -\frac{\boldsymbol{a}_2 \cdot \boldsymbol{a}_3}{|\boldsymbol{a}_3|^2}$ のとき，

$$最小値 \ -\left(\frac{\boldsymbol{a}_2 \cdot \boldsymbol{a}_3}{|\boldsymbol{a}_3|} \right)^2 + |\boldsymbol{a}_1|^2 + |\boldsymbol{a}_2|^2$$

を取る．

(4) $x = -\frac{\boldsymbol{a}_2 \cdot \boldsymbol{a}_3}{|\boldsymbol{a}_3|^2}$ のとき，

$$\boldsymbol{b} \cdot \boldsymbol{a}_3 = \boldsymbol{a}_1 \cdot \boldsymbol{a}_3 + \boldsymbol{a}_2 \cdot \boldsymbol{a}_3 - \frac{\boldsymbol{a}_2 \cdot \boldsymbol{a}_3}{|\boldsymbol{a}_3|^2} \boldsymbol{a}_3 \cdot \boldsymbol{a}_3 = 0$$

よって，$\boldsymbol{b}$ と $\boldsymbol{a}_3$ は直交する．

(5)

$$\begin{pmatrix} x_1 & x_2 & x_3 \end{pmatrix} A \begin{pmatrix} x_1 \\ x_2 \\ x_3 \end{pmatrix}$$

$$= x_1^2|\boldsymbol{a}_1|^2 + (x_2\boldsymbol{a}_2 + x_3\boldsymbol{a}_3)^2 \geqq 0$$

よって，$x_1|\boldsymbol{a}_1| = 0$, $x_2\boldsymbol{a}_2 + x_3\boldsymbol{a}_3 = \boldsymbol{0}$ のとき等号が成り立つ．$\boldsymbol{a}_1$, $\boldsymbol{a}_2$, $\boldsymbol{a}_3$ は 1 次独立なので，等号が成り立つための必要十分条件は $x_1 = x_2 = x_3$

1.5 行基本変形を行うと，

$$\left(\begin{array}{ccc|c} 2 & 1 & -2 & 1 \\ 3 & 0 & q & 1 \\ -2 & p & -6 & 0 \end{array}\right) \xrightarrow[\substack{③+① \\ ①\leftrightarrow②}]{} \left(\begin{array}{ccc|c} 3 & 0 & q & 1 \\ 2 & 1 & -2 & 1 \\ 0 & p+1 & -8 & 1 \end{array}\right)$$

$$\xrightarrow[②-①\times\frac{2}{3}]{} \left(\begin{array}{ccc|c} 3 & 0 & q & 1 \\ 0 & 1 & -\frac{2}{3}(q+3) & \frac{1}{3} \\ 0 & p+1 & -8 & 1 \end{array}\right)$$

$$\xrightarrow[\substack{①\times\frac{1}{3} \\ ③-②\times(p+1)}]{} \left(\begin{array}{ccc|c} 1 & 0 & \frac{q}{3} & \frac{1}{3} \\ 0 & 1 & -\frac{2}{3}(q+3) & \frac{1}{3} \\ 0 & 0 & \frac{2}{3}(pq+3p+q-9) & -\frac{1}{3}(p-2) \end{array}\right)$$

を得る．

$$\begin{cases} pq + 3p + q - 9 = 0 \\ p - 2 \neq 0 \end{cases}$$

のとき，解を持たないので，

$$q = \frac{12}{p+1} - 3 \quad (p \neq 2)$$

を図示すればよい．

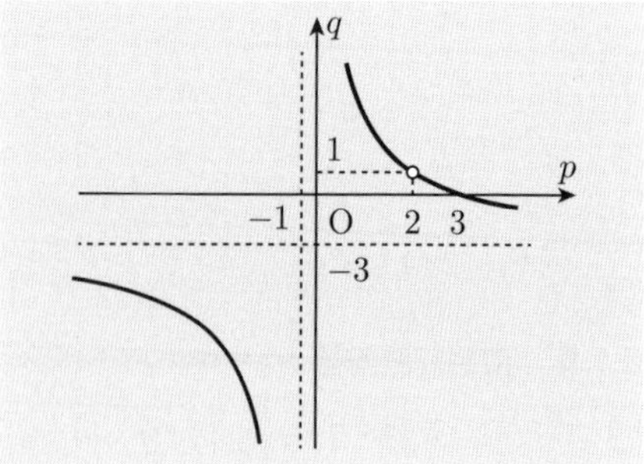

1.6 (1) 行基本変形により，以下のように簡約化できる．

$$\left(\begin{array}{cccc|c} 1 & 2 & -1 & 1 & 4 \\ 2 & 3 & 1 & 3 & 4 \\ 2 & 1 & 6 & 5 & -3 \\ 3 & 2 & 9 & 7 & -4 \end{array}\right) \longrightarrow \left(\begin{array}{cccc|c} 1 & 2 & -1 & 1 & 4 \\ 0 & 1 & -3 & -1 & 4 \\ 0 & 0 & 1 & 0 & -1 \\ 0 & 0 & 0 & 0 & 0 \end{array}\right)$$

よって，$\boldsymbol{x} = \begin{pmatrix} 4 \\ 0 \\ -1 \\ -1 \end{pmatrix} + t \begin{pmatrix} -3 \\ 1 \\ 0 \\ 1 \end{pmatrix}$ （t は実数）

(2) 行基本変形によって，

$$\left(\begin{array}{cccc|c} 1 & 2 & -1 & 1 & 4 \\ 2 & 3 & 1 & 3 & 4 \\ 2 & 1 & c & 5 & -3 \\ 3 & 2 & 9 & 7 & -4 \end{array}\right) \longrightarrow \left(\begin{array}{cccc|c} 1 & 2 & -1 & 1 & 4 \\ 0 & 1 & -3 & -1 & 4 \\ 0 & 0 & c-7 & 0 & 1 \\ 0 & 0 & 0 & 0 & 0 \end{array}\right)$$

とできる．よって，解を持つための条件は $c \neq 7$

(3) $c = 7$ のときを考えればよい．

$$\left(\begin{array}{cccc|c} 1 & 2 & -1 & 1 & 4 \\ 2 & 3 & 1 & 3 & 4 \\ 2 & 1 & 7 & 5 & -3 \\ 3 & 2 & 9 & 7 & -4 \end{array}\right) \longrightarrow \left(\begin{array}{cccc|c} 1 & 3 & -4 & 0 & 0 \\ 0 & 1 & -3 & -1 & 0 \\ 0 & 0 & 0 & 0 & 0 \\ 0 & 0 & 0 & 0 & 0 \end{array}\right)$$

よって，$\boldsymbol{x} = s \begin{pmatrix} -3 \\ 1 \\ 0 \\ 1 \end{pmatrix} + t \begin{pmatrix} 4 \\ 0 \\ 1 \\ -3 \end{pmatrix}$ （s, t は実数）

1.7 (1) 行基本変形により，

$$\left(\begin{array}{cc|c} 5 & 2 & 0 \\ 4 & 1 & 0 \\ 3 & 0 & 0 \end{array}\right) \longrightarrow \left(\begin{array}{cc|c} 1 & 0 & 0 \\ 0 & 1 & 0 \\ 0 & 0 & 0 \end{array}\right)$$

のように簡約化できるので，$m = n = 0$

(2) $(m-1)\boldsymbol{p} + n\boldsymbol{q} = \boldsymbol{0}$ なので，(1) の結果から，

$$m - 1 = n = 0$$

よって，$m = 1, n = 0$

(3) $m\boldsymbol{p} + (n-1)\boldsymbol{q} = \boldsymbol{0}$ なので，(1) の結果から，

$$m - 1 = n = 0$$

よって，$m = 0, n = 1$

(4) 行基本変形により，

$$\left(\begin{array}{cc|c} 5 & 2 & x \\ 4 & 1 & y \\ 3 & 0 & z \end{array}\right) \longrightarrow \left(\begin{array}{cc|c} 1 & 0 & \frac{1}{3}z \\ 0 & 1 & x - y - \frac{1}{3}z \\ 0 & 0 & -x + 2y - z \end{array}\right)$$

と簡約化できる．

$$-x + 2y - z = 0$$

となれば解が存在するので，求める方程式は $x - 2y + z = 0$

1.8 (1) $A^2 = 4E$

(2) (1) より，$A^{-1} = \frac{1}{4}A$ なので，

$$\boldsymbol{x} = \frac{1}{4}A \begin{pmatrix} 1 \\ 1 \\ 1 \\ 1 \end{pmatrix} = \begin{pmatrix} 1 \\ 0 \\ 0 \\ 0 \end{pmatrix}$$

(3) $a\boldsymbol{y}_1 + b\boldsymbol{y}_2 + c\boldsymbol{y}_3 + d\boldsymbol{y}_4 = \boldsymbol{0}$ とすると，

$$\begin{aligned} &(a+b+c+d)\boldsymbol{x}_1 + (a+b-c-d)\boldsymbol{x}_2 \\ &\quad + (a-b+c-d)\boldsymbol{x}_3 + (a-b-c+d)\boldsymbol{x}_4 \\ &= \boldsymbol{0} \end{aligned}$$

$\boldsymbol{x}_1$, $\boldsymbol{x}_2$, $\boldsymbol{x}_3$, $\boldsymbol{x}_4$ は 1 次独立なので，

$$\begin{cases} a + b + c + d = 0 \\ a + b - c - d = 0 \\ a - b + c - d = 0 \\ a - b - c + d = 0 \end{cases}$$

が成り立つ．よって，$A \begin{pmatrix} a \\ b \\ c \\ d \end{pmatrix} = \begin{pmatrix} 0 \\ 0 \\ 0 \\ 0 \end{pmatrix}$ となり，

$$\begin{pmatrix} a \\ b \\ c \\ d \end{pmatrix} = A^{-1}\boldsymbol{0} = \boldsymbol{0}$$

したがって，$\boldsymbol{y}_1$, $\boldsymbol{y}_2$, $\boldsymbol{y}_3$, $\boldsymbol{y}_4$ も 1 次独立．

1.9 (1) $\mathrm{rank}(A) > \mathrm{rank}(A^2)$ となることはある．例えば，$A = \begin{pmatrix} 1 & -1 \\ 1 & -1 \end{pmatrix}$ のとき，

$$\mathrm{rank}(A) = 1, \quad \mathrm{rank}(A^2) = 0$$

(2) $A = \begin{pmatrix} a & b \\ c & d \end{pmatrix}$ とおく．A が正則のとき $\mathrm{rank}(A) = 2$ であり，A^2 は 2 次の正方行列なので，$\mathrm{rank}(A) \geqq \mathrm{rank}(A^2)$．また，$A$ が正則でないとき，$ad - bc = 0$ となるので，

$$\begin{aligned} A^2 &= \begin{pmatrix} a^2+bc & b(a+d) \\ c(a+d) & bc+d^2 \end{pmatrix} \\ &= \begin{pmatrix} a^2+ad & b(a+d) \\ c(a+d) & ad+d^2 \end{pmatrix} = (a+d)A \end{aligned}$$

$a + d \neq 0$ のときは，$\mathrm{rank}(A^2) = \mathrm{rank}(A)$．また，$a + d = 0$ のときは，$\mathrm{rank}(A^2) = 0$ なので，$\mathrm{rank}(A) \geqq \mathrm{rank}(A^2)$．よって，$\mathrm{rank}(A) < \mathrm{rank}(A^2)$ となることはない．

(3) A が正則でないとき，(2) より

$$A^2 = (a+d)A, \quad A^3 = (a+d)^2 A$$

なので，$\mathrm{rank}(A^2) = \mathrm{rank}(A^3)$．また，$A$ が正則のとき，A はいくつかの基本行列の積 $P_1 P_2 \cdots P_n$ として表されるので，

$$A^3 = AA^2 = P_1 P_2 \cdots P_n A^2$$

となる．基本行列を掛けても階数は変わらないので，$\mathrm{rank}(A^2) = \mathrm{rank}(A^3)$．以上より，

$$\mathrm{rank}(A) = \mathrm{rank}(A^2) \neq \mathrm{rank}(A^3)$$

となることはない．

第 2 章

2.1.1 (1) $\begin{vmatrix} 2 & 1 & 1 \\ 1 & 2 & 1 \\ 1 & 1 & 2 \end{vmatrix} = 4$

(2) $\begin{vmatrix} \cos\alpha\cos\beta & \cos\alpha\sin\beta & -\sin\alpha \\ \sin\alpha\cos\beta & \sin\alpha\sin\beta & \cos\alpha \\ -\sin\beta & \cos\beta & 0 \end{vmatrix}$

$$\begin{aligned} &= 0 - \cos^2\alpha\sin^2\beta - \sin^2\alpha\cos^2\beta \\ &\qquad - \sin^2\alpha\sin^2\beta - \cos^2\alpha\cos^2\beta - 0 \\ &= -\sin^2\beta - \cos^2\beta = -1 \end{aligned}$$

2.2.1 (1) $\begin{vmatrix} 103 & 103 & 101 \\ 98 & 100 & 101 \\ 99 & 97 & 98 \end{vmatrix} \underset{\substack{②-① \\ ③-①}}{\overset{列}{=}} \begin{vmatrix} 103 & 0 & -2 \\ 98 & 2 & 3 \\ 99 & -2 & -1 \end{vmatrix}$

$$\underset{③+①+②}{=} \begin{vmatrix} 103 & 0 & -2 \\ 98 & 2 & 3 \\ 300 & 0 & 0 \end{vmatrix} = 1200$$

(2) 行列式の性質を用いて変形し，三角行列の行列式に帰着する．

$$\begin{vmatrix} 1&1&1&1&1\\ 1&2&2&2&2\\ 1&2&3&3&3\\ 1&2&3&4&4\\ 1&2&3&4&5 \end{vmatrix} \underset{\substack{\text{②}-\text{①}\\ \text{③}-\text{①}\\ \text{④}-\text{①}\\ \text{⑤}-\text{①}}}{=} \begin{vmatrix} 1&1&1&1&1\\ 0&1&1&1&1\\ 0&1&2&2&2\\ 0&1&2&3&3\\ 0&1&2&3&4 \end{vmatrix} \underset{\substack{\text{③}-\text{②}\\ \text{④}-\text{②}\\ \text{⑤}-\text{②}}}{=} \begin{vmatrix} 1&1&1&1&1\\ 0&1&1&1&1\\ 0&0&1&1&1\\ 0&0&1&2&2\\ 0&0&1&2&3 \end{vmatrix}$$

$$\underset{\substack{\text{④}-\text{③}\\ \text{⑤}-\text{③}}}{=} \begin{vmatrix} 1&1&1&1&1\\ 0&1&1&1&1\\ 0&0&1&1&1\\ 0&0&0&1&1\\ 0&0&0&1&2 \end{vmatrix} \underset{\text{⑤}-\text{④}}{=} \begin{vmatrix} 1&1&1&1&1\\ 0&1&1&1&1\\ 0&0&1&1&1\\ 0&0&0&1&1\\ 0&0&0&0&1 \end{vmatrix} = 1$$

(3) 列の入れ替えを繰り返して，三角行列の行列式にする．

$$\begin{vmatrix} 0&0&0&a\\ a&0&0&1\\ 1&a&0&1\\ 1&1&a&1 \end{vmatrix} \overset{\text{列}}{\underset{\text{③}\leftrightarrow\text{④}}{=}} \begin{vmatrix} 0&0&a&0\\ a&0&1&0\\ 1&a&1&0\\ 1&1&1&a \end{vmatrix}$$

$$\overset{\text{列}}{\underset{\text{②}\leftrightarrow\text{③}}{=}} \begin{vmatrix} 0&a&0&0\\ a&1&0&0\\ 1&1&a&0\\ 1&1&1&a \end{vmatrix} \overset{\text{列}}{\underset{\text{①}\leftrightarrow\text{②}}{=}} \begin{vmatrix} a&0&0&0\\ 1&a&0&0\\ 1&1&a&0\\ 1&1&1&a \end{vmatrix} = -a^4$$

2.3.1 $\begin{vmatrix} 1&a&b^2&1\\ 1&a^2&b^3&c\\ 1&a^3&b^4&c^2\\ 1&a^4&b^5&c^3 \end{vmatrix}$

$$\underset{\substack{\text{④}-\text{③}\\ \text{③}-\text{②}\\ \text{②}-\text{①}}}{=} \begin{vmatrix} 1&a&b^2&1\\ 0&a(a-1)&b^2(b-1)&c-1\\ 0&a^2(a-1)&b^3(b-1)&c(c-1)\\ 0&a^3(a-1)&b^4(b-1)&c^2(c-1) \end{vmatrix}$$

$$\underset{(\text{イ})}{=} \begin{vmatrix} a(a-1)&b^2(b-1)&c-1\\ a^2(a-1)&b^3(b-1)&c(c-1)\\ a^3(a-1)&b^4(b-1)&c^2(c-1) \end{vmatrix}$$

$$\underset{(\text{ロ})}{=} ab^2(a-1)(b-1)(c-1)\begin{vmatrix} 1&1&1\\ a&b&c\\ a^2&b^2&c^2 \end{vmatrix}$$

$$\underset{\substack{\text{③}-a\times\text{②}\\ \text{②}-a\times\text{①}}}{=} ab^2(a-1)(b-1)(c-1)$$

$$\cdot\begin{vmatrix} 1&1&1\\ 0&b-a&c-a\\ 0&b(b-a)&c(c-a) \end{vmatrix}$$

$$\underset{(\text{イ})}{=} ab^2(a-1)(b-1)(c-1)\begin{vmatrix} b-a&c-a\\ b(b-a)&c(c-a) \end{vmatrix}$$

$$\underset{(\text{ロ})}{=} ab^2(a-1)(b-1)(c-1)$$

$$\cdot(b-a)(c-a)\begin{vmatrix} 1&1\\ b&c \end{vmatrix}$$

$$\underset{\text{②}-b\times\text{①}}{=} ab^2(a-1)(b-1)(c-1)$$

$$\cdot(b-a)(c-a)\begin{vmatrix} 1&1\\ 0&c-b \end{vmatrix}$$

$$= ab^2(a-1)(b-1)(c-1)$$

$$\cdot(a-b)(b-c)(c-a)$$

(イ)：次数下げの公式

(ロ)：各列の共通因数のくくり出し

2.4.1 (1) $A = B\,{}^tB$ の成分を行ごとに上から順に比較することにより計算できて，次のようになる．

$$B = \begin{pmatrix} \sqrt{2}&0&0&0\\ \frac{-1}{\sqrt{2}}&\sqrt{\frac{3}{2}}&0&0\\ 0&-\sqrt{\frac{2}{3}}&\frac{2}{\sqrt{3}}&0\\ 0&0&-\frac{\sqrt{3}}{2}&\frac{\sqrt{5}}{2} \end{pmatrix}$$

(2) B は三角行列なので，

$$|B| = \sqrt{2}\cdot\sqrt{\frac{3}{2}}\cdot\frac{2}{\sqrt{3}}\cdot\frac{\sqrt{5}}{2} = \sqrt{5}$$

となって，$|A| = \bigl|B\bigr|\bigl|{}^tB\bigr| = |B|^2 = 5$

2.5.1 第 1 行について繰り返し余因子展開する．

$$\begin{vmatrix} 3&\sqrt{2}&0&0\\ \sqrt{2}&3&\sqrt{2}&0\\ 0&\sqrt{2}&3&\sqrt{2}\\ 0&0&\sqrt{2}&3 \end{vmatrix}$$

$$= 3\begin{vmatrix} 3&\sqrt{2}&0\\ \sqrt{2}&3&\sqrt{2}\\ 0&\sqrt{2}&3 \end{vmatrix} - \sqrt{2}\begin{vmatrix} \sqrt{2}&\sqrt{2}&0\\ 0&3&\sqrt{2}\\ 0&\sqrt{2}&3 \end{vmatrix}$$

$$= 3\left(3\begin{vmatrix} 3&\sqrt{2}\\ \sqrt{2}&3 \end{vmatrix} - \sqrt{2}\begin{vmatrix} \sqrt{2}&\sqrt{2}\\ 0&3 \end{vmatrix}\right) - 2\begin{vmatrix} 3&\sqrt{2}\\ \sqrt{2}&3 \end{vmatrix}$$

$$= 31$$

2.6.1 (1) $|A| = x-3$ であるから，$|A| = 0$ となるのは $x = 3$

(2) $x = 2$ のとき，A の余因子行列 $\widetilde{A}$ の転置は次のようになる．

$${}^t\widetilde{A} = \begin{pmatrix} 1&0&-1&1&0&-1\\ 2&1&1&2&1&1\\ 0&1&2&0&1&2\\ 1&0&-1&1&0&-1\\ 2&1&1&2&1&1\\ 0&1&2&0&1&2 \end{pmatrix} = \begin{pmatrix} 1&-4&2\\ -1&2&-1\\ 1&-3&1 \end{pmatrix}$$

また，(1) より $|A| = -1$ である．したがって，

$$A^{-1} = \frac{1}{-1}\begin{pmatrix} 1&-1&1\\ -4&2&-3\\ 2&-1&1 \end{pmatrix} = \begin{pmatrix} -1&1&-1\\ 4&-2&3\\ -2&1&-1 \end{pmatrix}$$

2.7.1 掃き出し法を用いて解けばよいが，ここではクラメールの公式を用いる．

$$x_1 = \frac{\begin{vmatrix} -2&-1&-3\\ -4&-4&-5\\ 5&2&-5 \end{vmatrix}}{\begin{vmatrix} 1&-1&-3\\ 3&-4&-5\\ 2&2&-5 \end{vmatrix}} = 3,\quad x_2 = \frac{\begin{vmatrix} 1&-2&-3\\ 3&-4&-5\\ 2&5&-5 \end{vmatrix}}{\begin{vmatrix} 1&-1&-3\\ 3&-4&-5\\ 2&2&-5 \end{vmatrix}} = 2,$$

$$x_3 = \frac{\begin{vmatrix} 1&-1&-2\\ 3&-4&-4\\ 2&2&5 \end{vmatrix}}{\begin{vmatrix} 1&-1&-3\\ 3&-4&-5\\ 2&2&-5 \end{vmatrix}} = 1$$

2.8.1 (1) $|A| = (a+2)(a-1)^2$

(2) A が逆行列を持たないのは行列式が零のときだから，$a = -2$ または $a = 1$ のときである．

(3) $a = -2$ のとき，行基本変形により

$$A = \begin{pmatrix} -2&1&1\\ 1&-2&1\\ 1&1&-2 \end{pmatrix} \to \begin{pmatrix} 1&0&-1\\ 0&1&-1\\ 0&0&0 \end{pmatrix}$$

と変形できるので，A の階数は 2 である．

$a = 1$ のとき，行基本変形により

$$A = \begin{pmatrix} 1 & 1 & 1 \\ 1 & 1 & 1 \\ 1 & 1 & 1 \end{pmatrix} \to \begin{pmatrix} 1 & 1 & 1 \\ 0 & 0 & 0 \\ 0 & 0 & 0 \end{pmatrix}$$

と変形できるので，A の階数は 1 である．

2.9.1

$$\begin{vmatrix} 4 & 2 & 16 & 7 & 3 \\ 3 & 6 & -2 & 5 & 0 \\ 0 & 0 & -5 & 3 & -14 \\ 0 & 0 & -5 & 6 & 7 \\ 0 & 0 & 10 & 3 & -7 \end{vmatrix}$$

$$= \begin{vmatrix} 4 & 2 \\ 3 & 6 \end{vmatrix} \begin{vmatrix} -5 & 3 & -14 \\ -5 & 6 & 7 \\ 10 & 3 & -7 \end{vmatrix} = 18 \cdot 1470 = 26460$$

第 2 章　演習問題解答

2.1　$x - y = 2u,\ y - z = 2v$ とおくと $z - x = -2u - 2v$ となる．左辺を第 3 列について展開してから，加法定理などを用いて変形していくと，

$$(\text{左辺}) = \begin{vmatrix} \cos x & \sin x & 1 \\ \cos y & \sin y & 1 \\ \cos z & \sin z & 1 \end{vmatrix}$$

$$= -(\sin x \cos y - \cos x \sin y)$$

$$-(\sin y \cos z - \cos y \sin z)$$

$$-(\sin z \cos x - \cos z \sin x)$$

$$= -\sin(x-y) - \sin(y-z) - \sin(z-x)$$

$$= -\sin 2u - \sin 2v + \sin(2u + 2v)$$

$$= -4 \sin u \cos v(\sin u \cos v + \cos u \sin v),$$

$$(\text{右辺}) = 4 \sin \frac{x-y}{2} \sin \frac{y-z}{2} \sin \frac{z-x}{2}$$

$$= 4 \sin u \sin v \sin(-u-v)$$

$$= -4 \sin u \sin v(\sin u \cos v + \cos u \sin v)$$

以上より，示せた．

2.2　(1)　三角行列の行列式は対角成分の積で計算できる．

$$\begin{vmatrix} 3 & 3 & 3 & 3 \\ 0 & -1 & 0 & 0 \\ 0 & 0 & -1 & 0 \\ 0 & 0 & 0 & -1 \end{vmatrix} = 3 \cdot (-1) \cdot (-1) \cdot (-1) = -3$$

(2)　(1) と同様の三角行列に変形する．

$$\begin{vmatrix} 0 & 1 & 1 & \cdots & 1 \\ 1 & 0 & 1 & \cdots & 1 \\ 1 & 1 & 0 & \ddots & \vdots \\ \vdots & \vdots & \ddots & \ddots & 1 \\ 1 & 1 & \cdots & 1 & 0 \end{vmatrix} \overset{\text{a}}{=} \begin{vmatrix} n-1 & n-1 & n-1 & \cdots & n-1 \\ 1 & 0 & 1 & \cdots & 1 \\ 1 & 1 & 0 & \ddots & \vdots \\ \vdots & \vdots & \ddots & \ddots & 1 \\ 1 & 1 & \cdots & 1 & 0 \end{vmatrix}$$

$$\overset{\text{b}}{=} \begin{vmatrix} n-1 & n-1 & n-1 & \cdots & n-1 \\ 0 & -1 & 0 & \cdots & 0 \\ 0 & 0 & -1 & \ddots & \vdots \\ \vdots & \vdots & \ddots & \ddots & 0 \\ 0 & 0 & \cdots & 0 & -1 \end{vmatrix}$$

$$= (-1)^{n-1}(n-1)$$

a: 第 2 行以降の行を第 1 行に加える．

b: 第 1 行の $\frac{1}{n-1}$ 倍を第 2 行以降から引く．

2.3　(1)　$a_2 = \begin{vmatrix} 2 & -1 \\ -1 & 2 \end{vmatrix} = 2 \cdot 2 - (-1) \cdot (-1) = 3$

(2)　サラスの方法で計算できるが，第 1 行に第 2 行と第 3 行を加えてから，第 1 行について展開すると次のようになる．

$$a_3 = \begin{vmatrix} 2 & -1 & 0 \\ -1 & 2 & -1 \\ 0 & -1 & 2 \end{vmatrix} = \begin{vmatrix} 1 & 0 & 1 \\ -1 & 2 & -1 \\ 0 & -1 & 2 \end{vmatrix}$$

$$= \begin{vmatrix} 2 & -1 \\ -1 & 2 \end{vmatrix} + \begin{vmatrix} -1 & 2 \\ 0 & -1 \end{vmatrix}$$

$$= a_2 + (-1)^2 = 3 + 1 = 4$$

(3)　a_3 と同様に，第 1 行に第 2 行以降を加えてから，第 1 行について展開する．

$$a_4 = \begin{vmatrix} 2 & -1 & 0 & 0 \\ -1 & 2 & -1 & 0 \\ 0 & -1 & 2 & -1 \\ 0 & 0 & -1 & 2 \end{vmatrix} = \begin{vmatrix} 1 & 0 & 0 & 1 \\ -1 & 2 & -1 & 0 \\ 0 & -1 & 2 & -1 \\ 0 & 0 & -1 & 2 \end{vmatrix}$$

$$= \begin{vmatrix} 2 & -1 & 0 \\ -1 & 2 & -1 \\ 0 & -1 & 2 \end{vmatrix} - \begin{vmatrix} -1 & 2 & -1 \\ 0 & -1 & 2 \\ 0 & 0 & -1 \end{vmatrix}$$

$$= a_3 + 1 = 5$$

(4)　第 1 行に第 2 行以降を加えてから，第 1 行について展開すると $n-1$ 次正方行列の行列式の和の形になる．

$$a_n = \begin{vmatrix} 2 & -1 & 0 & \cdots & \cdots & 0 & 0 \\ -1 & 2 & -1 & 0 & \cdots & \cdots & 0 \\ 0 & -1 & 2 & -1 & 0 & \cdots & 0 \\ \vdots & \ddots & \ddots & \ddots & \ddots & \ddots & \vdots \\ 0 & \cdots & 0 & -1 & 2 & -1 & 0 \\ 0 & \cdots & \cdots & 0 & -1 & 2 & -1 \\ 0 & 0 & \cdots & \cdots & 0 & -1 & 2 \end{vmatrix}$$

$$= \begin{vmatrix} 1 & 0 & 0 & \cdots & \cdots & 0 & 1 \\ -1 & 2 & -1 & 0 & \cdots & \cdots & 0 \\ 0 & -1 & 2 & -1 & 0 & \cdots & 0 \\ \vdots & \ddots & \ddots & \ddots & \ddots & \ddots & \vdots \\ 0 & \cdots & 0 & -1 & 2 & -1 & 0 \\ 0 & \cdots & \cdots & 0 & -1 & 2 & -1 \\ 0 & 0 & \cdots & \cdots & 0 & -1 & 2 \end{vmatrix}$$

$$= |J_{n-1}|$$

$$+ (-1)^{1+n} \begin{vmatrix} -1 & 2 & -1 & 0 & \cdots & \cdots & 0 \\ 0 & -1 & 2 & -1 & 0 & \cdots & 0 \\ \vdots & \ddots & \ddots & \ddots & \ddots & \ddots & \vdots \\ 0 & \cdots & 0 & -1 & 2 & -1 & 0 \\ 0 & \cdots & \cdots & 0 & -1 & 2 & -1 \\ 0 & \cdots & \cdots & \cdots & 0 & -1 & 2 \\ 0 & \cdots & \cdots & \cdots & \cdots & 0 & -1 \end{vmatrix}$$

$$= a_{n-1} + 1$$

すなわち，a_n は公差 1 の等差数列だから，

$$a_n = a_2 + (n-2) = n + 1$$

2.4　C は直交行列なので ${}^t C\, C = E_3$ が成り立ち，等式

$${}^t C\,(C + E_3) = E_3 + {}^t C = {}^t (C + E_3)$$

が得られる．積の行列の行列式は行列式の積に等しいこと，転置行列の行列式は元の行列の行列式に等しいこと，さらに $|C| = -1$ を用いると，この等式の左辺と右辺の行列式はそれぞれ，

$$|\text{左辺}| = \left|{}^t C\,(C + E_3)\right| = \left|{}^t C\right| |C + E_3|$$

$$= |C|\,|C + E_3| = -|C + E_3|,$$

$$\left|右辺\right| = \left|{}^t(C+E_3)\right| = |C+E_3|$$

であるから，$|C+E_3| = 0$ となる．すなわち行列 $C+E_3$ は正則でない．

2.5 第 1 列について繰り返し余因子展開していくと，サイズが順に小さくなって，

$$\begin{vmatrix} a_0 & a_1 & a_2 & \cdots & a_n \\ 1 & x & 0 & \cdots & 0 \\ 0 & 1 & x & \ddots & \vdots \\ \vdots & \ddots & \ddots & \ddots & 0 \\ 0 & \cdots & 0 & 1 & x \end{vmatrix}$$

$$= a_0 \begin{vmatrix} x & 0 & 0 & \cdots & 0 \\ 1 & x & 0 & \cdots & 0 \\ 0 & 1 & x & \ddots & \vdots \\ \vdots & \ddots & \ddots & \ddots & 0 \\ 0 & \cdots & 0 & 1 & x \end{vmatrix} - \begin{vmatrix} a_1 & a_2 & a_3 & \cdots & a_n \\ 1 & x & 0 & \cdots & 0 \\ 0 & 1 & x & \ddots & \vdots \\ \vdots & \ddots & \ddots & \ddots & 0 \\ 0 & \cdots & 0 & 1 & x \end{vmatrix}$$

$$= a_0 x^n$$

$$- \left(a_1 \begin{vmatrix} x & 0 & 0 & \cdots & 0 \\ 1 & x & 0 & \cdots & 0 \\ 0 & 1 & x & \ddots & \vdots \\ \vdots & \ddots & \ddots & \ddots & 0 \\ 0 & \cdots & 0 & 1 & x \end{vmatrix} - \begin{vmatrix} a_2 & a_3 & a_4 & \cdots & a_n \\ 1 & x & 0 & \cdots & 0 \\ 0 & 1 & x & \ddots & \vdots \\ \vdots & \ddots & \ddots & \ddots & 0 \\ 0 & \cdots & 0 & 1 & x \end{vmatrix} \right)$$

$$= a_0 x^n - a_1 x^{n-1}$$

$$+ \left(a_2 \begin{vmatrix} x & 0 & 0 & \cdots & 0 \\ 1 & x & 0 & \cdots & 0 \\ 0 & 1 & x & \ddots & \vdots \\ \vdots & \ddots & \ddots & \ddots & 0 \\ 0 & \cdots & 0 & 1 & x \end{vmatrix} - \begin{vmatrix} a_3 & a_4 & a_5 & \cdots & a_n \\ 1 & x & 0 & \cdots & 0 \\ 0 & 1 & x & \ddots & \vdots \\ \vdots & \ddots & \ddots & \ddots & 0 \\ 0 & \cdots & 0 & 1 & x \end{vmatrix} \right)$$

$$= \cdots = a_0 x^n - a_1 x^{n-1} + \cdots + (-1)^n a_n$$

2.6 (1) 第 1 行について展開するとよい．

$$D_n = |A_n|$$

$$= 3\,|A_{n-1}| - \sqrt{2} \left| \begin{array}{c:c} \sqrt{2} & \sqrt{2} \ \ 0 \ \cdots \ 0 \\ \hdashline 0 & \\ \vdots & A_{n-2} \\ 0 & \end{array} \right|$$

$$= 3D_{n-1} - 2D_{n-2}$$

(2) $D_1 = 3$, $D_2 = \begin{vmatrix} 3 & \sqrt{2} \\ \sqrt{2} & 3 \end{vmatrix} = 7$ である．漸化式 $D_n = 3D_{n-1} - 2D_{n-2}$ は

$$D_n - D_{n-1} = 2(D_{n-1} - D_{n-2})$$

と変形できるので，$n \geqq 3$ のとき，

$$D_{n+1} - D_n = 2^{n-1}(D_2 - D_1)$$
$$= 2^{n-1}(7-3) = 2^{n+1}$$

これは $n=2$ のときも成り立つ．したがって，数列 D_n は 2^{n+1} を階差数列に持つ．よって $n \geqq 2$ のとき，

$$D_n = D_1 + \sum_{k=1}^{n-1} 2^{k+1} = 2^{n+1} - 1$$

これは $n=1$ のときも成り立つ．

2.7 (1) $\begin{vmatrix} 1 & 1 & 1 \\ x & y & z \\ x^2 & y^2 & z^2 \end{vmatrix} = (x-y)(y-z)(z-x)$

(2) (1) で $y=0$, $z=1$ として，

$$|A| = \begin{vmatrix} 1 & 1 & 1 \\ x & 0 & 1 \\ x^2 & 0 & 1 \end{vmatrix} = x(0-1)(1-x) = x(x-1)$$

だから，A が逆行列を持つのは $x \neq 0$ かつ $x \neq 1$ のときである．このとき，

$${}^t\widetilde{A} = \left(\begin{array}{ccc:ccc} 1 & 1 & 1 & 1 & 1 & 1 \\ x & 0 & 1 & x & 0 & 1 \\ x^2 & 0 & 1 & x^2 & 0 & 1 \\ \hdashline 1 & 1 & 1 & 1 & 1 & 1 \\ x & 0 & 1 & x & 0 & 1 \\ x^2 & 0 & 1 & x^2 & 0 & 1 \end{array} \right)$$

$$= \begin{pmatrix} 0 & x^2-x & 0 \\ -1 & -x^2+1 & x^2 \\ 1 & x-1 & -x \end{pmatrix}$$

だから，

$$A^{-1} = \frac{1}{x(x-1)} \begin{pmatrix} 0 & -1 & 1 \\ x^2-x & -x^2+1 & x-1 \\ 0 & x^2 & -x \end{pmatrix}$$

$$- \begin{pmatrix} 0 & \frac{-1}{x(x-1)} & \frac{1}{x(x-1)} \\ 1 & -\frac{x+1}{x} & \frac{1}{x} \\ 0 & \frac{x}{x-1} & \frac{-1}{x-1} \end{pmatrix}$$

2.8 (1) $|B|$ を第 1 行について展開して整理する．

$$|B| = \begin{vmatrix} a^2 & 2ab & b^2 \\ ac & ad+bc & bd \\ c^2 & 2cd & d^2 \end{vmatrix}$$

$$= a^2 \begin{vmatrix} ad+bc & bd \\ 2cd & d^2 \end{vmatrix} - 2ab \begin{vmatrix} ac & bd \\ c^2 & d^2 \end{vmatrix}$$

$$+ b^2 \begin{vmatrix} ac & ad+bc \\ c^2 & 2cd \end{vmatrix}$$

$$= a^2d^2(ad-bc) - 2abcd(ad-bc)$$

$$+ b^2c^2(ad-bc)$$

$$= (ad-bc)^2(ad-bc)$$

$$= (ad-bc)^3 = |A|^3$$

(2) $\operatorname{rank} A = 0$ のとき，$A = \begin{pmatrix} 0 & 0 \\ 0 & 0 \end{pmatrix}$ であるから，$B = \begin{pmatrix} 0 & 0 & 0 \\ 0 & 0 & 0 \\ 0 & 0 & 0 \end{pmatrix}$ となって，$\operatorname{rank} B = 0$

(3) $\operatorname{rank} A = 1$ のとき，k と $(\alpha, \beta) \neq (0, 0)$ を用いて，

(a) $A = \begin{pmatrix} \alpha & \beta \\ k\alpha & k\beta \end{pmatrix}$ または (b) $A = \begin{pmatrix} k\alpha & k\beta \\ \alpha & \beta \end{pmatrix}$

と表せる．(a) のとき，B は行基本変形により

$$B = \begin{pmatrix} \alpha^2 & 2\alpha\beta & \beta^2 \\ \alpha^2 \cdot k & 2\alpha\beta \cdot k & \beta^2 \cdot k \\ \alpha^2 \cdot k^2 & 2\alpha\beta \cdot k^2 & \beta^2 \cdot k^2 \end{pmatrix} \to \begin{pmatrix} \alpha^2 & 2\alpha\beta & \beta^2 \\ 0 & 0 & 0 \\ 0 & 0 & 0 \end{pmatrix}$$

(b) のときも同じ形に変形できて，$\operatorname{rank} B = 1$ である．

(4) $\operatorname{rank} A = 2$ のとき，$\det A \neq 0$ であるから，(1) より $\det B \neq 0$ である．このとき $\operatorname{rank} B = 3$ である．

2.9 (1) 行列式の性質を用いて変形し，ブロック分割された行列式の性質を使う．

$$\det A = \begin{vmatrix} 1 & 0 & 2 & a \\ 0 & -1 & a & -2 \\ 2 & a & 1 & 0 \\ a & 1 & 0 & 1 \end{vmatrix}$$

$$\underset{\substack{③-2\times①+a\times②\\④-a\times①+②}}{=} \left|\begin{array}{cc:cc} 1 & 0 & 2 & a \\ 0 & -1 & a & -2 \\ \hdashline 0 & 0 & a^2-3 & -4a \\ 0 & 0 & -a & -a^2-1 \end{array}\right|$$

$$= \begin{vmatrix} 1 & 0 \\ 0 & 1 \end{vmatrix} \begin{vmatrix} a^2-3 & -4a \\ -a & -a^2-1 \end{vmatrix}$$

$$= (a^2+3)(a-1)(a+1)$$

(2)　$\det A = 0$ となるような非負の実数 a は $a=1$ だけである．このとき，(1) の計算を参考にして，行列 A は行基本変形によって，

$$A \to \begin{pmatrix} 1 & 0 & 2 & 1 \\ 0 & -1 & 1 & -2 \\ 0 & 0 & -2 & -4 \\ 0 & 0 & -1 & -2 \end{pmatrix} \to \begin{pmatrix} 1 & 0 & 0 & -3 \\ 0 & 1 & 0 & 4 \\ 0 & 0 & 1 & 2 \\ 0 & 0 & 0 & 0 \end{pmatrix}$$

と変形できるので，A の階数は 3 である．

(3)　$A\boldsymbol{w} = \boldsymbol{0}$ となる零ベクトルでないベクトル $\boldsymbol{w} \in \mathbb{R}^4$ を 1 つ見つけ，それに対して，線形方程式 $A\boldsymbol{v} = \boldsymbol{w}$ の解を 1 つ見つければよい．

(2) より，線形方程式 $A\boldsymbol{w} = \boldsymbol{0}$ は $\boldsymbol{w} = \begin{pmatrix} 3 \\ -4 \\ -2 \\ 1 \end{pmatrix}$ を解に持つ．このとき，$\boldsymbol{v}$ の線形方程式 $A\boldsymbol{v} = \boldsymbol{w}$ について，拡大係数行列 $(A \mid \boldsymbol{w})$ を行基本変形により変形すると，

$$(A \mid \boldsymbol{w}) = \left(\begin{array}{cccc|c} 1 & 0 & 2 & 1 & 3 \\ 0 & -1 & 1 & -2 & -4 \\ 2 & 1 & 1 & 0 & -2 \\ 1 & 1 & 0 & 1 & 1 \end{array}\right)$$

$$\to \left(\begin{array}{cccc|c} 1 & 0 & 0 & -3 & -9 \\ 0 & 1 & 0 & 4 & 10 \\ 0 & 0 & 1 & 2 & 6 \\ 0 & 0 & 0 & 0 & 0 \end{array}\right)$$

となるので，$\boldsymbol{v} = \begin{pmatrix} -6 \\ 6 \\ 4 \\ 1 \end{pmatrix}$ とすればよい．

2.10　以下では $\boldsymbol{e}_k = {}^t(0 \cdots 0 \overset{k}{\overset{\vee}{1}} 0 \cdots 0)$（第 k 基本ベクトル）とする．

(1)　まず第 2 行以降の行を第 1 行に加えると第 1 行の成分がすべて $a+n-1$ になる．その後，第 1 行から $a+n-1$ をくくり出し，第 2 行以降の行から第 1 行を引くと三角行列の行列式になって示せる．

$$|A_n| = \begin{vmatrix} a & 1 & 1 & \cdots & 1 \\ 1 & a & 1 & \cdots & 1 \\ 1 & 1 & a & \cdots & 1 \\ \vdots & \vdots & \vdots & \ddots & \vdots \\ 1 & 1 & 1 & \cdots & a \end{vmatrix}$$

$$= \begin{vmatrix} a+n-1 & a+n-1 & a+n-1 & \cdots & a+n-1 \\ 1 & a & 1 & \cdots & 1 \\ 1 & 1 & a & \cdots & 1 \\ \vdots & \vdots & \vdots & \ddots & \vdots \\ 1 & 1 & 1 & \cdots & a \end{vmatrix}$$

$$= (a+n-1) \begin{vmatrix} 1 & 1 & 1 & \cdots & 1 \\ 1 & a & 1 & \cdots & 1 \\ 1 & 1 & a & \cdots & 1 \\ \vdots & \vdots & \vdots & \ddots & \vdots \\ 1 & 1 & 1 & \cdots & a \end{vmatrix}$$

$$= (a+n-1) \begin{vmatrix} 1 & 1 & 1 & \cdots & 1 \\ 0 & a-1 & 0 & \cdots & 0 \\ 0 & 0 & a-1 & \cdots & 0 \\ \vdots & \vdots & \vdots & \ddots & \vdots \\ 0 & 0 & 0 & \cdots & a-1 \end{vmatrix}$$

$$= (a+n-1)(a-1)^{n-1}$$

(2)　$a=1$ のとき，行基本変形により

$$A_n = \begin{pmatrix} 1 & 1 & 1 & \cdots & 1 \\ 1 & 1 & 1 & \cdots & 1 \\ 1 & 1 & 1 & \cdots & 1 \\ \vdots & \vdots & \vdots & \ddots & \vdots \\ 1 & 1 & 1 & \cdots & 1 \end{pmatrix} \to \begin{pmatrix} 1 & 1 & 1 & \cdots & 1 \\ 0 & 0 & 0 & \cdots & 0 \\ 0 & 0 & 0 & \cdots & 0 \\ \vdots & \vdots & \vdots & \ddots & \vdots \\ 0 & 0 & 0 & \cdots & 0 \end{pmatrix}$$

と変形できるので，A_n の階数は 1 である．また，同次連立方程式 $A_n\boldsymbol{x} = \boldsymbol{0}$ の解空間は，$n-1$ 個のベクトルの組 $\boldsymbol{e}_k - \boldsymbol{e}_1$（$k = 2, \ldots, n$）を基底に持ち，次元は $n-1$ である．

(3)　$a = -n+1$ のとき，行基本変形により，

$$A_n = \begin{pmatrix} -n+1 & 1 & 1 & \cdots & 1 \\ 1 & -n+1 & 1 & \cdots & 1 \\ 1 & 1 & -n+1 & \cdots & 1 \\ \vdots & \vdots & \vdots & \ddots & \vdots \\ 1 & 1 & 1 & \cdots & -n+1 \end{pmatrix}$$

$$\to \begin{pmatrix} 1 & 0 & \cdots & 0 & -1 \\ 0 & 1 & \cdots & 0 & -1 \\ \vdots & \vdots & \ddots & \vdots & \vdots \\ 0 & 0 & \cdots & 1 & -1 \\ 0 & 0 & \cdots & 0 & 0 \end{pmatrix}$$

と変形できるので，A_n の階数は $n-1$ である．また，同次連立方程式 $A_n\boldsymbol{x} = \boldsymbol{0}$ の解空間は 1 個のベクトル $\boldsymbol{e}_1 + \cdots + \boldsymbol{e}_n$ を基底に持ち，次元は 1 である．

2.11　(1)　まずは，第 3 行から第 1 行を，第 4 行から第 2 行を引いてから，行列式の次数を下げる．

$$|A| = \begin{vmatrix} 1 & a & b & 0 \\ 0 & 1 & a & b \\ 1 & c & d & 0 \\ 0 & 1 & c & d \end{vmatrix} = \begin{vmatrix} 1 & a & b & 0 \\ 0 & 1 & a & b \\ 0 & c-a & d-b & 0 \\ 0 & 0 & c-a & d-b \end{vmatrix}$$

$$= \begin{vmatrix} 1 & a & b \\ c-a & d-b & 0 \\ 0 & c-a & d-b \end{vmatrix}$$

$$= (d-b)^2 - a(d-b)(c-a) + b(c-a)^2$$

$$(= a^2d + bc^2 + b^2 + d^2 - abc - acd - 2bd)$$

(2)　$\alpha = 0$ が $P(x) = 0$, $Q(x) = 0$ の共通の実数解であるとき，$b = d = 0$ である．このとき，A の第 4 列は零ベクトルになるので，$|A| = 0$ である．

$\alpha \neq 0$ が $P(x) = 0$, $Q(x) = 0$ の共通の実数解であるとき，

$$P(x) = \alpha^2 + a\alpha + b = 0,$$

$$Q(x) = \alpha^2 + c\alpha + d = 0$$

であるから，

$$A\begin{pmatrix} \alpha^3 \\ \alpha^2 \\ \alpha \\ 1 \end{pmatrix} = \begin{pmatrix} 1 & a & b & 0 \\ 0 & 1 & a & b \\ 1 & c & d & 0 \\ 0 & 1 & c & d \end{pmatrix}\begin{pmatrix} \alpha^3 \\ \alpha^2 \\ \alpha \\ 1 \end{pmatrix}$$

$$= \begin{pmatrix} \alpha(\alpha^2+a\alpha+b) \\ \alpha^2+a\alpha+b \\ \alpha(\alpha^2+c\alpha+d) \\ \alpha^2+c\alpha+d \end{pmatrix} = \begin{pmatrix} 0 \\ 0 \\ 0 \\ 0 \end{pmatrix} = \boldsymbol{0}$$

このとき，線形方程式 $A\boldsymbol{x} = \boldsymbol{0}$ が自明でない解を持つので，$|A| = 0$ である．

(3)　$P(x) = (x-1)(x-2) = x^2 - 3x + 2$ より，$a = -3$, $b = 2$ である．(1) より

$$|A| = 2c^2 + 3cd + 6c + d^2 + 5d + 4$$
$$= (c + d + 1)(2c + d + 4)$$

ここで，$Q(1) = c + d + 1$, $Q(2) = 2c + d + 4$ だから $|A| = Q(1)Q(2)$ が示せた．4 次の行列 A について，$\operatorname{rank} A \leqq 3$ のとき，$|A| = 0$ となるので，$Q(1)Q(2) = 0$，すなわち $Q(1) = 0$ または $Q(2) = 0$ となって，2 次方程式 $Q(x) = 0$ は 1 または 2 を実数解に持ち，その解が 2 つの 2 次方程式 $P(x) = 0$, $Q(x) = 0$ の共通の実数解となる．

(4)　行列 A は次のように行基本変形により変形できる．

$$A = \begin{pmatrix} 1 & a & b & 0 \\ 0 & 1 & a & b \\ 1 & c & d & 0 \\ 0 & 1 & c & d \end{pmatrix}$$
$$\to \left(\begin{array}{cc:cc} 1 & a & b & 0 \\ 0 & 1 & a & b \\ \hdashline 0 & 0 & d - b - a(c - a) & -b(c - a) \\ 0 & 0 & c - a & d - b \end{array}\right)$$

$\operatorname{rank} A = 2$ となるとき，右下のブロックについて，

$$\begin{pmatrix} d-b-a(c-a) & -b(c-a) \\ c-a & d-b \end{pmatrix} = \begin{pmatrix} 0 & 0 \\ 0 & 0 \end{pmatrix}$$

となることが必要であるから $c = a, d = b$ となる．このとき $P(x) = Q(x)$ となり，$P(x) = 0$, $Q(x) = 0$ は 2 つの共通の実数解を持つ．

2.12　(1)　$|A| = \begin{vmatrix} 2 & 1 & 3 \\ 1 & 2 & 1 \\ 3 & 1 & 2 \end{vmatrix} = -8$

(2)　まずは，第 1 ブロック行と第 2 ブロック行の入れ替えを行う（行の入れ替えが 3 回起こる）．その後，第 2 ブロック行から第 1 ブロック行の 3 倍を引く．そして，ブロック行列の行列式についての性質を用いる．

$$\begin{vmatrix} 3A & A \\ A & 2A \end{vmatrix} = (-1)^3 \begin{vmatrix} A & 2A \\ 3A & A \end{vmatrix} = -\begin{vmatrix} A & 2A \\ O & -5A \end{vmatrix}$$
$$= -|A| \cdot |-5A| = -|A| \cdot (-5)^3 \, |A| = 8000$$

2.13　(1)

$$\begin{pmatrix} I & F \\ O & I \end{pmatrix} M \begin{pmatrix} I & O \\ G & I \end{pmatrix} = \begin{pmatrix} I & F \\ O & I \end{pmatrix} \begin{pmatrix} A & B \\ C & D \end{pmatrix} \begin{pmatrix} I & O \\ G & I \end{pmatrix}$$
$$= \begin{pmatrix} A+FC+(B+FD)G & B+FD \\ C+DG & G \end{pmatrix}$$

である．これが $\begin{pmatrix} H & O \\ O & D \end{pmatrix}$ と等しいので，まず O に対応するブロックより，

$$B + FD = O, \quad C + DG = O$$

このとき，D は正則なので逆行列 D^{-1} が存在して，

$$F = -BD^{-1}, \quad G = -D^{-1}C$$

さらに，

$$H = A + FC + (B + FD)G = A - BD^{-1}C$$

(2)　$\begin{vmatrix} I & F \\ O & I \end{vmatrix} = 1$, $|M| \neq 0$, $\begin{vmatrix} I & O \\ G & I \end{vmatrix} = 1$ だから，$\begin{vmatrix} H & O \\ O & D \end{vmatrix} \neq 0$ となって，$\begin{pmatrix} H & O \\ O & D \end{pmatrix}$ は正則である．このとき，$\begin{vmatrix} H & O \\ O & D \end{vmatrix} = |H|\,|D| \neq 0$ より，$|H| \neq 0$ となって，H は正則である．

(3)

$$M = \begin{pmatrix} I & F \\ O & I \end{pmatrix}^{-1} \begin{pmatrix} H & O \\ O & D \end{pmatrix} \begin{pmatrix} I & O \\ G & I \end{pmatrix}^{-1}$$

と表せるので，

$$M^{-1} = \begin{pmatrix} I & O \\ G & I \end{pmatrix} \begin{pmatrix} H & O \\ O & D \end{pmatrix}^{-1} \begin{pmatrix} I & F \\ O & I \end{pmatrix}$$

ここで $\begin{pmatrix} H & O \\ O & D \end{pmatrix}^{-1} = \begin{pmatrix} H^{-1} & O \\ O & D^{-1} \end{pmatrix}$ だから，

$$M^{-1} = \begin{pmatrix} I & O \\ G & I \end{pmatrix} \begin{pmatrix} H^{-1} & O \\ O & D^{-1} \end{pmatrix} \begin{pmatrix} I & F \\ O & I \end{pmatrix}$$
$$= \begin{pmatrix} H^{-1} & H^{-1}F \\ GH^{-1} & GH^{-1}+D^{-1} \end{pmatrix}$$
$$= \begin{pmatrix} (A-BD^{-1}C)^{-1} & -(A-BD^{-1}C)^{-1}BD^{-1} \\ -D^{-1}C(A-BD^{-1}C)^{-1} & -D^{-1}C(A-BD^{-1}C)^{-1}+D^{-1} \end{pmatrix}$$

第 3 章

3.1.1　(1)　固有方程式は

$$\begin{vmatrix} 1-\lambda & 2 \\ 4 & 3-\lambda \end{vmatrix} = \lambda^2 - 4\lambda - 5 = (\lambda - 5)(\lambda + 1) = 0$$

より，固有値は $\lambda = -1, 5$

$\lambda = -1$ の固有ベクトルは

$$\begin{pmatrix} 1-\lambda \\ 4 \end{pmatrix}\Big|_{\lambda=5} = \begin{pmatrix} -4 \\ 4 \end{pmatrix} \text{ より，} \quad c_1 \begin{pmatrix} -1 \\ 1 \end{pmatrix} \quad (c_1 \neq 0)$$

$\lambda = 5$ の固有ベクトルは

$$\begin{pmatrix} 1-\lambda \\ 4 \end{pmatrix}\Big|_{\lambda=-1} = \begin{pmatrix} 2 \\ 4 \end{pmatrix} \text{ より，} \quad c_2 \begin{pmatrix} 1 \\ 2 \end{pmatrix} \quad (c_2 \neq 0)$$

(2)　固有方程式は

$$\begin{vmatrix} 4-\lambda & -5 \\ 2 & -3-\lambda \end{vmatrix} = \lambda^2 - \lambda - 2 = (\lambda - 2)(\lambda + 1) = 0$$

より，固有値は $\lambda = -1, 2$

$\lambda = -1$ の固有ベクトルは

$$\begin{pmatrix} 4-\lambda \\ 2 \end{pmatrix}\Big|_{\lambda=2} = \begin{pmatrix} 2 \\ 2 \end{pmatrix} \text{ より，} \quad c_1 \begin{pmatrix} 1 \\ 1 \end{pmatrix} \quad (c_1 \neq 0)$$

$\lambda = 2$ の固有ベクトルは

$$\begin{pmatrix} 4-\lambda \\ 2 \end{pmatrix}\Big|_{\lambda=-1} = \begin{pmatrix} 5 \\ 2 \end{pmatrix} \text{ より，} \quad c_2 \begin{pmatrix} 5 \\ 2 \end{pmatrix} \quad (c_2 \neq 0)$$

3.2.1　(1)　固有方程式は

$$\begin{vmatrix} 3-\lambda & -6 & -2 \\ 1 & -2-\lambda & -1 \\ -1 & 3 & 2-\lambda \end{vmatrix} = -\lambda^3 + 3\lambda^2 - 3\lambda + 1$$
$$= -(\lambda - 1)^3 = 0$$

より，固有値は $\lambda = 1$（重解）

$\lambda = 1$ の固有ベクトルは，

$$A\boldsymbol{x} = \boldsymbol{x} \iff (A - E)\boldsymbol{x} = \boldsymbol{0}$$

を解けばよい．

$$\begin{pmatrix} 2 & -6 & -2 \\ 1 & -3 & -1 \\ -1 & 3 & 1 \end{pmatrix} \xrightarrow[\text{①} \leftrightarrow \text{②}]{} \begin{pmatrix} 1 & -3 & -1 \\ 2 & -6 & -2 \\ -1 & 3 & 1 \end{pmatrix}$$
$$\xrightarrow[\substack{\text{②} - \text{①} \times 2 \\ \text{③} + \text{①}}]{} \begin{pmatrix} 1 & -3 & -1 \\ 0 & 0 & 0 \\ 0 & 0 & 0 \end{pmatrix}$$

$y = c_1$, $z = c_2$ とおくと，1 行目より $x = 3c_1 + c_2$ である．ゆえに，$\lambda = 1$ のときの固有ベクトルは

$$c_1 \begin{pmatrix} 3 \\ 1 \\ 0 \end{pmatrix} + c_2 \begin{pmatrix} 1 \\ 0 \\ 1 \end{pmatrix} \quad (c_1 \neq 0 \text{ または } c_2 \neq 0)$$

(2)　固有方程式は

$$\begin{vmatrix} 1-\lambda & -2 & 0 \\ -1 & 1-\lambda & -1 \\ 0 & -2 & 1-\lambda \end{vmatrix} = (1-\lambda)^3 - 4(1-\lambda) = 0$$

より，

$$(1-\lambda)\{(1-\lambda)^2 - 4\}$$
$$= (1-\lambda)(\lambda-3)(\lambda+1) = 0$$

を解くと，固有値は $\lambda = \pm 1, 3$

$\lambda = 1$ の固有ベクトルは，

$$B\boldsymbol{x} = \boldsymbol{x} \iff (B - E)\boldsymbol{x} = \boldsymbol{0}$$

を解けばよい．

$$\begin{pmatrix} 0 & -2 & 0 \\ -1 & 0 & -1 \\ 0 & -2 & 0 \end{pmatrix} \xrightarrow[\text{①} \leftrightarrow -\text{②}]{} \begin{pmatrix} 1 & 0 & 1 \\ 0 & -2 & 0 \\ 0 & -2 & 0 \end{pmatrix}$$
$$\xrightarrow[\text{③} - \text{②}]{} \begin{pmatrix} 1 & 0 & 1 \\ 0 & -2 & 0 \\ 0 & 0 & 0 \end{pmatrix}$$

2 行目より $y = 0$．3 行目より $z = c_1$ とおくと，1 行目より $x = -c_1$ である．ゆえに，$\lambda = 1$ のときの固有ベクトルは

$$c_1 \begin{pmatrix} -1 \\ 0 \\ 1 \end{pmatrix} \quad (c_1 \neq 0)$$

$\lambda = -1$ の固有ベクトルは，

$$B\boldsymbol{x} = -\boldsymbol{x} \iff (B + E)\boldsymbol{x} = \boldsymbol{0}$$

を解けばよい．

$$\begin{pmatrix} 2 & -2 & 0 \\ -1 & 2 & -1 \\ 0 & -2 & 2 \end{pmatrix} \xrightarrow[\substack{\text{③} \div 2 \\ \text{①} \div 2}]{} \begin{pmatrix} 1 & -1 & 0 \\ -1 & 2 & -1 \\ 0 & -1 & 1 \end{pmatrix}$$
$$\xrightarrow[\text{②} + \text{①}]{} \begin{pmatrix} 1 & -1 & 0 \\ 0 & 1 & -1 \\ 0 & -1 & 1 \end{pmatrix} \xrightarrow[\text{③} + \text{②}]{} \begin{pmatrix} 1 & -1 & 0 \\ 0 & 1 & -1 \\ 0 & 0 & 0 \end{pmatrix}$$

3 行目より $z = c_2$ とおくと，1，2 行目より，$x = y = c_2$ である．ゆえに，$\lambda = -1$ のときの固有ベクトルは

$$c_2 \begin{pmatrix} 1 \\ 1 \\ 1 \end{pmatrix} \quad (c_2 \neq 0)$$

$\lambda = 3$ の固有ベクトルは，

$$B\boldsymbol{x} = 3\boldsymbol{x} \iff (B - 3E)\boldsymbol{x} = \boldsymbol{0}$$

を解けばよい

$$\begin{pmatrix} -2 & -2 & 0 \\ -1 & -2 & -1 \\ 0 & -2 & -2 \end{pmatrix} \xrightarrow[\substack{\text{③} \div (-2) \\ \text{①} \div (-2)}]{} \begin{pmatrix} 1 & 1 & 0 \\ -1 & -2 & -1 \\ 0 & 1 & 1 \end{pmatrix}$$
$$\xrightarrow[\text{②} + \text{①}]{} \begin{pmatrix} 1 & 1 & 0 \\ 0 & -1 & -1 \\ 0 & 1 & 1 \end{pmatrix} \xrightarrow[\text{③} + \text{②}]{} \begin{pmatrix} 1 & 1 & 0 \\ 0 & -1 & -1 \\ 0 & 0 & 0 \end{pmatrix}$$

3 行目より $z = c_3$ とおくと，1, 2 行目より，$y = -c_3$, $x = c_3$ である．ゆえに，$\lambda = -1$ のときの固有ベクトルは

$$c_3 \begin{pmatrix} 1 \\ -1 \\ 1 \end{pmatrix} \quad (c_3 \neq 0)$$

3.3.1　類題 3.1.1(2) より，固有値は $\lambda = -1$, 2．固有ベクトルはそれぞれ

$$c_1 \begin{pmatrix} 1 \\ 1 \end{pmatrix} \ (c_1 \neq 0), \quad c_2 \begin{pmatrix} 5 \\ 2 \end{pmatrix} \ (c_2 \neq 0)$$

$P = \begin{pmatrix} 1 & 5 \\ 1 & 2 \end{pmatrix}$ とおくと $P^{-1}AP = \begin{pmatrix} -1 & 0 \\ 0 & 2 \end{pmatrix}$

3.3.2　類題 3.2.1(2) より，固有値は $\lambda = 1, -1, 3$．固有ベクトルはそれぞれ

$$c_1 \begin{pmatrix} -1 \\ 0 \\ 1 \end{pmatrix}, \quad c_2 \begin{pmatrix} 1 \\ 1 \\ 1 \end{pmatrix}, \quad c_3 \begin{pmatrix} 1 \\ -1 \\ 1 \end{pmatrix} \quad (c_1, c_2, c_3 \neq 0)$$

$P = \begin{pmatrix} -1 & 1 & 1 \\ 0 & 1 & -1 \\ 1 & 1 & 1 \end{pmatrix}$ とおくと $P^{-1}AP = \begin{pmatrix} 1 & 0 & 0 \\ 0 & -1 & 0 \\ 0 & 0 & 3 \end{pmatrix}$

3.4.1　固有方程式は

$$\begin{vmatrix} 4-\lambda & 1 \\ 2 & 3-\lambda \end{vmatrix} = \lambda^2 - 7\lambda + 10 = (\lambda-5)(\lambda-2) = 0$$

より，固有値は $\lambda = 2, 5$

$\lambda = 2$ の固有ベクトルは

$$\begin{pmatrix} 4-\lambda \\ 2 \end{pmatrix}\Big|_{\lambda=5} = \begin{pmatrix} -1 \\ 2 \end{pmatrix} \text{ より，} \quad c_1 \begin{pmatrix} -1 \\ 2 \end{pmatrix} \ (c_1 \neq 0)$$

$\lambda = 5$ の固有ベクトルは

$$\begin{pmatrix} 4-\lambda \\ 2 \end{pmatrix}\Big|_{\lambda=2} = \begin{pmatrix} 2 \\ 2 \end{pmatrix} \text{ より，} \quad c_2 \begin{pmatrix} 1 \\ 1 \end{pmatrix} \ (c_2 \neq 0)$$

$P = \begin{pmatrix} -1 & 1 \\ 2 & 1 \end{pmatrix}$ とおくと $P^{-1}AP = \begin{pmatrix} 2 & 0 \\ 0 & 5 \end{pmatrix}$

$$(P^{-1}AP)^n = P^{-1}A^nP = \begin{pmatrix} 2^n & 0 \\ 0 & 5^n \end{pmatrix},$$
$$A^n = P \begin{pmatrix} 2^n & 0 \\ 0 & 5^n \end{pmatrix} P^{-1}$$
$$= \begin{pmatrix} -1 & 1 \\ 2 & 1 \end{pmatrix} \begin{pmatrix} 2^n & 0 \\ 0 & 5^n \end{pmatrix} \left(-\frac{1}{3} \begin{pmatrix} 1 & -1 \\ -2 & -1 \end{pmatrix} \right)$$
$$= \frac{1}{3} \begin{pmatrix} 2^n + 2 \cdot 5^n & -2^n + 5^n \\ -2^{n+1} + 2 \cdot 5^n & 2^{n+1} + 5^n \end{pmatrix}$$

3.4.2　固有方程式は

$$\begin{vmatrix} 3-\lambda & 1 & 1 \\ 2 & 3-\lambda & 2 \\ -2 & -1 & -\lambda \end{vmatrix} = -\lambda^3 + 6\lambda^2 - 11\lambda + 6 = 0$$

より，$\lambda^3 - 6\lambda^2 + 11\lambda - 6 = (\lambda-1)(\lambda-2)(\lambda-3) = 0$ を解くと，固有値は $\lambda = 1, 2, 3$

$\lambda = 1$ の固有ベクトルは，

$$A\boldsymbol{x} = \boldsymbol{x} \iff (A - E)\boldsymbol{x} = \boldsymbol{0}$$

を解けばよい．

$$\begin{pmatrix} 2 & 1 & 1 \\ 2 & 2 & 2 \\ -2 & -1 & -1 \end{pmatrix} \xrightarrow[\substack{\text{③} + \text{①} \\ \text{②} \div 2 \leftrightarrow \text{①}}]{} \begin{pmatrix} 1 & 1 & 1 \\ 2 & 1 & 1 \\ 0 & 0 & 0 \end{pmatrix}$$
$$\xrightarrow[\text{②} - \text{①} \times 2]{} \begin{pmatrix} 1 & 1 & 1 \\ 0 & -1 & -1 \\ 0 & 0 & 0 \end{pmatrix}$$

3 行目より $z = c_1$ とおくと，2 行目より $y = -c_1$，1 行目より $x = 0$ である．ゆえに，$\lambda = 1$ のときの固有ベクトルは

$$c_1 \begin{pmatrix} 0 \\ -1 \\ 1 \end{pmatrix} \quad (c_1 \neq 0)$$

$\lambda = 2$ の固有ベクトルは，

$$A\boldsymbol{x} = 2\boldsymbol{x} \iff (A-2E)\boldsymbol{x} = \boldsymbol{0}$$

を解けばよい.

$$\begin{pmatrix} 1 & 1 & 1 \\ 2 & 1 & 2 \\ -2 & -1 & -2 \end{pmatrix} \xrightarrow[\text{③}+\text{②}]{} \begin{pmatrix} 1 & 1 & 1 \\ 2 & 1 & 2 \\ 0 & 0 & 0 \end{pmatrix}$$

$$\xrightarrow[\text{②}-\text{①}\times 2]{} \begin{pmatrix} 1 & 1 & 1 \\ 0 & -1 & 0 \\ 0 & 0 & 0 \end{pmatrix}$$

3 行目より $z = c_2$ とおく. 2 行目より $y = 0$, 1 行目より $x = -c_2$ である. ゆえに, $\lambda = 2$ のときの固有ベクトルは

$$c_2 \begin{pmatrix} -1 \\ 0 \\ 1 \end{pmatrix} \quad (c_2 \neq 0)$$

$\lambda = 3$ の固有ベクトルは,

$$A\boldsymbol{x} = 3\boldsymbol{x} \iff (A-3E)\boldsymbol{x} = \boldsymbol{0}$$

を解けばよい.

$$\begin{pmatrix} 0 & 1 & 1 \\ 2 & 0 & 2 \\ -2 & -1 & -3 \end{pmatrix} \xrightarrow[\text{③}+\text{②}]{} \begin{pmatrix} 0 & 1 & 1 \\ 2 & 0 & 2 \\ 0 & -1 & -1 \end{pmatrix}$$

$$\xrightarrow[\substack{\text{③}+\text{①} \\ \text{②}\div 2\leftrightarrow\text{①}}]{} \begin{pmatrix} 1 & 0 & 1 \\ 0 & 1 & 1 \\ 0 & 0 & 0 \end{pmatrix}$$

3 行目より $z = c_3$ とおくと, 2 行目より $y = -c_3$, 1 行目より $x = -c_3$ である. ゆえに, $\lambda = 3$ のときの固有ベクトルは

$$c_3 \begin{pmatrix} -1 \\ -1 \\ 1 \end{pmatrix} \quad (c_3 \neq 0)$$

このとき, $P = \begin{pmatrix} 0 & -1 & -1 \\ -1 & 0 & -1 \\ 1 & 1 & 1 \end{pmatrix}$ とおくと

$$P^{-1}AP = \begin{pmatrix} 1 & 0 & 0 \\ 0 & 2 & 0 \\ 0 & 0 & 3 \end{pmatrix},$$

$$(P^{-1}AP)^n = P^{-1}A^nP = \begin{pmatrix} 1 & 0 & 0 \\ 0 & 2^n & 0 \\ 0 & 0 & 3^n \end{pmatrix},$$

$$\begin{aligned} A^n &= P \begin{pmatrix} 1 & 0 & 0 \\ 0 & 2^n & 0 \\ 0 & 0 & 3^n \end{pmatrix} P^{-1} \\ &= \begin{pmatrix} 0 & -1 & -1 \\ -1 & 0 & -1 \\ 1 & 1 & 1 \end{pmatrix} \begin{pmatrix} 1 & 0 & 0 \\ 0 & 2^n & 0 \\ 0 & 0 & 3^n \end{pmatrix} \begin{pmatrix} 1 & 0 & 1 \\ 0 & 1 & 1 \\ -1 & -1 & -1 \end{pmatrix} \\ &= \begin{pmatrix} 3^n & -2^n+3^n & -2^n+3^n \\ -1+3^n & 3^n & -1+3^n \\ 1-3^n & 2^n-3^n & 1+2^n-3^n \end{pmatrix} \end{aligned}$$

3.5.1 固有方程式は

$$\begin{vmatrix} -\lambda & 1 & 0 \\ 1 & -\lambda & 0 \\ 0 & 0 & 2-\lambda \end{vmatrix} = \lambda^2(2-\lambda) - (2-\lambda)$$

$$= (2-\lambda)(\lambda-1)(\lambda+1) = 0$$

を解くと, 固有値は $\lambda = \pm 1, 2$

$\lambda = 1$ の固有ベクトルは,

$$A\boldsymbol{x} = \boldsymbol{x} \iff (A-E)\boldsymbol{x} = \boldsymbol{0}$$

を解けばよい.

$$\begin{pmatrix} -1 & 1 & 0 \\ 1 & -1 & 0 \\ 0 & 0 & 1 \end{pmatrix} \xrightarrow[\text{②}+\text{①}]{} \begin{pmatrix} -1 & 1 & 0 \\ 0 & 0 & 0 \\ 0 & 0 & 1 \end{pmatrix}$$

3 行目より $z = 0$. 2 行目より $y = c_1$ とおくと, 1 行目より $x = c_1$ である. ゆえに, $\lambda = 1$ のときの固有ベクトルは

$$c_1 \begin{pmatrix} 1 \\ 1 \\ 0 \end{pmatrix} \quad (c_1 \neq 0)$$

$\lambda = -1$ の固有ベクトルは,

$$A\boldsymbol{x} = -\boldsymbol{x} \iff (A+E)\boldsymbol{x} = \boldsymbol{0}$$

を解けばよい.

$$\begin{pmatrix} 1 & 1 & 0 \\ 1 & 1 & 0 \\ 0 & 0 & 3 \end{pmatrix} \xrightarrow[\substack{\text{②}-\text{①} \\ \text{③}\div 3}]{} \begin{pmatrix} 1 & 1 & 0 \\ 0 & 0 & 0 \\ 0 & 0 & 1 \end{pmatrix}$$

3 行目より $z = 0$. 2 行目より $y = c_2$ とおくと, 1 行目より $x = -c_2$ である. ゆえに, $\lambda = -1$ のときの固有ベクトルは

$$c_2 \begin{pmatrix} -1 \\ 1 \\ 0 \end{pmatrix} \quad (c_2 \neq 0)$$

$\lambda = 2$ の固有ベクトルは,

$$A\boldsymbol{x} = 2\boldsymbol{x} \iff (A-2E)\boldsymbol{x} = \boldsymbol{0}$$

を解けばよい.

$$\begin{pmatrix} -2 & 1 & 0 \\ 1 & -2 & 0 \\ 0 & 0 & 0 \end{pmatrix} \xrightarrow[\text{②}+\text{①}]{} \begin{pmatrix} -2 & 1 & 0 \\ -1 & -1 & 0 \\ 0 & 0 & 0 \end{pmatrix}$$

$$\xrightarrow[-\text{②}\leftrightarrow\text{①}]{} \begin{pmatrix} 1 & 1 & 0 \\ -2 & 1 & 0 \\ 0 & 0 & 0 \end{pmatrix} \xrightarrow[\text{②}+\text{①}\times 2]{} \begin{pmatrix} 1 & 1 & 0 \\ 0 & 3 & 0 \\ 0 & 0 & 0 \end{pmatrix}$$

3 行目より $z = c_3$ とおく. 2 行目より $y = 0$, 1 行目より $x = 0$ である. ゆえに, $\lambda = 2$ のときの固有ベクトルは

$$c_3 \begin{pmatrix} 0 \\ 0 \\ 1 \end{pmatrix} \quad (c_3 \neq 0)$$

行列 A の固有値は $\lambda = 1, -1, 2$, 固有ベクトルはそれぞれ

$$\boldsymbol{x}_1 = c_1 \begin{pmatrix} 1 \\ 1 \\ 0 \end{pmatrix}, \quad \boldsymbol{x}_2 = c_2 \begin{pmatrix} -1 \\ 1 \\ 0 \end{pmatrix},$$

$$\boldsymbol{x}_3 = c_3 \begin{pmatrix} 0 \\ 0 \\ 1 \end{pmatrix} \quad (c_1, c_2, c_3 \neq 0)$$

ここで, $P = \begin{pmatrix} \frac{1}{\sqrt{2}} & -\frac{1}{\sqrt{2}} & 0 \\ \frac{1}{\sqrt{2}} & \frac{1}{\sqrt{2}} & 0 \\ 0 & 0 & 1 \end{pmatrix}$ とおくと

$${}^tPAP = \begin{pmatrix} 1 & 0 & 0 \\ 0 & -1 & 0 \\ 0 & 0 & 2 \end{pmatrix}$$

3.5.2 固有方程式は

$$\begin{vmatrix} 2-\lambda & 1 & 1 \\ 1 & 2-\lambda & 1 \\ 1 & 1 & 2-\lambda \end{vmatrix} = 0$$

より, $\lambda^3 - 6\lambda^2 + 9\lambda - 4 = (\lambda-1)^2(\lambda-4) = 0$ を解くと, 固有値は $\lambda = 1$ (重解), 4

$\lambda = 1$ の固有ベクトルは,

$$A\boldsymbol{x} = \boldsymbol{x} \iff (A-E)\boldsymbol{x} = \boldsymbol{0}$$

を解けばよい.

$$\begin{pmatrix} 1 & 1 & 1 \\ 1 & 1 & 1 \\ 1 & 1 & 1 \end{pmatrix} \xrightarrow[\substack{\text{②}-\text{①} \\ \text{③}-\text{①}}]{} \begin{pmatrix} 1 & 1 & 1 \\ 0 & 0 & 0 \\ 0 & 0 & 0 \end{pmatrix}$$

3 行目より $z = c_2$, 2 行目より $y = c_1$, 1 行目より $x = -c_1 - c_2$ である. ゆえに, $\lambda = 1$ のときの固有

ベクトルは

$$c_1\begin{pmatrix}-1\\1\\0\end{pmatrix}+c_2\begin{pmatrix}-1\\0\\1\end{pmatrix}\quad(c_1,c_2\neq 0)$$

$\lambda=4$ の固有ベクトルは，

$$A\boldsymbol{x}=4\boldsymbol{x}\iff(A-4E)\boldsymbol{x}=\boldsymbol{0}$$

を解けばよい．

$$\begin{pmatrix}-2&1&1\\1&-2&1\\1&1&-2\end{pmatrix}\xrightarrow[\text{③}-\text{②}]{\text{①}+\text{②}}\begin{pmatrix}-1&-1&2\\1&-2&1\\0&3&-3\end{pmatrix}$$

$$\xrightarrow[\text{②}+\text{①}]{}\begin{pmatrix}-1&-1&2\\0&-3&3\\0&3&-3\end{pmatrix}\xrightarrow[\text{③}+\text{②}]{}\begin{pmatrix}-1&-1&2\\0&-3&3\\0&0&0\end{pmatrix}$$

3 行目より $z=c_3$，2 行目より $y=c_3$，1 行目より $x=c_3$ である．ゆえに，$\lambda=4$ のときの固有ベクトルは

$$c_3\begin{pmatrix}1\\1\\1\end{pmatrix}\quad(c_3\neq 0)$$

ここで，$\boldsymbol{a}_1=\begin{pmatrix}-1\\1\\0\end{pmatrix}$，$\boldsymbol{a}_2=\begin{pmatrix}-1\\0\\1\end{pmatrix}$，$\boldsymbol{a}_3=\begin{pmatrix}1\\1\\1\end{pmatrix}$ から互いに直交する単位ベクトル $\boldsymbol{b}_1$，$\boldsymbol{b}_2$，$\boldsymbol{b}_3$ を作る．まず，$\boldsymbol{b}_1=\frac{\boldsymbol{a}_1}{|\boldsymbol{a}_1|}=\frac{1}{\sqrt{2}}\begin{pmatrix}-1\\1\\0\end{pmatrix}$ とし

$$\begin{aligned}\boldsymbol{b}_2'&=\boldsymbol{a}_2-(\boldsymbol{a}_2\cdot\boldsymbol{b}_1)\boldsymbol{b}_1\\&=\begin{pmatrix}-1\\0\\1\end{pmatrix}-\left\{\frac{1}{\sqrt{2}}\begin{pmatrix}-1\\1\\0\end{pmatrix}\cdot\begin{pmatrix}-1\\0\\1\end{pmatrix}\right\}\frac{1}{\sqrt{2}}\begin{pmatrix}-1\\1\\0\end{pmatrix}\\&=\frac{1}{2}\begin{pmatrix}-1\\-1\\2\end{pmatrix}\end{aligned}$$

に対して，

$$\boldsymbol{b}_2=\frac{\boldsymbol{b}_2'}{|\boldsymbol{b}_2'|}=\frac{1}{\sqrt{6}}\begin{pmatrix}-1\\-1\\2\end{pmatrix},\quad\boldsymbol{b}_3=\frac{\boldsymbol{a}_3}{|\boldsymbol{a}_3|}=\frac{1}{\sqrt{3}}\begin{pmatrix}1\\1\\1\end{pmatrix}$$

とおくと，$\boldsymbol{b}_1$，$\boldsymbol{b}_2$，$\boldsymbol{b}_3$ は互いに直交する単位ベクトルとなる．

このとき，$P=\begin{pmatrix}-\frac{1}{\sqrt{2}}&-\frac{1}{\sqrt{6}}&\frac{1}{\sqrt{3}}\\\frac{1}{\sqrt{2}}&-\frac{1}{\sqrt{6}}&\frac{1}{\sqrt{3}}\\0&\frac{2}{\sqrt{6}}&\frac{1}{\sqrt{3}}\end{pmatrix}$ とおくと

$${}^tPAP=\begin{pmatrix}1&0&0\\0&1&0\\0&0&4\end{pmatrix}$$

3.6.1 (1) $A=\begin{pmatrix}5&2&4\\2&2&2\\4&2&5\end{pmatrix}$ とおくと $f(\boldsymbol{m})={}^t\boldsymbol{m}A\boldsymbol{m}$ とできる．固有方程式は

$$\begin{vmatrix}5-\lambda&2&4\\2&2-\lambda&2\\4&2&5-\lambda\end{vmatrix}=0$$

より，

$$\lambda^3-12\lambda^2+21\lambda-10=(\lambda-1)^2(\lambda-10)=0$$

を解くと，固有値は $\lambda=1$（重解），10

$\lambda=1$ の固有ベクトルは，

$$A\boldsymbol{x}=\boldsymbol{x}\iff(A-E)\boldsymbol{x}=\boldsymbol{0}$$

を解けばよい．

$$\begin{pmatrix}4&2&4\\2&1&2\\4&2&4\end{pmatrix}\xrightarrow[\text{③}\div 2]{\text{①}\div 2}\begin{pmatrix}2&1&2\\2&1&2\\2&1&2\end{pmatrix}\xrightarrow[\text{③}-\text{①}]{\text{②}-\text{①}}\begin{pmatrix}2&1&2\\0&0&0\\0&0&0\end{pmatrix}$$

3 行目より $z=c_2$，2 行目より $y=2c_1$，1 行目より $x=-c_1-c_2$ である．ゆえに，$\lambda=1$ のときの固有ベクトルは

$$c_1\begin{pmatrix}-1\\2\\0\end{pmatrix}+c_2\begin{pmatrix}-1\\0\\1\end{pmatrix}\quad(c_1,c_2\neq 0)$$

$\lambda=10$ の固有ベクトルは，

$$A\boldsymbol{x}=10\boldsymbol{x}\iff(A-10E)\boldsymbol{x}=\boldsymbol{0}$$

を解けばよい．

$$\begin{pmatrix}-5&2&4\\2&-8&2\\4&2&-5\end{pmatrix}\xrightarrow[\text{①}\leftrightarrow\text{②}\div 2]{}\begin{pmatrix}1&-4&1\\-5&2&4\\4&2&-5\end{pmatrix}$$

$$\xrightarrow[\text{③}-\text{①}\times 4]{\text{②}+\text{①}\times 5}\begin{pmatrix}1&-4&1\\0&-18&9\\0&18&-9\end{pmatrix}\xrightarrow[\text{③}+\text{②}]{}\begin{pmatrix}1&-4&1\\0&-18&9\\0&0&0\end{pmatrix}$$

3 行目より $z=2c_3$，2 行目より $y=c_3$，1 行目より $x=2c_3$ である．ゆえに，$\lambda=1$ のときの固有ベクトルは

$$c_3\begin{pmatrix}2\\1\\2\end{pmatrix}\quad(c_3\neq 0)$$

ここで，$\boldsymbol{a}_1=\begin{pmatrix}-1\\2\\0\end{pmatrix}$，$\boldsymbol{a}_2=\begin{pmatrix}-1\\0\\1\end{pmatrix}$，$\boldsymbol{a}_3=\begin{pmatrix}2\\1\\2\end{pmatrix}$ から互いに直交する単位ベクトル $\boldsymbol{b}_1$，$\boldsymbol{b}_2$，$\boldsymbol{b}_3$ を作る．まず，$\boldsymbol{b}_1=\frac{\boldsymbol{a}_1}{|\boldsymbol{a}_1|}=\frac{1}{\sqrt{5}}\begin{pmatrix}-1\\2\\0\end{pmatrix}$ とし

$$\begin{aligned}\boldsymbol{b}_2'&=\boldsymbol{a}_2-(\boldsymbol{a}_2\cdot\boldsymbol{b}_1)\boldsymbol{b}_1\\&=\begin{pmatrix}-1\\0\\1\end{pmatrix}-\left\{\frac{1}{\sqrt{5}}\begin{pmatrix}-1\\2\\0\end{pmatrix}\cdot\begin{pmatrix}-1\\0\\1\end{pmatrix}\right\}\frac{1}{\sqrt{5}}\begin{pmatrix}-1\\2\\0\end{pmatrix}\\&=\frac{1}{5}\begin{pmatrix}-4\\-2\\5\end{pmatrix}\end{aligned}$$

に対して，

$$\boldsymbol{b}_2=\frac{\boldsymbol{b}_2'}{|\boldsymbol{b}_2'|}=\frac{1}{3\sqrt{5}}\begin{pmatrix}-4\\-2\\5\end{pmatrix},\quad\boldsymbol{b}_3=\frac{\boldsymbol{a}_3}{|\boldsymbol{a}_3|}=\frac{1}{3}\begin{pmatrix}2\\1\\2\end{pmatrix}$$

とおくと，$\boldsymbol{b}_1$，$\boldsymbol{b}_2$，$\boldsymbol{b}_3$ は互いに直交する単位ベクトルとなる．

このとき，$P=\begin{pmatrix}-\frac{1}{\sqrt{5}}&-\frac{4}{3\sqrt{5}}&\frac{2}{3}\\\frac{2}{\sqrt{5}}&-\frac{2}{3\sqrt{5}}&\frac{1}{3}\\0&\frac{5}{3\sqrt{5}}&\frac{2}{3}\end{pmatrix}$ とおくと

$${}^tPAP=\begin{pmatrix}1&0&0\\0&1&0\\0&0&10\end{pmatrix}$$

(2) $\begin{pmatrix}x\\y\\z\end{pmatrix}=P\begin{pmatrix}u\\v\\w\end{pmatrix}$ とおくと

$$F(x,y,z)-u^2+v^2+10w^2$$

3.7.1 固有方程式は

$$\begin{vmatrix}1-\lambda&\frac{1}{2}\\\frac{1}{2}&1-\lambda\end{vmatrix}=\lambda^2-2\lambda+\frac{3}{4}=0$$

より，$\left(\lambda-\frac{3}{2}\right)\left(\lambda-\frac{1}{2}\right)=0$ を解くと固有値は $\lambda=\frac{3}{2}$，$\frac{1}{2}$

$\lambda=\frac{3}{2}$ の固有ベクトルは

$$\left.\begin{pmatrix}1-\lambda\\\frac{1}{2}\end{pmatrix}\right|_{\lambda=\frac{1}{2}}=\begin{pmatrix}\frac{1}{2}\\\frac{1}{2}\end{pmatrix}\text{ より，}\quad c_1\begin{pmatrix}1\\1\end{pmatrix}\quad(c_1\neq 0)$$

$\lambda = \frac{1}{2}$ の固有ベクトルは

$\begin{pmatrix} 1-\lambda \\ \frac{1}{2} \end{pmatrix}\Big|_{\lambda=\frac{3}{2}} = \begin{pmatrix} -\frac{1}{2} \\ \frac{1}{2} \end{pmatrix}$ より，$c_2\begin{pmatrix} -1 \\ 1 \end{pmatrix}$ $(c_2 \neq 0)$

これより，$P = \begin{pmatrix} \frac{1}{\sqrt{2}} & -\frac{1}{\sqrt{2}} \\ \frac{1}{\sqrt{2}} & \frac{1}{\sqrt{2}} \end{pmatrix}$ とおくと

$${}^tPAP = \begin{pmatrix} \frac{3}{2} & 0 \\ 0 & \frac{1}{2} \end{pmatrix}$$

$\boldsymbol{x} = P\begin{pmatrix} x' \\ y' \end{pmatrix}$ とおくと $\frac{3}{2}(x')^2 + \frac{1}{2}(y')^2 = 1$ となる．これより，求める図形は，楕円

$$\frac{x^2}{\frac{2}{3}} + \frac{y^2}{2} = 1$$

を 45° 原点を中心に回転させた図形である．

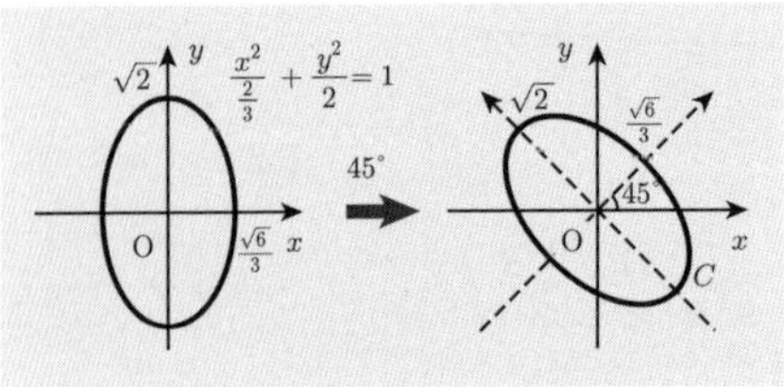

3.8.1 行列 A の固有多項式は

$$\begin{vmatrix} \lambda+1 & -8 & -8 \\ -4 & \lambda+3 & 4 \\ 4 & -6 & \lambda-7 \end{vmatrix} \underset{③+②}{=} \begin{vmatrix} \lambda+1 & -8 & -8 \\ -4 & \lambda+3 & 4 \\ 0 & \lambda-3 & \lambda-3 \end{vmatrix}$$

$$\underset{③-②}{\overset{列}{=}} \begin{vmatrix} \lambda+1 & -8 & 0 \\ -4 & \lambda+3 & 1-\lambda \\ 0 & \lambda-3 & 0 \end{vmatrix}$$

$$= -(1+\lambda)(\lambda-3)(1-\lambda)$$

より，固有多項式は

$\varphi_A(\lambda) = \lambda^3 - 3\lambda^2 - \lambda + 3 = (\lambda+1)(\lambda-1)(\lambda-3)$

ここで，

$(x^4 - 10x^2) \div (x^3 - 3x^2 - x + 3) = x + 3$ 余り -9

なので

$A^4 - 10A^2 = (A^3 - 3A^2 - A + 3E)(A + 3E) - 9E$

ここで，$\varphi_A(A) = O$ であるので，

$$A^4 - 10A^2 = -9E$$

ゆえに，$A^4 - 10A^2 = -9E = \begin{pmatrix} -9 & 0 & 0 \\ 0 & -9 & 0 \\ 0 & 0 & -9 \end{pmatrix}$

3.9.1 与えられた微分方程式は

$$\frac{d\boldsymbol{y}(t)}{dt} = A\boldsymbol{y}(t) + \begin{pmatrix} -2e^{2t} \\ 4e^{2t} \end{pmatrix}$$

とかける．ただし $\boldsymbol{y}(t) = \begin{pmatrix} y_1(t) \\ y_2(t) \end{pmatrix}$，$A = \begin{pmatrix} 3 & -1 \\ -6 & 4 \end{pmatrix}$，$\boldsymbol{y}(\boldsymbol{0}) = \begin{pmatrix} 4 \\ 1 \end{pmatrix}$

行列 A の固有方程式は

$$\begin{vmatrix} 3-\lambda & -1 \\ -6 & 4-\lambda \end{vmatrix} = \lambda^2 - 7\lambda + 6 = 0$$

より，$(\lambda-1)(\lambda-6) = 0$．固有値は $\lambda = 1, 6$

$\lambda = 1$ の固有ベクトルは $\begin{pmatrix} 3-\lambda \\ -6 \end{pmatrix}\Big|_{\lambda=6} = \begin{pmatrix} -3 \\ -6 \end{pmatrix}$ より，

$$c_1\begin{pmatrix} 1 \\ 2 \end{pmatrix} \quad (c_1 \neq 0)$$

$\lambda = 6$ の固有ベクトルは $\begin{pmatrix} 3-\lambda \\ -6 \end{pmatrix}\Big|_{\lambda=1} = \begin{pmatrix} 2 \\ -6 \end{pmatrix}$ より，

$$c_2\begin{pmatrix} 1 \\ -3 \end{pmatrix} \quad (c_2 \neq 0)$$

これより，$T = \begin{pmatrix} 1 & 1 \\ 2 & -3 \end{pmatrix}$ とおくと

$$T^{-1}AT = \begin{pmatrix} 1 & 0 \\ 0 & 6 \end{pmatrix}$$

$\boldsymbol{y}(t) = T\boldsymbol{x}(t) = T\begin{pmatrix} x_1(t) \\ x_2(t) \end{pmatrix}$ と変数変換すると

$$\frac{d}{dt}T\boldsymbol{x} = AT\boldsymbol{x} + \begin{pmatrix} -2e^{2t} \\ 4e^{2t} \end{pmatrix}$$

両辺に左から T^{-1} をかけて

$$\begin{aligned} \frac{d\boldsymbol{x}}{dt} &= T^{-1}AT\boldsymbol{x} + T^{-1}\begin{pmatrix} -2e^{2t} \\ 4e^{2t} \end{pmatrix} \\ &= \begin{pmatrix} 1 & 0 \\ 0 & 6 \end{pmatrix}\begin{pmatrix} x_1(t) \\ x_2(t) \end{pmatrix} - \frac{1}{5}\begin{pmatrix} -3 & -1 \\ -2 & 1 \end{pmatrix}\begin{pmatrix} -2e^{2t} \\ 4e^{2t} \end{pmatrix} \\ &= \begin{pmatrix} x_1(t) - \frac{2}{5}e^{2t} \\ 6x_2(t) - \frac{8}{5}e^{2t} \end{pmatrix} \end{aligned}$$

これより，次の 1 階線形微分方程式をまず解けばよい．

$$x_1'(t) - x_1(t) = -\frac{2}{5}e^{2t} \quad \cdots ①,$$

$$x_2'(t) - 6x_2(t) = -\frac{8}{5}e^{2t} \quad \cdots ②$$

まず，①の一般解を求める．①の両辺に $e^{\int(-1)dt} = e^{-t}$ をかけると

$$x_1'(t)e^{-t} - x_1(t)e^{-t} = -\frac{2}{5}e^t$$

$$\Longleftrightarrow \quad (x_1(t)e^{-t})' = -\frac{2}{5}e^t$$

より

$$x_1(t)e^{-t} = -\frac{2}{5}\int e^t\,dt = -\frac{2}{5}e^t + C_1$$

ゆえに，$x_1(t) = -\frac{2}{5}e^{2t} + C_1e^t$．

次に，②の一般解を求める．②の両辺に $e^{\int(-6)dt} = e^{-6t}$ をかけると

$$x_2'(t)e^{-6t} - 6x_1(t)e^{-6t} = -\frac{8}{5}e^{-4t}$$

$$\Longleftrightarrow \quad (x_2(t)e^{-6t})' = -\frac{8}{5}e^{-4t}$$

より

$$x_2(t)e^{-6t} = -\frac{8}{5}\int e^{-4t}\,dt = \frac{2}{5}e^{-4t} + C_2$$

ゆえに，$x_2(t) = \frac{2}{5}e^{2t} + C_2e^{6t}$

ここで，

$$\begin{aligned} \boldsymbol{x}(0) &= T^{-1}\boldsymbol{y}(0) \\ &= -\frac{1}{5}\begin{pmatrix} -3 & -1 \\ -2 & 1 \end{pmatrix}\begin{pmatrix} 4 \\ 1 \end{pmatrix} = -\frac{1}{5}\begin{pmatrix} -13 \\ -7 \end{pmatrix} \end{aligned}$$

であるので $C_1 = 3, C_2 = 1$ となり,

$$x_1(t) = 3e^t - \frac{2}{5}e^{2t}, \quad x_2(t) = e^{6t} + \frac{2}{5}e^{2t}$$

このとき

$$\boldsymbol{y}(t) = T\boldsymbol{x}(t) = \begin{pmatrix} 1 & 1 \\ 2 & -3 \end{pmatrix} \begin{pmatrix} 3e^t - \frac{2}{5}e^{2t} \\ e^{6t} + \frac{2}{5}e^{2t} \end{pmatrix}$$

$$= \begin{pmatrix} 3e^t + e^{6t} \\ 6e^t - 3e^{6t} - 2e^{2t} \end{pmatrix}$$

ゆえに $y_1(t) = 3e^t + e^{6t}, y_2(t) = 6e^t - 3e^{6t} - 2e^{2t}$

3.10.1　A の固有値を λ とおくと，$A\boldsymbol{x} = \lambda\boldsymbol{x}$ を満たす $\boldsymbol{x} \neq \boldsymbol{0}$ がある．このとき，$A^2\boldsymbol{x} = \lambda^2\boldsymbol{x}$ となる．これより，A の固有値はすべて正という条件から，A^2 の固有値が α（> 0）のとき，A の固有値は $\sqrt{\alpha}$ となる．

行列 A^2 の固有値は

$$|A^2 - \lambda E| = \begin{vmatrix} 27-\lambda & -26 & -10 \\ 13 & -12-\lambda & -5 \\ 10 & -10 & -1-\lambda \end{vmatrix} = 0$$

より

$$\begin{vmatrix} 27-\lambda & -26 & -10 \\ 13 & -12-\lambda & -5 \\ 10 & -10 & -1-\lambda \end{vmatrix}$$

$$\underset{\text{①}+\text{②}}{\overset{\text{列}}{=}} \begin{vmatrix} 1-\lambda & -26 & -10 \\ 1-\lambda & -12-\lambda & -5 \\ 0 & -10 & -1-\lambda \end{vmatrix}$$

$$\underset{\text{②}-\text{①}}{=} \begin{vmatrix} 1-\lambda & -26 & -10 \\ 0 & 14-\lambda & 5 \\ 0 & -10 & -1-\lambda \end{vmatrix}$$

$$= (1-\lambda) \begin{vmatrix} 14-\lambda & 5 \\ -10 & -1-\lambda \end{vmatrix}$$

$$= (1-\lambda)\{(\lambda+1)(\lambda-14)+50\}$$

$$= (1-\lambda)(\lambda^2 - 13\lambda + 36)$$

$$= (1-\lambda)(\lambda-4)(\lambda-9) = 0$$

から，行列 A^2 の固有値は $\lambda = 1, 4, 9$

$\lambda = 1$ のときの固有ベクトルは，連立方程式 $A^2\boldsymbol{x} = \boldsymbol{x}$ を解けばよい．

$$\begin{pmatrix} 26 & -26 & -10 \\ 13 & -13 & -5 \\ 10 & -10 & -2 \end{pmatrix} \xrightarrow[\text{②}\leftrightarrow\text{①}\div 2]{} \begin{pmatrix} 13 & -13 & -5 \\ 13 & -13 & -5 \\ 10 & -10 & -2 \end{pmatrix}$$

$$\xrightarrow[\substack{\text{②}-\text{①} \\ \text{③}\div 2}]{} \begin{pmatrix} 13 & -13 & -5 \\ 0 & 0 & 0 \\ 5 & -5 & -1 \end{pmatrix} \xrightarrow[\text{①}-\text{③}\times 2]{} \begin{pmatrix} 3 & -3 & -3 \\ 0 & 0 & 0 \\ 5 & -5 & -1 \end{pmatrix}$$

$$\xrightarrow[\text{③}-\text{①}\times\frac{5}{3}]{} \begin{pmatrix} 3 & -3 & -3 \\ 0 & 0 & 0 \\ 0 & 0 & 4 \end{pmatrix}$$

3 行目より $z = 0$ とおくと，2 行目より $y = c_1$，1 行目より $x = c_1$．ゆえに，

$$\boldsymbol{x}_1 = c_1 \begin{pmatrix} 1 \\ 1 \\ 0 \end{pmatrix} \quad (c_1 \neq 0)$$

$\lambda = 4$ のときの固有ベクトルは，連立方程式 $A^2\boldsymbol{x} = 4\boldsymbol{x}$ を解けばよい．

$$\begin{pmatrix} 23 & -26 & -10 \\ 13 & -16 & -5 \\ 10 & -10 & -5 \end{pmatrix} \xrightarrow[\substack{\text{①}-\text{③}\times 2 \\ \text{②}-\text{③}}]{} \begin{pmatrix} 3 & -6 & 0 \\ 3 & -6 & 0 \\ 10 & -10 & -5 \end{pmatrix}$$

$$\xrightarrow[\substack{\text{①}\div 3 \\ \text{②}\div 3}]{} \begin{pmatrix} 1 & -2 & 0 \\ 1 & -2 & 0 \\ 10 & -10 & -5 \end{pmatrix} \xrightarrow[\substack{\text{②}-\text{①} \\ \text{③}-\text{①}\times 10}]{} \begin{pmatrix} 1 & -2 & 0 \\ 0 & 0 & 0 \\ 0 & 10 & -5 \end{pmatrix}$$

$$\xrightarrow[\text{③}\div 5]{} \begin{pmatrix} 1 & -2 & 0 \\ 0 & 0 & 0 \\ 0 & 2 & -1 \end{pmatrix} \xrightarrow[\text{②}\leftrightarrow\text{③}]{} \begin{pmatrix} 1 & -2 & 0 \\ 0 & 2 & -1 \\ 0 & 0 & 0 \end{pmatrix}$$

3 行目より $z = 2c_2$ とおくと，2 行目より $y = c_2$ となる．さらに，1 行目より $x = 2c_2$．ゆえに，

$$\boldsymbol{x}_2 = c_2 \begin{pmatrix} 2 \\ 1 \\ 2 \end{pmatrix} \quad (c_2 \neq 0)$$

$\lambda = 9$ のときの固有ベクトルは，連立方程式 $A^2\boldsymbol{x} = 9\boldsymbol{x}$ を解けばよい．

$$\begin{pmatrix} 18 & -26 & -10 \\ 13 & -21 & -5 \\ 10 & -10 & -10 \end{pmatrix} \xrightarrow[\text{①}\leftrightarrow\text{③}\div 10]{} \begin{pmatrix} 1 & -1 & -1 \\ 13 & -21 & -5 \\ 18 & -26 & -10 \end{pmatrix}$$

$$\xrightarrow[\substack{\text{②}-\text{①}\times 13 \\ \text{③}-\text{①}\times 18}]{} \begin{pmatrix} 1 & -1 & -1 \\ 0 & -8 & 8 \\ 0 & -8 & 8 \end{pmatrix} \xrightarrow[\text{③}-\text{②}]{} \begin{pmatrix} 1 & -1 & -1 \\ 0 & -8 & 8 \\ 0 & 0 & 0 \end{pmatrix}$$

$$\xrightarrow[\text{②}\div 8]{} \begin{pmatrix} 1 & -1 & -1 \\ 0 & -1 & 1 \\ 0 & 0 & 0 \end{pmatrix}$$

3 行目より $z = c_3$ とおくと，3 行目より $y = c_3$ となる．さらに，1 行目より $x = 2c_2$．ゆえに，

$$\boldsymbol{x}_3 = c_3 \begin{pmatrix} 2 \\ 1 \\ 1 \end{pmatrix} \quad (c_3 \neq 0)$$

$P = \begin{pmatrix} 1 & 2 & 2 \\ 1 & 1 & 1 \\ 0 & 2 & 1 \end{pmatrix}$ とおくと $P^{-1}A^2P = \begin{pmatrix} 1 & 0 & 0 \\ 0 & 4 & 0 \\ 0 & 0 & 9 \end{pmatrix}$

ここで，$C = P^{-1}AP$ とおくと

$$C^2 = P^{-1}A^2P = \begin{pmatrix} 1 & 0 & 0 \\ 0 & 4 & 0 \\ 0 & 0 & 9 \end{pmatrix}$$

であるので $C = P^{-1}AP = \begin{pmatrix} 1 & 0 & 0 \\ 0 & 2 & 0 \\ 0 & 0 & 3 \end{pmatrix}$

$$A = P \begin{pmatrix} 1 & 0 & 0 \\ 0 & 2 & 0 \\ 0 & 0 & 3 \end{pmatrix} P^{-1}$$

$$= \begin{pmatrix} 1 & 2 & 2 \\ 1 & 1 & 1 \\ 0 & 2 & 1 \end{pmatrix} \begin{pmatrix} 1 & 0 & 0 \\ 0 & 2 & 0 \\ 0 & 0 & 3 \end{pmatrix} \begin{pmatrix} -1 & 2 & 0 \\ -1 & 1 & 1 \\ 2 & -2 & -1 \end{pmatrix}$$

$$= \begin{pmatrix} 7 & -6 & -2 \\ 3 & -2 & -1 \\ 2 & -2 & 1 \end{pmatrix}$$

第 3 章　演習問題解答

3.1　(1)　$|B - \lambda E| = |P^{-1}AP - \lambda E| = |P^{-1}(A - \lambda E)P| = |P^{-1}||A - \lambda E||P| = \frac{1}{|P|}|P||A - \lambda E| = |A - \lambda E|$ であることと

$$|A - \lambda E| = \begin{vmatrix} 1-\lambda & 0 & 0 \\ 0 & a-\lambda & 0 \\ 0 & 0 & -1-\lambda \end{vmatrix}$$

$$= (1-\lambda)(a-\lambda)(-1-\lambda) = 0$$

を解くと $\lambda = \pm 1, a$．ゆえに，$a = \pm 1$

(2)　まず，

$$|B| = |P^{-1}AP| = \frac{1}{|P|}|P||A| = |A|$$

$$= \begin{vmatrix} 1 & 0 & 0 \\ 0 & a & 0 \\ 0 & 0 & -1 \end{vmatrix} = -a \neq 0$$

であるので B は正則である．よって，B^n は正則である．これより，

$$\begin{pmatrix} x \\ y \\ z \end{pmatrix} = (B^n)^{-1} \begin{pmatrix} 1 \\ 1 \\ 1 \end{pmatrix}$$

$$= \underbrace{(P^{-1}A\overbrace{P\cdot P^{-1}}^{E}AP\cdots P^{-1}A\overbrace{P\cdot P^{-1}}^{E}AP)^{-1}}_{n\text{ 個}} \begin{pmatrix} 1 \\ 1 \\ 1 \end{pmatrix}$$

$$= (P^{-1}A^nP)^{-1} \begin{pmatrix} 1 \\ 1 \\ 1 \end{pmatrix} = P^{-1}(A^n)^{-1}P \begin{pmatrix} 1 \\ 1 \\ 1 \end{pmatrix}$$

$$= \begin{pmatrix} -2 & -5 & 3 \\ 0 & 1 & 0 \\ 1 & 1 & -1 \end{pmatrix} \begin{pmatrix} 1 & 0 & 0 \\ 0 & (\pm 1)^n & 0 \\ 0 & 0 & (-1)^n \end{pmatrix}^{-1} \begin{pmatrix} 1 & 2 & 3 \\ 0 & 1 & 0 \\ 1 & 3 & 2 \end{pmatrix} \begin{pmatrix} 1 \\ 1 \\ 1 \end{pmatrix}$$

$$= \begin{pmatrix} -12-5(\pm 1)^n+18(-1)^n \\ (\pm 1)^n \\ 6+(\pm 1)^n-6(-1)^n \end{pmatrix} \quad \text{（複号同順）}$$

ゆえに，n が偶数のとき $\begin{pmatrix} 1 \\ 1 \\ 1 \end{pmatrix}$，$n$ が奇数のとき $\begin{pmatrix} -5a-30 \\ a \\ a+12 \end{pmatrix}$ より

$a = 1$ のとき，$\begin{pmatrix} -35 \\ 1 \\ 13 \end{pmatrix}$

$a = -1$ のとき，$\begin{pmatrix} -25 \\ -1 \\ 11 \end{pmatrix}$

3.2 (1)

$$\begin{vmatrix} -\lambda & 0 & 1 \\ 5-a & 2-\lambda & a-4 \\ -2 & 0 & 3-\lambda \end{vmatrix}$$

$$= -\lambda(2-\lambda)(3-\lambda) + 2(2-\lambda) = 0$$

より，$(2-\lambda)(\lambda^2-3\lambda+2) = -(\lambda-2)^2(\lambda-1) = 0$ から，固有値は $\lambda = 1,\ 2$（重解）

(2) $\lambda = 1$ のときの固有ベクトルは，連立方程式 $A\boldsymbol{x} = \boldsymbol{x}$ を解けばよい．

$$\begin{pmatrix} -1 & 0 & 1 \\ 5-a & 1 & a-4 \\ -2 & 0 & 2 \end{pmatrix} \xrightarrow[③-①\times 2]{} \begin{pmatrix} -1 & 0 & 1 \\ 5-a & 1 & a-4 \\ 0 & 0 & 0 \end{pmatrix}$$

$$\xrightarrow[②+①\times(5-a)]{} \begin{pmatrix} -1 & 0 & 1 \\ 0 & 1 & 1 \\ 0 & 0 & 0 \end{pmatrix}$$

ゆえに，$z = c_1$ とおくと 2 行目より $y = -c_1$，1 行目より $x = z = c_1$ となる．これより，$\lambda = 1$ のときの固有ベクトルは

$$c_1 \begin{pmatrix} 1 \\ -1 \\ 1 \end{pmatrix} \quad (c_1 \neq 0)$$

$\lambda = 2$ のときののときの固有ベクトルは，連立方程式 $A\boldsymbol{x} = 2\boldsymbol{x}$ を解けばよい．

$$\begin{pmatrix} -2 & 0 & 1 \\ 5-a & 0 & a-4 \\ -2 & 0 & 1 \end{pmatrix} \xrightarrow[\substack{③-① \\ ②+①}]{} \begin{pmatrix} -2 & 0 & 1 \\ 3-a & 0 & a-3 \\ 0 & 0 & 0 \end{pmatrix}$$

$$\xrightarrow[\substack{a\neq 3 \\ ②\div(a-3)}]{} \begin{pmatrix} -2 & 0 & 1 \\ -1 & 0 & 1 \\ 0 & 0 & 0 \end{pmatrix} \xrightarrow[①\leftrightarrow②\times(-1)]{} \begin{pmatrix} 1 & 0 & -1 \\ -2 & 0 & 1 \\ 0 & 0 & 0 \end{pmatrix}$$

$$\xrightarrow[②+①\times 2]{} \begin{pmatrix} 1 & 0 & -1 \\ 0 & 0 & -1 \\ 0 & 0 & 0 \end{pmatrix}$$

2 行目より $z = 0$ となり，1 行目より $x = z = 0$ となる．3 行目より $y = c_2$ とおける．これより，$\lambda = 2$ のときの固有ベクトルは $a \neq 3$ のとき，

$$c_2 \begin{pmatrix} 0 \\ 1 \\ 0 \end{pmatrix} \quad (c_2 \neq 0)$$

$a = 3$ のとき，$\begin{pmatrix} -2 & 0 & 1 \\ 0 & 0 & 0 \\ 0 & 0 & 0 \end{pmatrix}$ なので 3 行目より $z = 2c_2$，2 行目より $y = c_3$ とおくと，1 行目より $x = c_2$ となる．これより $a = 3$ のとき $\lambda = 2$ のときの固有ベクトルは

$$c_2 \begin{pmatrix} 1 \\ 0 \\ 2 \end{pmatrix} + c_3 \begin{pmatrix} 0 \\ 1 \\ 0 \end{pmatrix} \quad (c_2 \neq 0 \text{ あるいは } c_3 \neq 0)$$

(3) 対角化可能であるためには，1 次独立な固有ベクトルが 3 つ必要なので $a = 3$

3.3 (1) $A\boldsymbol{x}_k = \alpha_k \boldsymbol{x}_k$（$\alpha_1 \neq \alpha_2$，$\boldsymbol{x}_k \neq \boldsymbol{0}$，$k = 1, 2$）とおくと

$$AB\boldsymbol{x}_k = BA\boldsymbol{x}_k = B(\alpha_k \boldsymbol{x}_k) = \alpha_k B\boldsymbol{x}_k$$

より，$A(B\boldsymbol{x}_k) = \alpha_k(B\boldsymbol{x}_k)$．これより，$B\boldsymbol{x}_k$ は α_k に対応する固有ベクトルなので $B\boldsymbol{x}_k = \beta_k \boldsymbol{x}_k$（$k = 1, 2$）と書ける．このとき，$P = (\ \boldsymbol{x}_1\ \boldsymbol{x}_2\ )$ とおくと P は正則であり，一般性を失うことなく，直交行列と仮定してよい．このとき，

$${}^tPBP = \begin{pmatrix} {}^t\boldsymbol{x}_1 \\ {}^t\boldsymbol{x}_2 \end{pmatrix} B\,(\ \boldsymbol{x}_1\ \boldsymbol{x}_2\ )$$

$$= \begin{pmatrix} {}^t\boldsymbol{x}_1 \\ {}^t\boldsymbol{x}_2 \end{pmatrix} (\ B\boldsymbol{x}_1\ B\boldsymbol{x}_2\ ) = \begin{pmatrix} {}^t\boldsymbol{x}_1 \\ {}^t\boldsymbol{x}_2 \end{pmatrix} (\ \beta_1\boldsymbol{x}_1\ \beta_2\boldsymbol{x}_2\ )$$

$$= \begin{pmatrix} \beta_1|\boldsymbol{x}_1|^2 & \beta_2\boldsymbol{x}_1\cdot\boldsymbol{x}_2 \\ \beta_1\boldsymbol{x}_2\cdot\boldsymbol{x}_1 & \beta_2|\boldsymbol{x}_2|^2 \end{pmatrix} = \begin{pmatrix} \beta_1 & 0 \\ 0 & \beta_2 \end{pmatrix}$$

よって，B は A の対角化行列である直交行列 P で対角化可能である．

(2) $A = \begin{pmatrix} 2 & 2 \\ 2 & -1 \end{pmatrix}$ とおくと固有方程式は

$$\begin{vmatrix} 2-\lambda & 2 \\ 2 & -1-\lambda \end{vmatrix}$$

$$= \lambda^2 - \lambda - 6 = (\lambda-3)(\lambda+2) = 0$$

より，固有値は $\lambda = -2,\ 3$

$\lambda = -2$ に対応する固有ベクトルは $\left.\begin{pmatrix} 2-\lambda \\ 2 \end{pmatrix}\right|_{\lambda=3} = \begin{pmatrix} -1 \\ 2 \end{pmatrix}$ より，求める固有ベクトルは

$$c_1 \begin{pmatrix} -1 \\ 2 \end{pmatrix} \quad (c_1 \neq 0)$$

$\lambda = 3$ に対応する固有ベクトルは $\left.\begin{pmatrix} 2-\lambda \\ 2 \end{pmatrix}\right|_{\lambda=-2} = \begin{pmatrix} 4 \\ 2 \end{pmatrix}$ より，求める固有ベクトルは

$$c_2 \begin{pmatrix} 2 \\ 1 \end{pmatrix} \quad (c_2 \neq 0)$$

ここで，$B = \begin{pmatrix} 2 & -2 \\ -2 & 5 \end{pmatrix}$ とおくと $AB = BA = \begin{pmatrix} 0 & 6 \\ 6 & -9 \end{pmatrix}$ となり，(1) の条件を満たす．よって，$B\begin{pmatrix} -1 \\ 2 \end{pmatrix} = 6\begin{pmatrix} -1 \\ 2 \end{pmatrix}$，$B\begin{pmatrix} 2 \\ 1 \end{pmatrix} = \begin{pmatrix} 2 \\ 1 \end{pmatrix}$ より $P = \frac{1}{\sqrt{5}}\begin{pmatrix} -1 & 2 \\ 2 & 1 \end{pmatrix}$ とおくと

$${}^tPAP = \begin{pmatrix} -2 & 0 \\ 0 & 3 \end{pmatrix}, \quad {}^tPBP = \begin{pmatrix} 6 & 0 \\ 0 & 1 \end{pmatrix}$$

3.4　(1)

$$|A-\lambda E|=\begin{vmatrix} 3-\lambda & 1 & 1 & -2 \\ 0 & 2-\lambda & 0 & 0 \\ 0 & 0 & 2-\lambda & 0 \\ 1 & 1 & 1 & -\lambda \end{vmatrix}=0$$

を解く．

$$\begin{aligned} &|A-\lambda E| \\ &=(3-\lambda)\begin{vmatrix} 2-\lambda & 0 & 0 \\ 0 & 2-\lambda & 0 \\ 1 & 1 & -\lambda \end{vmatrix}-\begin{vmatrix} 1 & 1 & -2 \\ 2-\lambda & 0 & 0 \\ 0 & 2-\lambda & 0 \end{vmatrix} \\ &=(3-\lambda)(2-\lambda)^2(-\lambda)-(-2(2-\lambda)^2) \\ &=(2-\lambda)^2(\lambda^2-3\lambda+2) \\ &=(\lambda-2)^3(\lambda-1)=0 \end{aligned}$$

から，固有値は $\lambda=1,\ 2$（3 重解）

$\lambda=1$ のときの固有ベクトルは，連立方程式 $A\boldsymbol{x}=\boldsymbol{x}$ を解けばよい．

$$\begin{pmatrix} 2 & 1 & 1 & -2 \\ 0 & 1 & 0 & 0 \\ 0 & 0 & 1 & 0 \\ 1 & 1 & 1 & -1 \end{pmatrix} \xrightarrow[\text{①}-\text{④}\times 2]{} \begin{pmatrix} 0 & -1 & -1 & 0 \\ 0 & 1 & 0 & 0 \\ 0 & 0 & 1 & 0 \\ 1 & 1 & 1 & -1 \end{pmatrix}$$

$$\xrightarrow[\text{①}\leftrightarrow\text{④}]{} \begin{pmatrix} 1 & 1 & 1 & -1 \\ 0 & 1 & 0 & 0 \\ 0 & 0 & 1 & 0 \\ 0 & -1 & -1 & 0 \end{pmatrix} \xrightarrow[\text{④}+(\text{②}+\text{③})]{} \begin{pmatrix} 1 & 1 & 1 & -1 \\ 0 & 1 & 0 & 0 \\ 0 & 0 & 1 & 0 \\ 0 & 0 & 0 & 0 \end{pmatrix}$$

2 行目と 3 行目より，$y=z=0$．$w=c_1$ とおくと，1 行目より $x=c_1$．ゆえに，

$$c_1\begin{pmatrix} 1 \\ 0 \\ 0 \\ 1 \end{pmatrix}\quad (c_1\neq 0)$$

$\lambda=2$ のときの固有ベクトルは，連立方程式 $A\boldsymbol{x}=2\boldsymbol{x}$ を解けばよい．

$$\begin{pmatrix} 1 & 1 & 1 & -2 \\ 0 & 0 & 0 & 0 \\ 0 & 0 & 0 & 0 \\ 1 & 1 & 1 & -2 \end{pmatrix} \xrightarrow[\text{④}-\text{①}]{} \begin{pmatrix} 1 & 1 & 1 & -2 \\ 0 & 0 & 0 & 0 \\ 0 & 0 & 0 & 0 \\ 0 & 0 & 0 & 0 \end{pmatrix}$$

2〜4 行目より $w=c_4,\ z=c_3,\ y=c_2$ とおくと，1 行目より $x=-c_2-c_3+2c_4$．ゆえに，

$$c_2\begin{pmatrix} -1 \\ 1 \\ 0 \\ 0 \end{pmatrix}+c_3\begin{pmatrix} -1 \\ 0 \\ 1 \\ 0 \end{pmatrix}+c_4\begin{pmatrix} 2 \\ 0 \\ 0 \\ 1 \end{pmatrix}$$

ただし，$c_2,\ c_3,\ c_4$ のうち少なくとも 1 つは 0 でない．

(2)　$P=\begin{pmatrix} 1 & -1 & -1 & 2 \\ 0 & 1 & 0 & 0 \\ 0 & 0 & 1 & 0 \\ 1 & 0 & 0 & 1 \end{pmatrix}$ とおくと

$$P^{-1}AP=\begin{pmatrix} 1 & 0 & 0 & 0 \\ 0 & 2 & 0 & 0 \\ 0 & 0 & 2 & 0 \\ 0 & 0 & 0 & 2 \end{pmatrix}$$

3.5　(1)　$|A-\lambda E|=\begin{vmatrix} 9-\lambda & -3 & 0 \\ -3 & 12-\lambda & -3 \\ 0 & -3 & 9-\lambda \end{vmatrix}=0$ を解く．

$$\begin{aligned} &|A-\lambda E|=(9-\lambda)^2(12-\lambda)-18(9-\lambda) \\ &=(9-\lambda)(\lambda^2-21\lambda+90) \\ &=(9-\lambda)(\lambda-6)(\lambda-15)=0 \end{aligned}$$

から，固有値は $\lambda=6,\ 9,\ 15$

$\lambda=6$ のときの固有ベクトルは，連立方程式 $A\boldsymbol{x}=6\boldsymbol{x}$ を解けばよい．

$$\begin{pmatrix} 3 & -3 & 0 \\ -3 & 6 & -3 \\ 0 & -3 & 3 \end{pmatrix} \xrightarrow[\text{②}+\text{①}]{} \begin{pmatrix} 3 & -3 & 0 \\ 0 & 3 & -3 \\ 0 & -3 & 3 \end{pmatrix}$$

$$\xrightarrow[\substack{\text{③}+\text{②} \\ \text{①}\div 3 \\ \text{②}\div 3}]{} \begin{pmatrix} 1 & -1 & 0 \\ 0 & 1 & -1 \\ 0 & 0 & 0 \end{pmatrix}$$

3 行目より $z=c_1$ とおくと，2 行目より $y=c_1$，1 行目より $x=c_1$．ゆえに，

$$c_1\begin{pmatrix} 1 \\ 1 \\ 1 \end{pmatrix}\quad (c_1\neq 0)$$

$\lambda=9$ のときの固有ベクトルは，連立方程式 $A\boldsymbol{x}=9\boldsymbol{x}$ を解けばよい．

$$\begin{pmatrix} 0 & -3 & 0 \\ -3 & 3 & -3 \\ 0 & -3 & 0 \end{pmatrix} \xrightarrow[\text{③}-\text{①},\,\text{②}\div 3]{} \begin{pmatrix} 0 & -3 & 0 \\ -1 & 1 & -1 \\ 0 & 0 & 0 \end{pmatrix}$$

3 行目より $z=c_2$ とおくと，1 行目より $y=0$，2 行目より $x=-c_2$．ゆえに，

$$c_2\begin{pmatrix} -1 \\ 0 \\ 1 \end{pmatrix}\quad (c_2\neq 0)$$

$\lambda=15$ のときの固有ベクトルは，連立方程式 $A\boldsymbol{x}=15\boldsymbol{x}$ を解けばよい．

$$\begin{pmatrix} -6 & -3 & 0 \\ -3 & -3 & -3 \\ 0 & -3 & -6 \end{pmatrix}$$

$$\xrightarrow[\substack{\text{①}\div(-3) \\ \text{②}\div(-3) \\ \text{③}\div(-3)}]{} \begin{pmatrix} 2 & 1 & 0 \\ 1 & 1 & 1 \\ 0 & 1 & 2 \end{pmatrix} \xrightarrow[\text{①}-\text{②}]{} \begin{pmatrix} 1 & 0 & -1 \\ 1 & 1 & 1 \\ 0 & 1 & 2 \end{pmatrix}$$

$$\xrightarrow[\text{②}-\text{①}]{} \begin{pmatrix} 1 & 0 & -1 \\ 0 & 1 & 2 \\ 0 & 1 & 2 \end{pmatrix} \xrightarrow[\text{③}-\text{②}]{} \begin{pmatrix} 1 & 0 & -1 \\ 0 & 1 & 2 \\ 0 & 0 & 0 \end{pmatrix}$$

3 行目より $z=c_3$ とおくと，2 行目より $y=-2c_3$，1 行目より $x=c_3$．ゆえに，

$$c_3\begin{pmatrix} 1 \\ -2 \\ 1 \end{pmatrix}\quad (c_3\neq 0)$$

(2)　$$f(x,y,z)=\begin{pmatrix} x & y & z \end{pmatrix}\begin{pmatrix} 9 & -3 & 0 \\ -3 & 12 & -3 \\ 0 & -3 & 9 \end{pmatrix}\begin{pmatrix} x \\ y \\ z \end{pmatrix}$$

$$=9x^2+12y^2+9z^2-6xy-6yz$$

(3)　$\lambda=6$ のとき，原点を通り，固有ベクトルに平行な直線の媒介変数表示は以下で与えられる．

$$\begin{pmatrix} x \\ y \\ z \end{pmatrix}=t\begin{pmatrix} 1 \\ 1 \\ 1 \end{pmatrix}\quad (t\text{ は任意の実数})$$

これを $9x^2+12y^2+9z^2-6xy-6yz=18$ に代入すると $t=\pm 1$ となる．これより，このときの交点の座標は $(\pm 1,\pm 1,\pm 1)$（複号同順）

$\lambda=9$ のとき，原点を通り，固有ベクトルに平行な直線の媒介変数表示は以下で与えられる．

$$\begin{pmatrix} x \\ y \\ z \end{pmatrix}=t\begin{pmatrix} -1 \\ 0 \\ 1 \end{pmatrix}\quad (t\text{ は任意の実数})$$

これを $9x^2+12y^2+9z^2-6xy-6yz=18$ に代入すると $t=\pm 1$ となる．これより，このときの交点の

座標は $(\mp 1, 0, \pm 1)$（複号同順）
$\lambda = 15$ のとき，原点を通り，固有ベクトルに平行な直線の媒介変数表示は以下で与えられる．

$$\begin{pmatrix} x \\ y \\ z \end{pmatrix} = t \begin{pmatrix} 1 \\ -2 \\ 1 \end{pmatrix} \quad (t \text{ は任意の実数})$$

これを $9x^2 + 12y^2 + 9z^2 - 6xy - 6yz = 18$ に代入すると $t = \pm\frac{1}{\sqrt{5}}$ となる．これより，このときの交点の座標は $(\pm\frac{1}{\sqrt{5}}, \mp\frac{2}{\sqrt{5}}, \pm\frac{1}{\sqrt{5}})$（複号同順）

3.6 (1)

$$|\Lambda - \lambda E| = \begin{vmatrix} -\lambda & 1 & 0 \\ 0 & -\lambda & 1 \\ 1 & 0 & -\lambda \end{vmatrix} = 0$$

を解く．

$$|\Lambda - \lambda E| = \begin{vmatrix} -\lambda & 1 & 0 \\ 0 & -\lambda & 1 \\ 1 & 0 & -\lambda \end{vmatrix}$$

$$\underset{①+③\times\lambda}{=} \begin{vmatrix} 0 & 1 & -\lambda^2 \\ 0 & -\lambda & 1 \\ 1 & 0 & -\lambda \end{vmatrix} = \begin{vmatrix} 1 & -\lambda^2 \\ -\lambda & 1 \end{vmatrix}$$

$$= 1 - \lambda^3 = -(\lambda - 1)(\lambda^2 + \lambda + 1) = 0$$

から，行列 Λ の固有値は $\lambda = 1, \frac{-1\pm\sqrt{3}\,i}{2}$．ここで，$\omega = \frac{-1+\sqrt{3}\,i}{2}$ とおくと $\omega^2 = \frac{-1-\sqrt{3}\,i}{2}$ となるので Λ の固有値は $1, \omega, \omega^2$

$\lambda = 1$ のときの固有ベクトルは，連立方程式 $A\boldsymbol{x} = \boldsymbol{x}$ を解けばよい．

$$\begin{pmatrix} -1 & 1 & 0 \\ 0 & -1 & 1 \\ 1 & 0 & -1 \end{pmatrix} \xrightarrow[③+①]{} \begin{pmatrix} -1 & 1 & 0 \\ 0 & -1 & 1 \\ 0 & 1 & -1 \end{pmatrix}$$

$$\xrightarrow[③+②]{} \begin{pmatrix} 1 & -1 & 0 \\ 0 & 1 & -1 \\ 0 & 0 & 0 \end{pmatrix}$$

3 行目より $z = c_1$ とおくと，2 行目より $y = c_1$，1 行目より $x = c_1$．ゆえに，

$$\boldsymbol{x}_1 = c_1 \begin{pmatrix} 1 \\ 1 \\ 1 \end{pmatrix} \quad (c_1 \neq 0)$$

$\lambda = \omega$ のときの固有ベクトルは，連立方程式 $A\boldsymbol{x} = \omega\boldsymbol{x}$ を解けばよい．

$$\begin{pmatrix} -\omega & 1 & 0 \\ 0 & -\omega & 1 \\ 1 & 0 & -\omega \end{pmatrix}$$

$$\xrightarrow[③+①\times\omega^2, \omega^3=1]{} \begin{pmatrix} -\omega & 1 & 0 \\ 0 & -\omega & 1 \\ 0 & \omega^2 & -\omega \end{pmatrix}$$

$$\xrightarrow[③+②\times\omega]{} \begin{pmatrix} -\omega & 1 & 0 \\ 0 & -\omega & 1 \\ 0 & 0 & 0 \end{pmatrix}$$

3 行目より $z = c_2$ とおくと，2 行目より $-\omega y + c_2 = 0$．よって $y = \frac{1}{\omega}c_2 = \frac{\omega^2}{\omega^3}c_2 = \omega^2 c_2$．1 行目より $\omega x = \omega^2 c_2$．ゆえに $x = \omega c_2$．したがって

$$\boldsymbol{x}_2 = c_2 \begin{pmatrix} \omega \\ \omega^2 \\ 1 \end{pmatrix} \quad (c_2 \neq 0)$$

$\lambda = \omega^2$ のときの固有ベクトルは，連立方程式 $A\boldsymbol{x} = \omega^2\boldsymbol{x}$ を解けばよい．

$$\begin{pmatrix} -\omega^2 & 1 & 0 \\ 0 & -\omega^2 & 1 \\ 1 & 0 & -\omega^2 \end{pmatrix}$$

$$\xrightarrow[③+①\times\omega, \omega^3=1]{} \begin{pmatrix} -\omega^2 & 1 & 0 \\ 0 & -\omega^2 & 1 \\ 0 & \omega & -\omega^2 \end{pmatrix}$$

$$\xrightarrow[③+②\times\omega^2]{} \begin{pmatrix} -\omega^2 & 1 & 0 \\ 0 & -\omega^2 & 1 \\ 0 & 0 & 0 \end{pmatrix}$$

3 行目より $z = c_3$ とおくと，2 行目より $-\omega^2 y + c_3 = 0$ より $y = \frac{1}{\omega^2}c_3 = \frac{\omega}{\omega^3}c_3 = \omega c_3$．1 行目より $\omega^2 x = \omega c_3$．ゆえに $x = \frac{1}{\omega}c_3 = \omega^2 c_3$．したがって

$$\boldsymbol{x}_2 = c_3 \begin{pmatrix} \omega^2 \\ \omega \\ 1 \end{pmatrix} \quad (c_3 \neq 0)$$

(2)

$$A\boldsymbol{x}_1 = (aE + b\Lambda + c\Lambda^2)\boldsymbol{x}_1 = (a + b + c)\boldsymbol{x}_1,$$

$$A\boldsymbol{x}_2 = (aE + b\Lambda + c\Lambda^2)\boldsymbol{x}_2 = (a + b\omega + c\omega^2)\boldsymbol{x}_2,$$

$$A\boldsymbol{x}_3 = (aE + b\Lambda + c\Lambda^2)\boldsymbol{x}_3 = (a + b\omega^2 + c\omega)\boldsymbol{x}_3$$

以上より，行列 A の固有値は $\lambda = a + b + c$, $a + b\omega + c\omega^2$, $a + b\omega^2 + c\omega$．固有ベクトルはそれぞれ $\boldsymbol{x}_1$, $\boldsymbol{x}_2$, $\boldsymbol{x}_3$ である．

(3) $P = (\,\boldsymbol{x}_1\ \boldsymbol{x}_2\ \boldsymbol{x}_3\,) = \begin{pmatrix} 1 & \omega & \omega^2 \\ 1 & \omega^2 & \omega \\ 1 & 1 & 1 \end{pmatrix}$ とおくと

$$P^{-1}AP = \begin{pmatrix} a+b+c & 0 & 0 \\ 0 & a+b\omega+c\omega^2 & 0 \\ 0 & 0 & a+b\omega^2+c\omega \end{pmatrix}$$

これより，

$$|A| = |P^{-1}AP|$$

$$= (a + b + c)(a + b\omega + c\omega^2)(a + b\omega^2 + c\omega)$$

3.7 (1) $\boldsymbol{x}_n = S\boldsymbol{x}_{n-1} = \cdots = S^n\boldsymbol{x}_0$ である．S の固有値と固有ベクトルを求める．固有方程式は

$$\begin{vmatrix} 0.9-\lambda & 0.2 \\ 0.1 & 0.8-\lambda \end{vmatrix}$$

$$= \lambda^2 - 1.7\lambda + 0.7 = (\lambda - 0.7)(\lambda - 1) = 0$$

より，固有値は $\lambda = 1, 0.7$

$\lambda = 1$ の固有ベクトルは

$\begin{pmatrix} 0.9-\lambda \\ 0.1 \end{pmatrix}\Big|_{\lambda=0.7} = \begin{pmatrix} 0.2 \\ 0.1 \end{pmatrix}$ より，$c_1 \begin{pmatrix} 2 \\ 1 \end{pmatrix}$ $(c_1 \neq 0)$

$\lambda = 0.7$ の固有ベクトルは

$\begin{pmatrix} 0.9-\lambda \\ 0.1 \end{pmatrix}\Big|_{\lambda=1} = \begin{pmatrix} -0.1 \\ 0.1 \end{pmatrix}$ より，$c_2 \begin{pmatrix} -1 \\ 1 \end{pmatrix}$ $(c_2 \neq 0)$

これより，$P = \begin{pmatrix} 2 & -1 \\ 1 & 1 \end{pmatrix}$ とおくと $P^{-1}SP = \begin{pmatrix} 1 & 0 \\ 0 & 0.7 \end{pmatrix}$ となる．このとき，

$$(P^{-1}SP)^n$$

$$= \underbrace{P^{-1}S\overbrace{P \cdot P^{-1}}^{E}SP \cdots P^{-1}S\overbrace{P \cdot P^{-1}}^{E}SP}_{P^{-1}S^nP}$$

$$= \begin{pmatrix} 1 & 0 \\ 0 & (0.7)^n \end{pmatrix},$$

$$S^n = P\begin{pmatrix}1 & 0\\ 0 & (0.7)^n\end{pmatrix}P^{-1}$$

$$= \begin{pmatrix}2 & -1\\ 1 & 1\end{pmatrix}\begin{pmatrix}1 & 0\\ 0 & (0.7)^n\end{pmatrix}\left\{\frac{1}{3}\begin{pmatrix}1 & 1\\ -1 & 2\end{pmatrix}\right\}$$

$$= \frac{1}{3}\begin{pmatrix}2+(0.7)^n & 2-2\cdot(0.7)^n\\ 1-(0.7)^n & 1+2\cdot(0.7)^n\end{pmatrix}$$

(i) 上記の計算により，

$$\boldsymbol{x}_n = \begin{pmatrix}a_n\\ b_n\end{pmatrix}$$

$$= \frac{1}{3}\begin{pmatrix}2+(0.7)^n & 2-2\cdot(0.7)^n\\ 1-(0.7)^n & 1+2\cdot(0.7)^n\end{pmatrix}\begin{pmatrix}10\\ 90\end{pmatrix}$$

$$= \frac{1}{3}\begin{pmatrix}200-170\cdot(0.7)^n\\ 100+170\cdot(0.7)^n\end{pmatrix}$$

(ii)

$$\boldsymbol{x}_3 = \frac{1}{3}\begin{pmatrix}200-170\cdot(0.7)^3\\ 100+170\cdot(0.7)^3\end{pmatrix}$$

$$= \frac{1}{3}\begin{pmatrix}141.69\\ 158.31\end{pmatrix} = \begin{pmatrix}47.23\\ 52.77\end{pmatrix}$$

(iii)

$$\lim_{n\to\infty}\boldsymbol{x}_n = \frac{1}{3}\begin{pmatrix}200\\ 100\end{pmatrix}$$

これより，A 社と B 社のシェアは 2 : 1

(2) S の固有値と固有ベクトルを求める．固有方程式は

$$\begin{vmatrix}0.6-\lambda & 0.4\\ 0.4 & 0.6-\lambda\end{vmatrix}$$

$$= \lambda^2 - 1.2\lambda + 0.2 = (\lambda-0.2)(\lambda-1) = 0$$

より，固有値は $\lambda = 1,\ 0.2$

$\lambda = 0.2$ の固有ベクトルは

$\begin{pmatrix}0.6-\lambda\\ 0.4\end{pmatrix}\Big|_{\lambda=1} = \begin{pmatrix}-0.4\\ 0.4\end{pmatrix}$ より，$c_1\begin{pmatrix}-1\\ 1\end{pmatrix}$　$(c_1 \neq 0)$

$\lambda = 1$ の固有ベクトルは

$\begin{pmatrix}0.6-\lambda\\ 0.4\end{pmatrix}\Big|_{\lambda=0.2} = \begin{pmatrix}0.4\\ 0.4\end{pmatrix}$ より，$c_2\begin{pmatrix}1\\ 1\end{pmatrix}$　$(c_2 \neq 0)$

これより，$P = \begin{pmatrix}1 & -1\\ 1 & 1\end{pmatrix}$ とおくと $P^{-1}SP = \begin{pmatrix}1 & 0\\ 0 & 0.2\end{pmatrix}$ となる．このとき，

$$(P^{-1}SP)^n$$

$$= \underbrace{P^{-1}S\overbrace{P\cdot P^{-1}}^{E}SP\cdots P^{-1}S\overbrace{P\cdot P^{-1}}^{E}SP}_{P^{-1}S^nP}$$

$$= \begin{pmatrix}1 & 0\\ 0 & (0.2)^n\end{pmatrix},$$

$$S^n = P\begin{pmatrix}1 & 0\\ 0 & (0.2)^n\end{pmatrix}P^{-1}$$

$$= \begin{pmatrix}1 & -1\\ 1 & 1\end{pmatrix}\begin{pmatrix}1 & 0\\ 0 & (0.2)^n\end{pmatrix}\left\{\frac{1}{2}\begin{pmatrix}1 & 1\\ -1 & 1\end{pmatrix}\right\}$$

$$= \frac{1}{2}\begin{pmatrix}1+(0.2)^n & 1-(0.2)^n\\ 1-(0.2)^n & 1+(0.2)^n\end{pmatrix}$$

上記の計算により，

$$\boldsymbol{x}_n = \frac{1}{2}\begin{pmatrix}1+(0.2)^n & 1-(0.2)^n\\ 1-(0.2)^n & 1+(0.2)^n\end{pmatrix}\begin{pmatrix}10\\ 90\end{pmatrix}$$

$$= \frac{1}{2}\begin{pmatrix}100-80\cdot(0.2)^n\\ 100+80\cdot(0.2)^n\end{pmatrix} \to \frac{1}{2}\begin{pmatrix}100\\ 100\end{pmatrix}\quad (n\to\infty)$$

これより，A 社と B 社のシェアは 1 : 1

3.8 (1) $c_1\boldsymbol{x}_1 + c_2\boldsymbol{x}_2 = \boldsymbol{0}$ $\cdots(*)$ のとき，$c_1 = c_2 = 0$ を示す．$c_1A\boldsymbol{x}_1 + c_2A\boldsymbol{x}_2 = \boldsymbol{0}$ より，$c_1\lambda_1\boldsymbol{x}_1 + c_2\lambda_2\boldsymbol{x}_2 = \boldsymbol{0}$ となる．これより

$$c_1\lambda_1\boldsymbol{x}_1 + c_2\lambda_2\boldsymbol{x}_2 = \boldsymbol{0}\quad\cdots①$$

$$c_1\lambda_1\boldsymbol{x}_1 + c_2\lambda_1\boldsymbol{x}_2 = \boldsymbol{0}\quad((*)\times\lambda_1)\quad\cdots②$$

$$c_1\lambda_2\boldsymbol{x}_1 + c_2\lambda_2\boldsymbol{x}_2 = \boldsymbol{0}\quad((*)\times\lambda_2)\quad\cdots③$$

① − ② より，

$$c_2(\lambda_2-\lambda_1)\boldsymbol{x}_2 = \boldsymbol{0}$$

となる．ここで，$\lambda_1 \neq \lambda_2$, $\boldsymbol{x}_2 \neq \boldsymbol{0}$ より $c_2 = 0$．次に，① − ③ より，

$$c_1(\lambda_1-\lambda_2)\boldsymbol{x}_1 = \boldsymbol{0}$$

となる．ここで，$\lambda_1 \neq \lambda_2$, $\boldsymbol{x}_1 \neq \boldsymbol{0}$ より $c_1 = 0$．以上より，$c_1 = c_2 = 0$ となり，$\boldsymbol{x}_1, \boldsymbol{x}_2$ は 1 次独立である．

(2) $A^k\boldsymbol{x} = A^{k-1}\lambda\boldsymbol{x} = \cdots = \lambda^k\boldsymbol{x}$ より，A^k の固有値は λ^k，これに対する固有ベクトルは $\boldsymbol{x}$ となる．

(3) $|A-\lambda E| = \begin{vmatrix}\frac{1}{2}-\lambda & 0 & -1\\ 0 & \frac{1}{2}-\lambda & -\frac{1}{2}\\ -1 & -\frac{1}{2} & -\frac{3}{2}-\lambda\end{vmatrix} = 0$ を解く．

$$|A-\lambda E|$$

$$= \left(\frac{1}{2}-\lambda\right)\begin{vmatrix}\frac{1}{2}-\lambda & -\frac{1}{2}\\ -\frac{1}{2} & -\frac{3}{2}-\lambda\end{vmatrix} - \begin{vmatrix}0 & -1\\ \frac{1}{2}-\lambda & -\frac{1}{2}\end{vmatrix}$$

$$= \left(\frac{1}{2}-\lambda\right)\left\{\left(\frac{1}{2}-\lambda\right)\left(-\frac{3}{2}-\lambda\right) - \frac{1}{4}\right\} - \left(\frac{1}{2}-\lambda\right)$$

$$= \left(\frac{1}{2}-\lambda\right)\left\{\left(\lambda-\frac{1}{2}\right)\left(\lambda+\frac{3}{2}\right) - \frac{5}{4}\right\}$$

$$= \left(\frac{1}{2}-\lambda\right)(\lambda^2+\lambda-2)$$

$$= \left(\frac{1}{2}-\lambda\right)(\lambda+2)(\lambda-1) = 0$$

から，行列 A の固有値は $\lambda = -2,\ 1,\ \frac{1}{2}$

$\lambda = -2$ のときの固有ベクトルは，連立方程式 $A\boldsymbol{x} = -2\boldsymbol{x}$ を解けばよい．

$$\begin{pmatrix}\frac{5}{2} & 0 & -1\\ 0 & \frac{5}{2} & -\frac{1}{2}\\ -1 & -\frac{1}{2} & \frac{1}{2}\end{pmatrix}\xrightarrow[①\leftrightarrow-③]{}\begin{pmatrix}1 & \frac{1}{2} & -\frac{1}{2}\\ 0 & \frac{5}{2} & -\frac{1}{2}\\ \frac{5}{2} & 0 & -1\end{pmatrix}$$

$$\xrightarrow[③-①\times\frac{5}{2}]{}\begin{pmatrix}1 & \frac{1}{2} & -\frac{1}{2}\\ 0 & \frac{5}{2} & -\frac{1}{2}\\ 0 & \frac{5}{4} & \frac{1}{4}\end{pmatrix}$$

$$\xrightarrow[③+②\times\frac{1}{2}]{}\begin{pmatrix}1 & \frac{1}{2} & -\frac{1}{2}\\ 0 & \frac{5}{2} & -\frac{1}{2}\\ 0 & 0 & 0\end{pmatrix}$$

3 行目より $z = 5c_1$ とおくと，2 行目より $y = c_1$，1 行目より $x = 2c_1$．ゆえに，

$$\boldsymbol{x}_1 = c_1\begin{pmatrix}2\\ 1\\ 5\end{pmatrix}\quad (c_1 \neq 0)$$

$\lambda = 1$ のときの固有ベクトルは，連立方程式 $A\boldsymbol{x} = \boldsymbol{x}$ を解けばよい．

$$\begin{pmatrix} -\frac{1}{2} & 0 & -1 \\ 0 & -\frac{1}{2} & -\frac{1}{2} \\ -1 & -\frac{1}{2} & -\frac{5}{2} \end{pmatrix} \xrightarrow[\text{①}\leftrightarrow -\text{③}]{} \begin{pmatrix} 1 & \frac{1}{2} & \frac{5}{2} \\ 0 & -\frac{1}{2} & -\frac{1}{2} \\ -\frac{1}{2} & 0 & -1 \end{pmatrix}$$

$$\xrightarrow[\text{③}+\text{①}\times\frac{1}{2}]{} \begin{pmatrix} 1 & \frac{1}{2} & \frac{5}{2} \\ 0 & -\frac{1}{2} & -\frac{1}{2} \\ 0 & \frac{1}{4} & \frac{1}{4} \end{pmatrix}$$

$$\xrightarrow[\text{③}+\text{②}\times\frac{1}{2}]{} \begin{pmatrix} 1 & \frac{1}{2} & \frac{5}{2} \\ 0 & -\frac{1}{2} & -\frac{1}{2} \\ 0 & 0 & 0 \end{pmatrix}$$

3 行目より $z = c_2$ とおくと，2 行目より $y = -c_2$，1 行目より $x = -2c_2$．ゆえに，

$$\boldsymbol{x}_1 = c_2 \begin{pmatrix} -2 \\ -1 \\ 1 \end{pmatrix} \quad (c_2 \neq 0)$$

$\lambda = \frac{1}{2}$ のときの固有ベクトルは，連立方程式 $A\boldsymbol{x} = \frac{1}{2}\boldsymbol{x}$ を解けばよい．

$$\begin{pmatrix} 0 & 0 & -1 \\ 0 & 0 & -\frac{1}{2} \\ -1 & -\frac{1}{2} & -2 \end{pmatrix} \xrightarrow[\text{①}\leftrightarrow -\text{③}]{} \begin{pmatrix} 1 & \frac{1}{2} & 2 \\ 0 & 0 & -\frac{1}{2} \\ 0 & 0 & -1 \end{pmatrix}$$

$$\xrightarrow[\text{②}-\text{③}\div 2]{} \begin{pmatrix} 1 & \frac{1}{2} & 2 \\ 0 & 0 & 0 \\ 0 & 0 & -1 \end{pmatrix}$$

3 行目より $z = 0$ となる．2 行目より $y = 2c_3$，1 行目より $x = -c_3$．ゆえに，

$$\boldsymbol{x}_1 = c_3 \begin{pmatrix} -1 \\ 2 \\ 0 \end{pmatrix} \quad (c_3 \neq 0)$$

したがって行列 A の固有値は $\lambda = -2,\ 1,\ \frac{1}{2}$．固有ベクトルはそれぞれ

$$\boldsymbol{x}_1 = c_1 \begin{pmatrix} 2 \\ 1 \\ 5 \end{pmatrix}, \quad \boldsymbol{x}_2 = c_2 \begin{pmatrix} -2 \\ -1 \\ 1 \end{pmatrix},$$

$$\boldsymbol{x}_3 = c_3 \begin{pmatrix} -1 \\ 2 \\ 0 \end{pmatrix} \quad (c_1, c_2, c_3 \neq 0)$$

(4) (3) の結果，$P = \begin{pmatrix} 2 & -2 & -1 \\ 1 & -1 & 2 \\ 5 & 1 & 0 \end{pmatrix}$ とおくと

$$P^{-1}AP = \begin{pmatrix} -2 & 0 & 0 \\ 0 & 1 & 0 \\ 0 & 0 & \frac{1}{2} \end{pmatrix},$$

$$(P^{-1}AP)^k$$

$$= \underbrace{P^{-1}A\overbrace{P\cdot P^{-1}}^{E}AP\cdots P^{-1}A\overbrace{P\cdot P^{-1}}^{E}AP}_{P^{-1}A^kP}$$

$A^k = P \begin{pmatrix} (-2)^k & 0 & 0 \\ 0 & 1 & 0 \\ 0 & 0 & (\frac{1}{2})^k \end{pmatrix} P^{-1}$ となり，$\boldsymbol{x}_0 = \begin{pmatrix} x \\ y \\ z \end{pmatrix}$ とおくと

$$A^k\boldsymbol{x}_0 = P \begin{pmatrix} (-2)^k & 0 & 0 \\ 0 & 1 & 0 \\ 0 & 0 & (\frac{1}{2})^k \end{pmatrix} P^{-1} \begin{pmatrix} x \\ y \\ z \end{pmatrix}$$

$$= \begin{pmatrix} 2 & -2 & -1 \\ 1 & -1 & 2 \\ 5 & 1 & 0 \end{pmatrix} \begin{pmatrix} (-2)^k & 0 & 0 \\ 0 & 1 & 0 \\ 0 & 0 & (\frac{1}{2})^k \end{pmatrix}$$

$$\cdot \left\{ -\frac{1}{30} \begin{pmatrix} -2 & -1 & -5 \\ 10 & 5 & -5 \\ 6 & -12 & 0 \end{pmatrix} \right\} \begin{pmatrix} x \\ y \\ z \end{pmatrix}$$

$$= \begin{pmatrix} \frac{2}{15}(-2)^k + \frac{2}{3} + \frac{1}{5}\left(\frac{1}{2}\right)^k & \frac{1}{15}(-2)^k + \frac{1}{3} - \frac{2}{5}\left(\frac{1}{2}\right)^k & \frac{1}{3}(-2)^k - \frac{1}{3} \\ \frac{1}{15}(-2)^k + \frac{1}{3} - \frac{2}{5}\left(\frac{1}{2}\right)^k & \frac{1}{30}(-2)^k + \frac{1}{6} + \frac{4}{5}\left(\frac{1}{2}\right)^k & \frac{1}{6}(-2)^k - \frac{1}{6} \\ \frac{1}{3}(-2)^k - \frac{1}{3} & \frac{1}{6}(-2)^k - \frac{1}{6} & \frac{5}{6}(-2)^k + \frac{1}{6} \end{pmatrix} \begin{pmatrix} x \\ y \\ z \end{pmatrix}$$

$$= \begin{pmatrix} \cdots + (-2)^k\left(\frac{2}{15}x + \frac{1}{15}y + \frac{1}{3}z\right) \\ \cdots + (-2)^k\left(\frac{1}{15}x + \frac{1}{30}y + \frac{1}{6}z\right) \\ \cdots + (-2)^k\left(\frac{1}{3}x + \frac{1}{6}y + \frac{5}{6}z\right) \end{pmatrix}$$

$\displaystyle\lim_{k\to\infty} A^k\boldsymbol{x}_0 \in \mathbb{R}^3$ であるためには

$$\begin{cases} \frac{2}{15}x + \frac{1}{15}y + \frac{1}{3}z = 0 \\ \frac{1}{15}x + \frac{1}{30}y + \frac{1}{6}z = 0 \\ \frac{1}{3}x + \frac{1}{6}y + \frac{5}{6}z = 0 \end{cases}$$

を満たす必要がある．よって，平面 $2x+y+5z=0$ 上の点である．これより，$\displaystyle\lim_{k\to\infty} A^k\boldsymbol{x}_0$ が収束する必要十分条件は $2x+y+5z=0$，すなわち，${}^t\boldsymbol{x}_0 \begin{pmatrix} 2 \\ 1 \\ 5 \end{pmatrix} = 0$ を満たす点 $\boldsymbol{x}_0 = \begin{pmatrix} x \\ y \\ z \end{pmatrix}$ である．

【(4) の別解】 $\boldsymbol{p}_\alpha$ を固有値 α に対応する固有ベクトルとする．A が対称行列であるので $\boldsymbol{p}_{-2}, \boldsymbol{p}_{\frac{1}{2}}, \boldsymbol{p}_1$ を正規直交基底（互いに直交する単位ベクトル）として取れる．これより，$\boldsymbol{x}_0 = \begin{pmatrix} x \\ y \\ z \end{pmatrix} \in \mathbb{R}^3$ に対して，$\boldsymbol{x}_0 = s\boldsymbol{p}_{\frac{1}{2}} + t\boldsymbol{p}_1 + u\boldsymbol{p}_{-2}$ と一意的に書ける．ただし，$s, t, u \in \mathbb{R}$．これより

$$\begin{aligned} A^k\boldsymbol{x}_0 &= A^k(s\boldsymbol{p}_{\frac{1}{2}} + t\boldsymbol{p}_1 + u\boldsymbol{p}_{-2}) \\ &= sA^k\boldsymbol{p}_{\frac{1}{2}} + tA^k\boldsymbol{p}_1 + uA^k\boldsymbol{p}_{-2} \\ &= s\left(\frac{1}{2}\right)^k\boldsymbol{p}_{\frac{1}{2}} + t\boldsymbol{p}_1 + u(-2)^k\boldsymbol{p}_{-2} \end{aligned}$$

$\displaystyle\lim_{k\to\infty} A^k\boldsymbol{x}_0$ が収束するためには，$u = 0$ であることが必要かつ十分条件である．これより，以下の ① を満たす点 $\boldsymbol{x}_0 = \begin{pmatrix} x \\ y \\ z \end{pmatrix}$ の集まりが $\displaystyle\lim_{k\to\infty} A^k\boldsymbol{x}_0$ が収束する点の集合である．

$$\boldsymbol{x}_0 = s\boldsymbol{p}_{\frac{1}{2}} + t\boldsymbol{p}_1 \quad \cdots \text{①}$$

ここで，① は $\boldsymbol{p}_{-2}$ を法線ベクトルとする原点 O を含む平面を表しているので $\displaystyle\lim_{k\to\infty} A^k\boldsymbol{x}_0$ が収束する必要十分条件は $2x+y+5z=0$，すなわち ${}^t\boldsymbol{x}_0 \begin{pmatrix} 2 \\ 1 \\ 5 \end{pmatrix} = 0$ を満たす点 $\boldsymbol{x}_0 = \begin{pmatrix} x \\ y \\ z \end{pmatrix}$ である．

第 4 章

4.1.1 (1) $\boldsymbol{0} \in W$ より，$x = y = z = w = 0$ を代入して，$a = b = 0$ である．このとき，W は ((2)

の行列 A を用いて $\{\boldsymbol{x} \in \mathbb{R}^4 \mid A\boldsymbol{x} = \boldsymbol{0}\}$ と表されるから）$\mathbb{R}^4$ の部分空間となる．

(2)　$A = \begin{pmatrix} 1 & 3 & 5 & -1 \\ 1 & -1 & -3 & 3 \\ 2 & -1 & -4 & 5 \end{pmatrix}$ とおく．$\boldsymbol{x} \in W \Leftrightarrow A\boldsymbol{x} = \boldsymbol{0}$ である．
A を行基本変形すると，

$$\begin{pmatrix} 1 & 3 & 5 & -1 \\ 1 & -1 & -3 & 3 \\ 2 & -1 & -4 & 5 \end{pmatrix}$$

$$\xrightarrow[\substack{②-① \\ ③-①\times 2}]{} \begin{pmatrix} 1 & 3 & 5 & -1 \\ 0 & -4 & -8 & 4 \\ 0 & -7 & -14 & 7 \end{pmatrix}$$

$$\xrightarrow[\substack{②\times(-\frac{1}{4}) \\ ③+②\times 7}]{} \begin{pmatrix} 1 & 3 & 5 & -1 \\ 0 & 1 & 2 & -1 \\ 0 & 0 & 0 & 0 \end{pmatrix}$$

$$\xrightarrow[①-②\times 3]{} \begin{pmatrix} 1 & 0 & -1 & 2 \\ 0 & 1 & 2 & -1 \\ 0 & 0 & 0 & 0 \end{pmatrix}$$

となるから $\boldsymbol{x} = \begin{pmatrix} x \\ y \\ z \\ w \end{pmatrix} \in W$ は $\begin{cases} x = \ \ z - 2w \\ y = -2z + w \end{cases}$ を満たし，$z = s,\ w = t$ とおくと

$$\boldsymbol{x} = s\begin{pmatrix} 1 \\ -2 \\ 1 \\ 0 \end{pmatrix} + t\begin{pmatrix} -2 \\ 1 \\ 0 \\ 1 \end{pmatrix}$$

より $\begin{pmatrix} 1 \\ -2 \\ 1 \\ 0 \end{pmatrix}, \begin{pmatrix} -2 \\ 1 \\ 0 \\ 1 \end{pmatrix}$ が W の基底で $\dim W = 2$

4.2.1　W の基底としては $1, x, x^2, \ldots, x^n$ を取るのが自然であるが，V の定義から考えて $1,\ x-1,\ (x-1)^2, \ldots, (x-1)^n$ と取る方がよい．これらの 1 次独立性については

$$\varphi(x) = c_0 + c_1(x-1) + c_2(x-1)^2 + \cdots + c_n(x-1)^n = 0$$

とすると，$\varphi(1) = c_0 = 0$ より $c_0 = 0$，$\varphi'(1) = c_1 = 0$ より $c_1 = 0$，$\cdots$，$\varphi^{(n)}(1) = n!\,c_n = 0$ より $c_n = 0$．以上より $1, x-1, (x-1)^2, \ldots, (x-1)^n$ は 1 次独立である．$1, x-1, (x-1)^2, \ldots, (x-1)^n$ は W の次元 $n+1$ と同じ個数だけあるので，これらが W の基底となる．したがって，W の元は

$$a_n(x-1)^n + a_{n-1}(x-1)^{n-1} + \cdots + a_1(x-1) + a_0$$

と一意的に書けて，

$$\begin{aligned} V &= \{a_n(x-1)^n + \cdots + a_1(x-1) \\ &\qquad + a_0 \in W \mid a_1 = a_2 = 0\} \\ &= \{a_n(x-1)^n + \cdots + a_3(x-1)^3 \\ &\qquad + a_0 \mid a_0, a_3, \ldots, a_n \in \mathbb{R}\} \end{aligned}$$

となり，V の基底は $1, (x-1)^3, \ldots, (x-1)^n$ であることがわかり $\dim V = n-1$

4.3.1　(1)　A を行基本変形すると，

$$\begin{pmatrix} 1 & 1 & 2 \\ 2 & 2 & 4 \\ 2 & 2 & a \end{pmatrix} \xrightarrow[\substack{②-①\times 2 \\ ③-①\times 2}]{} \begin{pmatrix} 1 & 1 & 2 \\ 0 & 0 & 0 \\ 0 & 0 & a-4 \end{pmatrix}$$

$$\xrightarrow[②\leftrightarrow③]{} \begin{pmatrix} 1 & 1 & 2 \\ 0 & 0 & a-4 \\ 0 & 0 & 0 \end{pmatrix}$$

これより，$a = 4$ のとき $\operatorname{rank} A = 1$，$a \neq 4$ のとき $\operatorname{rank} A = 2$

(2)　$\operatorname{Ker} f$ の元 $\begin{pmatrix} x_1 \\ x_2 \\ x_3 \end{pmatrix}$ は，$\begin{cases} x_1 + x_2 + 2x_3 = 0 \\ (a-4)x_3 = 0 \end{cases}$ を満たす．したがって，$a = 4$ のとき，$x_1 = -x_2 - 2x_3$ であり，$x_2 = s,\ x_3 = t$ とおくと

$$\begin{pmatrix} x_1 \\ x_2 \\ x_3 \end{pmatrix} = \begin{pmatrix} -x_2 - 2x_3 \\ x_2 \\ x_3 \end{pmatrix} = s\begin{pmatrix} -1 \\ 1 \\ 0 \end{pmatrix} + t\begin{pmatrix} -2 \\ 0 \\ 1 \end{pmatrix}$$

となる．
$\begin{pmatrix} -1 \\ 1 \\ 0 \end{pmatrix}, \begin{pmatrix} -2 \\ 0 \\ 1 \end{pmatrix}$ は 1 次独立なのでこれらが $\operatorname{Ker} f$ の基底となる．$a \neq 4$ のときは $x_3 = 0$ が付け加わり，$x_2 = s$ とおくと

$$\begin{pmatrix} x_1 \\ x_2 \\ x_3 \end{pmatrix} = s\begin{pmatrix} -1 \\ 1 \\ 0 \end{pmatrix}$$

となり，$\begin{pmatrix} -1 \\ 1 \\ 0 \end{pmatrix}$ が $\operatorname{Ker} f$ の基底となる．

(3)　$\operatorname{Im} f = \left\{ x_1\begin{pmatrix} 1 \\ 2 \\ 2 \end{pmatrix} + x_2\begin{pmatrix} 1 \\ 2 \\ 2 \end{pmatrix} + x_3\begin{pmatrix} 2 \\ 4 \\ a \end{pmatrix} \,\middle|\, x_1, x_2, x_3 \in \mathbb{R} \right\}$

であり，$a = 4$ のときは $\operatorname{rank} A = 1$ なので，これらの列ベクトルのうちで 1 次独立なもの，例えば $\begin{pmatrix} 1 \\ 2 \\ 2 \end{pmatrix}$ が $\operatorname{Im} f$ の基底となる．$a \neq 4$ のときは $\operatorname{rank} A = 2$ となり，列ベクトルのうち $\begin{pmatrix} 1 \\ 2 \\ 2 \end{pmatrix}, \begin{pmatrix} 2 \\ 4 \\ a \end{pmatrix}$ の 2 つが $\operatorname{Im} f$ の基底となる．

4.4.1

$$A\begin{pmatrix} 1 & 2 & 1 & 2 \\ 2 & 2 & 1 & 1 \\ 1 & 0 & 2 & 1 \\ 3 & 1 & 1 & 2 \end{pmatrix} = \begin{pmatrix} 6 & 7 & 0 & 4 \\ 4 & 12 & 10 & 6 \\ 2 & 17 & 20 & 8 \end{pmatrix}$$

となる行列 A を求めればよい．両辺の転置行列を取ると

$$\begin{pmatrix} 1 & 2 & 1 & 3 \\ 2 & 2 & 0 & 1 \\ 1 & 1 & 2 & 1 \\ 2 & 1 & 1 & 2 \end{pmatrix} {}^tA = \begin{pmatrix} 6 & 4 & 2 \\ 7 & 12 & 17 \\ 0 & 10 & 20 \\ 4 & 6 & 8 \end{pmatrix}$$

これを満たす ${}^tA$ を求める．計算量が多くなるので掃き出し法を用いる．

$$\left(\begin{array}{cccc|ccc} 1 & 2 & 1 & 3 & 6 & 4 & 2 \\ 2 & 2 & 0 & 1 & 7 & 12 & 17 \\ 1 & 1 & 2 & 1 & 0 & 10 & 20 \\ 2 & 1 & 1 & 2 & 4 & 6 & 8 \end{array}\right)$$

$$\xrightarrow[\substack{①-③ \\ ②-③\times 2 \\ ④-③\times 2}]{} \left(\begin{array}{cccc|ccc} 0 & 1 & -1 & 2 & 6 & -6 & -18 \\ 0 & 0 & -4 & -1 & 7 & -8 & -23 \\ 1 & 1 & 2 & 1 & 0 & 10 & 20 \\ 0 & -1 & -3 & 0 & 4 & -14 & -32 \end{array}\right)$$

$$\xrightarrow[①\leftrightarrow③]{} \left(\begin{array}{cccc|ccc} 1 & 1 & 2 & 1 & 0 & 10 & 20 \\ 0 & 0 & -4 & -1 & 7 & -8 & -23 \\ 0 & 1 & -1 & 2 & 6 & -6 & -18 \\ 0 & -1 & -3 & 0 & 4 & -14 & -32 \end{array}\right)$$

$$\xrightarrow[\substack{\text{①}+\text{④}\\ \text{③}+\text{④}}]{}\left(\begin{array}{cccc|ccc}1&0&-1&1&4&-4&-12\\0&0&-4&-1&7&-8&-23\\0&0&-4&2&10&-20&-50\\0&-1&-3&0&4&-14&-32\end{array}\right)$$

$$\xrightarrow[\substack{\text{④}\times(-1)\\ \text{③}-\text{②}}]{}\left(\begin{array}{cccc|ccc}1&0&-1&1&4&-4&-12\\0&0&-4&-1&7&-8&-23\\0&0&0&3&3&-12&-27\\0&1&3&0&-4&14&32\end{array}\right)$$

$$\xrightarrow[\text{③}\times\frac{1}{3}]{}\left(\begin{array}{cccc|ccc}1&0&-1&1&4&-4&-12\\0&0&-4&-1&7&-8&-23\\0&0&0&1&1&-4&-9\\0&1&3&0&-4&14&32\end{array}\right)$$

$$\xrightarrow[\substack{\text{①}-\text{③}\\ \text{②}+\text{③}}]{}\left(\begin{array}{cccc|ccc}1&0&-1&0&3&0&-3\\0&0&-4&0&8&-12&-32\\0&0&0&1&1&-4&-9\\0&1&3&0&-4&14&32\end{array}\right)$$

$$\xrightarrow[\substack{\text{②}\times(-\frac{1}{4})\\ \text{③}\leftrightarrow\text{④}}]{}\left(\begin{array}{cccc|ccc}1&0&-1&0&3&0&-3\\0&0&1&0&-2&3&8\\0&1&3&0&-4&14&32\\0&0&0&1&1&-4&-9\end{array}\right)$$

$$\xrightarrow[\substack{\text{①}+\text{②}\\ \text{③}-\text{②}\times 3}]{}\left(\begin{array}{cccc|ccc}1&0&0&0&1&3&5\\0&0&1&0&-2&3&8\\0&1&0&0&2&5&8\\0&0&0&1&1&-4&-9\end{array}\right)$$

$$\xrightarrow[\text{②}\leftrightarrow\text{③}]{}\left(\begin{array}{cccc|ccc}1&0&0&0&1&3&5\\0&1&0&0&2&5&8\\0&0&1&0&-2&3&8\\0&0&0&1&1&-4&-9\end{array}\right)$$

したがって，

$${}^tA=\begin{pmatrix}1&3&5\\2&5&8\\-2&3&8\\1&-4&-9\end{pmatrix},\quad A=\begin{pmatrix}1&2&-2&1\\3&5&3&-4\\5&8&8&-9\end{pmatrix}$$

4.5.1 (1) $\begin{pmatrix}x\\y\\z\\w\end{pmatrix}\in\operatorname{Ker}p$ とすると $\begin{pmatrix}x\\y\\z\end{pmatrix}=\begin{pmatrix}0\\0\\0\end{pmatrix}$ であり，

$$q\circ f\begin{pmatrix}x\\y\\z\\w\end{pmatrix}=q\circ f\begin{pmatrix}0\\0\\0\\w\end{pmatrix}$$
$$=q\begin{pmatrix}w\\0\\0\\0\end{pmatrix}=\begin{pmatrix}0\\0\\0\end{pmatrix}$$

である．したがって，$\begin{pmatrix}x\\y\\z\\w\end{pmatrix}\in\operatorname{Ker}(q\circ f)$ となるので，$\operatorname{Ker}p\subset\operatorname{Ker}(q\circ f)$

(2) $\begin{pmatrix}x\\y\\z\end{pmatrix}\in\mathbb{R}^3$, $w\in\mathbb{R}$ とすると，

$$g\begin{pmatrix}x\\y\\z\end{pmatrix}=g\left(p\begin{pmatrix}x\\y\\z\\w\end{pmatrix}\right)$$
$$=g\circ p\begin{pmatrix}x\\y\\z\\w\end{pmatrix}=q\circ f\begin{pmatrix}x\\y\\z\\w\end{pmatrix}$$
$$=q\left(f\begin{pmatrix}x\\y\\z\\w\end{pmatrix}\right)=q\begin{pmatrix}2z+w\\y+2z\\y\\x+2y\end{pmatrix}$$
$$=\begin{pmatrix}y+2z\\y\\x+2y\end{pmatrix}=\begin{pmatrix}0&1&2\\0&1&0\\1&2&0\end{pmatrix}\begin{pmatrix}x\\y\\z\end{pmatrix}$$

となるので，

$$A=\begin{pmatrix}0&1&2\\0&1&0\\1&2&0\end{pmatrix}$$

4.6.1 (1) $T(1)=12$, $T(x)=10x$, $T(x^2)=6x^2+2$, $T(x^3)=6x$ なので

$$(T(1)\ T(x)\ T(x^2)\ T(x^3))$$
$$=(12\ 10x\ 6x^2+2\ 6x)$$
$$=(1\ x\ x^2\ x^3)\begin{pmatrix}12&0&2&0\\0&10&0&6\\0&0&6&0\\0&0&0&0\end{pmatrix}$$

より T の表現行列は

$$A=\begin{pmatrix}12&0&2&0\\0&10&0&6\\0&0&6&0\\0&0&0&0\end{pmatrix}$$

(2) $\operatorname{rank}T=\operatorname{rank}A=3$

(3) V の任意の元は $\boldsymbol{v}=a_0\,1+a_1\,x+a_2\,x^2+a_3\,x^3$ と一意的に表されるので，

$$T\boldsymbol{v}=(1\ x\ x^2\ x^3)A\begin{pmatrix}a_0\\a_1\\a_2\\a_3\end{pmatrix}$$

となる．そこで，$A\begin{pmatrix}a_0\\a_1\\a_2\\a_3\end{pmatrix}=\begin{pmatrix}0\\0\\0\\0\end{pmatrix}$ となる a_0, a_1, a_2, a_3 を求める．A を行基本変形すると，

$$A\xrightarrow[\substack{\text{②}\times\frac{1}{10}\\ \text{③}\times\frac{1}{6}}]{}\begin{pmatrix}12&0&2&0\\0&1&0&\frac{3}{5}\\0&0&1&0\\0&0&0&0\end{pmatrix}\xrightarrow[\substack{\text{①}-\text{③}\times 2\\ \text{①}\times\frac{1}{12}}]{}\begin{pmatrix}1&0&0&0\\0&1&0&\frac{3}{5}\\0&0&1&0\\0&0&0&0\end{pmatrix}$$

となるので，$a_0=0$, $a_1+\frac{3}{5}a_3=0$, $a_2=0$
したがって，

$$\operatorname{Ker}T=\left\{-\frac{3}{5}a_3x+a_3x^3\ \middle|\ a_3\in\mathbb{R}\right\}$$
$$=\{\lambda(-3x+5x^3)\mid\lambda\in\mathbb{R}\}$$

4.7.1 $X=\left(\begin{smallmatrix}x&y\\z&w\end{smallmatrix}\right)$ とすれば，

$$F(X)=\begin{pmatrix}-3y+2z&-2x-3y+2w\\3x+3z-3w&3y-2z\end{pmatrix}$$

なので，$\operatorname{Ker}f$ の元 X は

$$\begin{cases}-3y+2z=0&\cdots\text{①}\\-2x-3y+2w=0&\cdots\text{②}\\3x+3z-3w=0&\cdots\text{③}\end{cases}$$

を満たす．① − ② = ③ × $\frac{2}{3}$ なので ③ は不要で $\begin{cases}z=\frac{3}{2}y\\w=x+\frac{3}{2}y\end{cases}$ となり，

$$\left(\begin{smallmatrix}x&y\\z&w\end{smallmatrix}\right)=\begin{pmatrix}x&y\\\frac{3}{2}y&x+\frac{3}{2}y\end{pmatrix}=x\left(\begin{smallmatrix}1&0\\0&1\end{smallmatrix}\right)+\frac{y}{2}\left(\begin{smallmatrix}0&2\\3&3\end{smallmatrix}\right)$$

したがって，$\dim(\operatorname{Ker}F)=2$ である．

$$M=\left\{\left(\begin{smallmatrix}x&y\\z&w\end{smallmatrix}\right)\mid x,y,z,w\in\mathbb{R}\right\}$$
$$=\left\{x\left(\begin{smallmatrix}1&0\\0&0\end{smallmatrix}\right)+y\left(\begin{smallmatrix}0&1\\0&0\end{smallmatrix}\right)+z\left(\begin{smallmatrix}0&0\\1&0\end{smallmatrix}\right)\right.$$
$$\left.+\ w\left(\begin{smallmatrix}0&0\\0&1\end{smallmatrix}\right)\ \middle|\ x,y,z,w\in\mathbb{R}\right\}$$

なので $\dim M=4$ であり，次元定理（あるいは基本問題 4.7）より $\dim(\operatorname{Im}F)=2$

【別解】

$$A=\begin{pmatrix}1&2\\3&4\end{pmatrix}=\begin{pmatrix}1&0\\0&1\end{pmatrix}+\begin{pmatrix}0&2\\3&3\end{pmatrix}$$

なので，$E=\begin{pmatrix}1&0\\0&1\end{pmatrix}$，$B=\begin{pmatrix}0&2\\3&3\end{pmatrix}$，$C=\begin{pmatrix}0&1\\0&0\end{pmatrix}$，$D=\begin{pmatrix}0&0\\1&0\end{pmatrix}$ とおけば M の基底として E, B, C, D が取れる．$X=xE+yB+zC+wD$ とすると，

$$\begin{aligned}F(X)&=(E+B)(xE+yB+zC+wD)\\&\quad-(xE+yB+zC+wD)(E+B)\\&=z(BC-CB)+w(BD-DB)\\&=z\begin{pmatrix}-3&-3\\0&3\end{pmatrix}+w\begin{pmatrix}2&0\\3&-2\end{pmatrix}\end{aligned}$$

となる．$\begin{pmatrix}-3&-3\\0&3\end{pmatrix}$，$\begin{pmatrix}2&0\\3&-2\end{pmatrix}$ は 1 次独立なので，これらが $\mathrm{Im}\,F$ の基底になり，

$$\mathrm{Ker}\,F=\{xE+yB \mid x,y\in\mathbb{R}\}$$

であるので E，B が $\mathrm{Ker}\,F$ の基底となる．したがって，

$$\dim(\mathrm{Im}\,F)=\dim(\mathrm{Ker}\,F)=2$$

第 4 章　演習問題解答

4.1　(1)　$x, y\in X$, $\lambda\in\mathbb{R}$ とする．
$x=x_1+x_2$ ($x_1\in X_1$, $x_2\in X_2$)，$y=y_1+y_2$ ($y_1\in X_1$, $y_2\in X_2$) と書ける．

$$\begin{aligned}x+y&=(x_1+x_2)+(y_1+y_2)\\&=(x_1+y_1)+(x_2+y_2)\end{aligned}$$

であり，$X_1, X_2\in\mathscr{S}$ より $x_1+y_1\in X_1$, $x_2+y_2\in X_2$ なので $x+y\in X$．また，

$$\lambda x=\lambda(x_1+x_2)=\lambda x_1+\lambda x_2$$

であり，$\lambda x_1\in X_1$, $\lambda x_2\in X_2$ より $\lambda x\in X$
以上より X は V の部分空間となるから $X\in\mathscr{S}$ である．

(2)　$\mathscr{S}_1=\{x\in V \mid$ すべての $Y\in\mathscr{S}_0$ に対して $x\in Y\}$ とおく．
(i)　$\mathscr{S}_1\subset X$ を示す．
$x\in\mathscr{S}_1$ を仮定する．$X_1\subset X$, $X_2\subset X$ であり (1) より $X\in\mathscr{S}$ なので $X\in\mathscr{S}_0$ である．ゆえに $x\in X$ となる．したがって $\mathscr{S}_1\subset X$
(ii)　$X\subset\mathscr{S}_1$ を示す．
$x\in X$ とする．$x=x_1+x_2$ ($x_1\in X_1$, $x_2\in X_2$) と書ける．このとき $Y\in\mathscr{S}$, $X_1\subset Y$, $X_2\subset Y$ を満たす Y に対して $x\in Y$ を示せばよい．$x_1\in X_1\subset Y$, $x_2\in X_2\subset Y$ なので $x_1, x_2\in Y$ であり，$Y\in\mathscr{S}$ であるから $x_1+x_2\in Y$ となる．したがって $X\subset\mathscr{S}_1$.
(i), (ii) より $X=\mathscr{S}_1$ である．

4.2　(1)　$\boldsymbol{x}=\begin{pmatrix}x_1\\y_1\\z_1\end{pmatrix}$，$\boldsymbol{y}=\begin{pmatrix}x_2\\y_2\\z_2\end{pmatrix}\in W$，$\lambda\in\mathbb{R}$ を任意に取ると，

$$2x_1-3y_1+z_1=0,\quad 2x_2-3y_2+z_2=0$$

が成り立つ．$\boldsymbol{x}+\boldsymbol{y}=\begin{pmatrix}x_1+x_2\\y_1+y_2\\z_1+z_2\end{pmatrix}$ であり，

$$\begin{aligned}&2(x_1+x_2)-3(y_1+y_2)+(z_1+z_2)\\&=(2x_1-3y_1+z_1)+(2x_2-3y_2+z_2)=0\end{aligned}$$

なので $\boldsymbol{x}+\boldsymbol{y}\in W$ である．
また，$\lambda\boldsymbol{x}=\begin{pmatrix}\lambda x_1\\\lambda y_1\\\lambda z_1\end{pmatrix}$ であり，

$$2\lambda x_1-3\lambda y_1+\lambda z_1=\lambda(2x_1-3y_1+z_1)=0$$

なので $\lambda\boldsymbol{x}\in W$ である．ゆえに W は $\mathbb{R}^3$ の部分空間である．

(2)　W の元を $\begin{pmatrix}x\\y\\z\end{pmatrix}$ とし $x=s$, $y=t$ とおくと

$$\begin{pmatrix}x\\y\\z\end{pmatrix}=\begin{pmatrix}x\\y\\-2x+3y\end{pmatrix}=s\begin{pmatrix}1\\0\\-2\end{pmatrix}+t\begin{pmatrix}0\\1\\3\end{pmatrix}$$

となるので $\begin{pmatrix}1\\0\\-2\end{pmatrix}$，$\begin{pmatrix}0\\1\\3\end{pmatrix}$ が基底をなし，$\dim W=2$

(3)　$W+U$ は $\mathbb{R}^3$ の部分空間となる．
W の基底を $\boldsymbol{v}_1$, $\boldsymbol{v}_2$ とする．このとき，$\boldsymbol{v}_1$, $\boldsymbol{v}_2$, $\boldsymbol{v}$ は 1 次独立であることを示す．λ_1, λ_2, $\lambda_3\in\mathbb{R}$ とし，$\lambda_1\boldsymbol{v}_1+\lambda_2\boldsymbol{v}_2+\lambda_3\boldsymbol{v}=\boldsymbol{0}$ と仮定すれば，$\lambda_3=0$ である．なぜなら，もし $\lambda_3\neq 0$ とすれば

$$\boldsymbol{v}=-\frac{\lambda_1}{\lambda_3}\boldsymbol{v}_1-\frac{\lambda_2}{\lambda_3}\boldsymbol{v}_2$$

となり $\boldsymbol{v}\notin W$ に矛盾する．したがって $\lambda_1\boldsymbol{v}_1+\lambda_2\boldsymbol{v}_2=\boldsymbol{0}$ となり，$\boldsymbol{v}_1$, $\boldsymbol{v}_2$ の 1 次独立性から $\lambda_1=\lambda_2=0$ となる．
以上より $\boldsymbol{v}_1, \boldsymbol{v}_2, \boldsymbol{v}$ は 1 次独立であるから，$W+U$ の次元は 3 以上となる．$W+U$ は $\mathbb{R}^3$ の部分空間なので $W+U=\mathbb{R}^3$ となる．
次に $W\cap U=\{\boldsymbol{0}\}$ を示す．$\boldsymbol{v}_0\in W\cap U$ とする．$\boldsymbol{v}_0\in U$ なので，$\boldsymbol{v}_0=k\boldsymbol{v}$ ($k\in\mathbb{R}$) と書ける．ここで $k\neq 0$ とすれば $\boldsymbol{v}=\frac{1}{k}\boldsymbol{v}_0$ となり $\boldsymbol{v}\in W$ と矛盾する．したがって $k=0$ であり，$\boldsymbol{v}_0=\boldsymbol{0}$ となる．

4.3　(1)　$\begin{pmatrix}1\\0\\1\end{pmatrix}$，$\begin{pmatrix}0\\1\\-1\end{pmatrix}\in W$ であるが，

$$\begin{pmatrix}1\\0\\1\end{pmatrix}+\begin{pmatrix}0\\1\\-1\end{pmatrix}=\begin{pmatrix}1\\1\\0\end{pmatrix}\notin W$$

なので，W は $\mathbb{R}^3$ の部分空間ではない．

(2)　$\lambda_1(\boldsymbol{u}_1+\boldsymbol{u}_2)+\lambda_2(\boldsymbol{u}_2+\boldsymbol{u}_3)+\lambda_3(\boldsymbol{u}_3+\boldsymbol{u}_1)=\boldsymbol{0}$ ならば，

$$(\lambda_1+\lambda_3)\boldsymbol{u}_1+(\lambda_1+\lambda_2)\boldsymbol{u}_2+(\lambda_2+\lambda_3)\boldsymbol{u}_3=\boldsymbol{0}$$

となるので，$\boldsymbol{u}_1$, $\boldsymbol{u}_2$, $\boldsymbol{u}_3$ の 1 次独立性より

$$\begin{cases}\lambda_1+\lambda_3=0 & \cdots①\\\lambda_1+\lambda_2=0 & \cdots②\\\lambda_2+\lambda_3=0 & \cdots③\end{cases}$$

①－② より $\lambda_2 = \lambda_3$，②－③ より $\lambda_1 = \lambda_3$．よって，$\lambda_1 = \lambda_2 = \lambda_3$ となり，これらを ① に代入して $\lambda_1 = \lambda_2 = \lambda_3 = 0$ が出る．したがって，$\boldsymbol{u}_1 + \boldsymbol{u}_2$，$\boldsymbol{u}_2 + \boldsymbol{u}_3$，$\boldsymbol{u}_3 + \boldsymbol{u}_1$ は 1 次独立である

4.4　(1)　A を行基本変形する．

$$A \underset{\substack{\text{②}-\text{①}\\ \text{③}-\text{①}\\ \text{④}-\text{①}}}{\longrightarrow} \begin{pmatrix} 1&1&2&2&2\\ 0&1&1&0&-1\\ 0&2&2&0&-1\\ 0&1&1&0&0 \end{pmatrix} \underset{\substack{\text{①}-\text{④}\\ \text{②}-\text{④}\\ \text{③}-\text{④}\times 2}}{\longrightarrow} \begin{pmatrix} 1&0&1&2&2\\ 0&0&0&0&-1\\ 0&0&0&0&-1\\ 0&1&1&0&0 \end{pmatrix}$$

$$\underset{\substack{\text{①}+\text{③}\times 2\\ \text{②}-\text{③}\\ \text{②}\leftrightarrow\text{④}}}{\longrightarrow} \begin{pmatrix} 1&0&1&2&0\\ 0&1&1&0&0\\ 0&0&0&0&-1\\ 0&0&0&0&0 \end{pmatrix} \underset{\text{③}\times(-1)}{\longrightarrow} \begin{pmatrix} 1&0&1&2&0\\ 0&1&1&0&0\\ 0&0&0&0&1\\ 0&0&0&0&0 \end{pmatrix}$$

なので，$\operatorname{rank} A = 3$

(2)　$\operatorname{Im} A = \{x_1\boldsymbol{a}_1 + x_2\boldsymbol{a}_2 + x_2\boldsymbol{a}_3 + x_2\boldsymbol{a}_4 + x_2\boldsymbol{a}_5 \mid x_1, x_2, x_3, x_4, x_5 \in \mathbb{R}\}$（ここで $\boldsymbol{a}_i$ は A の第 i 番目の列ベクトルである．）

(1) より $\operatorname{rank} A = 3$ なので，$\boldsymbol{a}_1, \ldots, \boldsymbol{a}_5$ のうち 3 個が 1 次独立である．例えば，$\boldsymbol{a}_1$，$\boldsymbol{a}_2$，$\boldsymbol{a}_5$ を考えると，

$$\begin{vmatrix} 1&1&2\\ 1&2&1\\ 1&3&1 \end{vmatrix} \underset{\substack{\text{②}-\text{①}\\ \text{③}-\text{①}}}{=} \begin{vmatrix} 1&1&2\\ 0&1&-1\\ 0&2&-1 \end{vmatrix} = \begin{vmatrix} 1&-1\\ 2&-1 \end{vmatrix} = 1 \neq 0$$

より 1 次独立となる．したがって，

$$\operatorname{Im} A = \{x_1\boldsymbol{a}_1 + x_2\boldsymbol{a}_2 + x_3\boldsymbol{a}_5 \mid x_1, x_2, x_3 \in \mathbb{R}\}$$

また，(1) より $\operatorname{Ker} A$ の元 $\boldsymbol{x} = \begin{pmatrix} x_1\\ x_2\\ x_3\\ x_4\\ x_5 \end{pmatrix}$ は

$$\begin{cases} x_1 = -x_3 - 2x_4\\ x_2 = -x_3\\ x_5 = 0 \end{cases}$$

を満たすので，

$$\operatorname{Ker} A = \{x_3\boldsymbol{b}_1 + x_4\boldsymbol{b}_2 \mid x_2, x_4 \in \mathbb{R}\}$$

ここで $\boldsymbol{b}_1 = \begin{pmatrix} -1\\ -1\\ 1\\ 0\\ 0 \end{pmatrix}$，$\boldsymbol{b}_2 = \begin{pmatrix} -2\\ 0\\ 0\\ 1\\ 0 \end{pmatrix}$ である．

(3)　$\boldsymbol{e}_1^5 = \begin{pmatrix} 1\\ 0\\ 0\\ 0\\ 0 \end{pmatrix}$，$\boldsymbol{e}_2^5 = \begin{pmatrix} 0\\ 1\\ 0\\ 0\\ 0 \end{pmatrix}$，$\boldsymbol{e}_5^5 = \begin{pmatrix} 0\\ 0\\ 0\\ 0\\ 1 \end{pmatrix}$ とおけば

$$A\boldsymbol{e}_1^5 = \boldsymbol{a}_1, \quad A\boldsymbol{e}_2^5 = \boldsymbol{a}_2, \quad A\boldsymbol{e}_5^5 = \boldsymbol{a}_5$$

であり，

$$\left|(\boldsymbol{e}_1^5\ \boldsymbol{e}_2^5\ \boldsymbol{b}_1\ \boldsymbol{b}_2\ \boldsymbol{e}_5^5)\right| = \begin{vmatrix} 1&0&-1&-2&0\\ 0&1&-1&0&0\\ 0&0&1&0&0\\ 0&0&0&1&0\\ 0&0&0&0&1 \end{vmatrix} = 1 \neq 0$$

であるから $\boldsymbol{e}_1^5$，$\boldsymbol{e}_2^5$，$\boldsymbol{e}_5^5$，$\boldsymbol{b}_1$，$\boldsymbol{b}_2$ は 1 次独立である．これらを $\mathbb{R}^5$ の基底に取る．

また，$\boldsymbol{a}_1$, $\boldsymbol{a}_2$, $\boldsymbol{a}_5$ および $\boldsymbol{e}_4^4 = \begin{pmatrix} 0\\ 0\\ 0\\ 1 \end{pmatrix}$ は，

$$\left|(\boldsymbol{a}_1\ \boldsymbol{a}_2\ \boldsymbol{a}_5\ \boldsymbol{e}_4^4)\right| = \begin{vmatrix} 1&1&2&0\\ 1&2&1&0\\ 1&3&1&0\\ 1&2&2&1 \end{vmatrix} = \begin{vmatrix} 1&1&2\\ 1&2&1\\ 1&3&1 \end{vmatrix} = 1 \neq 0$$

を満たすので，これらは $\mathbb{R}^4$ の基底になる．このとき，

$$\begin{aligned} &(A\boldsymbol{e}_1^5\ A\boldsymbol{e}_2^5\ A\boldsymbol{e}_5^5\ A\boldsymbol{b}_1\ A\boldsymbol{b}_2)\\ &= (\boldsymbol{a}_1\ \boldsymbol{a}_2\ \boldsymbol{a}_5\ \boldsymbol{0}\ \boldsymbol{0})\\ &= (\boldsymbol{a}_1\ \boldsymbol{a}_2\ \boldsymbol{a}_5\ \boldsymbol{e}_4^4) \begin{pmatrix} 1&0&0&0&0\\ 0&1&0&0&0\\ 0&0&1&0&0\\ 0&0&0&0&0 \end{pmatrix} \end{aligned}$$

4.5　(1)　A を行基本変形すると

$$A \underset{\substack{\text{③}-\text{①}\times 2\\ \text{②}-\text{①}\times 3}}{\longrightarrow} \begin{pmatrix} 1&2&-1\\ 0&-5&5\\ 0&-1&1 \end{pmatrix} \underset{\substack{\text{②}\times(-\frac{1}{5})\\ \text{③}-\text{②}}}{\longrightarrow} \begin{pmatrix} 1&2&-1\\ 0&1&-1\\ 0&0&0 \end{pmatrix}$$

より $\operatorname{rank} A = 2$．ゆえに $\dim(\operatorname{Im} f) = 2$

$$\operatorname{Im} f = \left\{ x\begin{pmatrix} 1\\ 3\\ 2 \end{pmatrix} + y\begin{pmatrix} 2\\ 1\\ 3 \end{pmatrix} + z\begin{pmatrix} -1\\ 2\\ -1 \end{pmatrix} \middle|\, x, y, z \in \mathbb{R} \right\}$$

より $\operatorname{Im} f$ の基底は例えば $\begin{pmatrix} 1\\ 3\\ 2 \end{pmatrix}$，$\begin{pmatrix} 2\\ 1\\ 3 \end{pmatrix}$ となる．

(2)　(1) より，$\boldsymbol{x} \in \operatorname{Im} f$ となるためには λ_1，$\lambda_2 \in \mathbb{R}$ が存在して，

$$\boldsymbol{x} = \lambda_1\begin{pmatrix} 1\\ 3\\ 2 \end{pmatrix} + \lambda_2\begin{pmatrix} 2\\ 1\\ 3 \end{pmatrix}$$

となることが必要十分である．これより，$x = \lambda_1 + 2\lambda_2$, $y = 3\lambda_1 + \lambda_2$, $z = 2\lambda_1 + 3\lambda_2$ となる．λ_1, λ_2 を消去すると

$$7x + y - 5z = 0$$

(3)　$\boldsymbol{x} = \begin{pmatrix} x\\ y\\ z \end{pmatrix} \in \operatorname{Im} f$ とすれば，(2) より $\boldsymbol{x} = \begin{pmatrix} x\\ -7x+5z\\ z \end{pmatrix}$ と書ける．したがって，

$$g(\boldsymbol{x}) = B\boldsymbol{x} = \begin{pmatrix} px+5z\\ -35x+30z\\ 7x+qz \end{pmatrix}$$

となる．これが $\operatorname{Im} f$ に入るためには，再び (2) より

$$7(px + 5z) + (-35x + 30z) - 5(7x + qz) = 0$$

が必要十分である．これより

$$(7p - 70)x + (65 - 5q)z = 0$$

となる．x, z は任意に取れるので，$p = 10$, $q = 13$

4.6　(1)　A を行基本変形すると，

$$A \underset{\text{③}-\text{①}}{\longrightarrow} \begin{pmatrix} a&0&1\\ 0&a&-1\\ 0&a&-1 \end{pmatrix} \underset{\text{③}-\text{②}}{\longrightarrow} \begin{pmatrix} a&0&1\\ 0&a&-1\\ 0&0&0 \end{pmatrix}$$

となり，$\operatorname{rank} A = 2$

$\begin{pmatrix} x\\ y\\ z \end{pmatrix} \in \operatorname{Ker} f$ とすると $x = -\frac{z}{a}$, $y = \frac{z}{a}$ なので，

$$\begin{pmatrix} x\\ y\\ z \end{pmatrix} = \frac{z}{a}\begin{pmatrix} -1\\ 1\\ a \end{pmatrix}$$

となり，$\boldsymbol{a} = \begin{pmatrix} -1\\ 1\\ a \end{pmatrix}$ が $\operatorname{Ker} f$ の基底となる．

$\operatorname{Im} f$ の基底については，$\operatorname{rank} A = 2$ より A の列ベクトルのうち 1 次独立な 2 本を取ればよい．例えば，

$$\begin{pmatrix} a\\ 0\\ a \end{pmatrix} = a\begin{pmatrix} 1\\ 0\\ 1 \end{pmatrix} \quad \text{および} \quad \begin{pmatrix} 0\\ a\\ a \end{pmatrix} = a\begin{pmatrix} 0\\ 1\\ 1 \end{pmatrix}$$

より $\begin{pmatrix}1\\0\\1\end{pmatrix}$, $\begin{pmatrix}0\\1\\1\end{pmatrix}$

(2) $ABA=O$ とすれば，任意の $\boldsymbol{x}\in\mathbb{R}^3$ に対して $ABA\boldsymbol{x}=\boldsymbol{0}$ となる．これより

$$AB(\operatorname{Im} f)=\{\boldsymbol{0}\}$$

となるので，$B(\operatorname{Im} f)\subset\operatorname{Ker} f$ となる．このことは，(1) より

$$B\begin{pmatrix}1\\0\\1\end{pmatrix}\in\operatorname{Ker} f \ \text{かつ}\ B\begin{pmatrix}0\\1\\1\end{pmatrix}\in\operatorname{Ker} f$$

と同値である．$\operatorname{Ker} f=\{\lambda\boldsymbol{a}\mid\lambda\in\mathbb{R}\}$ なので，

$$B\begin{pmatrix}1\\0\\1\end{pmatrix}=\lambda_1\boldsymbol{a},\quad B\begin{pmatrix}0\\1\\1\end{pmatrix}=\lambda_2\boldsymbol{a}$$

と書ける．B の列ベクトル $\boldsymbol{b}_1$, $\boldsymbol{b}_2$, $\boldsymbol{b}_3$ を用いると，上式は

$$\boldsymbol{b}_1+\boldsymbol{b}_3=\lambda_1\boldsymbol{a},\quad \boldsymbol{b}_2+\boldsymbol{b}_3=\lambda_2\boldsymbol{a}$$

となる．これを書き直すと，$\boldsymbol{b}_1=\lambda_1\boldsymbol{a}-\boldsymbol{b}_3$, $\boldsymbol{b}_2=\lambda_2\boldsymbol{a}-\boldsymbol{b}_3$ となる．
B の列ベクトルは $\boldsymbol{a}$, $\boldsymbol{b}_3$ の 1 次結合で書けることになり，$\operatorname{rank} B\leqq 2$ がわかる．そこで，例えば

$$\lambda_1=1,\quad \lambda_2=0,\quad \boldsymbol{b}_3=\begin{pmatrix}1\\0\\0\end{pmatrix}$$

と取れば，$\operatorname{rank} B=2$ であり，

$$B=(\boldsymbol{a}-\boldsymbol{b}_3\ \ -\boldsymbol{b}_3\ \ \boldsymbol{b}_3)=\begin{pmatrix}-2&-1&1\\1&0&0\\a&0&0\end{pmatrix}$$

が求める行列となる．

4.7 (1) $A=\begin{pmatrix}1&1&1&1\\2&2&-1&-1\end{pmatrix}$ とすると，

$$W_1=\left\{\boldsymbol{x}\in\mathbb{R}^4 \mid A\boldsymbol{x}=\boldsymbol{0}\in\mathbb{R}^2\right\}$$

である．$\boldsymbol{x}$, $\boldsymbol{y}\in W_1$, $\lambda\in\mathbb{R}$ とすれば，

$$A(\boldsymbol{x}+\boldsymbol{y})=A\boldsymbol{x}+A\boldsymbol{y}=\boldsymbol{0},$$
$$A(\lambda\boldsymbol{x})=\lambda A\boldsymbol{x}=\boldsymbol{0}$$

となるので，$\boldsymbol{x}+\boldsymbol{y}$, $\lambda\boldsymbol{x}\in W_1$ である．ゆえに W_1 は $\mathbb{R}^4$ の部分空間になる．

(2) A を行基本変形すると，$\begin{pmatrix}1&1&0&0\\0&0&1&1\end{pmatrix}$ となる．したがって，W_1 の元 $\begin{pmatrix}x_1\\x_2\\x_3\\x_4\end{pmatrix}$ は

$$\begin{cases}x_1+x_2=0\\x_3+x_4=0\end{cases}$$

を満たす．$x_2=s$, $x_4=t$ とおくと，

$$\begin{pmatrix}x_1\\x_2\\x_3\\x_4\end{pmatrix}=\begin{pmatrix}-x_2\\x_2\\-x_4\\x_4\end{pmatrix}=s\begin{pmatrix}-1\\1\\0\\0\end{pmatrix}+t\begin{pmatrix}0\\0\\-1\\1\end{pmatrix}$$

となり，基底は $\begin{pmatrix}-1\\1\\0\\0\end{pmatrix}$, $\begin{pmatrix}0\\0\\-1\\1\end{pmatrix}$ である．

(3) (2) より $\operatorname{Im} f=W_1$ は 2 次元であるから，次元定理（あるいは基本問題 4.7）により

$$\dim(\operatorname{Ker} f)=4-2=2$$

(4) まず $W_1\subset W_2$ を示す．$W_1\subset W_2$ を否定すると，ある $x\in W_1$ に対して $x\notin W_2$ となる．これを仮定して矛盾が生じることを示す．W_2 の基底を w_1, w_2 とする．$x, w_1\in W_1\cup W_2$ なので $x+w_1\in W_1\cup W_2$ となる．ここで $x+w_1\in W_2$ とすると $x=(x+w_1)-w_1\in W_2$ となり矛盾するので $x+w_1\in W_1$ である．したがって，$w_1=(x+w_1)-x\in W_1$ となる．同様にして $w_2\in W_1$ となり，基底 w_1, w_2 がともに W_1 の元となるので $W_1=W_2$ となって，$x\in W_2=W_1$ と矛盾が生じる．以上より，$W_1\subset W_2$ である．同様にして $W_2\subset W_1$ となり $W_1=W_2$ がわかる．

第 5 章

5

5.1.1 (1) $f(x+h)-f(x)$

$$=\{(x+h)^3-(x+h)^2\}-(x^3-x^2)$$
$$=h(3x^2+3xh+h^2-2x-h)$$

より，

$$f'(x)=\lim_{h\to 0}\frac{h(3x^2+3xh+h^2-2x-h)}{h}$$
$$=\lim_{h\to 0}(3x^2+3xh+h^2-2x-h)=3x^2-2x$$

(2) $f(x+h)-f(x)=\dfrac{1}{x+h}-\dfrac{1}{x}$

$$=\frac{x-(x+h)}{x(x+h)}=\frac{-h}{x(x+h)}=h\cdot\frac{-1}{x(x+h)}$$

より，

$$f'(x)=\lim_{h\to 0}\frac{h\cdot\frac{-1}{x(x+h)}}{h}=\lim_{h\to 0}\frac{-1}{x(x+h)}=\frac{-1}{x^2}$$

5.1.2 $f(x+h)\cdot g(x+h)-f(x)\cdot g(x)$

$$=f(x+h)\cdot g(x+h)$$
$$\underbrace{-f(x)\cdot g(x+h)+g(x+h)f(x)}-f(x)g(x)$$
$$=\{f(x+h)-f(x)\}\cdot g(x+h)$$
$$+f(x)\cdot\{g(x+h)-g(x)\}$$

より，

$$\{f(x)\cdot g(x)\}'=\lim_{h\to 0}\left\{\frac{\{f(x+h)-f(x)\}}{h}\cdot g(x+h)+f(x)\cdot\frac{\{g(x+h)-g(x)\}}{h}\right\}$$
$$=f'(x)\cdot g(x)+f(x)\cdot g'(x)$$

5.2.1 $\dfrac{f(x+h)-f(x)}{h}=\dfrac{\log(x+h)-\log x}{h}$

$$=\frac{1}{x}\frac{x}{h}\log\frac{x+h}{x}=\frac{1}{x}\log\left(1+\frac{h}{x}\right)^{\frac{x}{h}}$$

ここで，$k=\frac{h}{x}$ とおくと，$h\to 0$ のとき，$k\to 0$ だから，

$$f'(x)=\lim_{h\to 0}\frac{f(x+h)-f(x)}{h}$$
$$=\lim_{k\to 0}\frac{1}{x}\log(1+k)^{\frac{1}{k}}=\frac{1}{x}\log e=\frac{1}{x}$$

5.3.1 (1) $\{x^2(x^3-x^2)\}'=(x^5-x^4)'$
$$=5x^4-4x^3=x^3(5x-4)$$

(2) $\{(x^2-2x+5)^4\}'$
$$=4(x^2-2x+5)^3(x^2-2x+5)'$$
$$=4(x^2-2x+5)^3(2x-2)$$
$$=8(x^2-2x+5)^3(x-1)$$

(3) $(e^{2x}\sqrt{x})'=(e^{2x})'\sqrt{x}+e^{2x}(\sqrt{x})'$
$$=2e^{2x}\sqrt{x}+\frac{e^{2x}}{2\sqrt{x}}=\frac{e^{2x}(4x+1)}{2\sqrt{x}}$$

(4) $\left(\dfrac{\sin x}{x}\right)'=\dfrac{(\sin x)'x-(\sin x)(x)'}{x^2}$
$$=\frac{x\cos x-\sin x}{x^2}$$

(5) $(x\log_e x)'=(x)'\log x+x(\log x)'$
$$=1\cdot\log x+x\cdot\frac{1}{x}=\log x+1$$

5.3.2
$$y'=\frac{(\cos e^x)'}{\cos e^x}=\frac{-(e^x)\sin e^x}{\cos e^x}=-e^x\tan e^x$$

5.4.1 $y=\frac{(x+1)^2}{(x+2)^2(x+3)^3}$ とおくと

$$\log y=\log\frac{(x+1)^2}{(x+2)^2(x+3)^3}$$
$$=2\log(x+1)-2\log(x+2)-3\log(x+3)$$

より，

$$\frac{y'}{y}=\frac{2}{x+1}-\frac{2}{x+2}-\frac{3}{x+3}$$
$$=\frac{2}{(x+1)(x+2)}-\frac{3}{x+3}$$
$$=\frac{-x(3x+7)}{(x+1)(x+2)(x+3)}$$
$$\therefore\quad y'=y\cdot\frac{-x(3x+7)}{(x+1)(x+2)(x+3)}$$
$$=\frac{(x+1)^2}{(x+2)^2(x+3)^3}\,\frac{-x(3x+7)}{(x+1)(x+2)(x+3)}$$
$$=\frac{-x(x+1)(3x+7)}{(x+2)^3(x+3)^4}$$

5.4.2 両辺の対数を取ると，

$$\log y=\log(\tan x)^x=x\log(\tan x)$$

両辺を x で微分して，

$$\frac{y'}{y}=(x)'\cdot\log(\tan x)+x\,(\log(\tan x))'$$
$$=1\cdot\log(\tan x)+x\cdot\frac{(\tan x)'}{\tan x}$$
$$=\log(\tan x)+\frac{x}{\tan x\cos^2 x}$$
$$\therefore\quad y'=y\left(\log(\tan x)+\frac{x}{\tan x\cos^2 x}\right)$$
$$=(\tan x)^x\left(\log(\tan x)+\frac{x}{\tan x\cos^2 x}\right)$$

5.5.1 $\frac{dx}{dt}=\dot{x}(t)=a(1-\cos t)$，$\frac{dy}{dt}=\dot{y}(t)=a\sin t$ だから，

$$x\left(\frac{\pi}{2}\right)=\frac{\pi a}{2}-a,\ \ y\left(\frac{\pi}{2}\right)=a,\ \ \left(\frac{\dot{y}}{\dot{x}}\right)_{t=\frac{\pi}{2}}=1$$

より，

$$y-a=x-\left(\frac{\pi a}{2}-a\right)\quad\therefore\ y=x+\frac{(4-\pi)a}{2}$$

5.5.2 $x=\tan y\ (-\frac{\pi}{2}<y<\frac{\pi}{2})$ より，$\frac{1}{\cos^2 y}=1+\tan^2 y=1+x^2$．したがって，

$$y'=\frac{dy}{dx}=\frac{1}{x'}=\cos^2 y=\frac{1}{1+x^2}$$

5.6.1 (1) ロピタルの定理より

$$\lim_{x\to\infty}\frac{x^3}{e^x}=\lim_{x\to\infty}\frac{3x^2}{e^x}=\lim_{x\to\infty}\frac{6x}{e^x}=\lim_{x\to\infty}\frac{6}{e^x}=0$$

(2) ロピタルの定理より

$$\lim_{x\to 1}\frac{\log x}{x-1}=\lim_{x\to 1}\frac{\frac{1}{x}}{1}=1$$

5.6.2 (1) $\displaystyle\lim_{x\to\infty}\frac{5x-7x^3}{x^3}=\lim_{x\to\infty}\left(\frac{5}{x^2}-7\right)$
$$=0-7=-7$$

(2) ロピタルの定理より

$$\lim_{x\to 0}\frac{\sin(3\sin 4x)}{x}=\lim_{x\to 0}\frac{(3\sin 4x)'\cos(3\sin 4x)}{1}$$
$$=\lim_{x\to 0}\{12\cos 4x\cos(3\sin 4x)\}$$
$$=12\cdot\cos 0\cdot\cos(3\sin 0)$$
$$=12\cdot\cos 0\cdot\cos 0=12$$

5.7.1 $A=\lim_{x\to 0}\left(\frac{a^x+b^x}{2}\right)^{\frac{1}{x}}$ とおく．

$$\log A=\lim_{x\to 0}\log\left(\frac{a^x+b^x}{2}\right)^{\frac{1}{x}}$$
$$=\lim_{x\to 0}\frac{1}{x}\log\left(\frac{a^x+b^x}{2}\right)$$
$$=\lim_{x\to 0}\frac{\log(a^x+b^x)-\log 2}{x}$$

ロピタルの定理より，

$$\log A = \lim_{x\to 0}\frac{a^x\log a + b^x\log b}{a^x+b^x}$$

$$= \frac{\log ab}{2} = \log\sqrt{ab}$$

$$\therefore\quad A = \lim_{x\to 0}\left(\frac{a^x+b^x}{2}\right)^{\frac{1}{x}} = \sqrt{ab}$$

5.7.2 $A = \lim_{x\to\infty}\left(\frac{x+1}{x-1}\right)^{\sqrt{x^2-1}}$,
$g(x) = \frac{1}{\sqrt{x^2-1}}$, $f(x) = \log\left(\frac{x+1}{x-1}\right)$ とおくと，

$$\log A = \lim_{x\to\infty}\log\left(\frac{x+1}{x-1}\right)^{\sqrt{x^2-1}}$$

$$= \lim_{x\to\infty}\sqrt{x^2-1}\cdot\log\left(\frac{x+1}{x-1}\right) = \lim_{x\to\infty}\frac{f(x)}{g(x)}$$

ここで，

$$f'(x) = (\log(x+1)-\log(x-1))'$$

$$= \frac{1}{x+1} - \frac{1}{x-1} = \frac{-2}{x^2-1}$$

$$g'(x) = \left\{(x^2-1)^{-\frac{1}{2}}\right\}'$$

$$= \frac{-1}{2}(x^2-1)^{-\frac{3}{2}}\cdot 2x = \frac{-x}{(x^2-1)\sqrt{x^2-1}}$$

$$\frac{f'(x)}{g'(x)} = \frac{-2}{x^2-1}\,\frac{(x^2-1)\sqrt{x^2-1}}{-x}$$

$$= \frac{2\sqrt{x^2-1}}{x} = 2\sqrt{1-\frac{1}{x^2}}\quad (x>0)$$

また，

$$\lim_{x\to\infty}f(x) = \lim_{x\to\infty}\log\left(\frac{1+\frac{1}{x}}{1-\frac{1}{x}}\right) = \log 1 = 0,$$

$$\lim_{x\to\infty}g(x) = \lim_{x\to\infty}\frac{1}{\sqrt{x^2-1}} = 0$$

だからロピタルの定理を適用して

$$\log A = \lim_{x\to\infty}\frac{f(x)}{g(x)} = \lim_{x\to\infty}\frac{f'(x)}{g'(x)}$$

$$= \lim_{x\to\infty}2\sqrt{1-\frac{1}{x^2}} = 2$$

$$\therefore\quad A = \lim_{x\to\infty}\left(\frac{x+1}{x-1}\right)^{\sqrt{x^2-1}} = e^2$$

5.8.1

$$f(x) = \frac{2}{1-x^2} = \frac{1}{1-x} + \frac{1}{1+x}$$

$$= (1-x)^{-1} + (1+x)^{-1}$$

より $\{(1-x)^{-1}\}^{(n)} = n!\,(1-x)^{-(n+1)}$, $\{(1+x)^{-1}\}^{(n)} = (-1)^n n!\,(1+x)^{-(n+1)}$ に注意すると，

$$f^{(n)}(x)$$

$$= n!\,(1-x)^{-(n+1)} + (-1)^n n!\,(1+x)^{-(n+1)}$$

$$= \frac{n!\,\{(1+x)^{n+1} + (-1)^n(1-x)^{n+1}\}}{(1-x^2)^{n+1}}$$

5.9.1 $f = e^x$, $g = x^2$ とおくと，$f^{(n)} = e^x$, $g^{(1)} = 2x$, $g^{(2)} = 2$, $g^{(i)} = 0$ ($i \geqq 3$) より，

$$y^{(n)}(x) = \sum_{i=0}^{n}{}_n\mathrm{C}_i f^{(n-i)}\cdot g^{(i)}$$

$$= {}_n\mathrm{C}_0 f^{(n)}\cdot g + {}_n\mathrm{C}_1 f^{(n-1)}\cdot g^{(1)}$$

$$+ {}_n\mathrm{C}_2 f^{(n-2)}\cdot g^{(2)} + 0 + \cdots$$

$$= e^x\cdot x^2 + ne^x\cdot 2x + \frac{1}{2}n(n-1)e^x\cdot 2$$

$$= e^x\{x^2 + 2nx + n(n-1)\}$$

5.10.1 $\cos x$ のマクローリン展開は，$\cos x = 1 - \frac{1}{2}x^2 + \frac{1}{24}x^4 + $ (6 次以上) だから，

$$(x+1)\cos x$$

$$= (x+1)\left\{1 - \frac{1}{2}x^2 + \frac{1}{24}x^4 + (6\text{ 次以上})\right\}$$

$$= 1 + x - \frac{1}{2}x^2 - \frac{1}{2}x^3 + \frac{1}{24}x^4 + \cdots$$

5.11.1 (1) $\dfrac{1}{\cos x}\cdot\cos x$

$$= \frac{1}{\cos x}\left(1 - \frac{1}{2}x^2 + \frac{1}{24}x^4 + \cdots\right)$$

$$= \left(1 + \boxed{①}x^2 + \boxed{②}x^4 + \cdots\right)$$

$$\times\left(1 - \frac{1}{2}x^2 + \frac{1}{24}x^4 + \cdots\right) = 1$$

より x^2 の係数を比較して，$\boxed{①} - \frac{1}{2} = 0$ より $\boxed{①} = \frac{1}{2}$.
さらに x^4 の係数を比較して，$\boxed{②} - \frac{1}{4} + \frac{1}{24} = 0$ より $\boxed{②} = \frac{1}{4} - \frac{1}{24} = \frac{5}{24}$

(2) (1) の結果を利用すると，

$$\tan x = \frac{1}{\cos x}\cdot\sin x$$

$$= \left(1 + \frac{1}{2}x^2 + \frac{5}{24}x^4 + \cdots\right)$$

$$\times\left(x - \frac{1}{6}x^3 + \frac{1}{120}x^5 + \cdots\right)$$

$$= \left\{x + \left(\frac{1}{2} - \frac{1}{6}\right)x^3 + \left(\frac{4}{25} - \frac{1}{12} + \frac{1}{120}\right)x^5 + \cdots\right\}$$

よって，$\boxed{③} = \frac{1}{2} - \frac{1}{6} = \frac{1}{3}$, $\boxed{④} = \frac{5}{24} - \frac{1}{12} + \frac{1}{120} = \frac{25-10+1}{120} = \frac{16}{120} = \frac{2}{15}$

(3) $\displaystyle\lim_{x\to 0}\frac{x-\tan x}{x^3}$

$$=\lim_{x\to 0}\frac{1}{x^3}\left\{x-\left(x+\frac{1}{3}x^3+\frac{2}{15}x^5+\cdots\right)\right\}$$

$$=\lim_{x\to 0}\frac{1}{x^3}\left(-\frac{1}{3}x^3-\frac{2}{15}x^5-\cdots\right)$$

$$=-\frac{1}{3}=\boxed{⑤}$$

5.12.1 (1) $\{-(\log x)^2\}'=\frac{-2\log x}{x}$ より，

$$f'(x)=\frac{-2\log x}{xe^{(\log x)^2}}=-2x^{-1}e^{-(\log x)^2}\log x$$

さらに微分して，

$$\begin{aligned}f''(x)&=(-2x^{-1})'e^{-(\log x)^2}\log x\\&\quad-2x^{-1}(e^{-(\log x)^2})'\log x\\&\quad-2x^{-1}e^{-(\log x)^2}(\log x)'\\&=\frac{2}{x^2}\cdot e^{-(\log x)^2}\log x\\&\quad-2x^{-1}(-2x^{-1}e^{-(\log x)^2}\log x)\log x\\&\quad-2x^{-1}e^{-(\log x)^2}\frac{1}{x}\\&=\frac{2e^{-(\log x)^2}}{x^2}\cdot\{2(\log x)^2+\log x-1\}\\&=\frac{2(2\log x-1)(\log x+1)}{x^2e^{(\log x)^2}}\end{aligned}$$

(2) (i) $\displaystyle\lim_{x\to+0}(\log x)^2=\infty$ より，

$$\lim_{x\to+0}y=\lim_{x\to+0}\frac{1}{e^{(\log x)^2}}=0$$

(ii) 区間 $(0,\infty)$ で，(y' の分母) $>$ 0，また (y' の分子) $=-2\log x<0$ を解くと，

$$x>1$$

(iii) 区間 $(0,\infty)$ で，(y'' の分母) $>$ 0，また (y'' の分子) $=2(2\log x-1)(\log x+1)<0$ を解くと，

$$e^{-1}<x<e^{\frac{1}{2}}$$

(i)〜(iii) より，増減表は下のようになる．$x=1$ のとき極大値 1 を取る．したがってグラフは下図のようになる．

x	0	$\cdots$	e^{-1}	$\cdots$	1	$\cdots$	$\sqrt{e}$	$\cdots$	∞
y'		$+$	$+$	$+$	0	$-$	$-$	$-$	
y''		$+$	0	$-$	$-$	$-$	0	$+$	
y	/		e^{-1}		1		$e^{-\frac{1}{4}}$		0

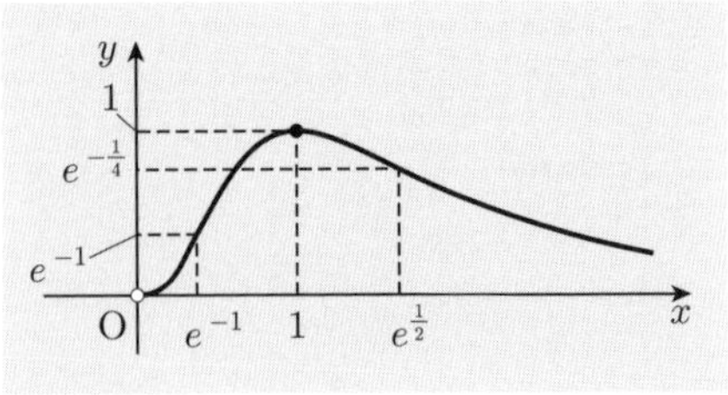

5.13.1 (1) $y=\operatorname{cosec}^{-1}x$ $(-\frac{\pi}{2}\leqq y\leqq\frac{\pi}{2})$ とおくと，$x=\operatorname{cosec}y=\frac{1}{\sin y}$ $(-\frac{\pi}{2}\leqq y\leqq\frac{\pi}{2})$ より，両辺を x で微分すると $1=\frac{-\cos y}{\sin^2 y}\cdot y'$ だから，

$$y'=\frac{-\sin^2 y}{\cos y}=\frac{-\frac{1}{x^2}}{\sqrt{1-\frac{1}{x^2}}}=\frac{-1}{|x|\sqrt{x^2-1}}$$

($-\frac{\pi}{2}\leqq y\leqq\frac{\pi}{2}$ のとき $\cos y\geqq 0$ より，$\cos y=\sqrt{1-\sin^2 y}=\sqrt{1-\frac{1}{x^2}}$ であることを用いた．)

(2) $\sec^{-1}x=\alpha$ $(0\leqq\alpha\leqq\pi)$，$\operatorname{cosec}^{-1}x=\beta$ $(-\frac{\pi}{2}\leqq\beta\leqq\frac{\pi}{2})$ とおくと，

$$x=\sec\alpha=\frac{1}{\cos\alpha}=\operatorname{cosec}\beta=\frac{1}{\sin\beta}$$

より，

$$\cos\alpha=\sin\beta=\cos\left(\frac{\pi}{2}-\beta\right)$$

で，$0\leqq\alpha$，$\frac{\pi}{2}-\beta\leqq\pi$ だから，$\alpha=\frac{\pi}{2}-\beta$．よって，

$$\alpha+\beta=\sec^{-1}x+\operatorname{cosec}^{-1}x=\frac{\pi}{2}$$

5.14.1 $\alpha=\mathrm{Tan}^{-1}\frac{2}{3}$，$\beta=\mathrm{Tan}^{-1}\frac{1}{5}$ とおくと，$0<\alpha,\ \beta<\frac{\pi}{2}$

$$\tan(\alpha+\beta)=\frac{\tan\alpha+\tan\beta}{1-\tan\alpha\tan\beta}=\frac{\frac{2}{3}+\frac{1}{5}}{1-\frac{2}{3}\frac{1}{5}}=1$$

より，$\alpha+\beta=\mathrm{Tan}^{-1}\frac{2}{3}+\mathrm{Tan}^{-1}\frac{1}{5}=\frac{\pi}{4}$

5.15.1 (1) $f(x)=x-\log(x+1)$ とおくと，

$$f(0)=0,\quad f'(x)=1-\frac{1}{x+1}=\frac{x}{x+1}>0\quad(x>0)$$

増減表は，下の表 $(*)$ のようになるので $f(x)\geqq 0$ $(x\geqq 0)$．よって，$x\geqq\log(x+1)$ $(x\geqq 0)$

$(*)$

x	0	$\cdots$
f'	0	$+$
f	0	↗

(2) $f(x)=e^x-1-x$ とおくと，

$$f(0)=0,\quad f'(x)=e^x-1>0\quad(x>0)$$

増減表は，上の表 $(*)$ のようになるので $f(x)\geqq 0$ $(x\geqq 0)$．よって，$e^x-1\geqq x$ $(x\geqq 0)$

5.15.2 $p>1$，$\frac{1}{p}+\frac{1}{q}=1$ すなわち $q=\frac{p}{p-1}$ よ

り，$q > 1$ である．また，実数 a, b のどちらか一方が 0 のときは，不等式は明らかに成り立つので，$a > 0$ かつ $b > 0$ として証明する．

さて，曲線 $y = \log x$ 上の 2 点を，$\mathrm{A}(a^p, p\log a)$，$\mathrm{B}(b^q, q\log b)$ とおく．$y'' = -\frac{1}{x^2} < 0$（$x > 0$）より，$y = \log x$ のグラフは上に凸なので，線分 AB を $\frac{1}{q} : \frac{1}{p}$ に内分する点

$$\mathrm{P}\left(\tfrac{1}{p}a^p + \tfrac{1}{q}b^q, \tfrac{1}{p}\cdot p\log a + \tfrac{1}{q}\cdot q\log b\right)$$
$$= \left(\tfrac{1}{p}a^p + \tfrac{1}{q}b^q, \log ab\right)$$

は，$y = \log x$ のグラフ上の点

$$\mathrm{Q}\left(\tfrac{1}{p}a^p + \tfrac{1}{q}b^q, \log\left(\tfrac{1}{p}a^p + \tfrac{1}{q}b^q\right)\right)$$

の下にある．点 P と点 Q の y 座標を比べて，

$$\log ab \leqq \log\left(\frac{a^p}{p} + \frac{b^q}{q}\right)$$

さらに，関数 $y = \log x$ が単調増加であることから $ab \leqq \frac{a^p}{p} + \frac{b^q}{q}$ が示された．

【別解】（偏）微分を使うともっと簡単に解ける．

$$z = f(a, b) = \frac{a^p}{p} + \frac{b^q}{q} - ab \quad (a \geqq 0, b \geqq 0)$$

とおく．$p > 1$ より b を固定すると，$\frac{\partial z}{\partial a} = a^{p-1} - b = 0$ すなわち $a = b^{\frac{1}{p-1}}$ のとき，z は最小値を取る．

$$z = f\left(b^{\frac{p}{p-1}}, b\right) = \frac{1}{p}b^{\frac{p}{p-1}} + \frac{b^q}{q} - b^{\frac{1}{p-1}+1}$$
$$= \frac{1}{p}b^{\frac{p}{p-1}} + \frac{(p-1)b^{\frac{p}{p-1}}}{p} - b^{\frac{p}{p-1}} = 0$$

（$\frac{1}{p} + \frac{1}{q} = 1$ より，$q = \frac{p}{p-1}$ を用いた．）より z の最小値は 0 なので，$z = f(a, b) = \frac{a^p}{p} + \frac{b^q}{q} - ab \geqq 0$ すなわち $\frac{a^p}{p} + \frac{b^q}{q} \geqq ab$ が示された．

5.16.1 (1)　f を区間 I で定義された実数値関数とする．

f が区間 I で一様連続とは，任意の正の数 ε に対して，ある正の数 δ が存在して「$x, y \in I$ かつ $|x - y| < \delta$ ならば $|f(x) - f(y)| < \varepsilon$」が成り立つ場合をいう．

$0 \leqq x, y \leqq 1$ とすると，$|x + y| \leqq 2$ であることに注意する．

$\delta = \frac{\varepsilon}{2}$ とおくと，$|x - y| < \delta = \frac{\varepsilon}{2}$ を満たす任意の実数 $0 \leqq x, y \leqq 1$ に対して，

$$|x^2 - y^2| = |x - y|\,|x + y| \leqq 2|x - y| < 2\delta = \varepsilon$$

が成り立つ．

よって，$f(x) = x^2$ は区間 $0 \leqq x \leqq 1$ で一様連続である．

(2)　$1 \leqq x \leqq y$ としてよい．$\delta = \varepsilon$ とおくと，$|x - y| < \delta = \varepsilon$ を満たす任意の実数 $1 \leqq x \leqq y$ に対して，

$$|\log(y + \varepsilon) - \log y| = \log\left(\frac{y + \varepsilon}{y}\right)$$
$$= \log\left(1 + \frac{\varepsilon}{y}\right) \leqq \frac{\varepsilon}{y} \leqq \varepsilon$$

より，$f(x) = \log x$ は $x \geqq 1$ で一様連続である．ここで，不等式 $x \geqq \log(1 + x)$（$x \geqq 0$）を用いた．

(3)　$\varepsilon = 1$, $\delta > 0$ として，$x = y + \frac{\delta}{2}$, $y = \max\left\{1, \frac{1}{\delta}\right\}$ とおくと，$|x - y| = \frac{\delta}{2} < \delta$ であるが，$y = \max\left\{1, \frac{1}{\delta}\right\} \geqq 1$, $5y\cdot\frac{\delta}{2} = 5\max\left\{1, \frac{1}{\delta}\right\}\cdot\frac{\delta}{2} \geqq \frac{5}{2}$ より，

$$|f(x) - f(y)| = \left(y + \frac{\delta}{2}\right)^5 - y^5$$
$$= \left\{y^5 + 5y^4\left(\frac{\delta}{2}\right) + \cdots + \left(\frac{\delta}{2}\right)^5\right\} - y^5$$
$$\geqq 5y^4\left(\frac{\delta}{2}\right) > 1$$

となるので $f(x) = x^5$ は全区間では，一様連続でない．

第 5 章　演習問題解答

5.1

$$y = \sqrt{\frac{1 + \sqrt{x}}{1 - \sqrt{x}}} = \sqrt{\frac{(1 + \sqrt{x})^2}{1 - x}} = \frac{1 + \sqrt{x}}{\sqrt{1 - x}}$$

より

$$y' = \frac{\frac{1}{2\sqrt{x}}\cdot\sqrt{1 - x} - (1 + \sqrt{x})\frac{-1}{2\sqrt{1-x}}}{1 - x}$$
$$= \frac{1 + \sqrt{x}}{2\sqrt{x}\sqrt{1 - x}(1 - x)} = \frac{(x + \sqrt{x})\sqrt{1 - x}}{2x(1 - x)^2}$$

5.2 $\displaystyle\lim_{x\to 0}\frac{a + \arccos x}{x}$ が収束するので $\displaystyle\lim_{x\to 0}(a + \arccos x) = a + \arccos 0 = a + \frac{\pi}{2} = 0$ より $a = -\frac{\pi}{2}$

ロピタルの定理より，

$$\lim_{x\to 0}\frac{-\frac{\pi}{2} + \arccos x}{x} = \lim_{x\to 0}\frac{\frac{-1}{\sqrt{1-x^2}}}{1} = -1 = b$$

5.3 (1)　$x\cos x = x\left(1 - \frac{1}{2}x^2 + \cdots\right) = x - \frac{1}{2}x^3 + \cdots$,

$$\log(1 + 3x) = (3x) - \frac{1}{2}(3x)^2 + \frac{1}{3}(3x)^3 + \cdots$$
$$= 3x - \frac{9}{2}x^2 + 9x^3 + \cdots$$

(2)

$$\lim_{x\to 0}\left\{\frac{1}{\log(1+3x)} - \frac{1}{3x\cos x}\right\}$$
$$= \lim_{x\to 0}\frac{\left(3x - \frac{3}{2}x^3 + \cdots\right) - \left(3x - \frac{9}{2}x^2 + 9x^3 + \cdots\right)}{x^2\left(3 - \frac{9}{2}x + 9x^2 + \cdots\right)\left(3 - \frac{3}{2}x^2 + \cdots\right)}$$

$$= \lim_{x \to 0} \frac{\frac{9}{2} - \frac{21}{2}x + \cdots}{\left(3 - \frac{9}{2}x + 9x^2 + \cdots\right)\left(3 - \frac{3}{2}x^2 + \cdots\right)} = \frac{1}{2}$$

5.4　(1)　$\sin f(0) = \cos^2 0 = 1$, $0 \leqq f(0) \leqq \frac{\pi}{2}$ より $f(0) = \frac{\pi}{2}$
同様に $\sin f\left(\frac{\pi}{4}\right) = \cos^2 \frac{\pi}{4} = \frac{1}{2}$ より $f\left(\frac{\pi}{4}\right) = \frac{\pi}{6}$

(2)　与式の両辺を微分すると，

$$f'(x) \cos f(x) = -2 \sin x \cos x = -\sin 2x \cdots ①$$

さらに微分すると，

$$f''(x) \cos f(x) - \{f'(x)\}^2 \sin f(x) = -2 \cos 2x \cdots ②$$

を得る．
①より，$f'\left(\frac{\pi}{4}\right) \cos f\left(\frac{\pi}{4}\right) = f'\left(\frac{\pi}{4}\right) \cos \frac{\pi}{6} = f'\left(\frac{\pi}{4}\right) \cdot \frac{\sqrt{3}}{2} = -\sin \frac{\pi}{2} = -1$ だから，

$$f'\left(\frac{\pi}{4}\right) = \frac{-2}{\sqrt{3}} = \frac{-2\sqrt{3}}{3}$$

②より，$f''\left(\frac{\pi}{4}\right) \cos f\left(\frac{\pi}{4}\right) - \left\{f'\left(\frac{\pi}{4}\right)\right\}^2 \sin f\left(\frac{\pi}{4}\right) = f''\left(\frac{\pi}{4}\right) \cos \frac{\pi}{6} - \frac{4}{3} \sin \frac{\pi}{6} = -2 \cos \frac{\pi}{2} = 0$ だから，

$$f''\left(\frac{\pi}{4}\right) \frac{\sqrt{3}}{2} = \frac{4}{3}\frac{1}{2}, \quad f''\left(\frac{\pi}{4}\right) = \frac{4\sqrt{3}}{9}$$

(3)　(2) の①より，x が十分小さな正の実数ならば，$\sin 2x > 0$ より，$\cos f(x) \neq 0$
仮定より $0 \leqq f(x) \leqq \frac{\pi}{2}$ だから，x が十分小さな正の実数のとき

$$f'(x) = \frac{-\sin 2x}{\cos f(x)} < 0 \cdots (*)$$

$\cos f(0) = \cos \frac{\pi}{2} = 0$ より，ロピタルの定理を適用して，

$$f'(0) = \lim_{x \to +0} f'(x) = \lim_{x \to +0} \frac{-\sin 2x}{\cos f(x)}$$

$$= \lim_{x \to +0} \frac{-2 \cos 2x}{-f'(x) \sin f(x)} = \frac{2}{f'(0) \sin f(0)},$$

$$\sin f(0) = \sin \frac{\pi}{2} = 1$$

よって，$\{f'(0)\}^2 = 2$．$(*)$ より，

$$f'(0) = \lim_{x \to +0} f'(x) = -\sqrt{2}$$

【別解】　$f(x) = \sin^{-1}(\cos^2 x)$ より，x が十分小さな正の実数のとき（$\sin x > 0$ より），

$$f'(x) = \frac{-2 \cos x \cdot \sin x}{\sqrt{1 - \cos^4 x}}$$

$$= \frac{-2 \cos x \cdot \sin x}{\sqrt{(1 - \cos^2 x)(1 + \cos^2 x)}}$$

$$= \frac{-2 \cos x \cdot \sin x}{\sqrt{\sin^2 x(1 + \cos^2 x)}} = \frac{-2 \cos x \cdot \sin x}{|\sin x|\sqrt{1 + \cos^2 x}}$$

$$= \frac{-2 \cos x}{\sqrt{1 + \cos^2 x}}$$

$$\therefore \quad f'(x) = \lim_{x \to +0} \frac{-2 \cos x}{\sqrt{1 + \cos^2 x}} = \frac{-2}{\sqrt{2}} = -\sqrt{2}$$

5.5　(1)

$$f'(x) = \log(x+1) + \frac{x}{x+1}$$

$$= \log(x+1) + 1 - \frac{1}{x+1},$$

$$f''(x) = \frac{1}{x+1} + \frac{1}{(x+1)^2}$$

(2)

$$f''(x) = \frac{1}{x+1} + \frac{1}{(x+1)^2} = g(x) - g'(x)$$

より，両辺を微分して $f'''(x) = g'(x) - g''(x)$ を得る．

(3)　(2) より，自然数 $k \geqq 2$ に対して，$f^{(k)}(x) = g^{(k-2)}(x) - g^{(k-1)}(x)$ が成り立つので，

$$\sum_{k=1}^{2n+1} f^{(k)}(0) = f'(0) + \sum_{k=2}^{2n+1} f^{(k)}(0)$$

$$= f'(0) + \sum_{k=2}^{2n+1} (g^{(k-2)}(0) - g^{(k-1)}(0))$$

$$= f'(0) + (g(0) - \cancel{g^{(1)}(0)}) + (\cancel{g^{(1)}(0)} - \cancel{g^{(2)}(0)}) + \cdots$$
$$+ (\cancel{g^{(2n-1)}(0)} - g^{(2n)}(0))$$

$$= f'(0) + g(0) - g^{(2n)}(0)$$

ここで，

$$g^{(n)}(x) = (-1)^n n! \frac{1}{(x+1)^{n+1}}$$

より，$g^{(2n)}(0) = \frac{(2n)!}{(0+1)^{2n+1}} = (2n)!$, $f'(0) = 0$, $g(0) = 1$ だから，

$$\sum_{k=1}^{2n+1} f^{(k)}(0) = f'(0) + \sum_{k=2}^{2n+1} f^{(k)}(0) = 1 - (2n)!$$

を得る．

5.6　(1)　$n = 0$ のときは，明らかに成り立つ．$n \geqq 1$ のときは，$\frac{\infty}{\infty}$ の不定形だから，ロピタルの定理を繰り返し適用して

$$\lim_{x \to \infty} \frac{x^n}{e^x} = \lim_{x \to \infty} \frac{nx^{n-1}}{e^x} = \cdots$$

$$= \lim_{x \to \infty} \frac{(x^n)^{(n)}}{e^x} = \lim_{x \to \infty} \frac{n!}{e^x} = 0$$

を得る．

(2)

$$f'(0) = \lim_{h \to 0} \frac{e^{-h^{-2}}}{h}$$

より，この極限値が存在することを調べれば良い．ここで，$h = \frac{1}{t}$ とおくと，ロピタルの定理より，

$$f'(0) = \lim_{h \to 0} \frac{e^{-h^{-2}}}{h} = \lim_{t \to \pm\infty} te^{-t^2}$$

$$= \lim_{t\to\pm\infty} \frac{t}{e^{t^2}} = \lim_{t\to\pm\infty} \frac{1}{2te^{t^2}} = 0$$

を得る．

(3)　(2) より，$(e^{-x^{-2}})' = 2x^{-3}e^{-x^{-2}}$ だから，$f'(x) = \begin{cases} 2x^{-3}e^{-x^{-2}} & (x \neq 0) \\ 0 & (x = 0) \end{cases}$ である．よって，

$$f''(0) = \lim_{h\to 0} \frac{2h^{-3}e^{-h^{-2}}}{h}$$

より，この極限値が存在することを調べれば良い．(2) と同様に，ここで，$\frac{1}{h^2} = u$ とおくと，(1) の結果を利用して，

$$f''(0) = \lim_{h\to 0} \frac{2h^{-3}e^{-h^{-2}}}{h} = \lim_{u\to\infty} \frac{2u^2}{e^u} = 0$$

を得る．よって，

$$f''(x) = \begin{cases} (2x^{-3}e^{-x^{-2}})' & (x \neq 0) \\ 0 & (x = 0) \end{cases}$$

$$\begin{aligned} &(2x^{-3}e^{-x^{-2}})' \\ &= -6x^{-4}e^{-x^{-2}} + 2x^{-3}\cdot 2x^{-3}e^{-x^{-2}} \\ &= 2(2-3x^2)x^{-6}e^{-x^{-2}} \end{aligned}$$

に注意し，$\frac{1}{x^2} = u$ とおいて，(1) の結果を利用すると

$$\lim_{x\to 0} f''(x) = \lim_{x\to 0}(-6x^{-4} + 4x^{-6})e^{-x^{-2}}$$

$$= \lim_{u\to\infty} \frac{-6u^2 + 4u^3}{e^u} = 0 = f''(0)$$

より，$f''(x)$ は $x = 0$ で連続．

(4)　$\displaystyle\lim_{x\to\pm\infty} f(x) = 1$ より漸近線 $y = 1$

x	$-\infty$	$\cdots$	$-\sqrt{\frac{2}{3}}$	$\cdots$	0	$\cdots$	$\sqrt{\frac{2}{3}}$	$\cdots$	∞
y'		$-$	$-$	$-$	0	$+$	$+$	$+$	
y''		$-$	0	$+$	$+$	$+$	0	$-$	
y	1	↘	$\frac{1}{e\sqrt{e}}$	↘	0	↗	$\frac{1}{e\sqrt{e}}$	↗	1

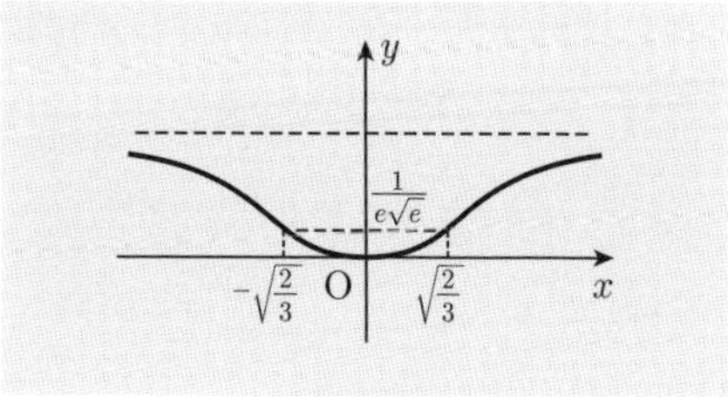

変曲点 $\left(\pm\sqrt{\frac{2}{3}}, \frac{1}{e\sqrt{e}}\right)$，$x = 0$ のとき極小値 0

5.7　$(*)$ が存在するために $f(x)$ が満たすべき条件は，「$f(x)$ が $x = a$ で微分可能であること」である．実際に，極限を取る式を次のように変形する．

$$\begin{aligned} &\frac{x^2 f(a) - a^2 f(x)}{x - a} \\ &= \frac{x^2 f(a) - a^2 f(a) + a^2 f(a) - a^2 f(x)}{x - a} \\ &= f(a)\cdot(x + a) - a^2 \cdot \frac{f(x) - f(a)}{x - a} \end{aligned}$$

$f'(a) = \lim_{x\to a} \frac{f(x)-f(a)}{x-a}$ であるから，

$$\lim_{x\to a} \frac{x^2 f(a) - a^2 f(x)}{x - a} = 2af(a) - a^2 f'(a)$$

となる．

5.8　(1)

$$f(x) = \frac{\cos ax}{\sin ax} = \frac{1}{\tan ax}\ (= \cot ax)$$

に注意すると，$x \to +0$ のとき，

$\tan ax \to +0$ だから，$\displaystyle\lim_{x\to +0} f(x) = \infty$

$x \to \frac{\pi}{a} - 0$ のとき，

$\tan ax \to -0$ だから，$\displaystyle\lim_{x\to\frac{\pi}{a}-0} f(x) = -\infty$

(2)

$$f'(x) = (\cot ax)' = \frac{-a}{\sin^2 ax}$$

一方で，

$$\begin{aligned} &-a(1 + f(x)^2) = -a(1 + \cot^2 ax) \\ &= -a\cdot\frac{\sin^2 ax + \cos^2 ax}{\sin^2 ax} = \frac{-a}{\sin^2 ax} \end{aligned}$$

より $f'(x) = -a(1 + f(x)^2)$

(3)　(2) より $\left(0, \frac{\pi}{a}\right)$ 上で $f'(x) = -a(1 + f(x)^2) < 0$ だから，$f(x)$ は単調減少なので，逆関数 $f^{-1}(x)\ (= \frac{1}{a}\cot^{-1} x)$ が存在する．$y = \frac{1}{a}\cot^{-1} x$ とおくと，

$$x = \cot ay\left(0 < y < \frac{\pi}{a}\right)$$

両辺を x で微分すると $1 = \frac{-ay'}{\sin^2 ay}$．よって，

$$y' = \frac{-1}{a}\cdot\sin^2 ay = \frac{-1}{a}\,\frac{1}{1 + \cot^2 ay} = \frac{-1}{a(1 + x^2)}$$

5.9　(1)

$$f(a + h) = f(a) + f'(a)h + \frac{f''(a + \theta_1 h)}{2}h^2$$

(2)　θ は h の関数であることに注意する．(1) より，

$$f(a+h)=f(a)+f'(a)h+\frac{f''(a+\theta_1 h)}{2}h^2\cdots ①$$

また，条件より，

$$f(a+h)=f(a)+hf'(a+\theta h)\cdots ②$$

② − ①より，

$$0=hf'(a+\theta h)-f'(a)h-\frac{1}{2}f''(a+\theta_1 h)h^2$$

だから，

$$\frac{f'(a+\theta h)-f'(a)}{h}=\frac{1}{2}f''(a+\theta_1 h)\cdots ③$$

③の両辺の極限（$h\to 0$）を取ると，

$$\begin{aligned}(\text{左辺}) &= \lim_{h\to 0}\frac{f'(a+\theta h)-f'(a)}{h}\\ &= \lim_{h\to 0}\theta\cdot\frac{f'(a+\theta h)-f'(a)}{\theta h}\\ &= \left(\lim_{h\to 0}\theta\right)\cdot f''(a),\end{aligned}$$

$$(\text{右辺})=\frac{1}{2}\lim_{h\to 0}f''(a+\theta_1 h)=\frac{1}{2}f''(a)$$

（左辺）=（右辺）より，

$$\left(\lim_{h\to 0}\theta\right)\cdot f''(a)=\frac{1}{2}f''(a)\cdots ④$$

条件より，$f''(a)\neq 0$ だから，④の両辺を $f''(a)$ で割って，$\lim\limits_{h\to 0}\theta=\frac{1}{2}$ を得る．

5.10 (1)

$$f(x)=e^x=\sum_{n=0}^{\infty}\frac{1}{n!}x^n=1+\frac{1}{1!}x+\frac{1}{2!}x^2+\cdots$$

(2) $a_n=\frac{1}{1!}+\frac{1}{2!}+\cdots+\frac{1}{n!}$ とおくと，$\lim\limits_{n\to\infty}a_n=\frac{1}{1!}+\frac{1}{2!}+\cdots=e-1$ である．

$$\begin{aligned}&\frac{n}{1!}+\frac{n-1}{2!}+\cdots+\frac{2}{(n-1)!}+\frac{1}{n!}\\ &=\left(\frac{1}{1!}\right)+\left(\frac{1}{1!}+\frac{1}{2!}\right)+\cdots+\left(1+\frac{1}{2!}+\cdots+\frac{1}{n!}\right)\\ &=a_1+\cdots+a_n\end{aligned}$$

より，性質（A）を用いると，

$$\begin{aligned}&\lim_{n\to\infty}\frac{1}{n}\left(\frac{n}{1!}+\frac{n-1}{2!}+\cdots+\frac{2}{(n-1)!}+\frac{1}{n!}\right)\\ &=\lim_{n\to\infty}\frac{a_1+\cdots+a_n}{n}=\lim_{n\to\infty}a_n=e-1\end{aligned}$$

(3) 数列 $\{a_n-\alpha\}$ を a_n とおき直して，$\lim\limits_{n\to\infty}a_n=0$ のとき，

$$\lim_{n\to\infty}\frac{a_1+\cdots+a_n}{n}=0$$

を示せばよい．

$\lim\limits_{n\to\infty}a_n=0$ より，任意の正の数 ε に対して，ある自然数 N が存在して $n>N$ ならば $|a_n|<\varepsilon$ が成り立つ．

$M=\max\{a_1,\ldots,a_N\}$ とおくと $|a_1+\cdots+a_N|\leqq MN$ より，$n>N$ ならば

$$a_1+\cdots+a_n<MN+\varepsilon(n-N)<MN+\varepsilon n$$

すなわち

$$\frac{a_1+\cdots+a_n}{n}<\frac{MN}{n}+\varepsilon$$

が成り立つ．

さらに，$N_1>\max\left\{\frac{MN}{\varepsilon},N\right\}$ とすると，$n>N_1$ ならば，$n>\frac{MN}{\varepsilon}$ すなわち $\varepsilon>\frac{MN}{n}$ に注意すると，

$$\frac{a_1+\cdots+a_n}{n}<\frac{MN}{n}+\varepsilon<\varepsilon+\varepsilon=2\varepsilon$$

が成り立つので $\lim\limits_{n\to\infty}\frac{a_1+\cdots+a_n}{n}=0$ が示された．

5.11 (1) $\lim\limits_{n\to\infty}a_n=\alpha$ より，ある自然数 N が存在して $n>N$ ならば $|a_n-\alpha|<1$ が成り立つ．$M=\max\{|a_1-\alpha|,\ldots,|a_N-\alpha|,1\}$ とおくと任意の自然数 m に対して $|a_m-\alpha|<M$ が成り立つ．よって有界．

(2) (1) の結果より，すべての自然数に対して，$|a_n|\leqq M$ となる実数が存在する．三角不等式より，

$$\begin{aligned}&|a_nb_n-\alpha\beta|=|a_n(b_n-\beta)+(a_n-\alpha)\beta|\\ &\leqq|a_n|\,|b_n-\beta|+|a_n-\alpha|\,|\beta|\\ &\leqq M|b_n-\beta|+|a_n-\alpha|\,|\beta|\end{aligned}$$

ここで，$\lim\limits_{n\to\infty}(M|b_n-\beta|+|a_n-\alpha|\,|\beta|)=0$ だから，はさみうちの原理により

$$\lim_{n\to\infty}|a_nb_n-\alpha\beta|=0$$

よって $\lim\limits_{n\to\infty}a_nb_n=\alpha\beta$ が示された．

第 6 章

6.1.1 (1)

$$\int\frac{e^x}{1+e^x}\,dx=\int\frac{(1+e^x)'}{1+e^x}\,dx=\log(1+e^x)+C$$

(2) （**置換積分法**を用いる）$t=9-x^2$ とおくと

$dt=-2x\,dx$

$x:0\to 2$ のとき $t:9\to 5$

$$\begin{aligned}&\int_0^2\frac{x}{\sqrt{9-x^2}}\,dx=-\frac{1}{2}\int_9^5\frac{1}{\sqrt{t}}\,dt\\ &=\frac{1}{2}\int_5^9 t^{-\frac{1}{2}}\,dt=\frac{1}{\cancel{2}}\left[\cancel{2}t^{\frac{1}{2}}\right]_5^9=3-\sqrt{5}\end{aligned}$$

(3) 被積分関数を有理化する．

$$\int_0^a \frac{1}{\sqrt{x+a}+\sqrt{x}}\,dx = \int_0^a \frac{\sqrt{x+a}-\sqrt{x}}{(x+a)-x}\,dx$$

$$= \frac{1}{a}\int_0^a (\sqrt{x+a}-\sqrt{x})\,dx$$

$$= \frac{1}{a}\left[\frac{2}{3}\left\{(x+a)^{\frac{3}{2}} - x^{\frac{3}{2}}\right\}\right]_0^a = \frac{4(\sqrt{2}-1)}{3}\sqrt{a}$$

6.2.1

$$\int_{-\frac{\pi}{2}}^{\frac{\pi}{2}} \cos^5 x\,dx = 2\int_0^{\frac{\pi}{2}} \cos^5 x\,dx$$

$$= 2\frac{4}{5}\frac{2}{3} = \frac{16}{15}$$

6.3.1 **2 倍角の公式より**

$$\int e^{\cos x}\sin 2x\,dx = \int e^{\cos x}(2\cos x\sin x)\,dx$$

置換積分法より $t = \cos x$ とおくと，

$$dt = -\sin x\,dx$$

部分積分法より

$$(\text{与式}) = -2\int te^t\,dt$$

$$= -2\left(te^t - \int e^t\,dt\right) = 2e^t(1-t) + C$$

$$= 2e^{\cos x}(1-\cos x) + C$$

6.4.1 （置換積分法を用いる）$t = x + \sqrt{x^2+4}$ とおくと $(t-x)^2 = x^2+4$ より $x = \frac{t^2-4}{2t}$，$dx = \frac{t^2+4}{2t^2}\,dt$

$$(\text{与式}) = \int \frac{1}{\left(\frac{t^2-4}{2t}\right)^2 \cancel{\frac{t^2+4}{2t}}}\,\frac{\cancel{t^2+4}}{2t^2}\,dt$$

$$= 4\int \frac{t}{(t^2-4)^2}\,dt = 4\left(-\frac{1}{2}\right)\frac{1}{t^2-4} + C$$

$$= -\frac{2}{(x+\sqrt{x^2+4})^2-4} + C$$

$$= -\frac{1}{x^2+x\sqrt{x^2+4}} + C$$

6.5.1 （部分積分法を用いる）

(1) $\displaystyle\int x^5\log x\,dx = \int\left(\frac{1}{6}x^6\right)'\log x\,dx$

$$= \frac{1}{6}x^6\log x - \frac{1}{6}\int x^6(\log x)'\,dx$$

$$= \frac{1}{6}x^6\log x - \frac{1}{6}\int x^6\frac{1}{x}\,dx$$

$$= \frac{1}{6}x^6\log x - \frac{1}{6}\int x^5\,dx$$

$$= \frac{1}{6}x^6\log x - \frac{1}{36}x^6 + C$$

(2) $\displaystyle\int \sin^{-1}x\,dx = \int 1\cdot\sin^{-1}x\,dx$

$$= \int (x)'\sin^{-1}x\,dx$$

$$= x\sin^{-1}x - \int x\left(\sin^{-1}x\right)'\,dx$$

$$= x\sin^{-1}x - \int \frac{x}{\sqrt{1-x^2}}\,dx$$

ここで，$\int\frac{x}{\sqrt{1-x^2}}\,dx$ について $t = 1-x^2$ とおくと

$$dt = -2x\,dx \Longleftrightarrow x\,dx = -\frac{1}{2}\,dt,$$

$$\int\frac{x}{\sqrt{1-x^2}}\,dx = -\frac{1}{2}\int\frac{1}{\sqrt{t}}\,dt$$

$$= -\frac{1}{2}\int t^{-\frac{1}{2}}\,dt = -\frac{1}{2}\cdot 2t^{\frac{1}{2}} + A$$

$= -\sqrt{1-x^2} + A$（A は積分定数）

$$\therefore\quad \int\sin^{-1}x\,dx = x\sin^{-1}x + \sqrt{1-x^2} + C$$

(3) 補足の公式

$$\int e^{ax}\sin bx\,dx$$

$$= \frac{e^{ax}}{a^2+b^2}(a\sin bx - b\cos bx) + C$$

を直接用いる．または，部分積分法より

$$\int e^x\sin x\,dx = \int (e^x)'\sin x\,dx$$

$$= e^x\sin x - \int e^x(\sin x)'\,dx$$

$$= e^x\sin x - \int e^x\cos x\,dx$$

$$= e^x\sin x - \int (e^x)'\cos x\,dx$$

$$= e^x\sin x - \left\{e^x\cos x - \int e^x(\cos x)'\,dx\right\}$$

$$= e^x(\sin x - \cos x) - \int e^x\sin x\,dx,$$

$$2\int e^x\sin x\,dx = e^x(\sin x - \cos x)$$

$$\therefore\quad \int e^x\sin x\,dx = \frac{1}{2}e^x(\sin x - \cos x) + C$$

6.5.2 公式 (14) $\int\sqrt{a^2-x^2}\,dx = \frac{1}{2}(x\sqrt{a^2-x^2}$ $+a^2\sin^{-1}\frac{x}{a}) + C$ を直接用いる．または，部分積分法より

$$\int_{-a}^{a}\sqrt{a^2-x^2}\,dx = \int_{-a}^{a} 1\cdot\sqrt{a^2-x^2}\,dx$$

$$= \int_{-a}^{a}(x)'\sqrt{a^2-x^2}\,dx$$

6

$$= \left[x\sqrt{a^2-x^2}\right]_{-a}^{a} - \int_{-a}^{a} x(\sqrt{a^2-x^2})'\,dx$$

$$= -\int_{-a}^{a} x\cdot\frac{1}{\cancel{2}}\,\frac{-\cancel{2}x}{\sqrt{a^2-x^2}}\,dx$$

$$= \int_{-a}^{a} \frac{-(a^2-x^2)+a^2}{\sqrt{a^2-x^2}}\,dx$$

$$= -\int_{-a}^{a}\sqrt{a^2-x^2}\,dx + a^2\int_{-a}^{a}\frac{1}{\sqrt{a^2-x^2}}\,dx,$$

$$2\int_{-a}^{a}\sqrt{a^2-x^2}\,dx = a^2\left[\sin^{-1}\frac{x}{a}\right]_{-a}^{a}$$

$$= a^2\left\{\frac{\pi}{2}-\left(-\frac{\pi}{2}\right)\right\}$$

$$= \pi a^2$$

$$\therefore\quad （与式）= \frac{\pi a^2}{2}$$

【別解】（**置換積分法**を用いる）$x = a\sin\theta$ とおくと

$$dx = a\cos\theta\,d\theta$$

$x : -a \to a$ のとき $\theta : -\frac{\pi}{2} \to \frac{\pi}{2}$

$$\sqrt{a^2-x^2} = \sqrt{a^2-a^2\sin^2\theta} = a\sqrt{1-\sin^2\theta}$$

$$= a\sqrt{\cos^2\theta} = a|\cos\theta| = a\cos\theta$$

$$(\because\ \theta : -\tfrac{\pi}{2} \to \tfrac{\pi}{2})$$

$$\int_{-a}^{a}\sqrt{a^2-x^2}\,dx = \int_{-\frac{\pi}{2}}^{\frac{\pi}{2}} a\cos\theta\cdot a\cos\theta\,d\theta$$

$$= a^2\int_{-\frac{\pi}{2}}^{\frac{\pi}{2}}\cos^2\theta\,d\theta = 2a^2\int_{0}^{\frac{\pi}{2}}\cos^2\theta\,d\theta$$

$$= 2a^2\,\frac{1}{2}\,\frac{\pi}{2} = \frac{\pi a^2}{2}$$

6.5.3 部分積分法と基本問題 6.3 より

$$\int \sin x\log(\sin x)\,dx = \int \underbrace{(-\cos x)'}_{f'}\ \underbrace{\log(\sin x)}_{g}\,dx$$

$$= \underline{-\cos x}\log(\sin x) - \int(\underline{-\cos x})\frac{\cos x}{\sin x}\,dx$$

$$= -\cos x\log(\sin x) + \int\frac{\cos^2 x}{\sin x}\,dx$$

$$= -\cos x\log(\sin x) + \int\frac{1-\sin^2 x}{\sin x}\,dx$$

$$= -\cos x\log(\sin x) + \int\frac{1}{\sin x}\,dx - \int\sin x\,dx$$

$$= -\cos x\log(\sin x) + \log\left|\tan\frac{x}{2}\right| + \cos x + C$$

6.6.1 $\displaystyle\int_{3}^{5}\frac{dx}{x^2+3x-10}$

$$= \frac{1}{7}\int_{3}^{5}\left(\frac{1}{x-2}-\frac{1}{x+5}\right)dx$$

$$= \frac{1}{7}\left[\log\left|\frac{x-2}{x+5}\right|\right]_{3}^{5}$$

$$= \frac{1}{7}\left(\log\frac{3}{10}-\log\frac{1}{8}\right) = \frac{1}{7}\log\frac{12}{5}$$

6.6.2 $\displaystyle\int\frac{dx}{x^2-x+1} = \int\frac{dx}{\left(x-\frac{1}{2}\right)^2+\frac{3}{4}}$

$$= \frac{2}{\sqrt{3}}\tan^{-1}\frac{2\left(x-\frac{1}{2}\right)}{\sqrt{3}} + C$$

$$= \frac{2\sqrt{3}}{3}\tan^{-1}\frac{\sqrt{3}(2x-1)}{3} + C$$

6.7.1 $\displaystyle V = \pi\int_{0}^{1}x^2\,dy = \pi\int_{0}^{1}(\cos^{-1}y)^2\,dy$

$$= \pi\left(\underbrace{\left[y(\cos^{-1}y)^2\right]_{0}^{1}}_{=0} + 2\int_{0}^{1}\frac{y\cos^{-1}y}{\sqrt{1-y^2}}\,dy\right)$$

ここで $t = \cos^{-1}y$ とおくと $dt = -\frac{1}{\sqrt{1-y^2}}\,dy$

$y : 0 \to 1$ のとき $t : \frac{\pi}{2} \to 0$

$$（与式）= 2\pi\left(-\int_{\frac{\pi}{2}}^{0}t\cos t\,dt\right) = 2\pi\int_{0}^{\frac{\pi}{2}}t\cos t\,dt$$

$$= 2\pi\left([t\sin t]_{0}^{\frac{\pi}{2}} - \int_{0}^{\frac{\pi}{2}}\sin t\,dt\right)$$

$$= 2\pi\left(\frac{\pi}{2}-1\right) = \pi(\pi-2)$$

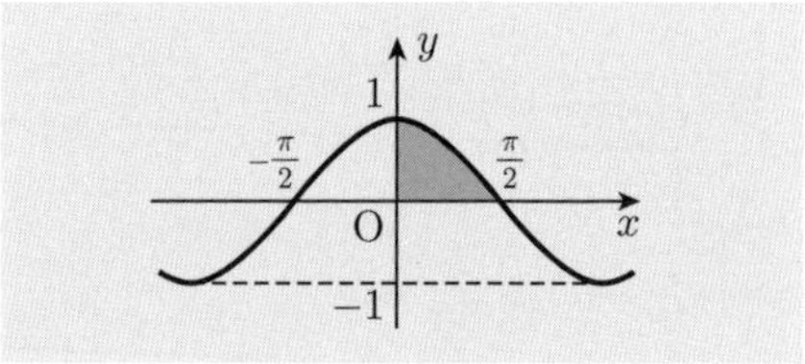

6.8.1 $y' = \frac{1}{2}\left(e^{\frac{x}{4}} - e^{-\frac{x}{4}}\right)$ より，

$$1 + (y')^2 = \frac{1}{4}\left(e^{\frac{x}{4}} + e^{-\frac{x}{4}}\right)^2$$

曲線の長さを L とすると

$$L = \int_{-4}^{4}\sqrt{1+(y')^2}\,dx = \frac{1}{2}\cdot 2\int_{0}^{4}\left(e^{\frac{x}{4}}+e^{-\frac{x}{4}}\right)dx$$

$$= 4\left[e^{\frac{x}{4}} - e^{-\frac{x}{4}}\right]_{0}^{4} = 4(e-e^{-1})$$

6.9.1 (1) カージオイドである．

x 軸，y 軸との交点は $(4,0)$, $(0,0)$, $(0,2)$, $(0,-2)$

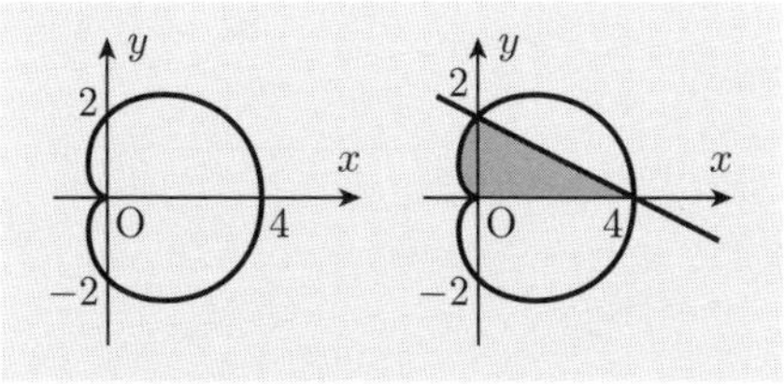

(2)　求める面積を S とする.

$$S=\frac{1}{2}\int_{\frac{\pi}{2}}^{\pi} r^2\,d\theta+\frac{1}{2}\times 4\times 2$$

$$=\frac{1}{2}\cdot 4\int_{\frac{\pi}{2}}^{\pi}(1+\cos\theta)^2\,d\theta+4$$

$$=2\int_{\frac{\pi}{2}}^{\pi}(1+2\cos\theta+\cos^2\theta)\,d\theta+4$$

$$=2\int_{\frac{\pi}{2}}^{\pi}(1+2\cos\theta+\cos^2\theta)\,d\theta+4$$

$$=2\int_{\frac{\pi}{2}}^{\pi}\left(1+2\cos\theta+\frac{1+\cos 2\theta}{2}\right)d\theta+4$$

$$=2\left[\frac{3}{2}\theta+2\sin\theta+\frac{\sin 2\theta}{2}\right]_{\frac{\pi}{2}}^{\pi}+4=\frac{3}{2}\pi$$

(3)　求める長さを L とする. $\frac{dr}{d\theta}=-2\sin\theta$ より

$$L=4+\sqrt{4^2+2^2}+\int_{\frac{\pi}{2}}^{\pi}\sqrt{4(1+\cos\theta)^2+(-2\sin\theta)^2}\,d\theta$$

$$=4+2\sqrt{5}+\int_{\frac{\pi}{2}}^{\pi}\sqrt{8(1+\cos\theta)}\,d\theta$$

$$=4+2\sqrt{5}+\int_{\frac{\pi}{2}}^{\pi}\sqrt{16\times\frac{1+\cos\theta}{2}}\,d\theta$$

$$=4+2\sqrt{5}+4\int_{\frac{\pi}{2}}^{\pi}\sqrt{\cos^2\frac{\theta}{2}}\,d\theta$$

$$=4+2\sqrt{5}+4\int_{\frac{\pi}{2}}^{\pi}\left|\cos\frac{\theta}{2}\right|\,d\theta$$

（$\frac{\pi}{2}\leqq\theta\leqq\pi$ で $\cos\frac{\theta}{2}\geqq 0$ より）

$$=4+2\sqrt{5}+4\int_{\frac{\pi}{2}}^{\pi}\cos\frac{\theta}{2}\,d\theta$$

$$=4+2\sqrt{5}+4\left[2\sin\frac{\theta}{2}\right]_{\frac{\pi}{2}}^{\pi}$$

$$=4+2\sqrt{5}+4\left(2-2\frac{\sqrt{2}}{2}\right)=12+2\sqrt{5}-4\sqrt{2}$$

6.10.1　基本問題 6.10 と同様にして

$$\int_0^{\infty}\frac{1}{x^3+1}\,dx$$

$$=\frac{1}{6}\left[\log\frac{(x+1)^2}{x^2-x+1}+2\sqrt{3}\,\tan^{-1}\frac{\sqrt{3}(2x-1)}{3}\right]_0^{\infty}$$

$$=\frac{1}{6}\left(\sqrt{3}\,\pi-2\sqrt{3}\,\tan^{-1}\left(-\frac{\sqrt{3}}{3}\right)\right)$$

$$=\frac{1}{6}\left(\sqrt{3}\,\pi+\frac{\sqrt{3}}{3}\pi\right)=\frac{1}{6}\frac{4\sqrt{3}}{3}\pi=\frac{2\sqrt{3}}{9}\pi$$

6.11.1　$0\leqq x<1$ に注意する. $x=\sin^2\theta$ とおくと $0\leqq\theta<\frac{\pi}{2}$. このとき $\cos\theta>0,\ \sin\theta\geqq 0$ に注意して

$$(\text{与式})=\lim_{t\to\frac{\pi}{2}-0}\int_0^t\sqrt{\frac{\sin^2\theta}{1-\sin^2\theta}}\,2\sin\theta\cos\theta\,d\theta$$

$$=2\lim_{t\to\frac{\pi}{2}-0}\int_0^t\sqrt{\frac{\sin^2\theta}{\cos^2\theta}}\sin\theta\cos\theta\,d\theta$$

$$=2\lim_{t\to\frac{\pi}{2}-0}\int_0^t\frac{\sin\theta}{\cancel{\cos\theta}}\sin\theta\cancel{\cos\theta}\,d\theta$$

$$=2\lim_{t\to\frac{\pi}{2}-0}\int_0^t\sin^2\theta\,d\theta$$

$$=2\lim_{t\to\frac{\pi}{2}-0}\int_0^t\frac{1}{2}(1-\cos 2\theta)\,d\theta$$

$$=\lim_{t\to\frac{\pi}{2}-0}\left[\theta-\frac{\sin 2\theta}{2}\right]_0^t$$

$$=\lim_{t\to\frac{\pi}{2}-0}\left(t-\frac{\sin 2t}{2}\right)=\frac{\pi}{2}$$

第 6 章　演習問題解答

6.1　$x+1=u$ とおくと, $dx=du$

$$\int_{-\infty}^{\infty}\frac{dx}{x^2+2x+3}=\int_{-\infty}^{\infty}\frac{dx}{(x+1)^2+2}$$

$$=\lim_{\substack{C\to\infty\\D\to\infty}}\int_{-D}^{C}\frac{du}{u^2+2}=\lim_{\substack{C\to\infty\\D\to\infty}}\left[\frac{1}{\sqrt{2}}\tan^{-1}\frac{u}{\sqrt{2}}\right]_{-D}^{C}$$

$$=\frac{\sqrt{2}}{2}\left\{\frac{\pi}{2}-\left(-\frac{\pi}{2}\right)\right\}=\frac{\sqrt{2}}{2}\pi$$

6.2　$t=\tan x$ とおくと, $dx=\frac{1}{1+t^2}\,dt,\ \sin^2 x=\frac{t^2}{1+t^2},\ \cos^2 x=\frac{1}{1+t^2}$

$x:0\to\frac{\pi}{2}$ のとき $t:0\to\infty$ より

$$\int_0^{\frac{\pi}{2}}\frac{1}{a^2\cos^2 x+b^2\sin^2 x}\,dx$$

$$=\int_0^{\infty}\frac{1}{b^2t^2+a^2}\,dt=\frac{\pi}{2ab},$$

$$\frac{t^2+1}{(b^2t^2+a^2)^2} = \frac{1}{a^4}\,\frac{\frac{b^2}{a^2}t^2+1-\frac{b^2}{a^2}t^2+t^2}{\left(\frac{b^2}{a^2}t^2+1\right)^2}$$

$$= \frac{1}{a^2}\left(\frac{1}{b^2t^2+a^2}+\frac{(a^2-b^2)t^2}{(b^2t^2+a^2)^2}\right),$$

$$\int_0^\infty \frac{t^2}{(b^2t^2+a^2)^2}\,dt$$

$$= \int_0^\infty t\left(-\frac{1}{2b^2}\,\frac{1}{b^2t^2+a^2}\right)'\,dt$$

$$= \left[-\frac{t}{2b^2}\,\frac{1}{b^2t^2+a^2}\right]_0^\infty + \frac{1}{2b^2}\int_0^\infty \frac{1}{b^2t^2+a^2}\,dt$$

$$= \frac{1}{2b^2}\,\frac{\pi}{2ab} = \frac{\pi}{4ab^3}$$

$$\left(\because\ \lim_{x\to\infty}\left(-\frac{t}{2b^2}\,\frac{1}{b^2t^2+a^2}\right)=0\right)$$

$$\therefore\quad I = \int_0^\infty \frac{t^2+1}{(b^2t^2+a^2)^2}\,dt$$

$$= \frac{1}{a^2}\int_0^\infty\left(\frac{1}{b^2t^2+a^2}+\frac{(a^2-b^2)t^2}{(b^2t^2+a^2)^2}\right)dt$$

$$= \frac{1}{a^2}\,\frac{\pi}{2ab}\,\frac{2b^2}{2b^2} + (a^2-b^2)\frac{\pi}{4ab^3} = \frac{(a^2+b^2)\pi}{4a^3b^3}$$

6.3 (1) $t=\sqrt{\frac{x-a}{b-x}} \Rightarrow t^2 = \frac{x-a}{b-x} \Rightarrow (b-x)t^2 = x-a \Rightarrow x = \frac{bt^2+a}{t^2+1}$

$$x-a = \frac{bt^2+a}{t^2+1} - a$$

$$= \frac{bt^2+a-a(t^2+1)}{t^2+1} = \frac{t^2(b-a)}{t^2+1},$$

$$b-x = b - \frac{bt^2+a}{t^2+1}$$

$$= \frac{b(t^2+1)-(bt^2+a)}{t^2+1} = \frac{b-a}{t^2+1},$$

$$dx = \frac{2bt(t^2+1)-2t(bt^2+a)}{(t^2+1)^2}\,dt$$

$$= \frac{2t(b-a)}{(t^2+1)^2}\,dt$$

$x: p \to q$ のとき $t: \sqrt{\frac{p-a}{b-p}} = A \to \sqrt{\frac{q-a}{b-q}} = B$

$$I(p,q) = \int_p^q \frac{dx}{\sqrt{(b-x)(x-a)}}$$

$$= \int_A^B \frac{1}{\sqrt{\frac{b-a}{t^2+1}\,\frac{t^2(b-a)}{t^2+1}}}\,\frac{2t(b-a)}{(t^2+1)^2}\,dt$$

$$= 2\int_A^B \frac{1}{t^2+1}\,dt = 2[\tan^{-1} t]_A^B$$

$$= 2\left(\tan^{-1}\sqrt{\frac{q-a}{b-q}} - \tan^{-1}\sqrt{\frac{p-a}{b-p}}\right)$$

(2) $\displaystyle\lim_{T\to+\infty}\tan^{-1}T = \frac{\pi}{2}$, $\displaystyle\lim_{T\to+0}\tan^{-1}T = 0$ より

$$I = \lim_{p\to a+0}\left\{\lim_{q\to b-0} I(p,q)\right\} = 2\cdot\frac{\pi}{2} = \pi$$

6.4 (1) $a=-1$ のとき

$$\int_0^1 \frac{\log x}{x}\,dx = \left[\frac{1}{2}(\log x)^2\right]_0^1 = \infty$$

$a \neq -1$ として

$$\int_0^1 x^a \log x\,dx = \int_0^1\left(\frac{1}{a+1}x^{a+1}\right)'\log x\,dx$$

$$= \left[\frac{1}{a+1}x^{a+1}\log x\right]_0^1 - \frac{1}{a+1}\int_0^1 x^{a+1}\frac{1}{x}\,dx$$

$$= \left[\frac{1}{a+1}x^{a+1}\log x\right]_0^1 - \frac{1}{a+1}\left[\frac{1}{a+1}x^{a+1}\right]_0^1$$

$$= -\frac{1}{a+1}\lim_{x\to+0}x^{a+1}\log x - \frac{1}{(a+1)^2},$$

$$\lim_{x\to+0}x^{a+1}\log x = \lim_{x\to+0}\frac{\log x}{\frac{1}{x^{a+1}}}$$

$$= \lim_{x\to+0}\frac{(\log x)'}{\left(\frac{1}{x^{a+1}}\right)'} = \lim_{x\to+0}\frac{1}{-(a+1)x^{-(a+1)}}$$

$$= -\frac{1}{a+1}\lim_{x\to+0}x^{a+1} = \begin{cases} 0 & (a>-1) \\ \infty & (a<-1) \end{cases}$$

よって，$a>-1$ のとき収束する．

(2) (1) の結果より，$a>-1$ のとき

$$\int_0^1 x^a\log x\,dx$$

$$= -\frac{1}{a+1}\lim_{x\to+0}x^{a+1}\log x - \frac{1}{(a+1)^2}$$

$$= -\frac{1}{(a+1)^2}$$

6.5 (1) $\displaystyle\lim_{x\to+0}f(x) = \lim_{x\to+0}\frac{1}{\tan ax} = \infty,$

$$\lim_{x\to\frac{\pi}{a}-0}f(x) = \lim_{x\to\frac{\pi}{a}-0}\frac{1}{\tan ax} = -\infty$$

(2) (左辺) $= f'(x) = \left(\dfrac{\cos ax}{\sin ax}\right)'$

$$= \frac{-a\sin^2 ax - a\cos^2 ax}{\sin^2 ax}$$

$$= -a\left(\frac{\sin^2 ax+\cos^2 ax}{\sin^2 ax}\right)$$

$$= -a\left(1+\frac{\cos^2 ax}{\sin^2 ax}\right)$$

$$= -a(1+f(x)^2) = (\text{右辺})$$

(3) $a>0$ と (2) より $\left(0,\frac{\pi}{a}\right)$ において $f'(x) =$

$-a(1+f(x)^2)<0$

よって，$f(x)$ は $\left(0,\frac{\pi}{a}\right)$ で単調減少である．∴ 逆関数 $f^{-1}(x)$ が存在する．

$f(x)=\frac{\cos ax}{\sin ax}=\frac{1}{\tan ax}=y$ とおく．x と y を入れ替えて $\tan ay=\frac{1}{x}$，∴ $f^{-1}(x)=\frac{1}{a}\tan^{-1}\left(\frac{1}{x}\right)$. よって

$$(f^{-1})'(x)=\frac{1}{a}\frac{1}{1+(x^{-1})^2}\left(-\frac{1}{x^2}\right)$$
$$=-\frac{1}{a(x^2+1)}$$

(4) $f^{-1}(x)=\frac{1}{a}\tan^{-1}\left(\frac{1}{x}\right)=t$ とおくと $dt=-\frac{1}{a(x^2+1)}\,dx$

$$f(b)=\frac{1}{\tan ab}=b\Longrightarrow ab=\tan^{-1}\frac{1}{b}$$

$x:b\to\infty$ のとき $t:b\to+0$

$$\int_b^\infty\frac{1}{(1+x^2)\{1+(f^{-1}(x))^2\}}\,dx$$
$$=-a\lim_{c\to+0}\int_b^c\frac{1}{1+t^2}\,dt=-a\lim_{c\to+0}[\tan^{-1}t]_b^c$$
$$=-a(0-\tan^{-1}b)=a\tan^{-1}b$$

第 7 章

7.1.1 $\dfrac{\partial f}{\partial x}(x,y)=\dfrac{1}{2\sqrt{x}}\sin(2y+1)$,

$$\frac{\partial f}{\partial y}(x,y)=2\sqrt{x}\cos(2y+1)$$

7.2.1 $\dfrac{\partial^2 z}{\partial x^2}=2y\cos(x^2y)-4x^2y^2\sin(x^2y)$,

$$\frac{\partial^2 z}{\partial y\partial x}=\frac{\partial^2 z}{\partial x\partial y}$$
$$=2x\cos(x^2y)-2yx^3\sin(x^2y),$$
$$\frac{\partial^2 z}{\partial y^2}=-x^4\sin(x^2y)$$

7.3.1 (1) $\dfrac{\partial f}{\partial x}(x,y)=0,\ \dfrac{\partial f}{\partial y}(x,y)=0$

(2) $\dfrac{\partial f}{\partial x}(x,y)=2\sqrt{y^2-x^2}$,

$$\frac{\partial f}{\partial y}(x,y)=2y\sin^{-1}\frac{x}{y}$$

7.4.1 (1) $\dfrac{\partial f}{\partial x}(x,y)=a\dfrac{x^{a-1}}{x^a+y^a}$,

$$\frac{\partial f}{\partial y}(x,y)=a\frac{y^{a-1}}{x^a+y^a},$$

$$\frac{\partial^2 f}{\partial x^2}(x,y)+\frac{\partial^2 f}{\partial y^2}(x,y)$$
$$=\frac{a}{(x^a+y^a)^2}\{-x^{2a-2}-y^{2a-2}$$
$$+(a-1)x^{a-2}y^{a-2}(x^2+y^2)\}$$

(2) (1) より，$-x^{2a-2}-y^{2a-2}+(a-1)x^{a-2}y^{a-2}(x^2+y^2)=0$. 式変形すると，

$$x^a\{(a-1)y^{a-2}-x^{a-2}\}$$
$$+y^a\{(a-1)x^{a-2}-y^{a-2}\}=0\cdots①$$

である．

$$(a-1)y^{a-2}-x^{a-2}=0\cdots②$$
$$(a-1)x^{a-2}-y^{a-2}=0\cdots③$$

となり，②, ③から x を消去すると $a(a-2)y^{a-2}=0$. $a\neq 0$ より $a=2$. 実際，$x=y=1$ とすると，(左辺) $=0$ となるのは $a=2$ のときで，逆に $a=2$ のとき，任意の $x>0,\ y>0$ に対し (左辺) $=0$ となる．よって $a=2$

7.5.1 $f_x(x,y)=x+y-3=0,\ f_y(x,y)=x-y^2+2y-1=0$ より，停留点は $(1,2),\ (4,-1)$. また

$$H(x,y)=f_{xx}f_{yy}-\{f_{xy}\}^2=-2y+1$$

となる．$(1,2)$ のとき，$H(1,2)=-3<0$ より極値を取らない．$(4,-1)$ のとき，$H(4,-1)=3>0$ で $f_{xx}=1>0$ であるから極小値 -6 を取る．

7.6.1 (1) $f_r=f_x\cos\theta+f_y\sin\theta\cdots①$, $f_\theta=-f_xr\sin\theta+f_yr\cos\theta\cdots②$ が成り立つ．

$f(r\cos\theta,\ r\sin\theta)=g(r)$ より，$f_\theta=0$. ②から $f_xr\sin\theta=f_yr\cos\theta$, つまり $f_xy=f_yx$ が成り立つ．

(2) $f_{xx}+f_{yy}=f_{rr}+\frac{1}{r}f_r+\frac{1}{r^2}f_{\theta\theta}$ より，

$$f_r=g_r,\quad f_{rr}=g_{rr},\quad f_{\theta\theta}=0$$

であるから，$f_{xx}+f_{yy}=g_{rr}+\frac{1}{r}g_r$ が成り立つ．

7.7.1 $f_x(1,\sqrt{3})\neq 0,\ f_y(1,\sqrt{3})\neq 0$ より，点 $(1,\sqrt{3})$ は特異点ではない．求める接線の方程式は

$$y=\frac{\sqrt{3}-1}{2}x+\frac{1+\sqrt{3}}{2}$$

7.8.1 $f_x(x,y)=2x+y-1=0,\ f_y(x,y)=2y+x-1=0$ より，停留点は $\left(\frac{1}{3},\frac{1}{3}\right)$

$$f_{xx}\left(\frac{1}{3},\frac{1}{3}\right)=2,$$

$$H\left(\frac{1}{3},\frac{1}{3}\right)=f_{xx}\left(\frac{1}{3},\frac{1}{3}\right)f_{yy}\left(\frac{1}{3},\frac{1}{3}\right)$$
$$-\left\{f_{xy}\left(\frac{1}{3},\frac{1}{3}\right)\right\}^2$$

$$= 3 > 0$$

から，$(\frac{1}{3},\frac{1}{3})$ のとき極小値 $-\frac{1}{3}$ を取る．一方，閉領域の境界の点 $(0,0)$, $(1,0)$, $(0,1)$ では最大値 0，点 $(\frac{1}{2},0)$, $(0,\frac{1}{2})$, $(\frac{1}{2},\frac{1}{2})$ で最小値 $-\frac{1}{4}$ を取る．
以上より，点 $(0,0)$, $(1,0)$, $(0,1)$ では最大値 0，$(\frac{1}{3},\frac{1}{3})$ のとき最小値 $-\frac{1}{3}$ を取る．

7.8.2 まず (a) 領域の内部，$x^2+y^2<9$ で極値を求める．

$$f_x(x,y) = 4x^3 - 8(x-y) = 0,$$
$$f_y(x,y) = 4y^3 + 8(x-y) = 0$$

より，停留点は $(0,0)$, $(\pm 2, \mp 2)$（複号同順）．$f_{xx}(x,y) = 12x^2 - 8$, $f_{xy}(x,y) = 8$, $f_{yy}(x,y) = 12y^2 - 8$ より，

$$H(x,y) = f_{xx}(x,y)f_{yy}(x,y) - \{f_{xy}(x,y)\}^2$$
$$= (12x^2-8)(12y^2-8) - 8^2$$
$$= 144x^4y^4 - 96(x^2+y^2)$$

から，$(\pm 2, \mp 2)$（複号同順）のとき，$f_{xx}(\pm 2, \mp 2) = 40 > 0$, $H(\pm 2, \mp 2) = 1536 > 0$ より，極小値 -32 を取る．$(0,0)$ のとき，$H(0,0)=0$ より判定できない．しかし，例えば平面 $y=x$ で切った切断面では $f(x,y)=2x^4$ で極小となり，平面 $y=-x$ で切った切断面では $f(x,y)=2x^4-16x^2$ で極大となるため，鞍点のようになっている．よって極値ではない．
次に (b) 領域の境界，$x^2+y^2=9$ で極値を調べる．ラグランジュの未定乗数法から

$$\begin{cases} 4x^3 - 8(x-y) - \lambda\cdot 2x = 0 & \cdots ① \\ 4y^3 + 8(x-y) - \lambda\cdot 2y = 0 & \cdots ② \\ x^2+y^2-9=0 & \cdots ③ \end{cases}$$

で，①, ②より λ を消去すると

$$(x+y)(x-y)(xy-2) = 0$$

となる．$y=\pm x$, $xy=2$ より，③と連立すると極値を取り得る点の候補として

$$\left(\pm\tfrac{3\sqrt{2}}{2}, \pm\tfrac{3\sqrt{2}}{2}\right),\quad \left(\pm\tfrac{3\sqrt{2}}{2}, \mp\tfrac{3\sqrt{2}}{2}\right),$$
$$\left(\tfrac{\sqrt{13}\pm\sqrt{5}}{2}, \tfrac{\sqrt{13}\mp\sqrt{5}}{2}\right),\quad \left(\tfrac{-\sqrt{13}\pm\sqrt{5}}{2}, \tfrac{-\sqrt{13}\mp\sqrt{5}}{2}\right)$$

（いずれも複号同順）．最大値，最小値はこれらの点で取るので，$(\pm\frac{3\sqrt{2}}{2}, \mp\frac{3\sqrt{2}}{2})$（複号同順）のとき最小値 $-\frac{63}{2}$，$(\frac{\sqrt{13}\pm\sqrt{5}}{2}, \frac{\sqrt{13}\mp\sqrt{5}}{2})$, $(\frac{-\sqrt{13}\pm\sqrt{5}}{2}, \frac{-\sqrt{13}\mp\sqrt{5}}{2})$（複号同順）のとき最大値 53 を取る．
以上，(a), (b) より $(\pm 2, \mp 2)$（複号同順）のとき最小値 -32，$(\frac{\sqrt{13}\pm\sqrt{5}}{2}, \frac{\sqrt{13}\mp\sqrt{5}}{2})$, $(\frac{-\sqrt{13}\pm\sqrt{5}}{2}, \frac{-\sqrt{13}\mp\sqrt{5}}{2})$（複号同順）のとき最大値 53 を取る．

7.9.1 (1) $f_x(x,y) = \dfrac{-x^2y^2+x^2+y^2-1}{(x^2+1)^2}$,

$$f_y(x,y) = \frac{2xy}{x^2+1}$$

より，$f(1,1)=0$, $f_x(1,1)=0$, $f_y(1,1)=1$．接平面は $z-0=0(x-1)+1(y-1)$，つまり

$$y - z - 1 = 0$$

(2) $f_x(x,y) = \dfrac{-x^2y^2+x^2+y^2-1}{(x^2+1)^2} = 0,$

$$f_y(x,y) = \frac{2xy}{x^2+1} = 0$$

より停留点は $(0,\pm 1)$, $(\pm 1, 0)$

$$f_{xx}(x,y) = \frac{2x(x^2-3)(y^2-1)}{(x^2+1)^3},$$
$$f_{xy}(x,y) = \frac{2(-x^2+1)y}{(x^2+1)^2},\quad f_{yy}(x,y) = \frac{2x}{x^2+1}$$

に注意すると次を得る．
(i) $(0,\pm 1)$ のとき，$f_{xx}(0,\pm 1)=0$, $f_{xy}(0,\pm 1)=\pm 2$, $f_{yy}(0,\pm 1)=0$（複号同順）から $H(0,\pm 1)<0$ となり極値を取らない．
(ii) $(\pm 1, 0)$ のとき，$f_{xx}(\pm 1,0)=\pm 1$, $f_{xy}(\pm 1,0)=0$, $f_{yy}(\pm 1,0)=\pm 1$（複号同順）から $H(\pm 1,0)>0$ となる．
よって $(1,0)$ のとき極小値 $-\frac{1}{2}$，$(-1,0)$ のとき極大値 $\frac{1}{2}$

7.9.2 (1) $f_x(x,y) = (1-2x^2-2xy)e^{-(x^2+y^2)}$,

$$f_y(x,y) = (1-2xy-2y^2)e^{-(x^2+y^2)}$$

より，

$$f(1,0) = \frac{1}{e},\quad f_x(1,0) = -\frac{1}{e},\quad f_y(1,0) = \frac{1}{e}$$

接平面は $z-\frac{1}{e} = -\frac{1}{e}(x-1)+\frac{1}{e}(y-0)$，つまり

$$z = -\frac{1}{e}x + \frac{1}{e}y + \frac{2}{e}$$

よって

$$a = -\frac{1}{e},\quad b = \frac{1}{e},\quad c = \frac{2}{e}$$

(2) $f_x(x,y) = (1-2x^2-2xy)e^{-(x^2+y^2)} = 0,$

$$f_y(x,y) = (1-2xy-2y^2)e^{-(x^2+y^2)} = 0$$

より停留点は $(\pm\frac{1}{2}, \pm\frac{1}{2})$（複号同順）．

$$f_{xx} = (-6x-2y+4x^3+4x^2y)e^{-(x^2+y^2)},$$
$$f_{xy} = (-2x-2y+4x^2y+4xy^2)e^{-(x^2+y^2)},$$
$$f_{yy} = (-2x-6y+4xy^2+4y^3)e^{-(x^2+y^2)}$$

であるから，$(\frac{1}{2},\frac{1}{2})$ のとき，$f_{xx}(\frac{1}{2},\frac{1}{2}) = -\frac{3}{\sqrt{e}} < 0$, $H(\frac{1}{2},\frac{1}{2}) = f_{xx}(\frac{1}{2},\frac{1}{2})f_{yy}(\frac{1}{2},\frac{1}{2}) - \{f_{xy}(\frac{1}{2},\frac{1}{2})\}^2 = \frac{8}{e} > 0$ より極大値 $\frac{1}{\sqrt{e}}$ を取る．$(-\frac{1}{2},\ -\frac{1}{2})$ のとき，$f_{xx}(-\frac{1}{2},\ -\frac{1}{2}) = \frac{3}{\sqrt{e}} > 0$, $H(-\frac{1}{2},\ -\frac{1}{2}) = \frac{8}{e} > 0$ より極大値 $-\frac{1}{\sqrt{e}}$ を取る．

第 7 章　演習問題解答

7.1 $\dfrac{\partial f}{\partial x}(x,y) = -y\sin(xy)\sin y$,
$\dfrac{\partial f}{\partial y}(x,y) = -x\sin(xy)\sin y + \cos(xy)\cos y$

7.2 (1) $\dfrac{\partial f}{\partial y}(x,y) = e^x - e^{-y} + (-1)^2 ye^{-y}$

(2) 帰納法より，

$$\frac{\partial^n f}{\partial y^n}(x,y) = n(-1)^n e^{-y} + (-1)^{n+1} ye^{-y} \quad (n \geqq 2)$$

が示せる．よって，

$$\frac{\partial^{10} f}{\partial y^{10}}(x,y) = (10-y)e^{-y}$$

7.3 $f_x(x,y) = \dfrac{y^5 - 3x^4y + 2y}{(x^4+y^4+2)^2} = 0$,

$f_y(x,y) = \dfrac{x^5 - 3xy^4 + 2x}{(x^4+y^4+2)^2} = 0$

より，停留点は $(0,0)$, $(\pm 1, \pm 1)$, $(\pm 1, \mp 1)$（複号同順）．また

$$H(x,y) = f_{xx}(x,y)f_{yy}(x,y) - \{f_{xy}(x,y)\}^2$$

から，$(0,0)$ のとき，$H(0,0) = -\frac{1}{4} < 0$ より極値を取らない．$(\pm 1, \pm 1)$（複号同順）のとき，$H(\pm 1, \pm 1) = \frac{1}{2} > 0$ で $f_{xx}(\pm 1, \pm 1) = -\frac{3}{4} < 0$ であるから極大値 $\frac{1}{4}$ を取り，$(\pm 1, \mp 1)$（複号同順）のとき，$H(\pm 1, \mp 1) = \frac{1}{2} > 0$ で $f_{xx}(\pm 1, \mp 1) = \frac{3}{4} > 0$ であるから極小値 $-\frac{1}{4}$ を取る．

7.4 $f_x(x,y) = (1-x^2)ye^{-\frac{1}{2}(x^2+y^2)} = 0$,

$f_y(x,y) = (1-y^2)xe^{-\frac{1}{2}(x^2+y^2)} = 0$

より，停留点は $(0,0)$, $(\pm 1, \pm 1)$, $(\pm 1, \mp 1)$（複号同順）．また

$$H(x,y) = f_{xx}(x,y)f_{yy}(x,y) - \{f_{xy}(x,y)\}^2$$

から，$(0,0)$ のとき，$H(0,0) = -1 < 0$ より極値を取らない．$(\pm 1, \pm 1)$（複号同順）のとき，$f_{xx}(\pm 1, \pm 1) = -\frac{2}{e} < 0$, $H(\pm 1, \pm 1) = \frac{4}{e^2} > 0$ より極大値 $\frac{1}{e}$ を取る．$(\pm 1, \mp 1)$（複号同順）のとき，$f_{xx}(\pm 1, \mp 1) = \frac{2}{e} < 0$, $H(\pm 1, \mp 1) = \frac{4}{e^2} > 0$ より極小値 $-\frac{1}{e}$ を取る．

7.5 $f_x(x,y) = (2x - x^2 - y^2)e^{-x-y} = 0$,

$f_y(x,y) = (2y - x^2 - y^2)e^{-x-y} = 0$

より，停留点は $(0,0)$, $(1,1)$．また

$$H(x,y) = f_{xx}(x,y)f_{yy}(x,y) - \{f_{xy}(x,y)\}^2$$

から，$(0,0)$ のとき，$f_{xx}(0,0) = 2 > 0$, $H(0,0) = 4 > 0$ より極小値 0 を取る．$(1,1)$ のとき，$H(1,1) = -\frac{4}{e^4} < 0$ より極値を取らない．

7.6 $f_x(x,y) = 2x - 2y + \dfrac{2(x+y)}{(x+y)^2+1} = 0$,

$f_y(x,y) = 2y - 2x + \dfrac{2(y+x)}{(x+y)^2+1} = 0$

より，停留点は $(0,0)$．また

$$H(x,y) = f_{xx}(x,y)f_{yy}(x,y) - \{f_{xy}(x,y)\}^2$$

から，$(0,0)$ のとき，$f_{xx}(0,0) = 4 > 0$, $H(0,0) = 16 > 0$ より極小値 0 を取る．

7.7 (1) $\dfrac{\partial z}{\partial x} = -y\sin(xy)$,

$\dfrac{\partial z}{\partial y}(x,y) = -x\sin(xy)$

(2) $f_x(x,y) = (1-2x^2)e^{-(x^2+y^2)} = 0$, $f_y(x,y) = -2xye^{-(x^2+y^2)} = 0$ より，停留点は $(\pm\frac{1}{\sqrt{2}},0)$．また

$$H(x,y) = f_{xx}(x,y)f_{yy}(x,y) - \{f_{xy}(x,y)\}^2$$

から，$(\pm\frac{1}{\sqrt{2}},0)$ のとき，$f_{xx}(\pm\frac{1}{\sqrt{2}},0) = \mp 2\sqrt{2}\,e^{-\frac{1}{2}} \lesseqgtr 0$, $H(\pm\frac{1}{\sqrt{2}},0) = 4e^{-1} > 0$（複号同順）．よって $(\frac{1}{\sqrt{2}},0)$ のとき極大値 $\frac{1}{\sqrt{2e}}$，$(-\frac{1}{\sqrt{2}},0)$ のとき極小値 $-\frac{1}{\sqrt{2e}}$

7.8 $f_x(x,y) = 2x + y + 3 = 0$,

$f_y(x,y) = x + 2y + 6 = 0$

より，停留点は $(0,-3)$．また

$$f_{xx}(0,-3) = 2,$$

$$H(0,-3) = f_{xx}(0,-3)f_{yy}(0,-3) - \{f_{xy}(0,-3)\}^2 = 3 > 0$$

から，$(0,-3)$ のとき，極小値 -9 を取る．

7.9 (1) $f_{xx}(x,y) + f_{yy}(x,y) = (2a+6)x + 2(b+1) = 0$ より，$a = -3$, $b = -1$

(2) $f_x(x,y) = 3x^2 - 3y^2 + 2x = 0$, $f_y(x,y) = -6xy - 2y = 0$ より，停留点は $(0,0)$, $(-\frac{2}{3},0)$

$$f_{xx}(x,y) = 6x + 2,$$
$$H(x,y) = -(6x+2)^2 - 36y^2$$

から，$(0,0)$, $(-\frac{2}{3},0)$ のとき，$H(0,0) = H(\ \ \frac{2}{3},0) = -4 < 0$ より極値を取らない．よって極値なし．

7.10 $f_x(x,y) = 4x^3 - 4ay = 0$, $f_y(x,y) = 4y^3 - 4ax = 0$ より，停留点は $(\pm\sqrt{a}, \pm\sqrt{a})$（$a \geqq 0$, 複号同順）．

$$f_{xx}(x,y) = 12x^2,$$

$$f_{xy}(x,y) = -4a,$$
$$f_{yy}(x,y) = 12y^2$$

から

$$H(x,y) = 144x^2y^2 - 16a^2$$

$a=0$ すなわち $(0,0)$ のとき，$H(0,0)=0$ より判定できないが，与式は $f(x,y)=x^4+y^4$ であるから明らかに $(0,0)$ で極小値 0 を取る．$(\pm\sqrt{a}, \pm\sqrt{a})$（$a>0$，複号同順）のとき，

$$f_{xx}(\pm\sqrt{a}, \pm\sqrt{a}) = 12a > 0,$$
$$H(\pm\sqrt{a}, \pm\sqrt{a}) = 128a^2 > 0$$

より，極小値 $-2a^2$ を取る．

7.11　与式を x で微分すると，

$$y' = \frac{4y-2x}{6y^2-4x} \cdots ①$$

$y'=0$ ならば，$y=\frac{1}{2}x$．よって与式に代入して $x=-2$ を得る．このとき $y=-1$．①を x で微分すると，

$$y'' = \frac{(4y'-2)(6y^2-4x)-(4y-2x)(12y-4)}{(6y^2-4x)^2}$$

より，$y(-2,-1) = -\frac{1}{7} < 0$．よって $x=-2$ で極大値 -1 を取る．

7.12

$$\frac{\partial^2 v}{\partial x^2} = 2\frac{\partial^2 u}{\partial x^2} + x\frac{\partial^3 u}{\partial x^3} + y\frac{\partial^3 u}{\partial y \partial x^2} + z\frac{\partial^3 u}{\partial z \partial x^2},$$
$$\frac{\partial^2 v}{\partial y^2} = 2\frac{\partial^2 u}{\partial y^2} + x\frac{\partial^3 u}{\partial x \partial y^2} + y\frac{\partial^3 u}{\partial y^3} + z\frac{\partial^3 u}{\partial z \partial y^2},$$
$$\frac{\partial^2 v}{\partial z^2} = 2\frac{\partial^2 u}{\partial z^2} + x\frac{\partial^3 u}{\partial x \partial z^2} + y\frac{\partial^3 u}{\partial y \partial z^2} + z\frac{\partial^3 u}{\partial z^3}$$

より，$\Delta u = 0$ を使って $\Delta v = 0$ が示せる．

第 8 章

8.1.1　(1)

$$D = \left\{ (x,y) \;\middle|\; 0 \leqq y \leqq \frac{\sqrt{\pi}}{2}, y \leqq x \leqq \frac{\sqrt{\pi}}{2} \right\}$$
$$= \left\{ (x,y) \;\middle|\; 0 \leqq x \leqq \frac{\sqrt{\pi}}{2}, 0 \leqq y \leqq x \right\}$$

より

$$(\text{与式}) = \int_0^{\frac{\sqrt{\pi}}{2}} \left(\int_0^x \cos(x^2)\,dy \right) dx$$
$$= \int_0^{\frac{\sqrt{\pi}}{2}} [y\cos(x^2)]_{y=0}^{y=x}\,dx$$
$$= \int_0^{\frac{\sqrt{\pi}}{2}} x\cos(x^2)\,dx = \left[\frac{\sin(x^2)}{2} \right]_{x=0}^{x=\frac{\sqrt{\pi}}{2}} = \frac{\sqrt{2}}{4}$$

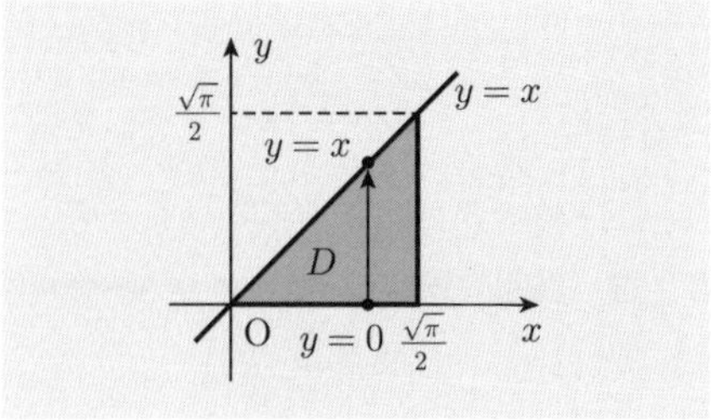

(2)　$D_1 = \{(x,y) \mid 0 \leqq x \leqq 1,\ 0 \leqq y \leqq 2x+1\}$，$D_2 = \{(x,y) \mid 1 \leqq x \leqq 2,\ 0 \leqq y \leqq -x+4\}$ とおくと $D = D_1 \cup D_2$ より

$$(\text{与式}) = \iint_{D_1} x\,dxdy + \iint_{D_2} x\,dxdy$$
$$= \int_0^1 \left(\int_0^{2x+1} x\,dy \right) dx + \int_1^2 \left(\int_0^{-x+4} x\,dy \right) dx$$
$$= \int_0^1 [xy]_{y=0}^{y=2x+1} dx + \int_1^2 [xy]_{y=0}^{y=\ x+4} dx$$
$$= \int_0^1 (2x^2+x)\,dx + \int_1^2 (-x^2+4x)\,dx$$
$$= \left[\frac{2x^3}{3} + \frac{x^2}{2} \right]_{x=0}^{x=1} + \left[\frac{-x^3}{3} + 2x^2 \right]_{x=1}^{x=2} = \frac{29}{6}$$

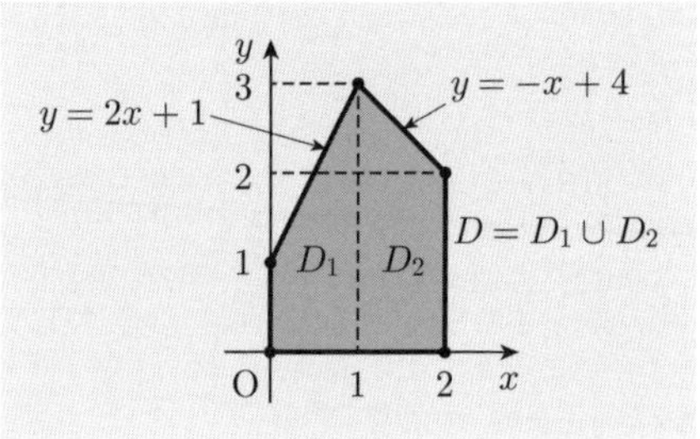

8.2.1　(1)　$u=x$, $v=x+y$ と変数変換すると，D は $E = \{(u,v) \mid 0 \leqq u \leqq v, 0 \leqq v \leqq 1\}$ にうつる．$x=u$, $y=v-u$ より，ヤコビアンは

$$J = \frac{\partial(x,y)}{\partial(u,v)} = \det\begin{pmatrix} 1 & 0 \\ -1 & 1 \end{pmatrix} = 1$$

$$(\text{与式}) = \iint_E e^{v^2} |J|\,dudv$$
$$= \int_0^1 \left(\int_0^v e^{v^2}\,du \right) dv = \int_0^1 [ue^{v^2}]_{u=0}^{u=v} dv$$
$$= \int_0^1 ve^{v^2}\,dv = \left[\frac{1}{2}e^{v^2} \right]_{v=0}^{v=1} = \frac{e-1}{2}$$

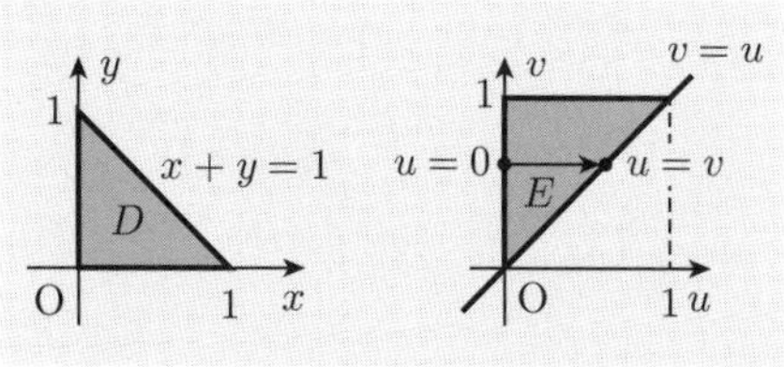

(2)　$u = x - y$, $v = y$ と変数変換すると，D は $E = \{(u, v) \mid u^2 + v^2 \leqq 1\}$ にうつる．$x = u + v$, $y = v$ より，ヤコビアンは

$$J_1 = \frac{\partial(x, y)}{\partial(u, v)} = \det\begin{pmatrix} 1 & 1 \\ 0 & 1 \end{pmatrix} = 1$$

さらに $u = r\cos\theta$, $v = r\sin\theta$ と変数変換すると，E は $F = \{(r, \theta) \mid 0 \leqq r \leqq 1, 0 \leqq \theta \leqq 2\pi\}$ にうつる．ヤコビアンは

$$J_2 = \frac{\partial(u, v)}{\partial(r, \theta)} = \det\begin{pmatrix} \cos\theta & -r\sin\theta \\ \sin\theta & r\cos\theta \end{pmatrix} = r$$

$$(\text{与式}) = \iint_E u^2 |J_1|\, dudv$$

$$= \iint_F r^2 \cos^2\theta |J_1||J_2|\, drd\theta$$

$$= \int_0^1 \left(\int_0^{2\pi} r^3 \frac{1 + \cos 2\theta}{2}\, d\theta \right) dr$$

$$= \int_0^1 \frac{r^3}{2} \left[\frac{\sin 2\theta}{2} + \theta \right]_{\theta=0}^{\theta=2\pi} dr$$

$$= \int_0^1 \pi r^3\, dr = \left[\frac{\pi}{4} r^4 \right]_{r=0}^{r=1} = \frac{\pi}{4}$$

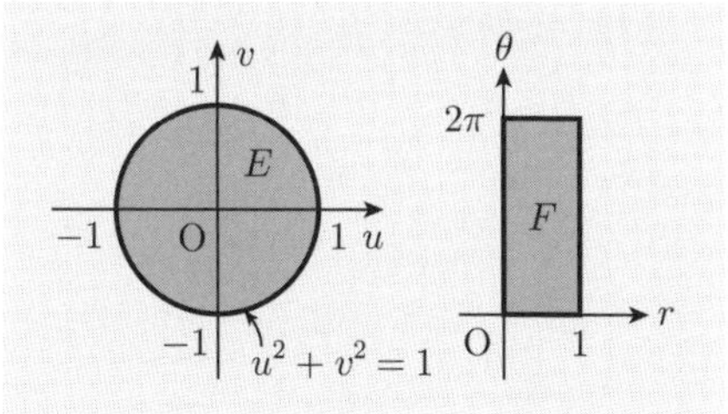

8.3.1　(1)　$x = r\cos\theta$, $y = r\sin\theta$ と変数変換すると，D は $E = \{(r, \theta) \mid \frac{1}{\sqrt{2}} \leqq r \leqq \cos\theta, -\frac{\pi}{4} \leqq \theta \leqq \frac{\pi}{4}\}$ にうつる．ヤコビアンは

$$J = \frac{\partial(x, y)}{\partial(r, \theta)} = \det\begin{pmatrix} \cos\theta & -r\sin\theta \\ \sin\theta & r\cos\theta \end{pmatrix} = r$$

$$(\text{与式}) = \iint_E \sqrt{1 - r^2} |J|\, drd\theta$$

$$= \int_{-\frac{\pi}{4}}^{\frac{\pi}{4}} \left(\int_{\frac{1}{\sqrt{2}}}^{\cos\theta} r\sqrt{1 - r^2}\, dr \right) d\theta$$

$$= \int_{-\frac{\pi}{4}}^{\frac{\pi}{4}} \left[\frac{-1}{3} (1 - r^2)^{\frac{3}{2}} \right]_{r=\frac{1}{\sqrt{2}}}^{r=\cos\theta} d\theta$$

$$= -\frac{1}{3} \int_{-\frac{\pi}{4}}^{\frac{\pi}{4}} \left(|\sin\theta|^3 - \frac{1}{2\sqrt{2}} \right) d\theta$$

$$= -\frac{2}{3} \int_0^{\frac{\pi}{4}} \left(\sin^3\theta - \frac{1}{2\sqrt{2}} \right) d\theta$$

$$= -\frac{2}{3} \int_0^{\frac{\pi}{4}} \left(\sin\theta(1 - \cos^2\theta) - \frac{1}{2\sqrt{2}} \right) d\theta$$

$$= -\frac{2}{3} \left[-\cos\theta + \frac{\cos^3\theta}{3} - \frac{\theta}{2\sqrt{2}} \right]_{\theta=0}^{\theta=\frac{\pi}{4}}$$

$$= \frac{1}{72}(20\sqrt{2} - 32 + 3\pi\sqrt{2})$$

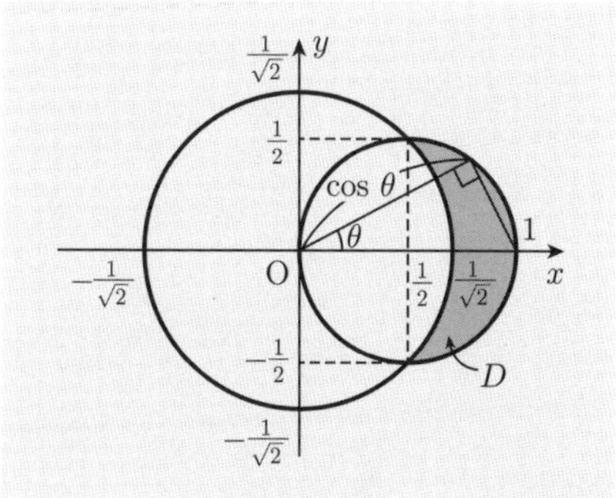

(2)　$x = ar\cos\theta$, $y = br\sin\theta$ と変数変換すると，D は $E = \{(r, \theta) \mid 0 \leqq r \leqq 1, 0 \leqq \theta \leqq \frac{\pi}{2}\}$ にうつる．ヤコビアンは

$$J = \frac{\partial(x, y)}{\partial(r, \theta)} = \det\begin{pmatrix} a\cos\theta & -ar\sin\theta \\ b\sin\theta & br\cos\theta \end{pmatrix} = abr$$

$$(\text{与式}) = \iint_E (a^2 r^2 \cos^2\theta + b^2 r^2 \sin^2\theta) |J|\, drd\theta$$

$$= \int_0^{\frac{\pi}{2}} \left\{ \int_0^1 ab(a^2\cos^2\theta + b^2\sin^2\theta) r^3\, dr \right\} d\theta$$

$$= \int_0^{\frac{\pi}{2}} \left[ab(a^2\cos^2\theta + b^2\sin^2\theta) \frac{r^4}{4} \right]_{r=0}^{r=1} d\theta$$

$$= \int_0^{\frac{\pi}{2}} \frac{ab}{4} \left(\frac{a^2 + b^2}{2} + \frac{a^2 - b^2}{2} \cos 2\theta \right) d\theta$$

$$= \left[\frac{ab}{4} \left(\frac{a^2 + b^2}{2}\theta + \frac{a^2 - b^2}{4} \sin 2\theta \right) \right]_{\theta=0}^{\theta=\frac{\pi}{2}}$$

$$= \frac{\pi}{16} ab(a^2 + b^2)$$

8

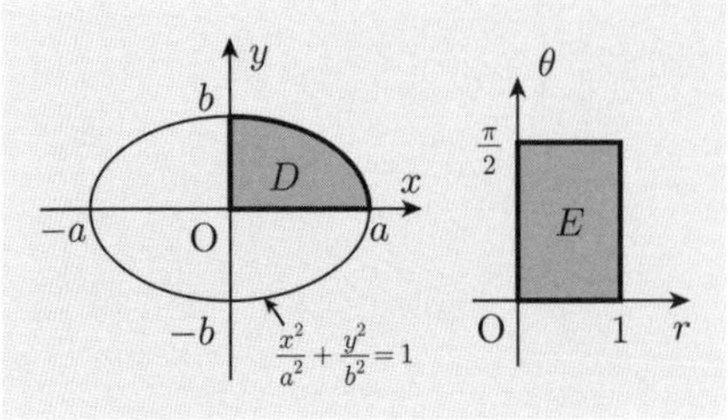

8.4.1　$D_a = \{(x, y) \mid 0 \leqq x \leqq a, 0 \leqq y \leqq a\}$ $(a > 0)$ を考える.

$$\iint_{D_a} \frac{1}{(1+x+y)^p}\, dxdy$$

$$= \int_0^a \left\{ \int_0^a \frac{1}{(1+x+y)^p}\, dy \right\} dx$$

$$= \int_0^a \left[\frac{1}{1-p}(1+x+y)^{1-p} \right]_{y=0}^{y=a} dx$$

$$= \frac{1}{1-p}\int_0^a \left\{ (1+a+x)^{1-p} - (1+x)^{1-p} \right\} dx$$

$$= \frac{1}{1-p}\left[\frac{1}{2-p}(1+a+x)^{2-p} - \frac{1}{2-p}(1+x)^{2-p} \right]_{x=0}^{x=a}$$

$$= \frac{(2a+1)^{2-p}+1}{(1-p)(2-p)} \xrightarrow[a\to\infty]{} \frac{1}{(1-p)(2-p)}$$

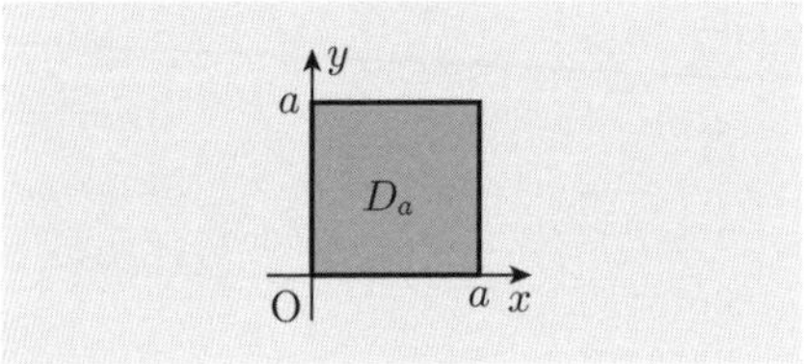

8.5.1　$x = r\cos\theta$, $y = r\sin\theta$ と変数変換すると, D は $E = \{(r, \theta) \mid r \geqq 0, 0 \leqq \theta \leqq \frac{\pi}{2}\}$ にうつる. ヤコビアンは

$$J = \frac{\partial(x, y)}{\partial(r, \theta)} = \det\begin{pmatrix} \cos\theta & -r\sin\theta \\ \sin\theta & r\cos\theta \end{pmatrix} = r$$

$$(\text{与式}) = \iint_E r(\cos\theta + \sin\theta)e^{-r^2}|J|\, drd\theta$$

$D_a = \{(x, y) \mid x \geqq 0, y \geqq 0, x^2 + y^2 \leqq a^2\}$ を考えると, D_a は $E_a = \{(r, \theta) \mid 0 \leqq r \leqq a, 0 \leqq \theta \leqq \frac{\pi}{2}\}$ にうつる.

$$(\text{与式}) = \lim_{a\to\infty} \iint_{E_a} r(\cos\theta + \sin\theta)e^{-r^2}|J|\, drd\theta,$$

$$\iint_{E_a} r^2 e^{-r^2}(\cos\theta + \sin\theta)\, drd\theta$$

$$= \left(\left[-\frac{r}{2}e^{-r^2} \right]_{r=0}^{r=a} - \int_0^a -\frac{1}{2}e^{-r^2} \right) \cdot \int_0^{\frac{\pi}{2}} (\cos\theta + \sin\theta)\, d\theta$$

$$= \left(-\frac{a}{2}e^{-a^2} + \frac{1}{2}\int_0^a e^{-r^2} \right) [\sin\theta - \cos\theta]_{\theta=0}^{\theta=\frac{\pi}{2}}$$

$$= -ae^{-a^2} + \int_0^a e^{-r^2} \xrightarrow[a\to\infty]{} \frac{\sqrt{\pi}}{2}$$

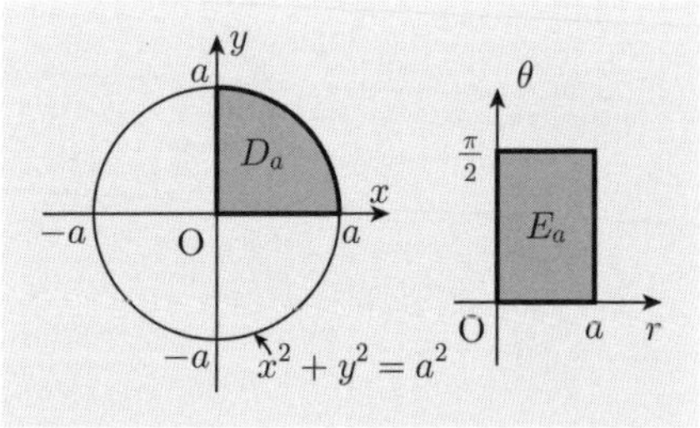

8.6.1　(1)　$x = r\cos\theta$, $y = r\sin\theta$ と変数変換すると, D は $E = \{(r, \theta) \mid 0 \leqq r \leqq 2\cos\theta, -\frac{\pi}{2} \leqq \theta \leqq \frac{\pi}{2}\}$ にうつる. ヤコビアンは

$$J = \frac{\partial(x, y)}{\partial(r, \theta)} = \det\begin{pmatrix} \cos\theta & -r\sin\theta \\ \sin\theta & r\cos\theta \end{pmatrix} = r$$

$D_a = \{(x, y) \mid a^2 \leqq x^2 + y^2 \leqq 2x\}$, $E_a = \{(r, \theta) \mid a \leqq r \leqq 2\cos\theta, -\frac{\pi}{2} \leqq \theta \leqq \frac{\pi}{2}\}$ $(a > 0)$ を考える.

$$\iint_{E_a} \frac{1}{r}|J|\, drd\theta = \int_{-\frac{\pi}{2}}^{\frac{\pi}{2}} \left(\int_a^{2\cos\theta} dr \right) d\theta$$

$$= \int_{-\frac{\pi}{2}}^{\frac{\pi}{2}} [r]_{r=a}^{r=2\cos\theta}\, d\theta = \int_{-\frac{\pi}{2}}^{\frac{\pi}{2}} (2\cos\theta - a)\, d\theta$$

$$= [2\sin\theta - a\theta]_{\theta=-\frac{\pi}{2}}^{\theta=\frac{\pi}{2}} = 4 - \pi a \xrightarrow[a\to+0]{} 4$$

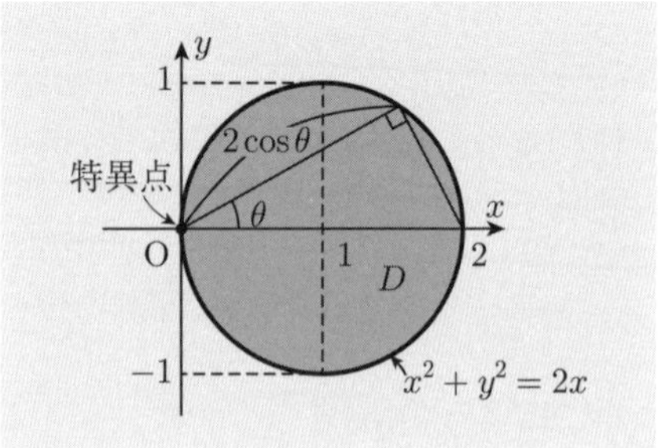

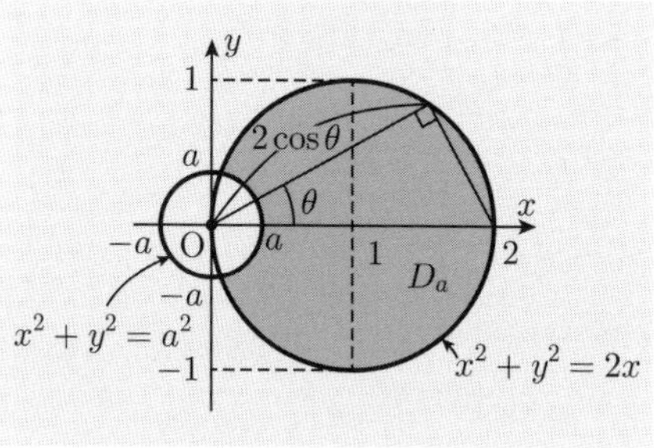

(2) $x = ar\cos\theta$, $y = br\sin\theta$ と変数変換すると，D は $E = \{(r, \theta) \mid 0 \leqq r < 1, 0 \leqq \theta \leqq 2\pi\}$ にうつる．ヤコビアンは

$$J = \frac{\partial(x, y)}{\partial(r, \theta)} = \det\begin{pmatrix} a\cos\theta & -ar\sin\theta \\ b\sin\theta & br\cos\theta \end{pmatrix} = abr$$

$D_c = \{(x, y) \mid \frac{x^2}{a^2} + \frac{y^2}{b^2} \leqq c^2\}$ $(0 < c < 1)$ を考えると，D_c は $E_c = \{(r, \theta) \mid 0 \leqq r \leqq c, 0 \leqq \theta \leqq 2\pi\}$ $(0 < c < 1)$ にうつる．

$$\begin{aligned}
&I_c \\
&= \iint_{E_c} \frac{ab}{\sqrt{a^2b^2 - a^2b^2r^2\cos^2\theta - a^2b^2r^2\sin^2\theta}} \\
&\qquad \cdot |J|\, drd\theta \\
&= \int_0^{2\pi} \left(\int_0^c \frac{abr}{\sqrt{1 - r^2}}\, dr \right) d\theta \\
&= \int_0^{2\pi} ab[-\sqrt{1 - r^2}]_{r=0}^{r=c}\, d\theta \\
&= ab \int_0^{2\pi} (-\sqrt{1 - c^2} + 1)\, d\theta \\
&= ab(1 - \sqrt{1 - c^2})[\theta]_{\theta=0}^{\theta=2\pi} \\
&= 2\pi ab(1 - \sqrt{1 - c^2}) \xrightarrow[c \to 1-0]{} 2\pi ab
\end{aligned}$$

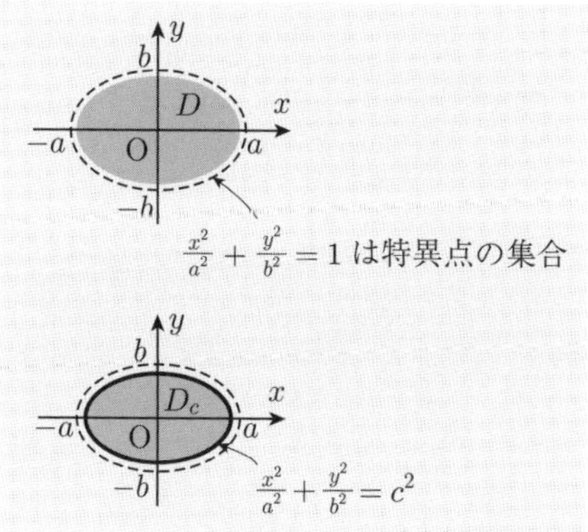

8.7.1 (1) S_1 と S_2 の共通部分を xy 平面に射影した領域 D は $x^2 + 2x = -y^2 + 4y - 1$ より

$$D = \{(x, y) \mid (x + 1)^2 + (y - 2)^2 \leqq 2^2\}$$

$x = -1 + r\cos\theta$, $y = 2 + r\sin\theta$ と変数変換すると，D は $E = \{(r, \theta) \mid 0 \leqq r \leqq 2, 0 \leqq \theta \leqq 2\pi\}$ にうつる．ヤコビアンは

$$J = \frac{\partial(x, y)}{\partial(r, \theta)} = \det\begin{pmatrix} \cos\theta & -r\sin\theta \\ \sin\theta & r\cos\theta \end{pmatrix} = r$$

求める体積は

$$\begin{aligned}
V &= \iint_D \{(-y^2 + 4y - 1) - (x^2 + 2x)\}\, dxdy \\
&= \iint_E \{(-r^2\sin^2\theta + 3) - (r^2\cos^2\theta - 1)\}|J|\, drd\theta \\
&= \int_0^{2\pi} \left\{ \int_0^2 (4 - r^2)r\, dr \right\} d\theta \\
&= \int_0^{2\pi} \left[2r^2 - \frac{r^4}{4} \right]_{r=0}^{r=2} d\theta = \int_0^{2\pi} 4\, d\theta = 8\pi
\end{aligned}$$

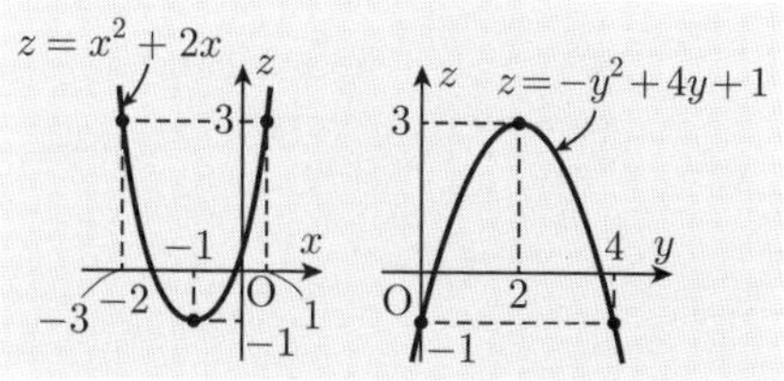

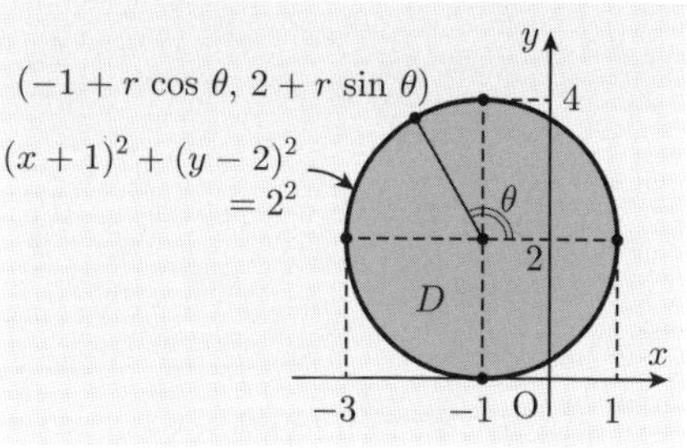

(2) 2 つの円柱面 $C_1 : x^2 + y^2 = a^2$, $C_2 : x^2 + z^2 = a^2$ に対して，C_1 の内部にある C_2 の曲面積を S_1，C_2 の内部にある C_1 の曲面積を S_2 とする．対称性より $S_1 = S_2$．よって求める表面積は

$$S = S_1 + S_2 = 2S_1$$

S_1 を求めるために $D = \{(x, y) \mid 0 \leqq x^2 + y^2 \leqq a^2\} = \{(x, y) \mid -a \leqq x \leqq a, -\sqrt{a^2 - x^2} \leqq y \leqq -\sqrt{a^2 - x^2}\}$ を考える．C_2 の $z > 0$ の部分について $z = \sqrt{a^2 - x^2}$ より $z_x = \frac{-x}{\sqrt{a^2 - x^2}}$, $z_y = 0$

$$S_1 = 2\iint_D \sqrt{1+z_x^2+z_y^2}\,dxdy$$

$$= 2\iint_D \sqrt{1+\frac{x^2}{a^2-x^2}}\,dxdy$$

$$= 2\iint_D \sqrt{\frac{a^2}{a^2-x^2}}\,dxdy$$

$$= 2\int_{-a}^{a}\left(\int_{-\sqrt{a^2-x^2}}^{\sqrt{a^2-x^2}}\frac{a}{\sqrt{a^2-x^2}}dy\right)dx$$

$$= 2\int_{-a}^{a}\left[\frac{ay}{\sqrt{a^2-x^2}}\right]_{y=-\sqrt{a^2-x^2}}^{y=\sqrt{a^2-x^2}}dx$$

$$= 2\int_{-a}^{a} 2a\,dx = 8a^2$$

$$\therefore\quad S = 2S_1 = 16a^2$$

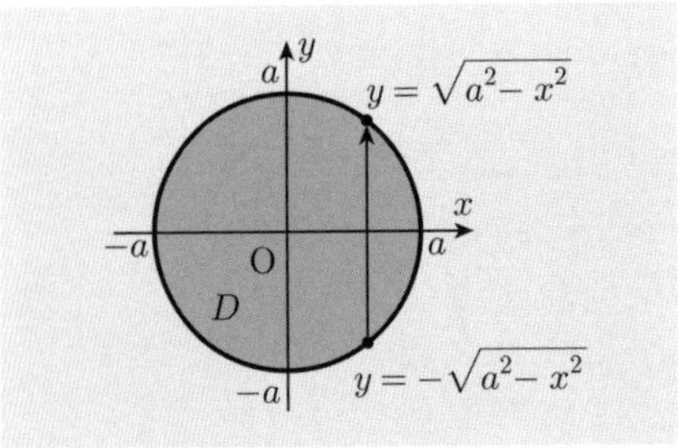

8.8.1 (1) 円 $x^2+y^2=1$ と放物線 $y=\sqrt{2}\,x^2$ の交点は $(x,y)=(\pm\frac{1}{\sqrt2},\frac{1}{\sqrt2})$ より $D=\{(x,y)\mid -\frac{1}{\sqrt2}\leqq x\leqq\frac{1}{\sqrt2},\sqrt2\,x^2\leqq y\leqq\sqrt{1-x^2}\}$

$$S=\iint_D dxdy$$

$$=\int_{-\frac{1}{\sqrt2}}^{\frac{1}{\sqrt2}}\left(\int_{\sqrt2\,x^2}^{\sqrt{1-x^2}}dy\right)dx$$

$$=2\int_0^{\frac{1}{\sqrt2}}\left(\int_{\sqrt2\,x^2}^{\sqrt{1-x^2}}dy\right)dx$$

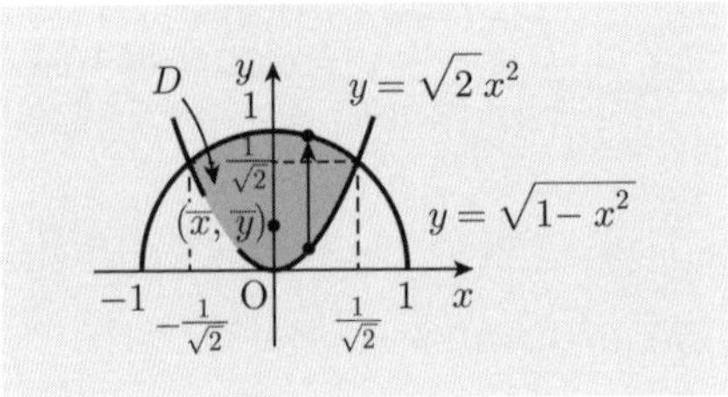

$$=2\int_0^{\frac{1}{\sqrt2}}(\sqrt{1-x^2}-\sqrt2\,x^2)\,dx$$

$$=2\int_0^{\frac{1}{\sqrt2}}\sqrt{1-x^2}\,dx-2\left[\frac{\sqrt2}{3}x^3\right]_{x=0}^{x=\frac{1}{\sqrt2}}dx$$

$$=2\left(\frac{\pi}{8}+\frac14\right)-\frac{2\sqrt2}{3}\frac{1}{2\sqrt2}=\frac{1}{12}(2+3\pi)$$

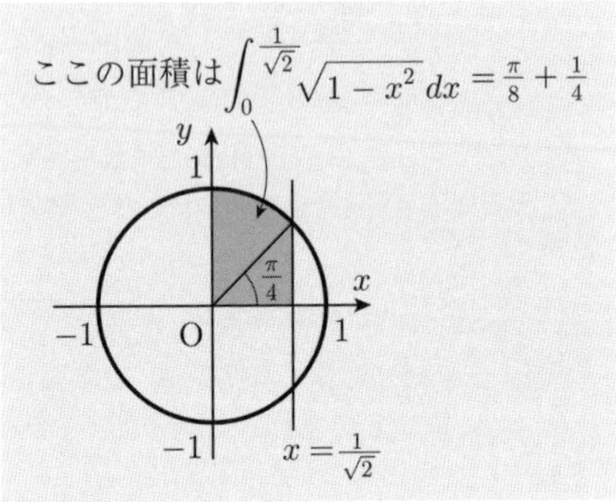

(2) D は y 軸に関して対称だから $\overline{x}=0$,

$$\overline{y}=\frac1S\iint_D y\,dxdy$$

$$=\frac1S\int_{-\frac{1}{\sqrt2}}^{\frac{1}{\sqrt2}}\left(\int_{\sqrt2\,x^2}^{\sqrt{1-x^2}}y\,dy\right)dx$$

$$=\frac1S\int_{-\frac{1}{\sqrt2}}^{\frac{1}{\sqrt2}}\left[\frac{y^2}{2}\right]_{y=\sqrt2\,x^2}^{y=\sqrt{1-x^2}}dx$$

$$=\frac1S\int_{-\frac{1}{\sqrt2}}^{\frac{1}{\sqrt2}}\left(\frac{1-x^2}{2}-x^4\right)dx$$

$$=\frac2S\int_0^{\frac{1}{\sqrt2}}\left(\frac{1-x^2}{2}-x^4\right)dx$$

$$=\frac2S\left[-\frac{x^5}{5}-\frac{x^3}{6}+\frac{x}{2}\right]_{x=0}^{x=\frac{1}{\sqrt2}}$$

$$=\frac2S\left(-\frac{1}{20\sqrt2}-\frac{1}{12\sqrt2}+\frac{1}{2\sqrt2}\right)$$

$$=\frac{22\sqrt2}{5(2+3\pi)}$$

よって $(\overline{x},\overline{y})=\left(0,\frac{22\sqrt2}{5(2+3\pi)}\right)$

8.9.1 (1) $x=ar\sin\theta\cos\varphi$, $y=br\,\sin\theta\cdot\sin\varphi$, $z=cr\cos\theta$ と変数変換すると，V は $W=\{(r,\theta,\varphi)\mid 0\leqq r\leqq 1, 0\leqq\theta\leqq\pi, 0\leqq\varphi\leqq 2\pi\}$ にうつる．ヤコビアンは

$$J(r,\theta,\varphi)=\frac{\partial(x,y,z)}{\partial(r,\theta,\varphi)}$$
$$=\det\begin{pmatrix} a\sin\theta\cos\varphi & ar\cos\theta\cos\varphi & -ar\sin\theta\sin\varphi \\ b\sin\theta\sin\varphi & br\cos\theta\sin\varphi & br\sin\theta\cos\varphi \\ c\cos\theta & -cr\sin\theta & 0 \end{pmatrix}$$
$$=abcr^2\sin\theta,$$

（与式）

$$=\iiint_W \left\{(ar\sin\theta\cos\varphi)^2+(br\sin\theta\sin\varphi)^2\right\} \cdot |J|\,drd\theta d\varphi$$
$$=\int_0^{2\pi}\int_0^{\pi}\int_0^1\left(a^2r\sin^2\theta\frac{1+\cos 2\varphi}{2} + b^2r^2\sin^2\theta\frac{1-\cos 2\varphi}{2}\right)abcr^2\sin\theta\,drd\theta d\varphi$$
$$=\frac{abc}{2}\int_0^{2\pi}\{(a^2+b^2)+(a^2-b^2)\cos 2\varphi\}\,d\varphi \cdot\int_0^{\pi}\sin^3\theta\,d\theta\int_0^1 r^4\,dr$$
$$=\frac{abc}{2}\int_0^{2\pi}\{(a^2+b^2)+(a^2-b^2)\cos 2\varphi\}\,d\varphi \cdot\int_0^{\pi}(1-\cos^2\theta)\sin\theta\,d\theta\int_0^1 r^4\,dr$$
$$=\frac{abc}{2}\left[(a^2+b^2)\varphi+(a^2-b^2)\frac{\sin 2\varphi}{2}\right]_{\varphi=0}^{\varphi=2\pi} \cdot\left[-\cos\theta+\frac{\cos^3\theta}{3}\right]_{\theta=0}^{\theta=\pi}\left[\frac{r^5}{5}\right]_{r=0}^{r=1}$$
$$=\frac{abc}{2}\cdot 2(a^2+b^2)\pi\cdot\frac{4}{3}\cdot\frac{1}{5}=\frac{4}{15}(a^2+b^2)abc\pi$$

(2)　$x=r\cos\theta,\ y=r\sin\theta$（$, z=z$）と変数変換すると，$R$ は $V=\{(r,\theta,z)\mid 0\leqq r\leqq a, 0\leqq\theta\leqq 2\pi, 0\leqq z\leqq b\}$ にうつる．ヤコビアンは

$$J(r,\theta,z)=\frac{\partial(x,y,z)}{\partial(r,\theta,z)}$$
$$=\det\begin{pmatrix}\cos\theta & -r\sin\theta & 0\\ \sin\theta & r\cos\theta & 0\\ 0 & 0 & 1\end{pmatrix}=r$$

$$（与式）=\iiint_V r^2z|J|\,drd\theta dz$$
$$=\int_0^b z\,dz\int_0^{2\pi}d\theta\int_0^a r^3\,dr$$
$$=\left[\frac{z^2}{2}\right]_{z=0}^{z=b}[\theta]_{\theta=0}^{\theta=2\pi}\left[\frac{r^4}{4}\right]_{r=0}^{r=a}$$
$$=\frac{b^2}{2}\cdot 2\pi\cdot\frac{a^4}{4}$$
$$=\frac{1}{4}a^4b^2\pi$$

第 8 章　演習問題解答

8.1　(1)　$x=u,\ y=uv$ と変数変換すると，D は $E=\{(u,v)\mid 1\leqq u\leqq 2, 0\leqq v\leqq\sqrt{3}\}$ にうつる．

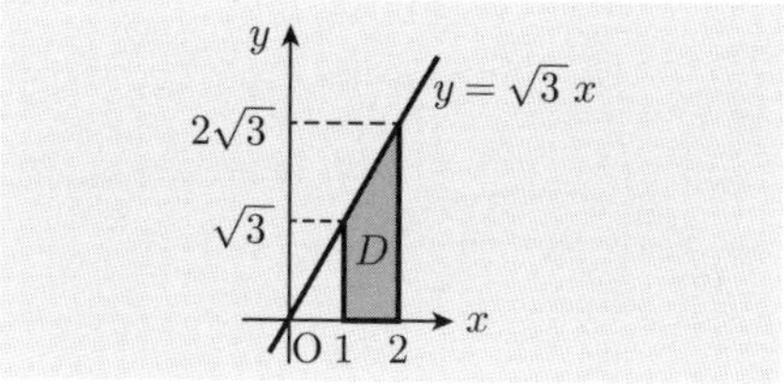

(2)　ヤコビアンは

$$J=\frac{\partial(x,y)}{\partial(u,v)}=\det\begin{pmatrix}1&0\\v&u\end{pmatrix}=u$$

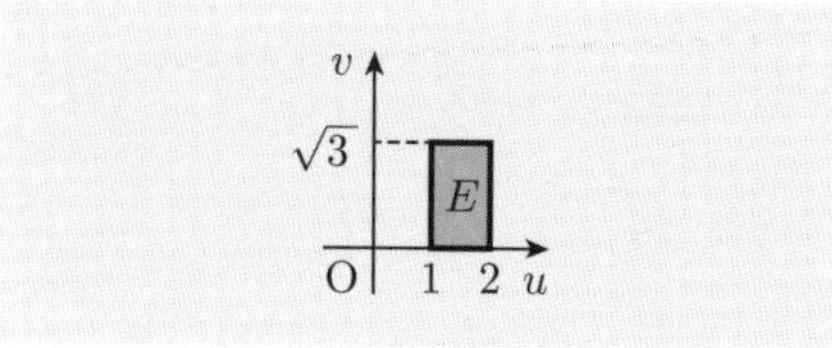

(3)

$$（与式）=\iint_E\frac{1}{u^2+u^2v^2}|J|\,dudv$$
$$=\int_1^2\left\{\int_0^{\sqrt{3}}\frac{1}{u(1+v^2)}\,dv\right\}du$$
$$=\int_1^2\frac{1}{u}[\tan^{-1}v]_{v=0}^{v=\sqrt{3}}\,du=\int_1^2\frac{\pi}{3u}\,du$$
$$=\frac{\pi}{3}[\log|u|]_{u=1}^{u=2}=\frac{\pi}{3}\log 2$$

8.2　$D=\{(x,y)\mid (x-1)^2+\frac{y^2}{(\frac{b}{a})^2}\leqq 1\}$ と書ける．

$$x=1+r\cos\theta,\quad y=\frac{b}{a}r\sin\theta$$

と変数変換すると，D は $E=\{(r,\theta)\mid 0\leqq r\leqq 1, 0\leqq\theta\leqq\pi\}$ にうつる．ヤコビアンは

$$J=\frac{\partial(x,y)}{\partial(r,\theta)}=\det\begin{pmatrix}\cos\theta & -r\sin\theta\\ \frac{b}{a}\sin\theta & \frac{b}{a}r\cos\theta\end{pmatrix}=\frac{b}{a}r$$

$$（与式）=\iint_E\frac{b}{a}r\sin\theta|J|\,drd\theta$$
$$=\int_0^{\pi}\left(\int_0^1\frac{b^2}{a^2}r^2\sin\theta\,dr\right)d\theta$$
$$=\int_0^{\pi}\left(\frac{b^2}{a^2}\sin\theta\left[\frac{r^3}{3}\right]_{r=0}^{r=1}\right)d\theta$$

$$= \frac{b^2}{3a^2}\int_0^{\pi} \sin\theta\, d\theta = \frac{b^2}{3a^2}\left[-\cos\theta\right]_{\theta=0}^{\theta=\pi}$$
$$= \frac{b^2}{3a^2}(1+1) = \frac{2b^2}{3a^2}$$

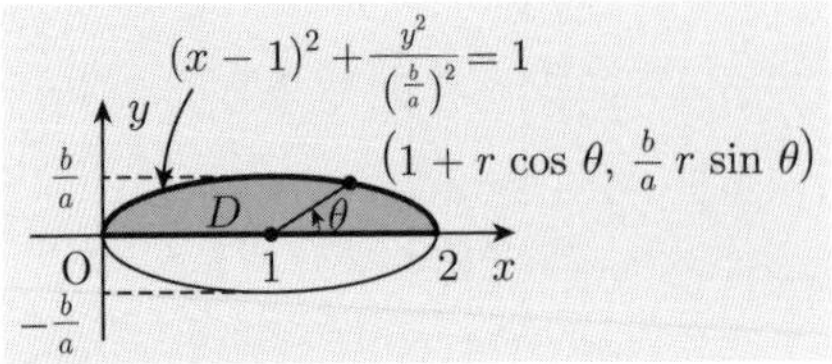

【別解】　$D = \{(x,y) \mid (x-1)^2 + \frac{y^2}{(\frac{b}{a})^2} \leqq 1\}$ と書ける．$x = r\cos\theta$, $y = \frac{b}{a} r\sin\theta$ と変数変換すると，D は $F = \{(r,\theta) \mid 0 \leqq r \leqq 2\cos\theta, 0 \leqq \theta \leqq \frac{\pi}{2}\}$ にうつる．ヤコビアンは

$$J = \frac{\partial(x,y)}{\partial(r,\theta)} = \det\begin{pmatrix} \cos\theta & -r\sin\theta \\ \frac{b}{a}\sin\theta & \frac{b}{a}r\cos\theta \end{pmatrix} = \frac{b}{a}r$$

$$(\text{与式}) = \iint_F \frac{b}{a} r\sin\theta |J|\, drd\theta$$
$$= \int_0^{\frac{\pi}{2}} \left(\int_0^{2\cos\theta} \frac{b^2}{a^2} r^2 \sin\theta\, dr\right) d\theta$$
$$= \int_0^{\frac{\pi}{2}} \left(\frac{b^2}{a^2}\sin\theta \left[\frac{r^3}{3}\right]_{r=0}^{r=2\cos\theta}\right) d\theta$$
$$= \frac{8b^2}{3a^2}\int_0^{\frac{\pi}{2}} \sin\theta\cos^3\theta d\theta = \frac{8b^2}{3a^2}\left[\frac{-1}{4}\cos^4\theta\right]_{\theta=0}^{\theta=\frac{\pi}{2}}$$
$$= \frac{8b^2}{3a^2}\left(0+\frac{1}{4}\right) = \frac{2b^2}{3a^2}$$

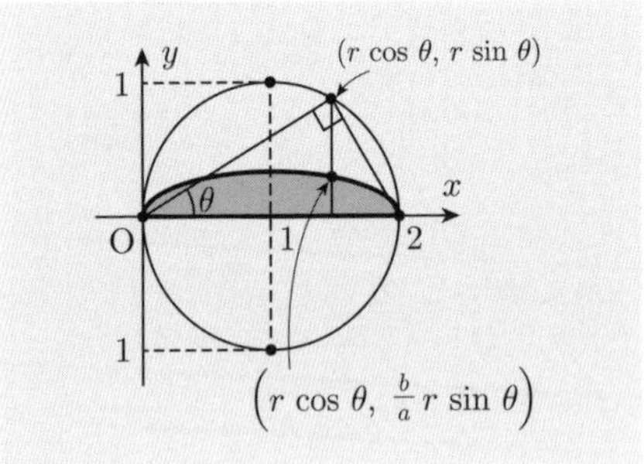

8.3　$u = \sqrt{2}\,x + y$, $v = y$ と変数変換すると，領域 $\{(x,y) \mid x,y \in \mathbb{R}^2\}$ は $D = \{(u,v) \mid u,v \in \mathbb{R}^2\}$ にうつる．$x = \frac{u-v}{\sqrt{2}}$, $y = v$ より，ヤコビアンは

$$J_1 = \frac{\partial(x,y)}{\partial(u,v)} = \det\begin{pmatrix} \frac{1}{\sqrt{2}} & \frac{-1}{\sqrt{2}} \\ 0 & 1 \end{pmatrix} = \frac{1}{\sqrt{2}}$$

さらに $u = \sqrt{2}\,r\cos\theta$, $v = r\sin\theta$ と変数変換すると，D は $E = \{(r,\theta) \mid r \geqq 0, 0 \leqq \theta \leqq 2\pi\}$ にうつる．ヤコビアンは

$$J_2 = \frac{\partial(u,v)}{\partial(r,\theta)} = \det\begin{pmatrix} \sqrt{2}\cos\theta & -r\sin\theta \\ \sqrt{2}\sin\theta & r\cos\theta \end{pmatrix} = \sqrt{2}\,r,$$

$$(\text{与式}) = \iint_D e^{-u^2-2v^2}|J_1|\, dudv$$
$$= \iint_E e^{-2r^2}\cos^2\theta |J_1||J_2|\, drd\theta$$

$D_a = \{(u,v) \mid \frac{u^2}{2a^2} + \frac{v^2}{a^2} \leqq 1\}$, $E_a = \{(r,\theta) \mid 0 \leqq r \leqq a, 0 \leqq \theta \leqq 2\pi\}$ を考える．

$$\iint_{D_a} e^{-u^2-2v^2}|J_1|\, dudv$$
$$= \iint_{E_a} e^{-2r^2}|J_1||J_2|\, drd\theta$$
$$= \int_0^{2\pi}\left(\int_0^a re^{-2r^2}\, dr\right) d\theta$$
$$= \int_0^{2\pi}\left[\frac{-1}{4}e^{-2r^2}\right]_{r=0}^{r=a} d\theta$$
$$= \frac{-1}{4}\int_0^{2\pi}(e^{-2a^2}-1)\, d\theta$$
$$= \frac{-\pi}{2}(e^{-2a^2}-1) \xrightarrow[a\to\infty]{} \frac{\pi}{2} = (\text{与式})$$

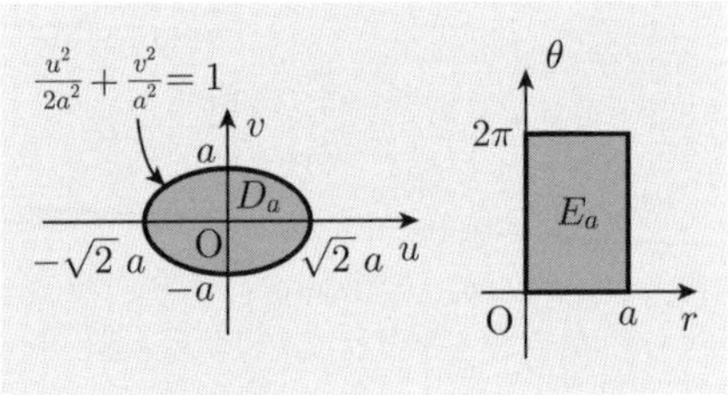

8.4　$D_\varepsilon = \{(x,y) \mid \varepsilon \leqq x \leqq 1, 0 \leqq y \leqq x - \varepsilon\}$（$0 < \varepsilon < 1$）を考える．

$$I_\varepsilon = \iint_{D_\varepsilon} \frac{xy}{(x^2-y^2)^\alpha}\, dxdy$$
$$= \int_\varepsilon^1 \left\{\int_0^{x-\varepsilon} \frac{xy}{(x^2-y^2)^\alpha}\, dy\right\} dx$$
$$= \int_\varepsilon^1 \left[\frac{x}{2(\alpha-1)}(x^2-y^2)^{1-\alpha}\right]_{y=0}^{y=x-\varepsilon} dx$$
$$= \frac{1}{2(\alpha-1)}\int_\varepsilon^1 x\{(2\varepsilon x-\varepsilon^2)^{1-\alpha} - x^{2(1-\alpha)}\}\, dx$$
$$= \frac{1}{2(\alpha-1)}\left\{\varepsilon^{1-\alpha}\int_\varepsilon^1 x(2x-\varepsilon)^{1-\alpha}\, dx - \int_\varepsilon^1 x^{3-2\alpha}\, dx\right\}$$

ここで $\varepsilon^{1-\alpha}\int_\varepsilon^1 x(2x-\varepsilon)^{1-\alpha}\,dx \xrightarrow[\varepsilon\to+0]{} 0$

$$\int_\varepsilon^1 x^{3-2\alpha}\,dx = \left[\frac{1}{4-2\alpha}x^{4-2\alpha}\right]_{x=\varepsilon}^{x=1}$$

$$= \frac{1}{4-2\alpha}(1-\varepsilon^{4-2\alpha}) \xrightarrow[\varepsilon\to+0]{} \frac{1}{4-2\alpha}$$

$$(\text{与式}) = \lim_{\varepsilon\to+0} I_\varepsilon = \frac{1}{2(\alpha-1)}\left(0-\frac{1}{4-2\alpha}\right)$$

$$= \frac{1}{4(1-\alpha)(2-\alpha)}$$

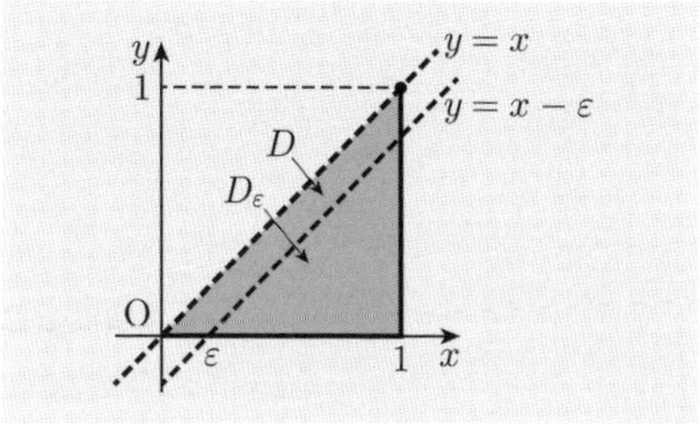

8.5 $x = r\cos\theta,\ y = r\sin\theta$（, $z = z$）と変数変換すると，D は $V = \{(r,\theta,z) \mid 1 \leqq r \leqq 2, 0 \leqq \theta \leqq 2\pi, 1 \leqq z \leqq r^2\}$ にうつる．ヤコビアンは

$$J(r,\theta,z) = \frac{\partial(x,y,z)}{\partial(r,\theta,z)}$$

$$= \det\begin{pmatrix} \cos\theta & -r\sin\theta & 0 \\ \sin\theta & r\cos\theta & 0 \\ 0 & 0 & 1 \end{pmatrix} = r$$

（与式）

$$= \iiint_V \frac{1}{z}(r^2+r^2\cos^2\theta+r\cos\theta)|J|\,drd\theta dz$$

$$= \int_1^2\int_0^{2\pi}\int_1^{r^2}\frac{r^2}{z}(r+r\cos^2\theta+\cos\theta)\,dzd\theta dr$$

$$= \int_1^2\int_0^{2\pi}\left[r^2(r+r\cos^2\theta+\cos\theta)\log z\right]_{z=1}^{z=r^2}d\theta dr$$

$$= \int_1^2\int_0^{2\pi} r^2\left(\frac{3r}{2}+\frac{r\cos 2\theta}{2}+\cos\theta\right)\log r^2\,d\theta dr$$

$$= \int_1^2 2r^2\log r\left[\frac{3r}{2}\theta+\frac{r\sin 2\theta}{4}+\sin\theta\right]_{x=0}^{x=2\pi}dr$$

$$= \int_1^2 6\pi r^3\log r\,dr$$

$$= 6\pi\left(\left[\frac{r^4}{4}\log r\right]_{r=1}^{r=2} - \int_1^2\frac{r^4}{4}\frac{1}{r}\,dr\right)$$

$$= 6\pi\left(4\log 2 - \left[\frac{r^4}{16}\right]_{r=1}^{r=2}\right) = \pi\left(-\frac{45}{8}+24\log 2\right)$$

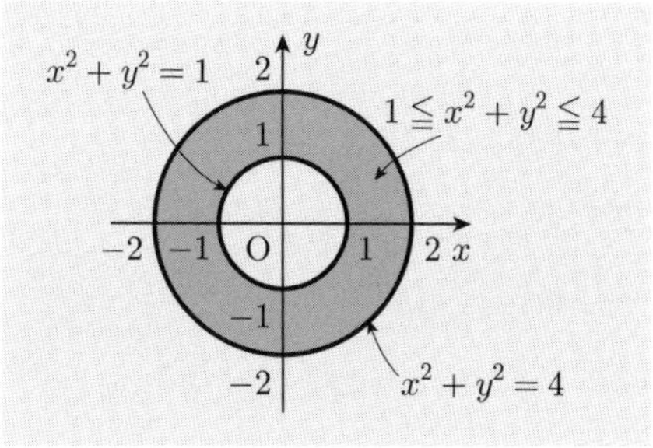

第 9 章

9.1.1 (1) 与式の両辺を $y(1-y)$ で割ると $\frac{1}{y(1-y)}\frac{dy}{dx} = 1$．両辺を x で積分すると（$y' = \frac{dy}{dx}$ に注意して），

$$\int\frac{1}{y(1-y)}\frac{dy}{dx}\,dx = \int dx,$$

$$\int\left(\frac{1}{y}+\frac{1}{1-y}\right)dy = \int x\,dx,$$

$$\log|y| - \log|1-y| = x + c_0,$$

$$\log\left|\frac{y}{1-y}\right| = x + c_0$$

$c_1 = \pm e^{c_0}$ とおくと $\frac{y}{1-y} = c_1e^x$，$y = \frac{c_1e^x}{1+c_1e^x}$．$C = \frac{1}{c_1}$ とおくと一般解は

$$y = \frac{e^x}{e^x + C}$$

初期条件 $y(0) = \frac{1}{3}$ より $C = 2$．したがって，求める特殊解は

$$y = \frac{e^x}{e^x + 2}$$

(2) 与式の両辺を e^y を掛けると，$e^y\frac{dy}{dx} = e^{2x}$．両辺を x で積分すると，

$$\int e^y\frac{dy}{dx}\,dx = \int e^{2x}\,dx,\quad \int e^y\,dy = \int e^{2x}\,dx,$$

$$e^y = \frac{1}{2}e^{2x} + c\ (>0),\quad y = \log\left(\frac{1}{2}e^{2x}+C\right)$$

初期条件 $y(0) = 1$ より，

$$C + \frac{1}{2} = e \qquad \therefore\quad C = e - \frac{1}{2}$$

したがって，求める特殊解は

$$y = \log\left(\frac{1}{2}e^{2x} + e - \frac{1}{2}\right)$$

この特殊解に対する極限値にロピタルの定理を適用する．

$$\lim_{x\to\infty}\frac{y(x)}{x}=\lim_{x\to\infty}\frac{\log\left(\frac{1}{2}e^{2x}+e-\frac{1}{2}\right)}{x}$$
$$=\lim_{x\to\infty}\frac{\left\{\log\left(\frac{1}{2}e^{2x}+e-\frac{1}{2}\right)\right\}'}{x'}$$
$$=\lim_{x\to\infty}\frac{e^{2x}}{\frac{1}{2}e^{2x}+e-\frac{1}{2}}$$
$$=\lim_{x\to\infty}\frac{1}{\frac{1}{2}+\left(e-\frac{1}{2}\right)e^{-2x}}=\frac{1}{\frac{1}{2}+0}=2$$

9.2.1 (1) 斉次方程式 $(1+x^2)\frac{dy}{dx}-xy=0$ の一般解を求める.

$$\int\frac{dy}{y}=\int\frac{x\,dx}{1+x^2},\quad \log|y|=\frac{1}{2}\log|1+x^2|+c,$$
$$\therefore\quad y=\pm e^{\log\sqrt{1+x^2}+c}$$

$C=\pm e^c$ とおくと，斉次方程式の一般解は

$$y=C\sqrt{1+x^2}$$

定数変化法を用いて，非斉次方程式 $(1+x^2)\frac{dy}{dx}-xy=1$ の一般解を求める．$y=u(x)\sqrt{1+x^2}$ とおくと $y'=u'\sqrt{1+x^2}+\frac{ux}{\sqrt{1+x^2}}$．非斉次方程式に代入すると，

$$u'=\frac{1}{(1+x^2)\sqrt{1+x^2}},$$
$$u=\int\frac{1}{(1+x^2)\sqrt{1+x^2}}\,dx$$

変数変換 $x=\tan\theta$ $\left(-\frac{\pi}{2}<\theta<\frac{\pi}{2}\right)$ を用いると，$1+x^2=1+\tan^2\theta=\frac{1}{\cos^2\theta}$，$\frac{dx}{d\theta}=\frac{1}{\cos^2\theta}$ より

$$u=\int|\cos\theta|\,d\theta$$

(i) $0\leqq\theta\leqq\frac{\pi}{2}$ $(x>0)$ のとき

$$u=\sin\theta+C=\sqrt{1-\cos^2\theta}+C$$
$$=\sqrt{\frac{x^2}{1+x^2}}+C=\frac{x}{\sqrt{1+x^2}}+C$$

(ii) $-\frac{\pi}{2}\leqq\theta\leqq0$ $(x<0)$ のとき

$$u=-\sin\theta+C=-\sqrt{1-\cos^2\theta}+C$$
$$=-\sqrt{\frac{x^2}{1+x^2}}+C=\frac{x}{\sqrt{1+x^2}}+C$$

(i), (ii) より非斉次方程式の一般解は

$$y=x+C\sqrt{1+x^2}$$

(2) 斉次方程式 $\frac{dy}{dx}+\frac{\cos x}{\sin x}y=0$ の一般解を求める.

$$\int\frac{dy}{y}=-\int\frac{\cos x}{\sin x}\,dx,\quad \log|y|=-\log|\sin x|+c,$$
$$\therefore\quad y=\pm e^{-\log|\sin x|+c}$$

$C=\pm e^c$ とおくと，斉次方程式の一般解は $y=\frac{C}{|\sin x|}$．定数変化法を用いて，非斉次方程式 $\frac{dy}{dx}+\frac{\cos x}{\sin x}y=\frac{1}{\cos^2 x}$ の一般解を求める．$y=\frac{u(x)}{|\sin x|}$ とおくと，

(i) $\sin x>0$ のとき $y=\frac{u}{\sin x}$，$y'=\frac{u'\sin x-u\cos x}{\sin^2 x}$．非斉次方程式に代入すると，

$$u'=\frac{\sin x}{\cos^2 x},$$
$$u=\int\frac{\sin x}{\cos^2 x}\,dx=\frac{1}{\cos x}+c$$

(ii) $\sin x<0$ のとき $y=-\frac{u}{\sin x}$ となり，(i) と同様にすると

$$u=-\frac{1}{\cos x}+c$$

(i), (ii) より非斉次方程式の一般解は

$$y=\frac{1}{\sin x\cos x}+\frac{c}{\sin x}=\frac{2}{\sin 2x}+\frac{c}{\sin x}$$

初期条件 $y\left(\frac{\pi}{4}\right)=2$ より $c=0$．よって求める特殊解は

$$y=\frac{2}{\sin 2x}$$

9.3.1 (1) 与式を $\tan\frac{y}{x}-\frac{y}{x}+\frac{dy}{dx}=0\cdots$① に変形する．$u=\frac{y}{x}\cdots$② とおくと，

$$ux=y,\quad \frac{dy}{dx}=\frac{du}{dx}x+u\cdots③$$

②, ③を①に代入すると，変数分離形 $x\frac{du}{dx}=-\tan u$ を得る．ゆえに，

$$\int\frac{du}{\tan u}=-\int\frac{dx}{x},\quad \int\frac{\cos u}{\sin u}\,du=-\int\frac{dx}{x},$$
$$\log|\sin u|=-\log|x|+c$$
$$\therefore\quad x\sin u=\pm e^c\cdots④$$

$C=\pm e^c$ とおいて②を④に代入すると，求める一般解は

$$\sin\frac{y}{x}=\frac{C}{x}$$

(2) $u=2x+y-5\cdots$① とおくと $\frac{dy}{dx}=\frac{du}{dx}-2\cdots$②．①, ②を与式に代入すると，変数分離形 $\frac{du}{dx}=u^2+3u+2$ を得る．ゆえに，

$$\int\frac{du}{(u+1)(u+2)}=\int dx,$$
$$\int\left(\frac{1}{u+1}-\frac{1}{u+2}\right)du=\int dx,$$
$$\log|u+1|-\log|u+2|=x+c,$$

$$\log\left|\frac{u+1}{u+2}\right| = x+c, \quad \frac{u+1}{u+2} = \pm e^{x+c}$$

$C=\pm e^c$ とおいて ① を代入すると求める一般解は

$$\frac{2x+y-4}{2x+y-3} = Ce^x$$

9.4.1 (1) $u=\frac{1}{y^2}\cdots$① とおくと $u'=-\frac{2}{y^3}y'\cdots$②. 与式の両辺を y^3 で割ると $2x\frac{y'}{y^3}-\frac{1}{y^2}=-x$. これに①, ②を代入すると $xu'+u=x\cdots$③ を得る. $xu'+u=0\cdots$④ の一般解を求める.

$$\int\frac{du}{u}=-\frac{dx}{x},\quad \log|u|=-\log|x|+c,$$

$$|u|=\frac{e^c}{|x|},\quad u=\pm\frac{e^c}{x}$$

$C=\pm e^c$ とおくと ④ の一般解は $u=\frac{C}{x}\cdots$⑤
③の特殊解を未定係数法を用いて求める. ③の特殊解を $u=ax+b$（a, b は定数）と予想し③に代入すると $2ax+b=x$. これが x について恒等的に成り立てば良いから $u=\frac{1}{2}$, $b=0$. よって ③ の特殊解は $u=\frac{x}{2}\cdots$⑥. ⑤, ⑥より③の一般解は $u=\frac{C}{x}+\frac{x}{2}\cdots$⑦. したがって①, ⑦より求める一般解は

$$y^2=\frac{2x}{x^2+C}$$（2C を C に置き直した）

【別解】 ③ に定数変化法を用いる. $u=\frac{C(x)}{x}\cdots$⑧ とおいて ③ に代入すると

$$C'(x)=x \qquad \therefore\quad C(x)=\frac{x^2}{2}+A\cdots⑨$$

したがって①, ⑧, ⑨より求める一般解を得る.

(2) $u=\frac{1}{y}\cdots$① とおくと $u'=-\frac{1}{y^2}y'\cdots$② 与式の両辺を y^2 で割ると $\frac{y'}{y^2}+\frac{1}{y}=\cos x-\sin x$. これに①, ②を代入すると $u'-u=\sin x-\cos x\cdots$③ を得る. $u'-u=0$ の一般解は $u=Ce^x\cdots$④. ③の特殊解を未定係数法を用いて求める. ③ の特殊解を $u=a\sin x+b\cos x$（a, b は定数）と予想し ③ に代入すると

$$-(a+b)\sin x+(a-b)\cos x=\sin x-\cos x$$

これが x について恒等的に成り立てば良いから $a=-1, b=0$. よって③の特殊解は $u=-\sin x\cdots$⑤. ④, ⑤より③の一般解は $u=Ce^x-\sin x\cdots$⑥. したがって①, ⑥より求める一般解は

$$y=\frac{1}{Ce^x-\sin x}$$

9.5.1 (1) $f(x,y)=3x^2+2xy-2y^2$, $g(x,y)=x^2-4xy$ とおく. $f_y=2x-4y$, $g_x=2x-4y$ であり $f_y=g_x$ であるから与式は完全微分方程式である.
次に, $F_x=f$ かつ $F_y=g$ を満たす関数 $F(x,y)$ を求める. $F_x=f$ より

$$F(x,y)=\int f(x,y)\,dx=\int(3x^2+2xy-2y^2)\,dx$$
$$=x^3+x^2y-2xy^2+c(y),$$
$$\therefore\quad F_y=x^2-4xy+c'(y)$$

一方, $F_y=g=x^2-4xy$ であるから

$$c'(y)=0 \qquad \therefore\quad c(y)=c_1$$

よって $F(x,y)=x^3+x^2y-2xy^2+c_1$. したがって, 求める一般解は $x^3+x^2y-2xy^2+c_1=c_2$ つまり

$$x^3+x^2y-2xy^2=C \quad （ただし\ C=c_2-c_1）$$

(2) $f(x,y)=\tan y-6x^2$, $g(x,y)=\frac{x}{\cos^2 y}$ とおく. $f_y=\frac{1}{\cos^2 y}$, $g_x=\frac{1}{\cos^2 y}$ であり $f_y=g_x$ であるから与式は完全微分方程式である.
次に, $F_x=f$ かつ $F_y=g$ を満たす関数 $F(x,y)$ を求める. $F_x=f$ より

$$F(x,y)=\int f(x,y)\,dx=\int(\tan y-6x^2)\,dx$$
$$=x\tan y-2x^3+c(y),$$
$$\therefore\quad F_y=\frac{x}{\cos^2 y}+c'(y)$$

一方, $F_y=g=\frac{x}{\cos^2 y}$ であるから $c'(y)=0$, $\therefore$ $c(y)=c_1$. よって

$$F(x,y)=x\tan y-2x^3+c_1$$

したがって, 求める一般解は $x\tan y-2x^3+c_1=c_2$ つまり

$$y=\tan^{-1}\frac{2x^3+C}{x} \quad （ただし\ C=c_2-c_1）$$

9.6.1 (1) 特性方程式は $3\lambda^2+5\lambda+2=0$, $(3\lambda+2)(\lambda+1)=0$, $\therefore\ \lambda=-\frac{2}{3},-1$（異なる 2 つの実数解）. よって求める一般解は

$$y=C_1e^{-\frac{2}{3}x}+C_2e^{-x}$$

(2) 特性方程式は $\lambda^2-2\sqrt{3}\lambda+3=0$, $(\lambda-\sqrt{3})^2=0$, $\therefore\ \lambda=\sqrt{3}$（重解）. よって, 求める一般解は

$$y=e^{\sqrt{3}x}(C_1+C_2x)$$

(3) 特性方程式は $\lambda^2+9=0$, $\therefore\ \lambda=\pm3i$（異なる 2 つの虚数解）. よって求める一般解は

$$y=C_1\cos3x+C_2\sin3x$$

9.7.1 (1) 斉次方程式 $y''+2y'-3y=0$ の

一般解を求める．特性方程式は $\lambda^2+2\lambda-3=0$, $(\lambda+3)(\lambda-1)=0$, $\therefore \lambda=-3, 1$（異なる 2 つの実数解）．よって，斉次方程式の一般解は

$$y=C_1e^{-3x}+C_2e^x$$

次に，非斉次方程式 $y''+2y'-3y=e^x$ の特殊解を未定係数法を用いて求める．$y=axe^x$ とおくと $y'=ae^x+y$, $y''=2ae^x+y$．これらを非斉次方程式に代入すると $4ae^x=e^x$．これが x について恒等的に成り立つのは $a=\frac{1}{4}$．したがって，非斉次方程式の特殊解は $y=\frac{1}{4}xe^x$．以上より，非斉次方程式の一般解は

$$y=C_1e^{-3x}+e^x\left(C_2+\frac{x}{4}\right)$$

(2) 斉次方程式 $\frac{d^2y}{dx^2}-2\frac{dy}{dx}+y=0$ の一般解を求める．特性方程式は $\lambda^2-2\lambda+1=0$, $(\lambda-1)^2=0$, $\therefore \lambda=1$（重解）．よって，斉次方程式の一般解は

$$y=e^x(C_1+C_2x)$$

次に，非斉次方程式 $\frac{d^2y}{dx^2}-2\frac{dy}{dx}+y=4e^x$ の特殊解を未定係数法を用いて求める．$y=ax^2e^x$ とおくと

$$\frac{dy}{dx}=2axe^x+y,\quad \frac{d^2y}{dx^2}=2ae^x+2axe^x+\frac{dy}{dx}$$

これらを非斉次方程式に代入すると $2ae^x=4e^x$．これが x について恒等的に成り立つのは $a=2$．したがって，非斉次方程式の特殊解は $y=2x^2e^x$．以上より，非斉次方程式の一般解は

$$y=e^x(C_1+C_2x+2x^2)$$

(3) 斉次方程式 $y''+y=0$ の一般解を求める．特性方程式は $\lambda^2+1=0$, $\therefore \lambda=\pm i$（異なる 2 つの虚数解）．よって，斉次方程式の一般解は

$$y=C_1\sin x+C_2\cos x$$

次に，非斉次方程式 $y''+y=\sin x$ の特殊解を未定係数法を用いて求める．$y=x(a\cos x+b\sin x)$ とおくと $y'=-a\sin x+b\cos x$, $y''=-a\cos x-b\sin x$．これらを非斉次方程式に代入すると $-2a\sin x+2b\cos x=\sin x$．これが x について恒等的に成り立つのは $a=-\frac{1}{2}$, $b=0$．したがって，非斉次方程式の特殊解は $y=-\frac{x}{2}\cos x$．以上より，非斉次方程式の一般解は

$$y=C_1\sin x+\left(C_2-\frac{x}{2}\right)\cos x$$

9.8.1 (1) 斉次方程式 $x^2\frac{d^2y}{dx^2}+3x\frac{dy}{dx}-3y=0$ の一般解を求める．$y=x^\lambda$ とおくと特性方程式は $\lambda^2+2\lambda-3=0$, $(\lambda+3)(\lambda-1)=0$, $\therefore \lambda=-3, 1$（異なる 2 つの実数解）．よって，斉次方程式の一般解は

$$y=C_1x^{-3}+C_2x$$

次に，非斉次方程式 $x^2\frac{d^2y}{dx^2}+3x\frac{dy}{dx}-3y=\log x$ の特殊解を未定係数法を用いて求める．$y=a\log x+b$ とおくと $\frac{dy}{dx}=\frac{a}{x}$, $\frac{d^2y}{dx^2}=-\frac{a}{x^2}$．これらを非斉次方程式に代入すると $(2a-3b)-3a\log x=\log x$．これが x について恒等的に成り立つのは $a=-\frac{1}{3}, b=-\frac{2}{9}$．したがって，非斉次方程式の特殊解は

$$y=-\frac{\log x}{3}-\frac{2}{9}$$

以上より，非斉次方程式の一般解は

$$y=C_1x+\frac{C_2}{x^3}-\frac{\log x}{3}-\frac{2}{9}$$

(2) 斉次方程式 $x^2\frac{d^2y}{dx^2}-3x\frac{dy}{dx}+4y=0$ の一般解を求める．$y=x^\lambda$ とおくと特性方程式は $\lambda^2-4\lambda+4=0$, $(\lambda-2)^2=0$, $\therefore \lambda=-2$（重解）．よって，斉次方程式の一般解は $y=(C_1+C_2\log x)x^2$．次に，非斉次方程式 $x^2\frac{d^2y}{dx^2}-3x\frac{dy}{dx}+4y=x$ の特殊解を未定係数法を用いて求める．$y=ax+b$ とおくと

$$\frac{dy}{dx}=a,\quad \frac{d^2y}{dx^2}=0$$

これらを非斉次方程式に代入すると $ax+4b=x$．これが x について恒等的に成り立つのは $a=1, b=0$．したがって，非斉次方程式の特殊解は $y=x$．以上より，非斉次方程式の一般解は

$$y=(C_1+2C_2\log x)x^2+x$$

(3) 斉次方程式 $x^2y''+xy'+y=0$ の一般解を求める．$y=x^\lambda$ とおくと特性方程式は $\lambda^2+1=0$, $\therefore \lambda=\pm i$（異なる 2 つの虚数解）．よって，斉次方程式の一般解は

$$y=C_1\cos(\log x)+C_2\sin(\log x)$$

次に，非斉次方程式 $x^2y''+xy'+y=x$ の特殊解を未定係数法を用いて求める．$y=ax+b$ とおくと $\frac{dy}{dx}=a$, $\frac{d^2y}{dx^2}=0$．これらを非斉次方程式に代入すると $2ax+b=x$．これが x について恒等的に成り立つのは $a=\frac{1}{2}$, $b=0$．したがって，非斉次方程式の特殊解は $y=\frac{x}{2}$．以上より，非斉次方程式の一般解は

$$y=C_1\cos(\log x)+C_2\sin(\log x)+\frac{x}{2}$$

9.9.1 第 1 式より $y=-x'+3x-2e^{2t}\cdots$①, $y'=-x''+3x'-4e^{2t}$．これらを第 2 式に代入すると $x''-7x'+6x=0\cdots$②．②の特性方程式は $\lambda^2-7\lambda+6=0$, $(\lambda-1)(\lambda-6)=0$, $\therefore \lambda=1, 6$

(異なる 2 つの実数解). よって, ②の一般解は

$$x = C_1 e^t + C_2 e^{6t} \cdots ③$$

次に, ③を①に代入すると $y = 2C_1e^t - 3C_2e^{6t} - 2e^{2t} \cdots$ ④. ③, ④と初期条件 $x(0) = 4$, $y(0) = 1$ より $C_1 + C_2 = 4$, $2C_1 - 3C_2 - 2 = 1$. これを解いて $C_1 = 3$, $C_2 = 1$. したがって, 求める特殊解は

$$x = 3e^t + e^{6t}, \quad y = 6e^t - 2e^{2t} - 3e^{6t}$$

第 9 章　演習問題解答

9.1

$$\int \frac{dy}{y} = -\int P(x)\,dx, \quad \log|y| = -\int P(x)\,dx + c,$$

$$\therefore \quad y = \pm e^{-\int P(x)\,dx + c}$$

$C = \pm e^c$ とおくと, 斉次方程式の一般解は

$$y = Ce^{-\int P(x)\,dx}$$

定数変化法を用いて, 非斉次方程式 $\frac{dy}{dx} + P(x)y = Q(x)$ の一般解を求める. $y = u(x)e^{-\int P(x)\,dx}$ とおくと,

$$\begin{aligned} y' &= u'e^{-\int P(x)\,dx} + u\left(e^{-\int P(x)\,dx}\right)' \\ &= u'e^{-\int P(x)\,dx} - uP(x)e^{-\int P(x)\,dx} \\ &= u'e^{-\int P(x)\,dx} - P(x)y \end{aligned}$$

これを非斉次方程式に代入すると, $u' = Q(x)e^{\int P(x)\,dx}$, $u = \int Q(x)e^{\int P(x)\,dx}\,dx + C$,

$$\therefore \quad y = e^{-\int P(x)dx}\left(\int Q(x)e^{\int P(x)\,dx}\,dx + C\right)$$

9.2　連立方程式 $2x + y - 3 = 0$, $x + 2y - 5 = 0$ の解は $(x, y) = (\frac{1}{3}, \frac{7}{3})$. $X = x - \frac{1}{3}$, $Y = y - \frac{7}{3}$ とおくと

$$\begin{aligned} \frac{dY}{dX} &= \frac{2(X + \frac{1}{3}) + (Y + \frac{7}{3}) - 3}{(X + \frac{1}{3}) + 2(Y + \frac{7}{3}) - 5} \\ &= \frac{2X + Y}{X + 2Y} \cdots ① \end{aligned}$$

同次形より $\frac{Y}{X} = u \cdots$ ② すなわち $Y = uX$ とおくと $\frac{dY}{dX} = X\frac{du}{dX} + u \cdots$ ③. ②, ③を①に代入すると, 変数分離形 $X\frac{du}{dX} + u = \frac{2+u}{1+2u}$ を得る, ゆえに,

$$\frac{1 + 2u}{1 - u^2}\,du = \frac{2}{X}\,dX,$$

$$\int \frac{1 + 2u}{(1 + u)(1 - u)}\,du = \int \frac{2}{X}\,dX,$$

$$\frac{1}{2}\int\left(-\frac{1}{1 + u} + \frac{3}{1 - u}\right)du = \int \frac{2}{X}\,dX,$$

$$-\log|1 + u| - 3\log|1 - u| = 4\log|X| + c,$$

$$\log|(1 + u)(1 - u)^3X^4| = -c \cdots ④$$

$C = \pm e^{-c}$ とおいて②を④に代入すると, 求める一般解は

$$(x - y + 2)^3\left(x + y - \frac{8}{3}\right) = C$$

9.3　$z = y^{\frac{4}{3}} \cdots$ ① とおくと $z' = \frac{4}{3}y^{\frac{1}{3}}y' \cdots$ ②. 与式の両辺に $y^{\frac{1}{3}}$ を掛けると $y^{\frac{1}{3}}y' - 3xy^{\frac{4}{3}} = -5x$. これに①, ②を代入すると, 非斉次 1 階線形微分方程式 $z' - 4xz = -\frac{20}{3}x \cdots$ ③ を得る. 斉次方程式 $z' - 4xz = 0 \cdots$ ④ の一般解を求める.

$$\int \frac{dz}{z} = 4\int x\,dx, \quad \log|z| = 2x^2 + c,$$

$$\therefore \quad z = \pm e^{2x^2 + c}$$

$C = \pm e^c$ とおくと④の一般解は $z = Ce^{2x^2} \cdots$ ⑤. 定数変化法を用いて非斉次方程式③の一般解を求める. $z = u(x)e^{2x^2} \cdots$ ⑥ とおくと

$$\frac{dz}{dx} = \frac{du}{dx}e^{2x^2} + 4uxe^{2x^2} \cdots ⑦$$

⑥, ⑦を③に代入すると $\frac{du}{dx} = \frac{-20}{3}xe^{-2x^2}$, $u = \frac{5}{3}e^{-2x^2} + C \cdots$ ⑧. ⑥, ⑧より③の一般解は

$$z = Ce^{2x^2} + \frac{5}{3} \cdots ⑨$$

したがって①, ⑨より求める一般解は

$$y^{\frac{4}{3}} - \frac{5}{3} = Ce^{2x^2}$$

【別解】　②に与式を代入すると $z' = 4xy^{\frac{4}{3}} - \frac{20}{3}x$. よって変数分離形 $z' = 4x(z - \frac{5}{3}) \cdots$ ⑩ を得る.

$$\int \frac{dz}{z - \frac{5}{3}} = \int 4x\,dx, \quad \log\left|z - \frac{5}{3}\right| = 2x^2 + d$$

$D = \pm e^d$ とおくと ⑩ の一般解は $z = De^{2x^2} + \frac{5}{3}$. 以下同様.

9.4　与式は $2y(1 + xy)\,dx + x(1 + 2xy)\,dy = 0 \cdots$ ① に変形される. $\{2y(1 + xy)\}_y = 2 + 4xy$, $\{x(1 + 2xy)\}_x = 1 + 4xy$ で $\{2y(1 + xy)\}_y \neq \{x(1 + 2xy)\}_x$ より①は完全微分方程式でない.

次に, ①の両辺に x^my^n を掛けると

$$\begin{aligned} &(2x^my^{n+1} + 2x^{m+1}y^{n+2})\,dx \\ &\qquad + (x^{m+1}y^n + 2x^{m+2}y^{n+1})\,dy = 0 \end{aligned}$$

ここで $(2x^my^{n+1} + 2x^{m+1}y^{n+2})_y = (x^{m+1}y^n + 2x^{m+2}y^{n+1})_x$ とすると

$$\begin{aligned} &2(n + 1)x^my^n + 2(n + 2)x^{m+1}y^{n+1} \\ &= (m + 1)x^my^n + 2(m + 2)x^{m+1}y^{n+1} \end{aligned}$$

x, y について恒等的に成り立つには $m=-1, n=-1$ とすれば良い．ゆえに①の両辺に $x^{-1}y^{-1}$ を掛けると

$$\left(\frac{2}{x}+2y\right)dx+\left(\frac{1}{y}+2x\right)dy=0\cdots\text{②}$$

$f(x,y)=\frac{2}{x}+2y$, $g(x,y)=\frac{1}{y}+2x$ とおく．$f_y=2$, $g_y=2$ であり $f_x=g_y$ であるから与式は完全微分方程式である．

次に，$F_x=f$ かつ $F_y=g$ を満たす関数 $F(x,y)$ を求める．$F_x=f$ より

$$F(x,y)=\int f(x,y)\,dx=\int\left(\frac{2}{x}+2y\right)dx$$
$$=2\log|x|+2xy+c(y)$$
$$\therefore\quad F_y=2x+c'(y)$$

一方，$F_y=g=\frac{1}{y}+2x$ であるから $c'(y)=\frac{1}{y}$, $\therefore\ c(y)=\log|y|+c_1$．よって

$$F(x,y)=2\log|x|+2xy+\log|y|+c_1$$

したがって，求める一般解は $2xy+\log x^2|y|+c_1=c_2$ つまり

$$2xy+\log x^2|y|=C\quad（ただし\ C=c_2-c_1）$$

9.5　斉次方程式 $y''-y'-6y=0$ の一般解を求める．特性方程式は $\lambda^2-\lambda-6=0$, $(\lambda+2)(\lambda-3)=0$, $\therefore\ \lambda=-2,3$（異なる 2 つの実数解）．よって，斉次方程式の一般解は

$$y=C_1e^{-2x}+C_2e^{3x}$$

次に，非斉次方程式 $y''-y'-6y=6x+4e^{-x}$ の特殊解を未定係数法を用いて求める．$y=ax+b+ce^{-x}$ とおくと $y'=a-ce^{-x}$, $y''=ce^{-x}$．これらを非斉次方程式に代入すると

$$-6ax-(a+6b)-4ce^{-x}=6x+4e^{-x}$$

これが x について恒等的に成り立つのは $a=-1$, $b=\frac{1}{6}$, $c=-1$．したがって，非斉次方程式の特殊解は

$$y=-e^{-x}-x+\frac{1}{6}$$

以上より，非斉次方程式の一般解は $y=C_1e^{-2x}+C_2e^{3x}-e^{-x}-x+\frac{1}{6}$．初期条件 $y(0)=0$, $y'(0)=0$ より $y(0)=C_1+C_2-1+\frac{1}{6}=0$, $y'(0)=-2C_1+3C_2=0$．これらを解くと $C_1=\frac{1}{2}$, $C_2=\frac{1}{3}$．したがって，求める解は

$$y=\frac{1}{2}e^{-2x}+\frac{1}{3}e^{3x}-e^{-x}-x+\frac{1}{6}$$

9.6　(1)　斉次方程式 $y''+4y=0$ の一般解を求める．特性方程式は $\lambda^2+4=0$, $\therefore\ \lambda=\pm 2i$（異なる 2 つの虚数解）．よって，斉次方程式の 1 次独立解は

$$y_1=\cos 2x,\quad y_2=\sin 2x$$

次に，$y_1'=-2\sin 2x$, $y_2'=2\cos 2x$ よりロンスキ行列式は

$$W(y_1,y_2)=y_1y_2'-y_2y_1'$$
$$=2\cos^2 2x+2\sin^2 2x=2\neq 0$$

(2)　定数変化法を用いて与式の特殊解を求める．$u'y_1+v'y_2=0\cdots$② を満たす u, v を用いて与式の特殊解を $y=uy_1+vy_2\cdots$③ とおく．

$$y'=uy_1'+vy_2',\quad y''=uy_1''+vy_2''+u'y_1'+v'y_2'$$

これらを与式に代入すると

$$-2u'\sin 2x+2v'\cos 2x=\frac{1}{\cos 2x}$$

これと ② より

$$\begin{pmatrix} y_1 & y_2 \\ y_1' & y_2' \end{pmatrix}\begin{pmatrix} u' \\ v' \end{pmatrix}=\begin{pmatrix} 0 \\ \frac{1}{\cos 2x} \end{pmatrix},$$
$$\begin{pmatrix} u' \\ v' \end{pmatrix}=\frac{1}{W}\begin{pmatrix} y_2' & -y_2 \\ -y_1' & y_1 \end{pmatrix}\begin{pmatrix} 0 \\ \frac{1}{\cos 2x} \end{pmatrix},$$
$$\therefore\quad u'=-\frac{y_2}{2\cos 2x}=-\frac{\sin 2x}{2\cos 2x},$$
$$v'=\frac{y_1}{2\cos 2x}=\frac{1}{2}\cdots\text{④}$$

(3)　④より $u=\frac{1}{4}\log|\cos 2x|+C_1$, $v=\frac{1}{2}x+C_2$．これと③より①の一般解は

$$y=\left\{C_1+\frac{1}{4}\log(\cos 2x)\right\}\cos 2x$$
$$+\left(\frac{x}{2}+C_2\right)\sin 2x$$

9.7　(1)　$y=x^2$ とおくと $\frac{dy}{dx}=2x$, $\frac{d^2y}{dx^2}=2$．これらを微分方程式の左辺に代入すると，

$$（左辺）=2-\frac{4+x}{x}\cdot 2x+\frac{6+2x}{x^2}\cdot x^2$$
$$=2-2(4+x)+(6+2x)=0$$

(2)　$y=ux^2$ とおくと $\frac{dy}{dx}=\frac{du}{dx}x^2+2ux$, $\frac{d^2y}{dx^2}=x^2\frac{d^2u}{dx^2}+4x\frac{du}{dx}+2u$．これらを微分方程式に代入すると，

$$\left(x^2\frac{d^2u}{dx^2}+4x\frac{du}{dx}+2u\right)-\frac{4+x}{x}\left(\frac{du}{dx}x^2+2ux\right)$$
$$+\frac{6+2x}{x^2}\cdot ux^2=0,$$
$$x^2\left(\frac{d^2u}{dx^2}-\frac{du}{dx}\right)=0$$

よって，求める微分方程式は

$$\frac{d^2u}{dx^2}-\frac{du}{dx}=0$$

(3) u の微分方程式の特性方程式は $\lambda^2 - \lambda = 0$, $\lambda(\lambda - 1) = 0$, $\therefore\ \lambda = 0, 1$（異なる 2 つの実数解）. よって，求める一般解は $u = C_1 + C_2 e^x$. したがって，$y = ux^2$ より，最初の微分方程式の一般解は

$$y = x^2(C_1 + C_2 e^x)$$

9.8 (1) 行列 A の固有値 λ_1, λ_2 を求める．固有多項式

$$|A - \lambda E| = \begin{vmatrix} 2-\lambda & -1 \\ -1 & 2-\lambda \end{vmatrix} = (\lambda - 3)(\lambda - 1),$$

$$\therefore\quad \lambda_1 = 1, \lambda_2 = 3$$

次に，A の固有ベクトル $\boldsymbol{c}_1, \boldsymbol{c}_2$ を求める．
$\lambda_1 = 1$ のとき，

$$A - \lambda_1 E = \begin{pmatrix} 1 & -1 \\ -1 & 1 \end{pmatrix} \to \begin{pmatrix} 1 & -1 \\ 0 & 0 \end{pmatrix}$$

$$\therefore\quad \boldsymbol{c}_1 = \begin{pmatrix} a \\ a \end{pmatrix} = a\begin{pmatrix} 1 \\ 1 \end{pmatrix}\ (a \neq 0)$$

$\lambda_2 = 3$ のとき，

$$A - \lambda_1 E = \begin{pmatrix} -1 & -1 \\ -1 & -1 \end{pmatrix} \to \begin{pmatrix} 1 & 1 \\ 0 & 0 \end{pmatrix}$$

$$\therefore\quad \boldsymbol{c}_2 = \begin{pmatrix} -b \\ b \end{pmatrix} = b\begin{pmatrix} -1 \\ 1 \end{pmatrix}\ (b \neq 0)$$

(2) $P = (\boldsymbol{c}_1, \boldsymbol{c}_2)$ とすると

$$P^{-1}AP = \begin{pmatrix} 1 & -1 \\ 1 & 1 \end{pmatrix}^{-1}\begin{pmatrix} 2 & -1 \\ -1 & 2 \end{pmatrix}\begin{pmatrix} 1 & -1 \\ 1 & 1 \end{pmatrix} = \begin{pmatrix} 1 & 0 \\ 0 & 3 \end{pmatrix}$$

(3) $\boldsymbol{z}(x) = \begin{pmatrix} z_1(x) \\ z_2(x) \end{pmatrix} = P^{-1}\boldsymbol{y}(x)$ とすると $\boldsymbol{y}(x) = P\boldsymbol{z}(x)$, $\frac{d}{dx}\boldsymbol{y}(x) = \frac{d}{dx}P\boldsymbol{z}(x) = P\frac{d}{dx}\boldsymbol{z}(x)$. これらを $\boldsymbol{y}(x)$ に関する微分方程式に代入すると

$$P\frac{d}{dx}\boldsymbol{z}(x) + AP\boldsymbol{z}(x) = \boldsymbol{0},$$

$$\frac{d}{dx}\boldsymbol{z}(x) = -P^{-1}AP\boldsymbol{z}(x),$$

$$\therefore\quad \frac{d}{dx}\begin{pmatrix} z_1(x) \\ z_2(x) \end{pmatrix} = -\begin{pmatrix} 1 & 0 \\ 0 & 3 \end{pmatrix}\begin{pmatrix} z_1(x) \\ z_2(x) \end{pmatrix},$$

よって，$\boldsymbol{z}(x)$ の一般解は

$$\begin{pmatrix} z_1(x) \\ z_2(x) \end{pmatrix} = \begin{pmatrix} C_1 e^{-x} \\ C_2 e^{-3x} \end{pmatrix}$$

(4) $\boldsymbol{z}(x)$ の一般解を $\boldsymbol{y}(x) = P\boldsymbol{z}(x)$ に代入すると，$\boldsymbol{y}(x)$ の一般解は

$$\boldsymbol{y}(x) = \begin{pmatrix} 1 & -1 \\ 1 & 1 \end{pmatrix}\begin{pmatrix} C_1 e^{-x} \\ C_2 e^{-3x} \end{pmatrix} = \begin{pmatrix} C_1 e^{-x} - C_2 e^{-3x} \\ C_1 e^{-x} + C_2 e^{-3x} \end{pmatrix}$$

初期条件 $\boldsymbol{y}(0) = \begin{pmatrix} 2 \\ 0 \end{pmatrix}$ より $C_1 - C_2 = 2$, $C_1 + C_2 = 0$, $\therefore\ C_1 = 1, C_2 = -1$. したがって，求める $\boldsymbol{y}(x)$ の特殊解は

$$\boldsymbol{y}(x) = \begin{pmatrix} e^{-x} + e^{-3x} \\ e^{-x} - e^{-3x} \end{pmatrix}$$

第 10 章

10.1.1 (1)

$$\overrightarrow{\mathrm{AB}} \times \overrightarrow{\mathrm{AC}} = (1, 1, 5) \times (-1, 1, 2) = (-3, -7, 2)$$

よって

$$S = \frac{1}{2}|\overrightarrow{\mathrm{AB}} \times \overrightarrow{\mathrm{AC}}| = \frac{1}{2}\sqrt{(-3)^2 + (-7)^2 + 2^2} = \frac{\sqrt{62}}{2}$$

(2)

$$V = \frac{1}{6}|(\overrightarrow{\mathrm{AB}} \times \overrightarrow{\mathrm{AC}}) \cdot \overrightarrow{\mathrm{AD}}| = \frac{1}{6}|(-3, -7, 2) \cdot (5, 2, 6)| = \frac{1}{6}|-15 - 14 + 12| = \frac{17}{6}$$

(3) ベクトル $\overrightarrow{\mathrm{BA}}$ とベクトル $\overrightarrow{\mathrm{BC}}$ のなす角を θ とし，線分 AH の長さを h とすると

$$h = |\overrightarrow{\mathrm{BA}}|\sin\theta = \frac{|\overrightarrow{\mathrm{BA}}||\overrightarrow{\mathrm{BC}}|\sin\theta}{|\overrightarrow{\mathrm{BC}}|} = \frac{|\overrightarrow{\mathrm{BA}} \times \overrightarrow{\mathrm{BC}}|}{|\overrightarrow{\mathrm{BC}}|} = \frac{|(3, 7, -2)|}{|(-2, 0, -3)|} = \sqrt{\frac{62}{13}}$$

10.2.1 (1) $\boldsymbol{r}'(t) = (1, te^t, 2t+3)$ より $\boldsymbol{r}'(0) = (1, 0, 3)$. よって，点 P における単位接線ベクトル $\boldsymbol{t}$ は

$$\boldsymbol{t} = \pm\frac{\boldsymbol{r}'(0)}{|\boldsymbol{r}'(0)|} = \pm\frac{(1, 0, 3)}{|(1, 0, 3)|} = \pm\left(\frac{1}{\sqrt{10}}, 0, \frac{3}{\sqrt{10}}\right)$$

求める接線はベクトル $\boldsymbol{r}'(0) = (1, 0, 3)$ に平行で P$(1, -1, 2)$ を通るのでその方程式は

$$x - 1 = \frac{z - 2}{3}, \quad y = -1$$

(2) $\boldsymbol{r}_u = (1, 1, 0)$, $\boldsymbol{r}_v = (-1, 1, 2v)$. よって $(u, v) = (1, -1)$ に対応する点 Q$(2, 0, 1)$ において

$$\boldsymbol{r}_u|_{\mathrm{Q}} \times \boldsymbol{r}_v|_{\mathrm{Q}} = (1, 1, 0) \times (-1, 1, -2) = (-2, 2, 2) = 2(-1, 1, 1)$$

は曲面 S に垂直なベクトル．よって

$$\boldsymbol{n} = \pm\frac{(-1, 1, 1)}{\sqrt{(-1)^2 + 1^2 + 1^2}}$$

$$= \pm\left(-\frac{1}{\sqrt{3}}, \frac{1}{\sqrt{3}}, \frac{1}{\sqrt{3}}\right)$$

また，求める接平面は点 $\mathrm{Q}(2,0,1)$ を通り，ベクトル $(-1,1,1)$ に垂直なのでその方程式は

$$-(x-2)+y+(z-1)=0 \iff x-y-z=1$$

10.3.1　(1)　$\nabla\varphi=(1+yz, 2y+xz, xy)$

(2)　点 $\mathrm{P}(2,-1,-2)$ を通り $\nabla\varphi|_{\mathrm{P}}=(3,-6,-2)$ に垂直な平面だから求める接平面の方程式は

$$3(x-2)-6(y+1)-2(z+2)=0$$
$$\iff 3x-6y-2z=16$$

10.3.2　(1)

$$\operatorname{grad} f(r)=\left(\frac{\partial f(r)}{\partial x}, \frac{\partial f(r)}{\partial y}, \frac{\partial f(r)}{\partial z}\right)$$

ここで

$$\begin{aligned}\frac{\partial f(r)}{\partial x} &= \frac{df(r)}{dr}\frac{\partial r}{\partial x}\\ &= f'(r)\cdot\frac{1}{2}(x^2+y^2+z^2)^{-\frac{1}{2}}\cdot 2x\\ &= \frac{xf'(r)}{r}\end{aligned}$$

となり，同様に

$$\frac{\partial f(r)}{\partial y}=\frac{yf'(r)}{r},\quad \frac{\partial f(r)}{\partial z}=\frac{zf'(r)}{r}$$

となる．これらより

$$\operatorname{grad} f(r)=f'(r)\frac{\boldsymbol{r}}{r}$$

(2)

$$\operatorname{rot}(f(r)\boldsymbol{r})=\left(\frac{\partial\{f(r)z\}}{\partial y}-\frac{\partial\{f(r)y\}}{\partial z},\ \frac{\partial\{f(r)x\}}{\partial z}-\frac{\partial\{f(r)z\}}{\partial x},\ \frac{\partial\{f(r)y\}}{\partial x}-\frac{\partial\{f(r)x\}}{\partial y}\right)$$

ここで

$$\begin{aligned}\frac{\partial\{f(r)z\}}{\partial y}-\frac{\partial\{f(r)y\}}{\partial z} &= z\frac{\partial f(r)}{\partial y}-y\frac{\partial f(r)}{\partial z}\\ &= z\frac{yf'(r)}{r}-y\frac{zf'(r)}{r}=0\end{aligned}$$

同様に他の成分も 0 なので

$$\operatorname{rot}(f(r)\boldsymbol{r})=(0,0,0)=\boldsymbol{0}$$

10.4.1　(1)　$C:\boldsymbol{r}=(t,t,t)$ $(0\leqq t\leqq 3)$ とおける．

$$\frac{ds}{dt}=\sqrt{\left(\frac{dx}{dt}\right)^2+\left(\frac{dy}{dt}\right)^2+\left(\frac{dz}{dt}\right)^2}=\sqrt{3}$$

となるから，

$$\begin{aligned}\int_C\varphi\,ds &= \int_0^3\left(x-\frac{2}{3}yz\right)\frac{ds}{dt}\,dt\\ &= \int_0^3\left(t-\frac{2}{3}t^2\right)\sqrt{3}\,dt\\ &= \left[\frac{t^2}{2}-\frac{2t^3}{9}\right]_0^3\sqrt{3}=-\frac{3}{2}\sqrt{3}\end{aligned}$$

10.4.2　$C:\boldsymbol{r}=(t,t,t)$ $(0\leqq t\leqq 1)$ とおける．

$$\begin{aligned}\boldsymbol{A}\cdot d\boldsymbol{r} &= \boldsymbol{A}\cdot\frac{d\boldsymbol{r}}{dt}\,dt\\ &= \left\{(x^2+y)\frac{dx}{dt}+(xy+z)\frac{dy}{dt}-yz\frac{dz}{dt}\right\}dt\\ &= \left\{(t^2+t)+(t^2+t)-t^2\right\}dt\\ &= (t^2+2t)\,dt\end{aligned}$$

となるから，

$$\int_C\boldsymbol{A}\cdot d\boldsymbol{r}=\int_0^1(t^2+2t)\,dt=\left[\frac{t^3}{3}+t^2\right]_0^1=\frac{4}{3}$$

10.5.1　S の方程式は

$$z=1-x-y\quad((x,y)\in D)$$

ただし，$D=\{(x,y)\mid x\geqq 0, y\geqq 0, x+y\leqq 1\}$ である．$z_x=-1$, $z_y=-1$ なので

$$dS=\sqrt{(z_x)^2+(z_y)^2+1}\,dxdy=\sqrt{3}\,dxdy$$

となる．平面 S の法線ベクトルは $(1,1,1)$ だから

$$\begin{aligned}&\iint_S\boldsymbol{A}\cdot\boldsymbol{n}\,dS\\ &= \iint_D(2x,y,2z)\cdot\frac{1}{\sqrt{3}}(1,1,1)\sqrt{3}\,dxdy\\ &= \iint_D\{2x+y+2(1-x-y)\}\,dxdy\\ &= \int_0^1\left\{\int_0^{1-x}(-y+2)\,dy\right\}dx\\ &= \int_0^1\left[-\frac{y^2}{2}+2y\right]_0^{1-x}dx\\ &= \int_0^1\left(-\frac{x^2}{2}-x+\frac{3}{2}\right)dx\\ &= \left[-\frac{x^3}{6}-\frac{x^2}{2}+\frac{3x}{2}\right]_0^1=\frac{5}{6}\end{aligned}$$

10.6.1　(1)　S の方程式は

$$x^2+y^2+z^2=9$$

S 上の任意の点 $\mathrm{P}(x,y,z)$ における外向きの単位法線ベクトルは半径 3 の球面だから，$\boldsymbol{n}=\frac{\boldsymbol{r}}{3}=\frac{1}{3}(x,y,z)$ である．球面 S 上では

$$\boldsymbol{A}\cdot\boldsymbol{n} = \frac{1}{3}\{(x-y)x+(x+y)y+z^2\}$$
$$= \frac{1}{3}(x^2+y^2+z^2) = \frac{1}{3}\cdot 9 = 3$$

なるから，

$$\int_S \boldsymbol{A}\cdot\boldsymbol{n}\,dS = \int_S 3\,dS$$
$$= 3\times(S\ \text{の面積})$$
$$= 3\times 4\pi\cdot 3^2 = 108\pi$$

(2)　$\nabla\cdot\boldsymbol{A} = 1+1+1 = 3$．よって

$$\int_V \nabla\cdot\boldsymbol{A}\,dv = \int_V 3\,dv = 3\times(V\ \text{の体積})$$
$$= 3\times\frac{4}{3}\pi\cdot 3^3 = 108\pi$$

■補足　(1) と (2) より，ガウスの発散定理が，この場合に成り立つことが確かめられた．

第 10 章　演習問題解答

10.1　(1)　$|\boldsymbol{f}(t)|$ は t によらない定数だから，

$$\left\{|\boldsymbol{f}(t)|^2\right\}' = \{\boldsymbol{f}(t)\cdot\boldsymbol{f}(t)\}'$$
$$= 2\boldsymbol{f}(t)\cdot\boldsymbol{f}'(t) = 0$$

$\boldsymbol{f}(t)$ と $\boldsymbol{f}'(t)$ は零ベクトルでないので，$\boldsymbol{f}(t)$ と $\boldsymbol{f}'(t)$ は直交する．

(2)　三角形 OAB の面積を S とおくと，

$$S = \frac{1}{2}|\overrightarrow{\mathrm{OA}}\times\overrightarrow{\mathrm{OB}}| = \frac{1}{2}|\boldsymbol{g}(t)\times\boldsymbol{g}'(t)|$$

ここで $\boldsymbol{h}(t) = \boldsymbol{g}(t)\times\boldsymbol{g}'(t)$ とおくと，外積にも積の微分公式が成立するから，

$$\boldsymbol{h}'(t) = \boldsymbol{g}'(t)\times\boldsymbol{g}'(t) + \boldsymbol{g}(t)\times\boldsymbol{g}''(t)$$

となるが，右辺の第 1 項は $\boldsymbol{0}$ となり，第 2 項も条件 $\boldsymbol{g}(t)\ /\!/\ \boldsymbol{g}''(t)$ より $\boldsymbol{0}$ となる．これより，$\boldsymbol{h}(t)$ は t に依存しない定数ベクトルになり，三角形 OAB の面積 $S = \frac{1}{2}|\boldsymbol{h}(t)|$ も t に依存しない定数になる．

10.2　(1)

$$\int_C \boldsymbol{F}\cdot d\boldsymbol{r} = \int_0^{2\pi} \boldsymbol{F}\cdot\frac{d\boldsymbol{r}}{dt}\,dt$$
$$= \int_0^{2\pi}\left(x\frac{dx}{dt}+2y\frac{dy}{dt}+z\frac{dz}{dt}\right)dt$$
$$= \int_0^{2\pi}\{\cos t(-\sin t)+2\sin t\cos t+2\cdot 2t\}\,dt$$
$$= \int_0^{2\pi}(\sin t\cos t+4t)\,dt = \left[\frac{1}{2}\sin^2 t+2t^2\right]_0^{2\pi}$$
$$= 8\pi^2$$

(2)　$f = \dfrac{1}{\sqrt{r^2+1}}$

$$= (x^2+y^2+z^2+1)^{-\frac{1}{2}}$$

であるから，

$$f_x = -\frac{1}{2}(x^2+y^2+z^2+1)^{-\frac{3}{2}}2x$$
$$= -x(x^2+y^2+z^2+1)^{-\frac{3}{2}}$$
$$= -x(r^2+1)^{-\frac{3}{2}}$$

となる．f_y, f_z も同様．よって

$$\nabla f = -\frac{1}{(\sqrt{r^2+1})^3}(x\boldsymbol{i}+y\boldsymbol{j}+z\boldsymbol{k})$$
$$= -\frac{\boldsymbol{r}}{(\sqrt{r^2+1})^3}$$

他方，半径 2 の球面だから，$\boldsymbol{n} = \frac{\boldsymbol{r}}{2}$．以上より，$S$ 上の点 $\boldsymbol{p}$ において

$$\nabla f\cdot\boldsymbol{n} = -\frac{\boldsymbol{p}}{(\sqrt{r^2+1})^3}\cdot\frac{\boldsymbol{p}}{2} = -\frac{r^2}{2(\sqrt{r^2+1})^3}$$
$$= -\frac{4}{2(\sqrt{5})^3} = -\frac{2\sqrt{5}}{25}$$

10.3　(1)

$$\nabla V = (3x^2y+y^3+yz^2)\overrightarrow{e}_x$$
$$+(x^3+3xy^2+xz^2)\overrightarrow{e}_y$$
$$+2xyz\overrightarrow{e}_z$$

(2)　$\overrightarrow{f} = f_1\overrightarrow{e}_x+f_2\overrightarrow{e}_y+f_3\overrightarrow{e}_z$ とおくと $\nabla W = \overrightarrow{f}$ となるスカラー関数 $W(x,y,z)$ が存在すれば，$\frac{\partial W}{\partial x} = f_1$, $\frac{\partial W}{\partial y} = f_2$, $\frac{\partial W}{\partial z} = f_3$ が成り立つから，

$$\frac{\partial f_3}{\partial y}-\frac{\partial f_2}{\partial z} = \frac{\partial^2 W}{\partial y\partial z}-\frac{\partial^2 W}{\partial z\partial y} = 0$$

が成り立つ．同様に

$$\frac{\partial f_1}{\partial z}-\frac{\partial f_3}{\partial x} = 0,\quad \frac{\partial f_2}{\partial x}-\frac{\partial f_1}{\partial y} = 0$$

も成り立つ．これらは $\nabla\times\overrightarrow{f} = \overrightarrow{0}$ とまとめられる．

(i)　$\nabla\times\overrightarrow{f} = \overrightarrow{0}$ が成り立つから $\nabla W = \overrightarrow{f}$ を満たす W が存在する可能性がある．$\frac{\partial W}{\partial z} = xy+1$ より

$$W = xyz+z+g(x,y)$$

を得る．ここで $g(x,y)$ は x, y の任意の関数．この W を $\frac{\partial W}{\partial x} = 2x+yz$ に代入すると $\frac{\partial g}{\partial x} = 2x$ となり，これより $g = x^2+h(y)$ となる．ここで $h(y)$ は y の任意の関数．この $W = xyz+z+x^2+h(y)$ を $\frac{\partial W}{\partial y} = 2y+zx$ に代入すると $h'(y) = 2y$ が成り立ち，これより

$$h(y) = y^2+C\quad (C\ \text{は任意定数})$$

を得る．よって $W=xyz+z+x^2+y^2+C$ となるが条件 $W(0,0,0)=0$ より $C=0$ となる．ゆえに

$$W=xyz+z+x^2+y^2$$

これは確かに $\nabla W=\overrightarrow{f}$ を満たす．

(ii) $\nabla\times\overrightarrow{f}=(x-1)\overrightarrow{e}_x+0\overrightarrow{e}_y+(-z)\overrightarrow{e}_z$

$$\neq\overrightarrow{0}$$

となるから $\nabla W=\overrightarrow{f}$ を満たすスカラー関数 $W(x,y,z)$ は存在しない．

10.4 (1) 始点 P_1 から終点 P_2 に向かう任意の 2 つの経路を C_1, C_2 とし，C_2 を逆向きに P_2 から P_1 に行く経路を $-C_2$ と書く．さらに P_1 から C_1 を通って終点 P_2 に行き，続けて $-C_2$ 通って P_1 に戻る経路を C とする．$C=C_1+(-C_2)$ と書く．C は閉曲線である．C を境界とする任意の閉曲面を S とし，S の向き（S の単位法線ベクトル $\boldsymbol{n}$ の向き）を経路 C の向きに対して右ネジの法則が成り立つように定める．このとき，ストークスの定理を用いると

$$\int_{C_1}\boldsymbol{A}\cdot d\boldsymbol{r}-\int_{C_2}\boldsymbol{A}\cdot d\boldsymbol{r}=\int_C\boldsymbol{A}\cdot d\boldsymbol{r}$$

$$=\int_S\nabla\times\boldsymbol{A}\cdot\boldsymbol{n}\,dS=\int_S\boldsymbol{0}\cdot\boldsymbol{n}\,dS=0$$

これより，

$$\int_{C_1}\boldsymbol{A}\cdot d\boldsymbol{r}=\int_{C_2}\boldsymbol{A}\cdot d\boldsymbol{r}$$

となり，始点 P_1 から終点 P_2 に向かう $\boldsymbol{A}$ の線積分は経路によらない．

10.5 ベクトル場

$$\boldsymbol{E}(\boldsymbol{r})=\frac{\boldsymbol{r}}{r^3}=\frac{(x,y,z)}{r^3}$$

は球面 S とその内部で連続微分可能である．

$$\frac{\partial E_x}{\partial x}=\frac{\partial}{\partial x}\left(x(x^2+y^2+z^2)^{-\frac{3}{2}}\right)$$

$$=(x^2+y^2+z^2)^{-\frac{3}{2}}-x\frac{3}{2}(x^2+y^2+z^2)^{-\frac{5}{2}}\cdot 2x$$

$$=\frac{1}{r^3}-\frac{3x^2}{r^5}$$

が成り立ち，同様に

$$\frac{\partial E_y}{\partial y}=\frac{1}{r^3}-\frac{3y^2}{r^5},$$

$$\frac{\partial E_z}{\partial z}=\frac{1}{r^3}-\frac{3z^2}{r^5}$$

が成立する．

$$\nabla\cdot\boldsymbol{E}=\frac{\partial E_x}{\partial x}+\frac{\partial E_y}{\partial y}+\frac{\partial E_z}{\partial z}$$

$$=\frac{3}{r^3}-\frac{3(x^2+y^2+z^2)}{r^5}=\frac{3}{r^3}-\frac{3r^2}{r^5}=0$$

となる．球面 S で囲まれた V とし，S の外向きの単位法線ベクトルを $\boldsymbol{n}$ とすると $\boldsymbol{E}(\boldsymbol{r})$ の S 上での面積分はガウスの発散定理より

$$\int_S\boldsymbol{E}\cdot\boldsymbol{n}\,dS=\int_V\nabla\cdot\boldsymbol{E}\,dv=\int_V 0\,dv=0$$

10.6 (1)

$$\boldsymbol{r}'(\theta)=\frac{d\boldsymbol{r}}{d\theta}=-2\sin\theta\boldsymbol{i}+2\cos\theta\boldsymbol{j}$$

は閉曲線の接ベクトルである．求める大きさ 1 の接ベクトルを $\boldsymbol{t}$ とすると

$$|\boldsymbol{r}'(\theta)|=\sqrt{(-2\sin\theta)^2+(2\cos\theta)^2}=2$$

であるから

$$\boldsymbol{t}=\frac{\boldsymbol{r}'(\theta)}{|\boldsymbol{r}'(\theta)|}=\frac{\boldsymbol{r}'(\theta)}{2}=-\sin\theta\boldsymbol{i}+\cos\theta\boldsymbol{j}$$

(2) $x=2\cos\theta$, $y=2\sin\theta$, $z=1$ である．

$$\int_C\varphi\,ds$$

$$=\int_0^{2\pi}\varphi\sqrt{\left(\frac{dx}{d\theta}\right)^2+\left(\frac{dy}{d\theta}\right)^2+\left(\frac{dz}{d\theta}\right)^2}\,d\theta$$

$$=\int_0^{2\pi}\frac{1}{4}x^2y\cdot 2\,d\theta=\int_0^{2\pi}4\cos^2\theta\sin\theta\,d\theta$$

$$=\int_1^1 4u^2(-1)\,du=0$$

上の定積分で $u=\cos\theta$ とおき，置換積分を用いた．

(3) 円板 S を表す方程式・不等式は $x^2+y^2\leqq 4$, $z=1$ であり，S の単位法線ベクトル（z の大きくなる向き）は $\boldsymbol{n}=\boldsymbol{k}$ である．$\frac{dz}{d\theta}=0$ であること，ベクトル場の回転に関する公式，およびストークスの定理を（$*$ のついた等号のところで）用いると

$$\int_S\{(\nabla\varphi)\times\boldsymbol{A}+\varphi(\nabla\times\boldsymbol{A})\}\cdot\boldsymbol{n}\,dS$$

$$=\int_S\nabla\times(\varphi\boldsymbol{A})\cdot\boldsymbol{n}\,dS$$

$$\overset{*}{=}\int_C\varphi\boldsymbol{A}\cdot d\boldsymbol{r}=\int_0^{2\pi}\varphi\boldsymbol{A}\cdot\frac{d\boldsymbol{r}}{d\theta}\,d\theta$$

$$=\int_0^{2\pi}\left\{-\frac{(1+z)y}{4}\frac{dx}{d\theta}+\frac{xz^2}{4}\frac{dy}{d\theta}\right\}d\theta$$

$$=\int_0^{2\pi}\left\{-\frac{(1+1)\cdot 2\sin\theta}{4}\cdot(-2\sin\theta)\right.$$

$$\left.+\frac{2\cos\theta\cdot 1^2}{4}\cdot 2\cos\theta\right\}d\theta$$

$$=\int_0^{2\pi}\left(2\sin^2\theta+\cos^2\theta\right)d\theta$$

$$=\int_0^{2\pi}\left\{1-\cos(2\theta)+\frac{1+\cos(2\theta)}{2}\right\}d\theta$$

$$= \left[\frac{3}{2}\theta - \frac{1}{4}\sin(2\theta)\right]_0^{2\pi}$$
$$= \frac{3}{2} \times 2\pi = 3\pi$$

第 11 章

11.1.1 (1)

$$F(s) = \int_0^\infty e^{-st}(t^2+1)\,dt$$
$$= \int_0^\infty \frac{-1}{s}(e^{-st})'(t^2+1)\,dt$$
$$= -\frac{1}{s}\left([e^{-st}(t^2+1)]_0^\infty - \int_0^\infty e^{-st}2t\,dt\right)$$

$s > 0$ の場合，ロピタルの定理により，

$$\lim_{t\to\infty} e^{-st}(t^2+1) = \lim_{t\to\infty}\frac{t^2+1}{e^{st}}$$
$$= \lim_{t\to\infty}\frac{2t}{se^{st}} = \lim_{t\to\infty}\frac{2}{s^2e^{st}} = \frac{2}{\infty} = 0$$

だから

$$F(s) = -\frac{1}{s}\left\{-1 - \int_0^\infty \frac{-2}{s}(e^{-st})'t\right\}dt$$
$$= \frac{1}{s} - \frac{2}{s^2}\left([e^{-st}t]_0^\infty - \int_0^\infty e^{-st}\,dt\right)$$

ロピタルの定理により，

$$\lim_{t\to\infty} e^{-st}t = \lim_{t\to\infty}\frac{t}{e^{st}} = \lim_{t\to\infty}\frac{1}{se^{st}} = \frac{1}{\infty} = 0,$$
$$F(s) = \frac{1}{s} - \frac{2}{s^3}[e^{-st}]_0^\infty = \frac{1}{s} + \frac{2}{s^3} = \frac{s^2+2}{s^3}$$

(2)

$$F(s) = \int_0^\infty e^{-st}e^{at}\sin\omega t\,dt$$
$$= \int_0^\infty e^{-(s-a)t}\sin\omega t\,dt$$

$I = \int e^{-(s-a)t}\sin\omega t\,dt$ とおく．部分積分法を 2 度用いて

$$I = -\frac{1}{\omega}e^{-(s-a)t}\cos\omega t - \frac{s-a}{\omega}\int e^{-(s-a)}\cos\omega t\,dt$$
$$= -\frac{1}{\omega}e^{-(s-a)t}\cos\omega t - \frac{s-a}{\omega}$$
$$\times\left\{\frac{1}{\omega}e^{-(s-a)}\sin\omega t + \frac{s-a}{\omega}\int e^{-(s-a)}\sin\omega t\,dt\right\}$$
$$= -\frac{\omega\cos\omega t + (s-a)\sin\omega t}{\omega^2}e^{-(s-a)t} - \frac{(s-a)^2}{\omega^2}I$$
$$\therefore\quad I = -\frac{\omega\cos\omega t + (s-a)\sin\omega t}{(s-a)^2+\omega^2}e^{-(s-a)t}$$

$s > a$ として，任意の $M > 0$ に対し

$$\int_0^M e^{-(s-a)t}\sin\omega t\,dt$$
$$= \frac{-1}{(s-a)^2+\omega^2}[\{\omega\cos\omega t + (s-a)\sin\omega t\}$$
$$\times e^{-(s-a)t}]_0^M$$
$$= \frac{-1}{(s-a)^2+\omega^2}[\{\omega\cos\omega t + (s-a)\sin\omega t\}$$
$$\times e^{-(s-a)t} - \omega],$$

$$|\{\omega\cos\omega t + (s-a)\sin\omega t\}e^{-(s-a)t}|$$
$$= |\{\omega\cos\omega t + (s-a)\sin\omega t\}|e^{-(s-a)t}$$
$$\leqq \{|\omega|\cdot|\cos\omega t| + |s-a|\cdot|\sin\omega t|\}e^{-(s-a)t}$$
$$\leqq (|\omega| + |s-a|)e^{-(s-a)t}$$

$M \to \infty$ とすると $e^{-(s-a)t} \to 0$ となるので

$$|\{\omega\cos\omega t + (s-a)\sin\omega t\}e^{-(s-a)t}| \to 0,$$
$$\{\omega\cos\omega t + (s-a)\sin\omega t\}e^{-(s-a)t} \to 0$$

したがって $\int_0^M e^{-(s-a)t}\sin\omega t\,dt \to \frac{\omega}{(s-a)^2+\omega^2}$

$$\therefore\quad F(s) = \int_0^\infty e^{-(s-a)t}\sin\omega t\,dt$$
$$= \frac{\omega}{(s-a)^2+\omega^2}$$

11.2.1 (1) $\dfrac{4}{s} + \dfrac{5}{s^2} + \dfrac{1}{s^3}\left(= \dfrac{4s^2+5s+1}{s^3}\right)$

(2) $\dfrac{5}{9}\dfrac{1}{s+4} + \dfrac{4}{9}\dfrac{1}{s-3}\left(= \dfrac{9s+1}{9(s+4)(s-3)}\right)$

(3) $\dfrac{2}{s-1} - \dfrac{1}{s-3} + \dfrac{10}{(s-3)^2}$

$$\left(= \frac{s^2+2s+5}{(s-1)(s-3)^2}\right)$$

(4) $\dfrac{3s-7}{s^2+6s+13}$

(5) $\dfrac{2s+6}{s^2+9}$

11.3.1 (1) $3 - 7t + \dfrac{t^2}{2}$

(2) $3e^{2t}\cos 2t + 4e^{2t}\sin 2t$

(3) $2e^{-t}\cos\sqrt{2}\,t - 2\sqrt{2}\,e^{-t}\sin\sqrt{2}\,t$

(4) $5e^{-3t} + 3e^{2t}$

(5) $\dfrac{3}{2}e^{-\frac{3}{2}t} - \dfrac{2}{3}e^{\frac{2}{3}t}$

(6) $\dfrac{1}{6}(3t^3 - 2t^4)e^{-3t}$

(7) $3e^{-2t} - 7e^t + 5$

11.4.1 (1) $Y(s) = \mathscr{L}[y(t)]$ とおき微分方程式の両辺をラプラス変換する．

$$sY - 3 - Y = 2\frac{2}{(s-1)^2+4}$$

より

$$Y = \frac{3s^2-6s+19}{(s-1)\{(s-1)^2+4\}} = \frac{A}{s-1} + \frac{B(s-1)+C}{(s-1)^2+4}$$

とおく．係数を比較して（または数値を代入して）$A=4,\ B=-1,\ C=0$ を得る．したがって

$$Y=\frac{4}{s-1}+\frac{-(s-1)}{(s-1)^2+4}$$

よって $y=\mathscr{L}^{-1}[Y]=4e^t-e^t\cos 2t$

(2) $Y(s)=\mathscr{L}[y(t)]$ とおき微分方程式の両辺をラプラス変換する．

$$s^2Y - s - 3 - 4sY + 4 + 3Y = \frac{8}{s+1},$$

$$Y=\frac{s^2+7}{(s^2-4s+3)(s+1)} = \frac{s^2+7}{(s+1)(s-1)(s-3)} = \frac{A}{s+1}+\frac{B}{s-1}+\frac{C}{s-3}$$

とおく．第 3 式，第 4 式を $(s+1)(s-1)(s-3)$ 倍する．

$$s^2+7 = A(s-1)(s-3)+B(s+1)(s-3) + C(s+1)(s-3)$$

$s=-1$ を代入して

$$8=8A \qquad \therefore\ A=1$$

同様に $s=1,3$ を代入して

$$B=-2,\quad C=2$$

を得る．

$$\therefore\ Y=\frac{1}{s+1}-\frac{2}{s-1}+\frac{2}{s-3}$$

よって $y=\mathscr{L}^{-1}[Y]=e^{-t}-2e^t+2e^{3t}$

11.5.1 (1) $y(t)+y(t)*(e^{3t})=5\cos t$. $Y(s)=\mathscr{L}[y(t)]$ とおき積分方程式の両辺をラプラス変換する．

$$Y+Y\frac{1}{s-3}=\frac{5s}{s^2+1},$$

$$Y=\frac{5s(s-3)}{(s-2)(s^2+1)}=\frac{A}{s-2}+\frac{Bs+C}{s^2+1}$$

とおくと $A=-2,\ B=7,\ C=-1$

$$\therefore\ Y=-\frac{2}{s-2}+\frac{7s}{s^2+1}-\frac{1}{s^2+1}$$

よって $y=\mathscr{L}^{-1}[Y]=-2e^{2t}+7\cos t-\sin t$

(2) $Y(s)=\mathscr{L}[y(t)]$ とおき積分微分方程式の両辺をラプラス変換する．$sY+3Y+2\frac{Y}{s}=\frac{6}{s-1}$ より

$$Y=\frac{6s}{(s+2)(s+1)(s-1)} = \frac{A}{s+2}+\frac{B}{s+1}+\frac{C}{s-1}$$

とおく．分母を払い $s=-2,\ s=-1,\ s=1$ を順に代入する．これより $A=-4,\ B=3,\ C=1$ を得る．

$$\therefore\ Y=-\frac{4}{s+2}+\frac{3}{s+1}+\frac{1}{s-1}$$

よって $y=\mathscr{L}^{-1}[Y]=-4e^{-2t}+3e^{-t}+e^t$.

11.6.1 (1) $a_0=\frac{1}{2}\int_{-2}^{2} f(x)\,dx$

$$=\frac{1}{2}\left\{\int_{-2}^{0} 2\,dx+\int_{0}^{2}(2-x)\,dx\right\}=3$$

$n \geqq 1$ に対し，

$$a_n=\frac{1}{2}\int_{-2}^{2} f(x)\cos\frac{n\pi x}{2}\,dx$$

$$=\frac{1}{2}\left\{\int_{-2}^{0} 2\cos\frac{n\pi x}{2}\,dx+\int_{0}^{2}(2-x)\cos\frac{n\pi x}{2}\,dx\right\}$$

（上式 2 番目の積分は，$\sin n\pi=0, \cos n\pi=(-1)^n$ に注意して部分積分法を用いて計算する）

$$=\frac{2}{n^2\pi^2}\{1-(-1)^n\}$$

$n \geqq 1$ に対し，

$$b_n=\frac{1}{2}\int_{-2}^{2} f(x)\sin\frac{n\pi x}{2}\,dx$$

$$=\frac{1}{2}\left\{\int_{-2}^{0} 2\sin\frac{n\pi x}{2}\,dx+\int_{0}^{2}(2-x)\sin\frac{n\pi x}{2}\,dx\right\}$$

（上式 2 番目の積分は，$\sin n\pi=0, \cos n\pi=(-1)^n$ に注意して部分積分法を用いて計算する）

$$=\frac{2}{n\pi}(-1)^n$$

フーリエ級数は，

$$f(x) \sim \frac{3}{2}+\sum_{n=1}^{\infty}\left[\frac{2}{n^2\pi^2}\{1-(-1)^n\}\cos\left(\frac{n\pi x}{2}\right) + \frac{2}{n\pi}(-1)^n\sin\left(\frac{n\pi x}{2}\right)\right]$$

11.7.1 (1) $a_0=\frac{1}{\pi}\int_{-\pi}^{\pi}\frac{x^2}{4}\,dx=\frac{\pi^2}{6}$

$n \geqq 1$ に対し，

$$a_n=\frac{1}{\pi}\int_{-\pi}^{\pi}\frac{x^2}{4}\cos nx\,dx=\frac{1}{2\pi}\int_{0}^{\pi}x^2\cos nx\,dx$$

（$\because$ $\frac{x^2}{4}\cos nx$ は偶関数）

$$=\frac{1}{2\pi}\left(\frac{1}{n}[x^2\sin nx]_0^{\pi}-\frac{2}{n}\int_0^{\pi}x\sin nx\,dx\right)$$

$$= -\frac{1}{n\pi}\int_0^{\pi} x\sin nx\,dx$$

$$= -\frac{1}{n\pi}\left(-\frac{1}{n}[x\cos nx]_0^{\pi} + \frac{1}{n}\int_0^{\pi}\cos nx\,dx\right)$$

$$= -\frac{1}{n\pi}\left\{(-1)^{n+1}\frac{\pi}{n} + \frac{1}{n^2}[\sin nx]_0^{\pi}\right\}$$

$$(\because \quad \cos n\pi = (-1)^n)$$

$$= \frac{(-1)^n}{n^2},$$

$$b_n = \frac{1}{\pi}\int_{-\pi}^{\pi}\frac{x^2}{4}\sin nx\,dx = 0$$

$$(\because \quad \tfrac{x^2}{4}\cos nx \text{ は奇関数})$$

■補足 関数 $f(x) = \frac{x^2}{4}$ は偶関数なので，フーリエ余弦級数の公式に当てはめてもよい．

(2)

$$f(x) \sim \frac{a_0}{2} + \sum_{n=1}^{\infty}(a_n\cos nx + b_n\sin nx)$$

$$= \frac{\pi^2}{12} + \sum_{n=1}^{\infty}\frac{(-1)^n}{n^2}\cos nx$$

$x = 0$ において $f(x)$ は連続だから，$x = 0$ では上記の式は等式となる．

$$0 = \frac{\pi^2}{12} + \sum_{n=1}^{\infty}\frac{(-1)^n}{n^2}$$

$$\therefore \quad \sum_{n=1}^{\infty}\frac{(-1)^{n+1}}{n^2} = -\sum_{n=1}^{\infty}\frac{(-1)^n}{n^2} = \frac{\pi^2}{12}$$

11.7.2 $f(t)$ は奇関数だからフーリエ正弦級数を求める．$a_n = 0$ $(n = 0, 1, 2, \dots)$

$n \geqq 1$ のとき

$$b_n = 2\cdot\frac{1}{1}\int_0^1 t\sin(n\pi t)\,dt$$

$$= 2\left\{-\frac{1}{n\pi}[t\cos(n\pi t)]_0^1 + \frac{1}{n\pi}\int_0^1\cos(n\pi t)\,dt\right\}$$

$$= 2\left\{\frac{(-1)^{n+1}}{n\pi} + \frac{1}{(n\pi)^2}[\sin(n\pi t)]_0^1\right\}$$

$$(\because \quad \cos(n\pi) = (-1)^n)$$

$$= \frac{2}{n\pi}(-1)^{n+1} \quad (\because \quad \sin(n\pi) = 0)$$

よって $f(t)$ のフーリエ級数は

$$\sum_{n=1}^{\infty} b_n\sin(n\pi t) = \frac{2}{\pi}\sum_{n=1}^{\infty}\frac{(-1)^{n+1}}{n}\sin(n\pi t)$$

11.8.1 この問題は，❷「フーリエ解析」の要項の補足で述べているようにフーリエ変換の定義式にも逆フーリエ変換の定義式にも係数 $\frac{1}{\sqrt{2\pi}}$ がつく．

(1) $\omega \neq 0$ の場合

$$F(\omega) = \frac{1}{\sqrt{2\pi}}\int_{-\infty}^{\infty} f(x)e^{-i\omega x}\,dx$$

$$= \frac{1}{\sqrt{2\pi}}\int_{-1}^{1}(1-|x|)e^{-i\omega x}\,dx$$

$$= \frac{1}{\sqrt{2\pi}}\left\{\int_{-1}^{0}(1+x)e^{-i\omega x}\,dx + \int_0^1(1-x)e^{-i\omega x}\,dx\right\}$$

$$= \frac{1}{\sqrt{2\pi}}\left\{\frac{i}{\omega}[(1+x)e^{-i\omega x}]_{-1}^{0} - \frac{i}{\omega}\int_{-1}^{0}e^{-i\omega x}\,dx + \frac{i}{\omega}[(1-x)e^{-i\omega x}]_0^1 + \frac{i}{\omega}\int_0^1 e^{-i\omega x}\,dx\right\}$$

$$= \frac{1}{\sqrt{2\pi}}\frac{i}{\omega}\left(\int_0^1 e^{-i\omega x}\,dx - \int_{-1}^{0}e^{-i\omega x}\,dx\right)$$

$$= \frac{1}{\sqrt{2\pi}}\frac{-1}{\omega^2}(e^{-i\omega} + e^{i\omega} - 2)$$

$$= \frac{1}{\sqrt{2\pi}}\frac{-1}{\omega^2}(2\cos\omega - 2) = \frac{1}{\sqrt{2\pi}}\frac{2(1-\cos\omega)}{\omega^2}$$

$\omega = 0$ の場合，

$$F(0) = \frac{1}{\sqrt{2\pi}}\int_{-1}^{1}f(x)\,dx$$

$$= \frac{2}{\sqrt{2\pi}}\int_0^1 f(x)\,dx \quad (\because \quad f(x) \text{ は偶関数})$$

$$= \frac{2}{\sqrt{2\pi}}\int_0^1(1-x)\,dx = \frac{1}{\sqrt{2\pi}}$$

(2) $f(x)$ は連続関数だから，

$$f(x) = \frac{1}{\sqrt{2\pi}}\int_{-\infty}^{\infty}F(\omega)e^{i\omega x}\,d\omega$$

$$= \frac{1}{\sqrt{2\pi}}\int_{-\infty}^{\infty}\frac{1}{\sqrt{2\pi}}\frac{2(1-\cos\omega)}{\omega^2}c^{i\omega x}\,d\omega$$

$$= \frac{1}{\pi}\int_{-\infty}^{\infty}\frac{1-\cos\omega}{\omega^2}(\cos\omega x + i\sin\omega x)d\omega$$

$$= \frac{1}{\pi}\left(\int_{-\infty}^{\infty}\frac{1-\cos\omega}{\omega^2}\cos\omega x\,d\omega + i\int_{-\infty}^{\infty}\frac{1-\cos\omega}{\omega^2}\sin\omega x\,d\omega\right)$$

ω を変数として $\frac{1-\cos\omega}{\omega^2}\cos\omega x$，$\frac{1-\cos\omega}{\omega^2}\sin\omega x$ はそれぞれ偶関数，奇関数になるので，

$$f(x) = \frac{2}{\pi}\int_0^{\infty}\frac{1-\cos\omega}{\omega^2}\cos\omega x\,d\omega \quad \cdots ①$$

①に $x = 0$ を代入

$$1 = \frac{2}{\pi}\int_0^{\infty}\frac{1-\cos\omega}{\omega^2}\,d\omega,$$

$$\int_0^{\infty}\frac{1-\cos\omega}{\omega^2}\,d\omega = \frac{\pi}{2}\cdots②$$

②に $x = 1$ を代入

$$0 = \frac{2}{\pi}\int_0^\infty \frac{1-\cos\omega}{\omega^2}\cos\omega\,d\omega,$$

$$\int_0^\infty \frac{1-\cos\omega}{\omega^2}\cos\omega\,d\omega = 0 \cdots ③$$

②と③を加える．

$$\int_0^\infty \frac{1-\cos\omega}{\omega^2}(1+\cos\omega)\,d\omega$$

$$= \int_0^\infty \frac{\sin^2\omega}{\omega^2}\,d\omega = \frac{\pi}{2}$$

$$\therefore \quad \int_0^\infty \frac{\sin^2 x}{x^2}\,dx = \frac{\pi}{2}$$

第 11 章　演習問題解答

11.1 (1)　任意の $a, b \neq 0$ に対し，

$$I = \int e^{at}\ \sin bt\,dt$$

とおく．

$$I = \int e^{at}\left(-\frac{1}{b}\cos bt\right)'dt$$

$$= -\frac{1}{b}e^{at}\cos bt + \frac{a}{b}\int e^{at}\cos bt\,dt$$

$$= -\frac{1}{b}e^{at}\cos bt$$

$$+ \frac{a}{b}\left(\frac{1}{b}e^{at}\sin bt - \frac{a}{b}\int e^{at}\sin bt\,dt\right)$$

$$= \frac{e^{at}}{b^2}(a\sin bt - b\cos bt) - \frac{a^2}{b^2}I$$

$$\therefore \quad I = \frac{e^{at}}{a^2+b^2}(a\sin bt - b\cos bt)$$

$$\mathscr{L}[\sin\omega t] = \int_0^\infty e^{-st}\sin\omega t\,dt$$

$$= \frac{1}{s^2+\omega^2}[e^{-st}(-s\sin\omega t - \omega\cos\omega t)]_0^\infty$$

ここで，$-1 \leqq \sin\omega t \leqq 1$，$-1 \leqq \cos\omega t \leqq 1$ であり $s > 0$ ならば $\lim_{t\to\infty} e^{-st} = 0$ だから，$s > 0$ のとき，

$$\lim_{t\to\infty} e^{-st}(-s\sin\omega t - \omega\cos\omega t) = 0$$

$$\therefore \quad \mathscr{L}[\sin\omega t] = \frac{\omega}{s^2+\omega^2}$$

(2)　任意の $a, b \neq 0$ に対し，

$$I = \int e^{at}\cos bt\,dt$$

とおく．

$$I = \frac{1}{b}e^{at}\sin bt - \frac{a}{b}\int e^{at}\sin bt\,dt$$

$$= \frac{1}{b}e^{at}\sin bt$$

$$- \frac{a}{b}\left(-\frac{1}{b}e^{at}\cos bt + \frac{a}{b}\int e^{at}\cos bt\,dt\right)$$

$$= \frac{e^{at}}{b^2}(a\cos bt + b\sin bt) - \frac{a^2}{b^2}I,$$

$$\frac{a^2+b^2}{b^2}I = \frac{e^{at}}{b^2}(a\cos bt + b\sin bt)$$

$$\therefore \quad I = \frac{e^{at}}{a^2+b^2}(a\cos bt + b\sin bt)$$

$$\mathscr{L}[\cos\omega t] = \int_0^\infty e^{-st}\cos\omega t\,dt$$

$$= \frac{1}{s^2+\omega^2}[e^{-st}(-s\cos\omega t + \omega\sin\omega t)]_0^\infty$$

ここで，$-1 \leqq \sin\omega t \leqq 1$，$-1 \leqq \cos\omega t \leqq 1$ であり $s > 0$ ならば $\lim_{t\to\infty} e^{-st} = 0$ だから，$s > 0$ のとき，

$$\lim_{t\to\infty} e^{-st}(-s\cos\omega t + \omega\sin\omega t) = 0$$

$$\therefore \quad \mathscr{L}[\cos\omega t] = \frac{s}{s^2+\omega^2}$$

(3)　$\mathscr{L}[a+bt] = \displaystyle\int_0^\infty e^{-st}(a+bt)\,dt$

$$= \int_0^\infty \left(-\frac{1}{s}e^{-st}\right)'(a+bt)\,dt$$

$$= -\frac{1}{s}[e^{-st}(a+bt)]_0^\infty + \frac{b}{s}\int_0^\infty e^{-st}\,dt$$

ここで，$s > 0$ ならば $\lim_{t\to\infty} e^{st} = \infty$ である．よって，ロピタルの定理（5 章）により

$$\lim_{t\to\infty} e^{-st}t = \lim_{t\to\infty}\frac{t}{e^{st}}$$

$$= \lim_{t\to\infty}\frac{1}{se^{st}} = 0$$

したがって $\lim_{t\to\infty} e^{-st}(a+bt) = 0$，

$$\mathscr{L}[a+bt] = \frac{-1}{s}(0-a) + \frac{b}{s}\int_0^\infty e^{-st}\,dt$$

$$= \frac{a}{s} + \frac{b}{s}\frac{-1}{s}[e^{-st}]_0^\infty$$

$$= \frac{a}{s} + \frac{-b}{s^2}(0-1)$$

$$= \frac{as+b}{s^2}$$

11.2 (1)　$\frac{2}{s(s+1)(s+2)} = \frac{1}{s} - \frac{2}{s+1} + \frac{1}{s+2}$，

$$\mathscr{L}^{-1}\left[\frac{2}{s(s+1)(s+2)}\right]$$

$$= \mathscr{L}^{-1}\left[\frac{1}{s}\right] - 2\mathscr{L}^{-1}\left[\frac{1}{s+1}\right] + \mathscr{L}^{-1}\left[\frac{1}{s+2}\right]$$

$$= 1 - 2e^{-t} + e^{-2t}$$

(2)

$$\frac{-s+2}{s^2+2s+4}=\frac{-s+2}{(s+1)^2+3}$$

$$=\frac{-(s+1)+3}{(s+1)^2+3}$$

$$=-\frac{s+1}{(s+1)^2+(\sqrt{3})^2}+\sqrt{3}\frac{\sqrt{3}}{(s+1)^2+(\sqrt{3})^2},$$

$$\mathscr{L}^{-1}\left[\frac{-s+2}{s^2+2s+4}\right]$$

$$=-e^{-t}\cos\sqrt{3}\,t+\sqrt{3}\,e^{-t}\sin\sqrt{3}\,t,$$

$$f(t)=e^{-t}(-\cos\sqrt{3}\,t+\sqrt{3}\sin\sqrt{3}\,t)$$

$$=2e^{-t}\sin\left(\sqrt{3}\,t-\frac{\pi}{6}\right)$$

$$=2e^{-t}\sin\sqrt{3}\left(t-\frac{\pi}{6\sqrt{3}}\right)$$

グラフは一番下の図になる.

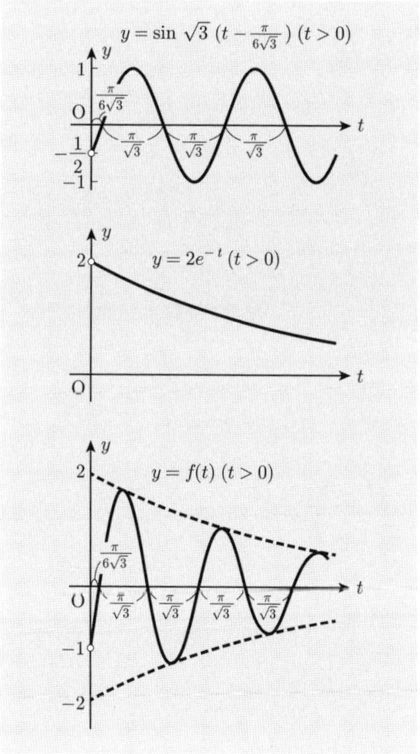

11.3　$Y(s)=\mathscr{L}[y(t)]$ とおき微分方程式の両辺をラプラス変換する.

$$(s^2Y-6s-1)-2(sY-6)+Y=\frac{3}{(s-1)^2}+\frac{1}{s-1},$$

$$(s^2-2s+1)Y+(-6s+11)=\frac{s+2}{(s-1)^2},$$

$$(s-1)^2Y=\frac{s+2}{(s-1)^2}+6s-11,$$

$$Y=\frac{s-1+3}{(s-1)^4}+\frac{6(s-1)-5}{(s-1)^2}$$

$$=\frac{3}{(s-1)^4}+\frac{1}{(s-1)^3}-\frac{5}{(s-1)^2}+\frac{6}{s-1},$$

$$y=\mathscr{L}^{-1}[Y]$$

$$=3\mathscr{L}^{-1}\left[\frac{1}{(s-1)^4}\right]+\mathscr{L}^{-1}\left[\frac{1}{(s-1)^3}\right]$$

$$-5\mathscr{L}^{-1}\left[\frac{1}{(s-1)^2}\right]+6\mathscr{L}^{-1}\left[\frac{1}{s-1}\right]$$

$$=3\cdot\frac{t^3}{6}e^t+\frac{t^2}{2}e^t-5te^t+6e^t$$

$$=\left(\frac{t^3}{2}+\frac{t^2}{2}-5t+6\right)e^t$$

11.4　$Y(s)=\mathscr{L}[y(t)]$ とおく. $y(t)-\sin t*y(t)=t^2$ より

$$\mathscr{L}[y(t)-\sin t*y(t)]=Y(s)-\frac{1}{s^2+1}Y(s)=\frac{2}{s^3},$$

$$Y(s)=2\left(\frac{1}{s^3}+\frac{1}{s^5}\right),$$

$$y(t)=\mathscr{L}^{-1}[Y(s)]=t^2+\frac{1}{12}t^4$$

11.5　(1)

$$f(x)\sim\frac{a_0}{2}+\sum_{n=1}^{\infty}\left(a_n\cos\frac{n\pi x}{L}+b_n\sin\frac{n\pi x}{L}\right),$$

$$a_n=\frac{1}{L}\int_{-L}^{L}f(x)\cos\frac{n\pi x}{L}\,dx\quad(n\geqq 0),$$

$$b_n=\frac{1}{L}\int_{-L}^{L}f(x)\sin\frac{n\pi x}{L}\,dx\quad(n\geqq 1)$$

(2)　$f(-x)=-f(x)\ (-2\leqq x\leqq 2)$ だから $f(x)$ は奇関数. $a_n=0$

$n\geqq 1$ のとき

$$b_n=\frac{2}{2}\int_0^2 f(x)\sin\frac{n\pi x}{2}\,dx$$

$$=\int_0^2(4-2x)\sin\frac{n\pi x}{2}\,dx$$

$$=-\frac{2}{n\pi}\left[(4-2x)\cos\frac{n\pi x}{2}\right]_0^2-\frac{4}{n\pi}\int_0^2\cos\frac{n\pi x}{2}\,dx$$

$$=\frac{8}{n\pi}-\frac{4}{n\pi}\frac{2}{n\pi}\left[\sin\frac{n\pi x}{2}\right]_0^2$$

$$=\frac{8}{n\pi}\quad(\because\ \sin n\pi=0)$$

11

フーリエ級数は,

$$f(x) \sim \frac{8}{\pi}\sum_{n=1}^{\infty}\frac{1}{n}\sin\frac{n\pi x}{2}$$

11.6 (1)　$f(x)$ は偶関数だから,

$$a_n = \frac{2}{\pi}\int_0^{\pi}\left(\frac{1}{2}e^{ax}+\frac{1}{2}e^{-ax}\right)\cos nx\,dx$$

$$= \frac{1}{\pi}\left(\int_0^{\pi} e^{ax}\cos nx\,dx + \int_0^{\pi} e^{-ax}\cos nx\,dx\right)$$

ここで $I = \int e^{ax}\cos nx\,dx$ とおくと, $a \neq 0$ より

$$I = \frac{1}{a}e^{ax}\cos nx + \frac{n}{a}\int e^{ax}\sin nx\,dx$$

$$= \frac{1}{a}e^{ax}\cos nx$$

$$+ \frac{n}{a}\left(\frac{1}{a}e^{ax}\sin nx - \frac{n}{a}\int e^{ax}\cos nx\,dx\right)$$

$$= \frac{e^{ax}}{a^2}(a\cos nx + n\sin nx) - \frac{n^2}{a^2}I,$$

$$\therefore\quad I = \frac{e^{ax}}{n^2+a^2}(a\cos nx + n\sin nx)$$

よって

$$\int_0^{\pi} e^{ax}\cos nx\,dx$$

$$= \frac{1}{n^2+a^2}\left[e^{ax}(a\cos nx + n\sin nx)\right]_0^{\pi}$$

$$= \frac{a}{n^2+a^2}\{e^{a\pi}(-1)^n - 1\}$$

$$(\because\quad \cos n\pi = (-1)^n, \sin n\pi = 0)$$

上記積分の式の a に $-a$ を代入して,

$$\int_0^{\pi} e^{-ax}\cos nx\,dx = \frac{-a}{n^2+a^2}\{e^{-a\pi}(-1)^n - 1\}$$

$$= \frac{a}{n^2+a^2}\{-e^{-a\pi}(-1)^n + 1\},$$

$$a_n = \frac{a}{\pi}\frac{(-1)^n}{n^2+a^2}(e^{a\pi} - e^{-a\pi})$$

一方 $f(x)$ は偶関数だから, $b_n = 0$

(2)　$f(x)$ は連続関数だから, フーリエ級数の収束定理より

$$f(x) = \frac{a_0}{2} + \sum_{n=1}^{\infty}(a_n\cos nx + b_n\sin nx)$$

$$= \frac{a}{2a^2\pi}(e^{a\pi} - e^{-a\pi})$$

$$+ \frac{a}{\pi}(e^{a\pi} - e^{-a\pi})\sum_{n=1}^{\infty}\frac{(-1)^n}{n^2+a^2}\cos nx$$

$$= \frac{e^{a\pi} - e^{-a\pi}}{2a\pi}\left\{1 + 2a^2\sum_{n=1}^{\infty}\frac{(-1)^n}{n^2+a^2}\cos nx\right\}$$

上式に $x = \pi$ を代入すると

$$\frac{1}{2}(e^{a\pi} + e^{-a\pi})$$

$$= \frac{e^{a\pi} - e^{-a\pi}}{2a\pi}\left(1 + 2a^2\sum_{n=1}^{\infty}\frac{1}{n^2+a^2}\right)$$

$$(\because\quad \cos n\pi = (-1)^n)$$

$a = 1$ を代入して等式を整理すると.

$$\sum_{n=1}^{\infty}\frac{1}{n^2+1} = \frac{1}{2}\left(\pi\frac{e^{\pi} + e^{-\pi}}{e^{\pi} - e^{-\pi}} - 1\right)$$

両辺に 1 を加える. よって

$$\sum_{n=0}^{\infty}\frac{1}{n^2+1} = \frac{1}{2}\left(\pi\frac{e^{\pi} + e^{-\pi}}{e^{\pi} - e^{-\pi}} + 1\right)$$

11.7 (1)

$$\int_{\alpha}^{\alpha+2\pi} f(x)\cos nx\,dx$$

$$= \int_{\alpha}^{-\pi} f(x)\cos nx\,dx + \int_{-\pi}^{\pi} f(x)\cos nx\,dx$$

$$+ \int_{\pi}^{\alpha+2\pi} f(x)\cos nx\,dx$$

$$= \int_{\alpha}^{-\pi} f(x)\cos nx\,dx + \int_{-\pi}^{\pi} f(x)\cos nx\,dx$$

$$+ \int_{-\pi}^{\alpha} f(x+2\pi)\cos n(x+2\pi)\,dx$$

$$= \int_{\alpha}^{-\pi} f(x)\cos nx\,dx + \int_{-\pi}^{\pi} f(x)\cos nx\,dx$$

$$+ \int_{-\pi}^{\alpha} f(x)\cos nx\,dx$$

(∵　$f(x), \cos nx$ 共に周期 2π の関数)

$$= \int_{\alpha}^{-\pi} f(x)\cos nx\,dx + \int_{-\pi}^{\pi} f(x)\cos nx\,dx$$

$$- \int_{\alpha}^{-\pi} f(x)\cos nx\,dx$$

$$= \int_{-\pi}^{\pi} f(x)\cos nx\,dx$$

$$\therefore\quad \frac{1}{\pi}\int_{\alpha}^{\alpha+2\pi} f(x)\cos nx\,dx$$

$$= \frac{1}{\pi}\int_{-\pi}^{\pi} f(x)\cos nx\,dx = a_n$$

(2)　$g(x)$ も周期 2π の関数だから (1) の結果を用いて

$$a_n' = \frac{1}{\pi}\int_{-\pi}^{\pi} g(x)\cos nx\,dx$$

$$= \frac{1}{\pi}\int_{-\pi}^{\pi} f(x+\pi)\cos nx\,dx$$

$$= \frac{1}{\pi}\int_{-\pi}^{\pi} f(x-\pi)\cos nx\,dx \quad (\because\ f\ \text{は周期}\ 2\pi)$$

$$= \frac{1}{\pi}\int_{-2\pi}^{0} f(t)\cos n(t+\pi)\,dt$$

（$x - \pi = t$ とおく置換積分法）

$$= (-1)^n \frac{1}{\pi}\int_{-2\pi}^{0} f(t)\cos nt\,dt$$

（$\because\ \cos n(t+\pi) = (-1)^n \cos nt$）

$$= (-1)^n a_n \quad (\because\ (1)\ \text{の結果から})$$

同様に，

$$b'_n = \frac{1}{\pi}\int_{-\pi}^{\pi} g(x)\sin nx\,dx$$
$$= \frac{1}{\pi}\int_{-2\pi}^{0} f(t)\sin n(t+\pi)\,dt$$

さらに，

$$\sin n(t+\pi) = \sin(nt + n\pi)$$
$$= \sin nt\cdot\cos n\pi + \cos nt\cdot\sin n\pi$$
$$= \sin nt\cdot(-1)^n + \cos nt\cdot 0 = (-1)^n \sin nt$$

が成り立つので，上記 a'_n の計算と同様に，$b'_n = (-1)^n b_n$ が成り立つ．

11.8 (1)

$$F(\omega) = \int_{-\infty}^{\infty} e^{-|x|}e^{-i\omega x}\,dx$$
$$= \int_{-\infty}^{0} e^{x}e^{-i\omega x}\,dx + \int_{0}^{\infty} e^{-x}e^{-i\omega x}\,dx$$
$$= \int_{0}^{\infty} e^{-t}e^{i\omega t}\,dt + \int_{0}^{\infty} e^{-x}e^{-i\omega x}\,dx$$

（上式第 1 項で $x = -t$ とおいた）

$$= \int_{0}^{\infty} e^{(-1+i\omega)x}\,dx + \int_{0}^{\infty} e^{(-1-i\omega)x}\,dx$$

ここで

$$\int_{0}^{\infty} e^{(-1+i\omega)x}\,dx = \frac{1}{-1+i\omega}[e^{(-1+i\omega)x}]_0^{\infty}$$
$$= \frac{1}{-1+i\omega}\lim_{a\to\infty}\{e^{(-1+i\omega)a} - 1\}$$

また

$$\lim_{a\to\infty}|e^{(-1+i\omega)a}| = \lim_{a\to\infty} e^{-a}|e^{\omega a i}|$$
$$= \lim_{a\to\infty} e^{-a} = 0$$

より $\lim_{a\to\infty} e^{(-1+i\omega)a} = 0$． したがって，$\int_0^\infty e^{(-1+i\omega)x}\,dx = \frac{1}{1-i\omega}$． ω に $-\omega$ を代入して

$$\int_{0}^{\infty} e^{(-1-i\omega)x}\,dx = \frac{1}{1+i\omega}$$

以上より

$$F(\omega) = \frac{1}{1-i\omega} + \frac{1}{1+i\omega} = \frac{2}{1+\omega^2}$$

■**補足** $F(\omega) = 2\int_0^\infty e^{-x}\cos\omega x\,dx$ として解くことができる．

(2) $f(x)$ は連続関数だから

$$f(x) = \frac{1}{2\pi}\int_{-\infty}^{\infty} F(u)e^{iux}\,du$$
$$= \frac{1}{2\pi}\int_{-\infty}^{\infty} \frac{2}{1+u^2}e^{iux}\,du$$
$$= \frac{1}{\pi}\int_{-\infty}^{\infty} \frac{1}{1+u^2}(\cos ux + i\sin ux)\,du$$
$$= \frac{1}{\pi}\int_{-\infty}^{\infty} \frac{\cos ux}{1+u^2}\,du + \frac{i}{\pi}\int_{-\infty}^{\infty}\frac{\sin ux}{1+u^2}\,du$$

変数 u の関数としてみると $\frac{\cos ux}{1+u^2}$ は偶関数，$\frac{\sin ux}{1+u^2}$ は奇関数だから

$$f(x) = \frac{2}{\pi}\int_0^{\infty}\frac{\cos ux}{1+u^2}\,du$$

$x = 1$ を代入して

$$e^{-1} = \frac{2}{\pi}\int_0^{\infty}\frac{\cos u}{1+u^2}\,du$$

以上より，$\int_0^\infty \frac{\cos u}{1+u^2}\,du = \frac{\pi}{2e}$

第 12 章

12.1.1 (1) 解を z とおく．

$$z^3 = 1 \cdots ①$$

$$z = r(\cos\theta + i\sin\theta) \quad (0 \leqq r,\ 0 \leqq \theta < 2\pi)$$

とおく．

①の両辺を極形式で表す．

$$r^3(\cos 3\theta + i\sin 3\theta) = 1(\cos 0 + \sin 0)$$

これより

$$r^3 = 1 \cdots ②$$
$$3\theta = 2k\pi \quad (k\ \text{は整数}) \cdots ③$$

②より $r = 1$

③より $\theta = \frac{2k}{3}\pi$． $0 \leqq \theta < 2\pi$ より $k = 0, 1, 2$

以上より解は

$$w_k = \cos\frac{2k\pi}{3} + i\sin\frac{2k\pi}{3} \quad (k = 0, 1, 2)$$

よって

$$w_0 = 1,$$
$$w_1 = \cos\frac{2\pi}{3} + i\sin\frac{2\pi}{3} = -\frac{1}{2} + \frac{\sqrt{3}}{2}i,$$
$$w_2 = \cos\frac{4\pi}{3} + i\sin\frac{4\pi}{3} = -\frac{1}{2} - \frac{\sqrt{3}}{2}i$$

(2) $x^5=1=1\cdot e^{0i}$ の解は

$$w_k = \sqrt[5]{1}\, e^{\frac{0+2k\pi}{5}i}$$

$$= \cos\frac{2k\pi}{5} + i\sin\frac{2k\pi}{5} \quad (k=0,1,2,3,4)$$

【別解】 (1) $x^3-1=(x-1)(x^2+x+1)=0$ より $x-1=0$ または $x^2+x+1=0$

$$\therefore\quad x = 1, \frac{-1\pm\sqrt{3}i}{2}$$

(2) 解を z とおく.

$$z^5=1\cdots①$$

$z = r(\cos\theta+i\sin\theta)$ $(0\leqq r,\ 0\leqq\theta<2\pi)$ とおく.

①の両辺を極形式で表す.

$$r^5(\cos5\theta+i\sin5\theta)=1(\cos0+i\sin0)$$

これより

$$r^5=1\cdots②$$

$$5\theta=2k\pi\quad(k\ は整数)\cdots③$$

③より $\theta=\frac{2k}{5}\pi$

$0\leqq\theta<2\pi$ より $k=0,1,2,3,4$

以上より解は

$$w_k=\cos\frac{2k\pi}{5}+i\sin\frac{2k\pi}{5}$$

$$(k=0,1,2,3,4)$$

12.2.1 $f(x+iy)=u(x,y)+iv(x,y)$ とおくとコーシー–リーマンの方程式より,

$$u_x=v_y=6\cdots①,\quad u_y=-v_x=-5\cdots②$$

①より $u=\int 6\,dx=6x+\varphi(y)$ と表される. ②へ代入すると $u_y=\varphi'(y)=-5$.

$$\varphi(y)=-5y+C\quad(C\ は実数の定数),$$

$$u=6x-5y+C$$

これより,

$$f(z)=u+iv=(6x-5y+C)+(5x+6y)i$$

$$=(6+5i)(x+iy)+C$$

$$=(6+5i)z+C\quad(C\ は実数の定数)$$

12.3.1 $0<|z-2|<2$ に対し, $w=z-2$ とおくと $0<|\frac{w}{2}|<1$ なので

$$\frac1z=\frac{1}{w+2}=\frac12\,\frac{1}{1-(-\frac w2)}$$

$$=\frac12\left\{1+\left(-\frac w2\right)+\left(-\frac w2\right)^2+\cdots+\left(-\frac w2\right)^n+\cdots\right\}$$

$(\because\ |-\frac w2|=\frac12|z-2|<1)$

$$=\frac12-\frac1{2^2}w+\frac1{2^3}w^2-\cdots+\frac{(-1)^n}{2^{n+1}}w^n+\cdots$$

$$=\frac12-\frac1{2^2}(z-2)+\frac1{2^3}(z-2)^2-\cdots+\frac{(-1)^n}{2^{n+1}}(z-2)^n+\cdots$$

$$\therefore\quad f(z)=\sum_{k=-\infty}^{\infty}c_k(z-2)^k$$

$$c_k=\begin{cases}\frac{(-1)^k}{2^{k+1}} & (k=0,1,2,\ldots)\\ 0 & (k=-1,-2,-3,\ldots)\end{cases}$$

12.4.1 (1) 特異点は $z^2+z+1=0$ の解だから, $z=\frac{-1\pm\sqrt3 i}{2}$

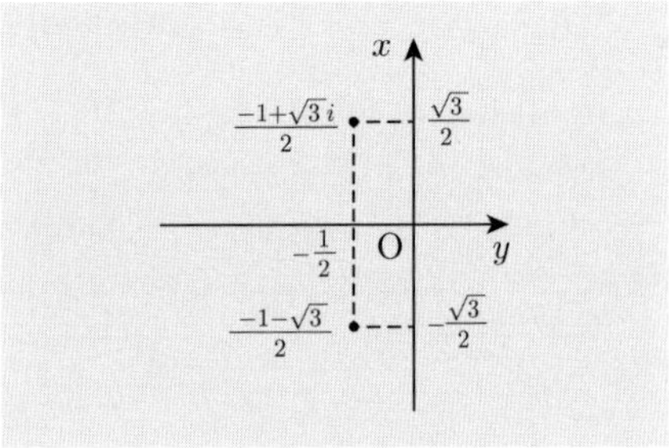

(2) $\alpha=\frac{-1+\sqrt3 i}{2}$, $\beta=\frac{-1-\sqrt3 i}{2}$ とおく.

(a) $C:|z-i|=\frac12$ とする. C は, 点 i を中心する半径 $\frac12$ の円.

$$\left|\left(\frac{-1\pm\sqrt3 i}{2}\right)-i\right|=\left|-\frac12+\left(\pm\frac{\sqrt3}{2}-1\right)i\right|>\frac12$$

より $z=\alpha,\beta$ は C の外部の点. コーシーの積分定理より, $\int_C f(z)\,dz=0$

(b) $C:|z-i|=\frac32$ とする. C は, 点 i を中心する半径 $\frac32$ の円.

$$\left|\left(\frac{-1\pm\sqrt3 i}{2}\right)-i\right|=\sqrt{\frac14+\left(\pm\frac{\sqrt3}{2}-1\right)^2}$$

$$=\sqrt{\frac14+\frac34\mp\sqrt3+1}=\sqrt{2\mp\sqrt3}\quad(複号同順)$$

$$|\alpha-i|=\sqrt{2-\sqrt3}<\frac32,\quad|\beta-i|=\sqrt{2+\sqrt3}>\frac32$$

したがって $z=\alpha$ は C の内部の点, $z=\beta$ は外部の点.

$$\mathrm{Res}[f,\alpha]=\lim_{z\to\frac{-1+\sqrt3 i}{2}}(z-\alpha)f(z)$$

$$= \lim_{z \to \frac{-1+\sqrt{3}\,i}{2}} (z-\alpha) \cdot \frac{1}{(z-\alpha)(z-\beta)}$$

$$= \frac{1}{\alpha-\beta} = \frac{1}{\sqrt{3}\,i}$$

留数定理より，

$$\int_C f(z)\,dz = 2\pi i \cdot \mathrm{Res}[f,\alpha] = \frac{2\pi}{\sqrt{3}}$$

12.4.2　$f(z) = \frac{z^2}{(z+1)(z-2)^2}$ とおく．$(z+1)(z-2)^2 = 0$ の解は $z=-1$, $z=2$（2 重解）．$z=-1$ は $f(z)$ の 1 位の極であり，$z=2$ は $f(z)$ の 2 位の極であり，いずれも円 C の内部の点．留数定理より，

$$\int_C f(z)\,dz = 2\pi i \{\mathrm{Res}[f,-1] + \mathrm{Res}[f,2]\}$$

$$= 2\pi i \left(\frac{1}{9} + \frac{8}{9}\right) = 2\pi i$$

12.5.1　(1)　$z = e^{i\theta}$ より，

$$dz = (e^{i\theta})'\,d\theta = ie^{i\theta}\,d\theta = iz\,d\theta$$

$$\therefore\quad d\theta = \frac{dz}{iz}$$

(2)　$1 + a\cos\theta = 1 + \frac{a}{2}(z + \frac{1}{z}) = \frac{1}{2z}(az^2 + 2z + a)$．(1) の結果も用いて

$$I = \int_{|z|=1} \frac{2z}{az^2+2z+a} \frac{dz}{iz}$$

$$= -2i \int_{|z|=1} \frac{dz}{az^2+2z+a}$$

(3)　$f(z) = \frac{1}{az^2+2z+a}$ とおく．$az^2+2z+a=0$ の解は

$$z = \frac{-1 \pm \sqrt{1-a^2}}{a}$$

$\alpha = \frac{-1+\sqrt{1-a^2}}{a}$, $\beta = \frac{-1-\sqrt{1-a^2}}{a}$ とおく．$0 < a < 1$ より上記 2 次方程式の解は共に実数で $\beta < \alpha$
$g(x) = ax^2 + 2x + a$ と定めると，$a > 0$ より，$y = g(x)$ のグラフは下に凸で，$g(-1) = 2a-2 < 0$, $g(0) = a > 0$ となるので $\beta < -1 < \alpha < 0$
以上より，単位円内部の特異点は

$$\alpha = \frac{-1+\sqrt{1-a^2}}{a}$$

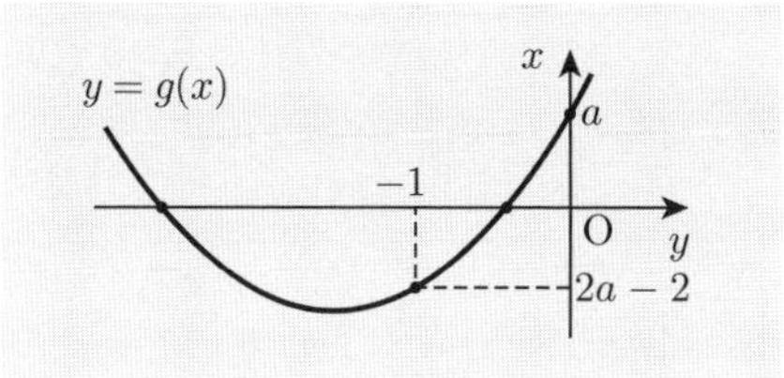

(4)　(2), (3) より留数定理を用いて

$$I = -2i \cdot 2\pi i \cdot \mathrm{Res}[f,\alpha] = 4\pi\,\mathrm{Res}[f,\alpha]$$

一方，

$$\mathrm{Res}[f,\alpha] = \lim_{z\to\alpha}(z-\alpha)f(z)$$

$$= \lim_{z\to\alpha}(z-\alpha)\frac{1}{a(z-\alpha)(z-\beta)} = \frac{1}{a}\frac{1}{\alpha-\beta}$$

$$= \frac{1}{2\sqrt{1-a^2}}$$

したがって，$I = \dfrac{2\pi}{\sqrt{1-a^2}}$

第 12 章　演習問題解答

12.1　(1)　$x = t$, $y = \sin t$（$0 \leqq t \leqq \pi$）より t を消去すると，$y = \sin x$（$0 \leqq x \leqq \pi$）

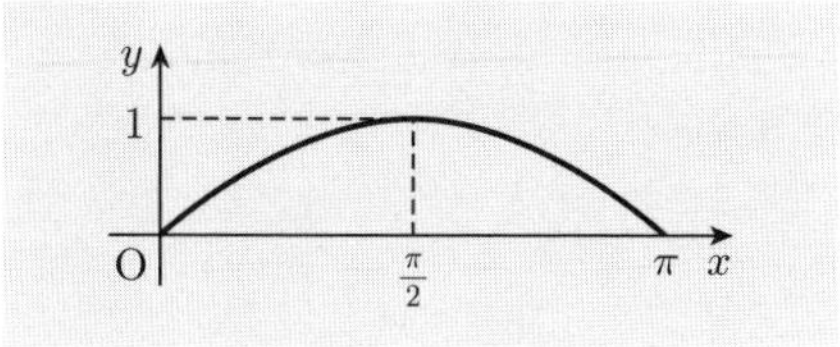

(2)　$z'(t) = 1 + i\cos t$

(3)　$\displaystyle\int_C \bar{z}\,dz = \int_0^\pi \bar{z}\frac{dz}{dt}\,dt$

$$= \int_0^\pi (t - i\sin t)(1 + i\cos t)\,dt$$

$$= \int_0^\pi \{(t + \sin t\cdot\cos t) + (t\cos t - \sin t)i\}\,dt,$$

$$\int_0^\pi (t + \sin t\cdot\cos t)\,dt$$

$$= \left[\frac{t^2}{2} + \frac{1}{2}\sin^2 t\right]_0^\pi = \frac{\pi^2}{2},$$

$$\int_0^\pi (t\cos t - \sin t)\,dt$$

$$= \int_0^\pi t\cos t\,dt - \int_0^\pi \sin t\,dt$$

$$= [t\sin t]_0^\pi - \int_0^\pi \sin t\,dt - \int_0^\pi \sin t\,dt$$

$$= 2[\cos t]_0^\pi = -4,$$

$$\therefore\quad \int_C \bar{z}\,dz = \frac{\pi^2}{2} - 4i$$

12.2　コーシー–リーマンの等式を用いる．

$$u_x = v_y = \left(\frac{-y}{x^2+y^2}\right)_y = \frac{-x^2+y^2}{(x^2+y^2)^2} \cdots ①$$

$$u_y = -v_x = \left(\frac{y}{x^2+y^2}\right)_x = \frac{-2xy}{(x^2+y^2)^2} \cdots ②$$

②より

$$u=\int\frac{-2xy}{(x^2+y^2)^2}\,dy=\frac{x}{x^2+y^2}+h(x)$$

と表される．①へ代入すると

$$\frac{-x^2+y^2}{(x^2+y^2)^2}+h'(x)=\frac{-x^2+y^2}{(x^2+y^2)^2}\cdot h'(x)=0,$$

$h(x)=C$ （C は実数の定数）

$$\therefore\quad u=\frac{x}{x^2+y^2}+C$$

$$\begin{aligned}f(z)&=\left(\frac{x}{x^2+y^2}+C\right)+\frac{-y}{x^2+y^2}i\\&=\frac{x-iy}{x^2+y^2}+C\\&=\frac{x-iy}{(x+iy)(x-iy)}+C=\frac{1}{x+iy}+C\\&=\frac{1}{z}+C\end{aligned}$$
（C は実数の定数）

12.3 (1)

$f'(z)=(z^2+1)e^{z-1}$,　$f''(z)=(z^2+2z+1)e^{z-1}$,

$a_1=f'(1)=2e^0=2$,　$a_2=\frac{1}{2}f''(1)=\frac{1}{2}\times4\times e^0=2$

(2) $w=z-1$ とおく．

$$f(z)=\{(z-1)^2+2\}e^{z-1}=(w^2+2)e^w$$

$$\begin{aligned}&=(w^2+2)\left(1+w+\frac{w^2}{2!}+\frac{w^3}{3!}+\cdots\right)\\&=\left(w^2+w^3+\frac{w^4}{2!}+\frac{w^5}{3!}+\cdots\right)\\&\quad+2\left(1+w+\frac{w^2}{2!}+\frac{w^3}{3!}+\cdots\right)\\&=2+2w+\sum_{k=2}^{\infty}\left(\frac{1}{(k-2)!}+\frac{2}{k!}\right)w^k\\&=2+2(z-1)+\sum_{k=2}^{\infty}\left(\frac{1}{(k-2)!}+\frac{2}{k!}\right)(z-1)^k\end{aligned}$$

$$\begin{aligned}\therefore\quad\frac{f(z)}{(z-1)^n}&=2(z-1)^{-n}+2(z-1)^{-n+1}\\&\quad+\sum_{k=2}^{\infty}\left(\frac{1}{(k-2)!}+\frac{2}{k!}\right)(z-1)^{-n+k}\end{aligned}$$

上記級数の項の中で $(z-1)^{-1}$ の項となるものは $n-k=-1$ より $k=n-1$（$\geqq 2$）の項であり，その係数は

$$\begin{aligned}\frac{1}{(n-1-2)!}+\frac{2}{(n-1)!}&=\frac{1}{(n-3)!}+\frac{2}{(n-1)!}\\&=\frac{n^2-3n+4}{(n-1)!}\end{aligned}$$

となるので，

$$\mathrm{Res}\left[\frac{f(z)}{(z-1)^n},1\right]=\frac{n^2-3n+4}{(n-1)!}$$

$z=1$ は C の内部の点だから留数定理より

$$\int_C\frac{f(z)}{(z-1)^n}\,dz=2\pi i\frac{n^2-3n+4}{(n-1)!}$$

【別解】 z^2-2z+3 は 2 次式だから，3 次以上の導関数は 0 となり，e^{z-1} の高次導関数はすべて e^{z-1} となる．$k\geqq 2$ のときライプニッツの公式より

$$\begin{aligned}&f^{(k)}(z)=\{(z^2-2z+3)e^{z-1}\}^{(k)}\\&=(z^2-2z+3)(e^{z-1})^{(k)}\\&\quad+{}_k\mathrm{C}_1(z^2-2z+3)'(e^{z-1})^{(k-1)}\\&\quad+{}_k\mathrm{C}_2(z^2-2z+3)''(e^{z-1})^{(k-2)}\\&=\{(z^2-2z+3)+k(2z-2)+k(k-1)\}e^{z-1},\\&f^{(k)}(1)=k^2-k+2\end{aligned}$$

グルサの定理

$$f^{(n)}(a)=\frac{n!}{2\pi i}\int_C\frac{f(z)}{(z-a)^{n+1}}\,dz$$
（$z=a$ は C の内部の点）

より

$$\begin{aligned}\int_C\frac{f(z)}{(z-1)^n}\,dz&=\frac{2\pi i}{(n-1)!}f^{(n-1)}(1)\\&=2\pi i\frac{n^2-3n+4}{(n-1)!}\end{aligned}$$

12.4 (1) $8i=8\left(\cos\frac{\pi}{2}+i\sin\frac{\pi}{2}\right)$

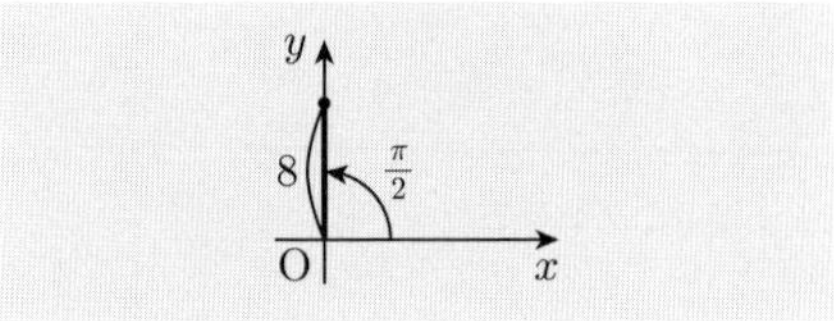

(2) 方程式の解は

$$\begin{aligned}w_k&=\sqrt[3]{8}\,e^{\frac{\frac{\pi}{2}+2k\pi}{3}i}\\&=2\left\{\cos\left(\frac{1+4k}{6}\right)\pi+i\sin\left(\frac{1+4k}{6}\right)\pi\right\}\end{aligned}$$
（$k=0,1,2$）

$$w_0=2\left(\cos\frac{\pi}{6}+i\sin\frac{\pi}{6}\right)=\sqrt{3}+i,$$

$$w_1=2\left(\cos\frac{5}{6}\pi+i\sin\frac{5}{6}\pi\right)=-\sqrt{3}+i,$$

$$w_2=2\left(\cos\frac{3}{2}\pi+i\sin\frac{3}{2}\pi\right)=-2i$$

以上より方程式の解は，$z = \pm\sqrt{3} + i, -2i$

(3)　C は，中心 $-i$，半径 2 の円.

$$|(\pm\sqrt{3} + i) - (-i)| = |\pm\sqrt{3} + 2i| = \sqrt{7} > 2$$

より $z = \pm\sqrt{3} + i$ は C の外部の点.

$|-2i - (-i)| = |-i| = 1 < 2$ より $z = -2i$ は C の内部の点.

$f(z) = \frac{1}{z^3 - 8i}$ とおくと留数定理より

$$\int_C f(z)\,dz = 2\pi i\,\mathrm{Res}[f, -2i],$$

$$\mathrm{Res}[f, -2i] = \frac{1}{\{(z^3 - 8i)'\}_{z=-2i}} = \frac{1}{(3z^2)_{z=-2i}} = -\frac{1}{12}$$

$$\therefore \quad \int_C f(z)\,dz = -\frac{\pi}{6}i$$

12.5　(1)　$z = e^{i\theta} = \cos\theta + i\sin\theta$, $\frac{1}{z} = e^{-i\theta} = \cos\theta - i\sin\theta$ より

$$z - \frac{1}{z} = 2i\sin\theta,$$

$$\sin\theta = \frac{1}{2i}\left(z - \frac{1}{z}\right) = \frac{1}{2i}\frac{z^2 - 1}{z}$$

(2)　$z^2 + 4iz - 1 = 0$ の解は,

$$z = -2i \pm \sqrt{-4 + 1} = -2i \pm \sqrt{3}\,i$$

$\alpha = (-2 + \sqrt{3})i$, $\beta = (-2 - \sqrt{3})i$ とおくと $f(z) = \frac{1}{(z - \alpha)(z - \beta)}$

$$\mathrm{Res}[f(z), \alpha] = \lim_{z \to \alpha}(z - \alpha)\frac{1}{(z - \alpha)(z - \beta)} = \frac{1}{\alpha - \beta} = \frac{-i}{2\sqrt{3}}$$

同様に

$$\mathrm{Res}[f(z), \beta] = \frac{1}{\beta - \alpha} = \frac{i}{2\sqrt{3}}$$

以上より，$f(z)$ の極は $z = (-2 \pm \sqrt{3})i$，留数は $\mp\frac{i}{2\sqrt{3}}$（複号同順）

(3)　$C : z = e^{i\theta}$ $(0 \leqq \theta \leqq 2\pi)$ は，原点を中心とする半径 1 の円を表す．C 上で

$$\frac{1}{2 + \sin\theta} = \frac{1}{2 + \frac{1}{2i}\frac{z^2 - 1}{z}} = \frac{2iz}{z^2 + 4iz - 1}$$

$dz = ie^{i\theta}\,d\theta = iz\,d\theta$ より $d\theta = \frac{1}{iz}\,dz$ となるので,

$$I = \int_C \frac{2iz}{z^2 + 4iz - 1}\frac{1}{iz}\,dz = 2\int_C f(z)\,dz$$

(2) の結果より，$f(z)$ の極は

$$z = (-2 \pm \sqrt{3})i$$

さらに $|(-2 + \sqrt{3})i| = 2 - \sqrt{3} < 1$, $|(-2 - \sqrt{3})i| = 2 + \sqrt{3} > 1$ より $(-2 + \sqrt{3})i$ は C の内部の点. $(-2 - \sqrt{3})i$ は C の外部の点．さらに留数定理を用いて,

$$I = 2 \cdot 2\pi i \cdot \mathrm{Res}[f, (-2 + \sqrt{3})i] = 4\pi i \times \left(\frac{-i}{2\sqrt{3}}\right) = \frac{2\pi}{\sqrt{3}}$$

12.6　(1)　$z^4 + 1 = 0$ を解く．$z^4 = -1 = 1 \cdot e^{i\pi}$ の解は

$$w_k = 1 \cdot e^{\frac{\pi + 2k\pi}{4}i} \quad (k = 0, 1, 2, 3)$$

求める極は,

$$w_0 = e^{\frac{\pi}{4}i},\ w_1 = e^{\frac{3\pi}{4}i},\ \omega_2 = e^{\frac{5\pi}{4}i},\ w_3 = e^{\frac{7\pi}{4}i}$$

(2)　$\mathrm{Res}[f, \alpha] = \dfrac{(z^2)_{z=\alpha}}{(z^4 + 1)'_{z=\alpha}} = \dfrac{\alpha^2}{4\alpha^3} = \dfrac{1}{4\alpha}$

(3)　4 個の極のうち w_0, w_1 は実軸より上側の点で，w_2, w_3 は実軸より下側の点となる．R を十分大きな正の数として下図の積分路を考える.

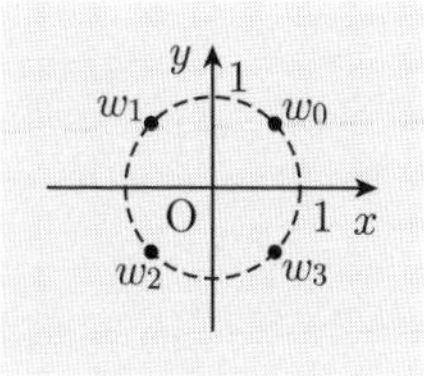

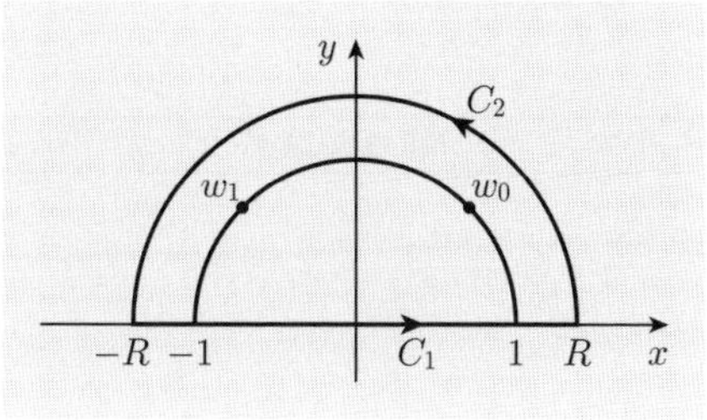

$C = C_1 + C_2$, $C_1 : z = x$ $(-R \leqq x \leqq R)$, $C_2 : z = \mathrm{R}e^{i\theta}$ $(0 \leqq \theta \leqq \pi)$ より

$$\int_C f(z)\,dz = \int_{C_1} f(z)\,dz + \int_{C_2} f(z)\,dz \cdots ①$$

C は閉曲線となり，$f(z)$ の C の内部の極は w_0, w_1 の 2 点．よって

$$\int_C f(z)\,dz = 2\pi i\{\mathrm{Res}[f, w_0] + \mathrm{Res}[f, w_1]\}$$

$$= 2\pi i\left(\frac{1}{4}e^{-\frac{\pi i}{4}} + \frac{1}{4}e^{-\frac{3\pi i}{4}}\right)$$

$$= 2\pi i \times \frac{1}{4} \times \left\{\left(\frac{1}{\sqrt{2}} - \frac{i}{\sqrt{2}}\right) + \left(\frac{-1}{\sqrt{2}} - \frac{i}{\sqrt{2}}\right)\right\}$$

$$= \frac{\pi}{\sqrt{2}} \cdots ②$$

$$\int_{C_1} f(z)\,dz = \int_{-R}^{R} f(x)\,dx \cdots ③$$

②, ③を①へ代入

$$\int_{-R}^{R} f(x)\,dx = \frac{\pi}{\sqrt{2}} - \int_{C_2} f(z)\,dz \cdots ④$$

ここで C_2 上においては，$|z| = R$ であり，三角不等式を用いて次の不等式が成り立つ．

$$|f(z)| = \frac{|z^2|}{|z^4+1|} \leqq \frac{|z|^2}{||z^4|-1|} = \frac{R^2}{R^4-1}$$

よって

$$\left|\int_{C_2} f(z)\,dz\right| \leqq \int_{C_2} |f(z)|\cdot|dz| \leqq \int_{C_2} \frac{R^2}{R^4-1}\,|dz| = \pi\frac{R^3}{R^4-1}$$

$\lim_{R\to\infty} \pi\frac{R^3}{R^4-1} = 0$ より $\lim_{R\to\infty} \left|\int_{C_2} f(z)\,dz\right| = 0$

$$\therefore\quad \lim_{R\to\infty}\int_{C_2} f(z)\,dz = 0$$

これと④より

$$\int_{-\infty}^{\infty} f(x)\,dx = \lim_{R\to\infty}\int_{-R}^{R} f(x)\,dx = \lim_{R\to\infty}\left(\frac{\pi}{\sqrt{2}} - \int_{C_2} f(z)\,dz\right) = \frac{\pi}{\sqrt{2}}$$

第 13 章

13.1.1　例えば 1 番目に青玉，2 番目に青玉，3 番目に赤玉，4 番目に赤玉，5 番目に白玉を取り出す確率は $\frac{4}{9}\frac{4}{9}\frac{3}{9}\frac{3}{9}\frac{2}{9}$ である．これは取り出す順番にかかわらず等しい．取り出し方の数は青玉 2 個と赤玉 2 個と白玉 1 個を一列に並べる方法の数 $\frac{5!}{2!\,2!\,1!}$ 通りある．よって求める確率は

$$\frac{5!}{2!\,2!\,1!}\left(\frac{4}{9}\right)^2\left(\frac{1}{3}\right)^2\frac{2}{9} = \frac{320}{2187}$$

13.2.1　3 番目に取り出した玉が赤である事象を A，1 番目と 2 番目に取り出した玉に白が入っていない事象を B とする．事象 A の場合，1 番目と 2 番目で赤玉が出ないか，または，1 個出るかの場合があり，その確率は

$$P(A) = \frac{7}{9}\frac{6}{8}\frac{2}{7} + \frac{7}{9}\frac{2}{8}\frac{1}{7} + \frac{2}{9}\frac{7}{8}\frac{1}{7} = \frac{7\cdot 16}{9\cdot 8\cdot 7} = \frac{2}{9}$$

である．次に，事象 $A \cap B$ は 1 番目と 2 番目に青玉か赤玉を取り出し，3 番目に赤玉を取り出す事象だから，その確率は

$$P(A\cap B) = \frac{4}{9}\frac{3}{8}\frac{2}{7} + \frac{4}{9}\frac{2}{8}\frac{1}{7} + \frac{2}{9}\frac{4}{8}\frac{1}{7} = \frac{4\cdot 10}{9\cdot 8\cdot 7} = \frac{5}{9\cdot 7}$$

求める確率は条件付き確率 $P_A(B)$ であり，

$$P_A(B) = \frac{P(A\cap B)}{P(A)} = \frac{5}{9\cdot 7}\frac{9}{2} = \frac{5}{14}$$

13.2.2　購入した全製品の中から 1 個取り出したときに，A 社の製品である事象を A，B 社の製品である事象を B，C 社の製品である事象を C，不良品である事象を F とする．取り出した製品が不良品である確率は

$$P(F) = P(A\cap F) + P(B\cap F) + P(C\cap F) = \frac{2}{6}\frac{4}{100} + \frac{3}{6}\frac{2}{100} + \frac{1}{6}\frac{1}{100} = \frac{15}{600} = \frac{1}{40}$$

(2)　求める確率は条件付き確率 $P_F(B)$ である．

$$P_F(B) = \frac{P(F\cap B)}{P(F)} = \frac{6}{600}\frac{600}{15} = \frac{2}{5}$$

13.3.1　n 回の操作の後，袋 A に赤玉が入っている確率が p_n だから，袋 B に赤玉が入っている確率は $1-p_n$ となる．どちらの袋についても赤玉の数は 1 個または 0 個のどちらかである．n 回の操作の後，袋 A に赤玉が入っているのは

(i)　$n-1$ 回後に袋 A に赤玉が入っていて，n 回目に袋 A から白玉が出る

(ii)　$n-1$ 回後に袋 A に赤玉が入ってなく，n 回目に袋 B から赤玉が出る

の 2 つの場合がある．これより，$n \geqq 1$ である n について漸化式

$$p_n = \frac{2}{3}\times p_{n-1} + \frac{1}{4}\times(1-p_{n-1})$$

$$\iff\quad p_n = \frac{5}{12}p_{n-1} + \frac{1}{4}$$

$$\iff\quad p_n - \frac{3}{7} = \frac{5}{12}\left(p_{n-1} - \frac{3}{7}\right)$$

が成り立つ．$p_0 = 1$ であるから 0 以上の整数 n について

$$p_n - \frac{3}{7} = \left(\frac{5}{12}\right)^n\left(p_0 - \frac{3}{7}\right)$$

$$\iff\quad p_n = \frac{1}{7}\left\{3 + 4\left(\frac{5}{12}\right)^n\right\}$$

13.4.1　(1)

$$P(X=0) = {}_3\mathrm{C}_0\left(\frac{3}{4}\right)^3 = \frac{27}{64},$$

$$P(X=1) = {}_3\mathrm{C}_1\frac{1}{4}\left(\frac{3}{4}\right)^2 = \frac{27}{64},$$

$$P(X=2) = {}_3\mathrm{C}_2\left(\frac{1}{4}\right)^2\frac{3}{4} = \frac{9}{64},$$

$$P(X=3) = {}_3\mathrm{C}_3\left(\frac{1}{4}\right)^3 = \frac{1}{64}$$

よって X の確率分布は次の表のようになる．

X	0	1	2	3	計
確率	$\frac{27}{64}$	$\frac{27}{64}$	$\frac{9}{64}$	$\frac{1}{64}$	1

(2)　X の平均を $E[X]$，分散を $V[X]$ とおくと

$$E[X] = 0 \times \frac{27}{64} + 1 \times \frac{27}{64} + 2 \times \frac{9}{64} + 3 \times \frac{1}{64} = \frac{48}{64} = \frac{3}{4},$$

$$V[X] = E[X^2] - \{E[X]\}^2$$
$$= \left(0^2 \times \frac{27}{64} + 1^2 \times \frac{27}{64} + 2^2 \times \frac{9}{64} + 3^2 \times \frac{1}{64}\right) - \left(\frac{3}{4}\right)^2$$
$$= \frac{72}{64} - \left(\frac{3}{4}\right)^2 = \frac{9}{16}$$

13.4.2　(1)　$P(X = k) = \frac{1}{n}$ なので

$$E[X] = \sum_{k=1}^{n} k \cdot P(X = k) = \sum_{k=1}^{n} k \cdot \frac{1}{n} = \frac{1}{n}\frac{n(n+1)}{2} = \frac{n+1}{2}$$

(2)　(X, Y) の並び方の総数は ${}_n\mathrm{P}_2 = n(n-1)$ 通りあり，どの並びも同様に確からしい．このうち $Z = k$ となる (X, Y) の並び方は

$$(X, Y) = (1, k), (2, k), \ldots, (k-1, k), (k, 1), (k, 2), \ldots, (k, k-1)$$

の $2(k-1)$ 通りある．よって $P(Z = k) = \frac{2(k-1)}{n(n-1)}$ を得る．これより，

$$E[Z] = \sum_{k=1}^{n} k \cdot P(Z = k)$$
$$= \frac{2}{n(n-1)} \sum_{k=1}^{n} (k^2 - k)$$
$$= \frac{2}{n(n-1)} \left\{\frac{n(n+1)(2n+1)}{6} - \frac{n(n+1)}{2}\right\}$$
$$= \frac{2}{n(n-1)} \frac{(n+1)n(n-1)}{3} = \frac{2(n+1)}{3}$$

13.5.1　(1)　マクローリン展開 $e^x = \sum_{k=0}^{\infty} \frac{x^k}{k!} = 1 + x + \frac{x^2}{2!} + \cdots$ を用いる．

$$E[X] = \sum_{k=0}^{\infty} kP(X = k) = \left(\sum_{k=0}^{\infty} k \cdot \frac{\lambda^k}{k!}\right) e^{-\lambda}$$
$$= \lambda \left\{\sum_{k=1}^{\infty} \frac{\lambda^{k-1}}{(k-1)!}\right\} e^{-\lambda} = \lambda e^{\lambda} e^{-\lambda} = \lambda,$$

$$E[X^2] = \sum_{k=0}^{\infty} k^2 P(X = k)$$
$$= \sum_{k=0}^{\infty} k(k-1)P(X = k) + \sum_{k=0}^{\infty} kP(X = k)$$
$$= \left\{\sum_{k=0}^{\infty} k(k-1)\frac{\lambda^k}{k!}\right\} e^{-\lambda} + E[X]$$
$$= \lambda^2 \left\{\sum_{k=2}^{\infty} \frac{\lambda^{k-2}}{(k-2)!}\right\} e^{-\lambda} + \lambda$$
$$= \lambda^2 e^{\lambda} e^{-\lambda} + \lambda = \lambda^2 + \lambda$$

よって，

$$V[X] = E[X^2] - (E[X])^2 = \lambda^2 + \lambda - \lambda^2 = \lambda$$

(2)　X と Y は独立であるので

$$P(Z = k) = \sum_{l=0}^{k} P((X, Y) = (l, k-l))$$
$$= \sum_{l=0}^{k} P(X = l) \cdot P(Y = k - l)$$
$$= \sum_{l=0}^{k} \frac{\lambda^l}{l!} e^{-\lambda} \cdot \frac{\mu^{k-l}}{(k-l)!} e^{-\mu}$$
$$= \frac{1}{k!} \sum_{l=0}^{k} \left\{\frac{k!}{l!\,(k-l)!} \lambda^l \mu^{k-l}\right\} e^{-\lambda-\mu}$$
$$= \frac{(\lambda+\mu)^k}{k!} e^{-(\lambda+\mu)}$$

よって，$Z = X + Y$ はポアソン分布 $Po(\lambda + \mu)$ に従う．

13.6.1

$$\int_{-\infty}^{\infty} f(x)\,dx = a \int_{-\infty}^{\infty} \exp\left\{-\frac{(x-m)^2}{2\sigma^2}\right\} dx = 1$$

が成り立つ．$t = \frac{x-m}{\sqrt{2}\,\sigma}$ とおくと $dx = \sqrt{2}\,\sigma\,dt$ だから，上の等式より

$$u\sqrt{2}\,\sigma \int_{-\infty}^{\infty} e^{-t^2}\,dt = a\sqrt{2}\,\sigma \cdot \sqrt{\pi} = 1$$

となるから，これより $a = \frac{1}{\sqrt{2\pi}\,\sigma}$ を得る．以下の計算においてもこの変数変換を用いると

$$E[X] = \int_{-\infty}^{\infty} xf(x)\,dx$$
$$= \frac{1}{\sqrt{2\pi}\,\sigma} \int_{-\infty}^{\infty} (m + \sqrt{2}\sigma t) e^{-t^2} \sqrt{2}\,\sigma\,dt$$

$$=m\cdot\frac{1}{\sqrt{\pi}}\int_{-\infty}^{\infty}e^{-t^2}\,dt+\frac{\sqrt{2}\,\sigma}{\sqrt{\pi}}\int_{-\infty}^{\infty}te^{-t^2}\,dt$$

$$=m\cdot\frac{1}{\sqrt{\pi}}\cdot\sqrt{\pi}+\frac{\sqrt{2}\,\sigma}{\sqrt{\pi}}\cdot\left[-\frac{e^{-t^2}}{2}\right]_{-\infty}^{\infty}$$

$$=m\cdot\frac{1}{\sqrt{\pi}}\cdot\sqrt{\pi}+0=m\quad\left(\because\lim_{t\to\pm\infty}e^{-t^2}=0\right),$$

$$E[X^2]=\int_{-\infty}^{\infty}x^2f(x)\,dx$$

$$=\frac{1}{\sqrt{2\pi}\,\sigma}\int_{-\infty}^{\infty}(m+\sqrt{2}\,\sigma t)^2e^{-t^2}\sqrt{2}\,\sigma\,dt$$

$$=\frac{m^2}{\sqrt{\pi}}\int_{-\infty}^{\infty}e^{-t^2}\,dt+\frac{2\sqrt{2}\,\sigma m}{\sqrt{\pi}}\int_{-\infty}^{\infty}te^{-t^2}\,dt$$

$$+\frac{2\sigma^2}{\sqrt{\pi}}\int_{-\infty}^{\infty}t^2e^{-t^2}\,dt$$

$$=\frac{m^2}{\sqrt{\pi}}\cdot\sqrt{\pi}+0+\frac{2\sigma^2}{\sqrt{\pi}}\cdot\int_{-\infty}^{\infty}t\cdot\left(-\frac{1}{2}e^{-t^2}\right)'\,dt$$

$$=m^2+\frac{2\sigma^2}{\sqrt{\pi}}$$

$$\cdot\left\{\underbrace{\left[t\cdot\left(-\frac{1}{2}\right)e^{-t^2}\right]_{-\infty}^{\infty}}-\int_{-\infty}^{\infty}\left(-\frac{1}{2}\right)e^{-t^2}\,dt\right\}$$

$$=m^2+\frac{2\sigma^2}{\sqrt{\pi}}\left(0+\frac{1}{2}\sqrt{\pi}\right)=m^2+\sigma^2$$

ここで波線部においてロピタルの定理を用いて

$$\lim_{t\to\pm\infty}te^{-t^2}=\lim_{t\to\pm\infty}\frac{t}{e^{t^2}}=\lim_{t\to\pm\infty}\frac{1}{2te^{t^2}}=0$$

となることを利用した．以上により，

$$V[X]=E[X^2]-\{E[X]\}^2=(m^2+\sigma^2)-m^2=\sigma^2$$

第 13 章　演習問題解答

13.1 (1)　大小 2 つのさいころを投げて出た目の数の組 (a,b) は 36 通りあり，どの組も同様に確からしい．A が対称行列になるのは

$$(a,b)=(1,1),(2,2),(3,3),(4,4),(5,5),(6,6)$$

の 6 通り．よって，求める確率は $\frac{6}{36}=\frac{1}{6}$

(2)　A が正則行列にならないのは $|A|=12-ab=0$ となるときである．これを満たす (a,b) の組は

$$(a,b)=(2,6),(3,4),(4,3),(6,2)$$

の 4 通り．よって，A が正則行列になる確率は

$$1-\frac{4}{36}=\frac{8}{9}$$

(3)　a,b を確率変数とみるとき，

$$E[a]=(1+2+3+4+5+6)\times\frac{1}{6}=\frac{21}{6}=\frac{7}{2}$$

であり，同様に $E[b]=\frac{7}{2}$ である．a と b は互いに独立であるから，求める $|A|$ の期待値は

$$E[|A|]=E[12-ab]=E[12]-E[a]\cdot E[b]$$

$$=12-\left(\frac{7}{2}\right)^2=-\frac{1}{4}$$

13.2 (1)　$T=3$ となるパターンは 001 と 101 の 2 つの場合だけである．求める確率 $p(3)$ は

$$p(3)=(1-\theta)^2\theta+\theta(1-\theta)\theta=\theta-\theta^2$$

(2)　$T=5$ となるパターンは 00001 と 10001 と 11001 と 11101 の 4 つの場合だけである．求める確率 $p(5)$ は

$$p(5)=\left\{(1-\theta)^3+\theta(1-\theta)^2+\theta^2(1-\theta)+\theta^3\right\}(1-\theta)\theta$$

$$=(2\theta^2-2\theta+1)(1-\theta)\theta$$

(3)　$T=t$（$t\geqq 2$）となるパターンは

$$\overbrace{11\cdots1}^{k\text{ 個}}\ \overbrace{00\cdots0}^{(t-2-k)\text{ 個}}\ 01\quad(k=0,1,2,\ldots,t-2)$$

の $t-1$ 個の場合だけである．求める確率 $p(t)$ は

$$p(t)=\{\overbrace{\theta^{t-2}+\theta^{t-3}(1-\theta)+\cdots+(1-\theta)^{t-2}}^{(t-1)\text{ 個}}\}\cdot(1-\theta)\theta$$

となる．この式の｛　｝の中身は初項 θ^{t-2}，公比 $\frac{1-\theta}{\theta}$ の等比数列の和である．よって

（ア）　$\theta\neq\frac{1}{2}$ のとき，

$$p(t)=\theta(1-\theta)\cdot\theta^{t-2}\frac{1-\left(\frac{1-\theta}{\theta}\right)^{t-1}}{1-\frac{1-\theta}{\theta}}$$

$$=\frac{\theta(1-\theta)\left\{\theta^{t-1}-(1-\theta)^{t-1}\right\}}{2\theta-1}$$

（イ）　$\theta=\frac{1}{2}$ のとき，

$$p(t)=\{\overbrace{\left(\frac{1}{2}\right)^{t-2}+\cdots+\left(\frac{1}{2}\right)^{t-2}}^{(t-1)\text{ 個}}\}\left(\frac{1}{2}\right)^2$$

$$=(t-1)\left(\frac{1}{2}\right)^t$$

13.3 (1)　求める確率は

$$\frac{1}{6}\frac{5}{8}+\frac{2}{6}\frac{4}{8}+\frac{3}{6}\frac{1}{8}=\frac{16}{48}=\frac{1}{3}$$

(2)　1 回の試行で白玉を取り出す事象を S とし，1 回の試行でさいころが 4 の目が出る事象を T とおくと，(1) の結果より $P(S)=\frac{1}{3}$．事象 $S\cap T$ はさいころの目が 4 となって白球が出る事象だからその

確率は $P(S\cap T)=\frac{1}{6}\frac{1}{8}=\frac{1}{48}$ である．求める確率は条件付き確率 $P_S(T)$ で

$$P_S(T)=\frac{P(S\cap T)}{P(S)}=\frac{1}{48}\frac{3}{1}=\frac{1}{16}$$

(3)　求める確率分布は二項分布 $B(4,\frac{1}{3})$ である．4 回の試行のうち，白玉が出る回数を X とおくと

$$P(X=0)={}_4\mathrm{C}_0\left(\frac{2}{3}\right)^4=\frac{16}{81},$$

$$P(X=1)={}_4\mathrm{C}_1\frac{1}{3}\left(\frac{2}{3}\right)^3=\frac{32}{81},$$

$$P(X=2)={}_4\mathrm{C}_2\left(\frac{1}{3}\right)^2\left(\frac{2}{3}\right)^2=\frac{24}{81},$$

$$P(X=3)={}_4\mathrm{C}_3\left(\frac{1}{3}\right)^3\frac{2}{3}=\frac{8}{81},$$

$$P(X=4)={}_4\mathrm{C}_4\left(\frac{1}{3}\right)^4=\frac{1}{81}$$

よって X の確率分布は次の表のようになる．

X	0	1	2	3	4	計
確率	$\frac{16}{81}$	$\frac{32}{81}$	$\frac{24}{81}$	$\frac{8}{81}$	$\frac{1}{81}$	1

(4)　求める確率分布は二項分布 $B(10,\frac{1}{3})$ である．白玉が出る回数 X の期待値は $E[X]=10\cdot\frac{1}{3}=\frac{10}{3}$ となる．X の分散は $V[X]=10\cdot\frac{1}{3}\cdot\frac{2}{3}=\frac{20}{9}$ となる．

13.4　(1)　$t<0$ のとき，$F(t)=0$．$t\geqq 0$ のとき，

$$F(t)=\int_{-\infty}^{t}f(x)\,dx=\int_0^t\lambda e^{-\lambda x}\,dx$$
$$=\Big[-e^{-\lambda x}\Big]_0^t=1-e^{-\lambda t}$$

(2)

$$\mu=E[t]=\int_{-\infty}^{\infty}tf(t)\,dt$$
$$=\int_0^\infty\lambda te^{-\lambda t}\,dt=\int_0^\infty t\left(-e^{-\lambda t}\right)'\,dt$$
$$=\Big[-te^{-\lambda t}\Big]_0^\infty+\int_0^\infty e^{-\lambda t}\,dt$$
$$=0-0+\left[\frac{e^{-\lambda t}}{-\lambda}\right]_0^\infty=\frac{1}{\lambda},$$

$$E[t^2]=\int_{-\infty}^{\infty}t^2f(t)\,dt$$
$$=\int_0^\infty\lambda t^2e^{-\lambda t}\,dt=\int_0^\infty t^2\left(-e^{-\lambda t}\right)'\,dt$$
$$=\Big[-t^2e^{-\lambda t}\Big]_0^\infty+\int_0^\infty 2te^{-\lambda t}\,dt$$
$$=0-0+\frac{2}{\lambda}E[t]=\frac{2}{\lambda}\mu=\frac{2}{\lambda^2}$$

ここで，上記の波線部においてロピタルの定理より

$$\lim_{t\to\infty}te^{-\lambda t}=\lim_{t\to\infty}\frac{t}{e^{\lambda t}}=\lim_{t\to\infty}\frac{1}{\lambda e^{\lambda t}}=0,$$

$$\lim_{t\to\infty}t^2e^{-\lambda t}=\lim_{t\to\infty}\frac{2t}{\lambda e^{\lambda t}}=\lim_{t\to\infty}\frac{2}{\lambda^2e^{\lambda t}}=0$$

であることを用いた．以上より，

$$\sigma^2=E[t^2]-\{E[t]\}^2=\frac{2}{\lambda^2}-\frac{1}{\lambda^2}=\frac{1}{\lambda^2}$$

(3)　平均の待ち時間が T であることより，$\mu=\frac{1}{\lambda}=T$ が成り立つ．待ち時間が τ 以上である確率は $1-F(\tau)=e^{-\lambda\tau}$ であるから，待ち始めてから時間 τ だけ経過したときの，待ち時間 t の条件的確率の確率密度関数は $\frac{f(t)}{e^{-\lambda\tau}}$ $(t\geqq\tau)$ となる．求める残りの平均の待ち時間を $T(\tau)$ と書くと，

$$T(\tau)=\int_\tau^\infty(t-\tau)\frac{\lambda e^{-\lambda t}}{e^{-\lambda\tau}}\,dt$$
$$=\int_\tau^\infty(t-\tau)\lambda e^{-\lambda(t-\tau)}\,dt$$
$$=\int_0^\infty u\lambda e^{-\lambda u}\,du=\int_0^\infty u\left(-e^{-\lambda u}\right)'\,du$$
$$=\Big[-ue^{-\lambda u}\Big]_0^\infty+\int_0^\infty e^{-\lambda u}\,du$$
$$=\left[\frac{e^{-\lambda u}}{-\lambda}\right]_0^\infty=\frac{1}{\lambda}=T$$

ここで，$t-\tau=u$ とおき，波線部の極限の計算にはロピタルの定理を用いた．以上により，求める待ち時間の平均は T．

(4)　確率変数 X と Y が独立であるから，(X,Y) の同時確率密度関数は $f(x)f(y)$ で与えられる．$Z=\max\{X,Y\}\leqq z\iff X\leqq z$ かつ $Y\leqq z$ であるから Z の分布関数を $G(z)=P(Z\leqq z)$ とおくと $z>0$ のとき，

$$G(z)=\int_{-\infty}^{z}\int_{-\infty}^{z}f(x)f(y)\,dxdy$$
$$=\left(\int_0^z\lambda e^{-\lambda x}\,dx\right)\left(\int_0^z\lambda e^{-\lambda y}\,dy\right)$$
$$=(1-e^{-\lambda z})^2$$

であり，$z\leqq 0$ のとき，$G(z)=0$ となる．Z の確率密度関数を $g(z)$ とおくと，$g(z)=G'(z)$ であるから，

$$g(z)=\begin{cases}0 & (z<0)\\ 2\lambda e^{-\lambda z}(1-e^{-\lambda z}) & (z\geqq 0)\end{cases}$$

索　引

● さ行 ●

● た行 ●

● な行 ●

● は行 ●

● ま行 ●

● や行 ●

● ら行 ●

● 英数 ●

執筆者（五十音順）

新井《あらい》　達也《たつや》　筑波技術大学准教授

五十川《いそがわ》　読《さとる》　熊本高等専門学校教授

上松《うえまつ》　和弘《かずひろ》　鶴岡工業高等専門学校教授

奥村《おくむら》　昌司《しょうじ》　舞鶴工業高等専門学校准教授

友安《ともやす》　一夫《かずお》　都城工業高等専門学校教授

長尾《ながお》　秀人《ひでひと》　明石工業高等専門学校准教授

中村《なかむら》　元《げん》　松江工業高等専門学校教授

西川《にしかわ》　雅堂《まさたか》　鳥羽商船高等専門学校教授

濵田《はまだ》さやか　熊本高等専門学校准教授

南《みなみ》　貴之《たかゆき》　香川高等専門学校教授

協力者

三浦《みうら》　崇《たかし》　鶴岡工業高等専門学校助教

カバー・表紙デザイン：KIS・小林　哲哉

監修者
河東《かわひがし》　泰之《やすゆき》　東京大学大学院数理科学研究科教授　Ph.D.

編著者
佐々木《ささき》良勝《よしかつ》　近畿大学工学部准教授　博士（数理科学）
鈴木《すずき》　香織《かおり》　横浜国立大学経営学部准教授　博士（数理科学）
竹縄《たけなわ》　知之《ともゆき》　東京海洋大学学術研究院教授　博士（数理科学）

LIBRARY 工学基礎 & 高専 TEXT = CKM–別巻 1
詳解と演習
大学編入試験問題〈数学〉

2020 年 5 月 25 日 ©　　初 版 発 行

監修者　河 東 泰 之
編著者　佐々木良勝
　　　　鈴 木 香 織
　　　　竹 縄 知 之

発行者　矢 沢 和 俊
印刷者　小宮山恒敏

【発行】　株式会社　数理工学社
〒151–0051　東京都渋谷区千駄ヶ谷 1 丁目 3 番 25 号
☎（03）5474–8661（代）　サイエンスビル

【発売】　株式会社　サイエンス社
〒151–0051　東京都渋谷区千駄ヶ谷 1 丁目 3 番 25 号
営業☎（03）5474–8500（代）　振替 00170–7–2387
FAX☎（03）5474–8900

印刷・製本　小宮山印刷工業（株）

≪検印省略≫

本書の内容を無断で複写複製することは，著作者および
出版者の権利を侵害することがありますので，その場合
にはあらかじめ小社あて許諾をお求め下さい．

ISBN978–4–86481–065–4

PRINTED IN JAPAN

サイエンス社・数理工学社の
ホームページのご案内
https://www.saiensu.co.jp
ご意見・ご要望は
suuri@saiensu.co.jp まで．

新版 演習数学ライブラリ

新版 演習線形代数

寺田文行著　２色刷・Ａ５・本体1980円

新版 演習微分積分

寺田・坂田共著　２色刷・Ａ５・本体1850円

新版 演習微分方程式

寺田・坂田共著　２色刷・Ａ５・本体1900円

新版 演習ベクトル解析

寺田・坂田共著　２色刷・Ａ５・本体1700円

＊表示価格は全て税抜きです.

サイエンス社

新・演習数学ライブラリ

演習と応用 **線形代数**

寺田・木村共著　２色刷・Ａ５・本体1700円

演習と応用 **微分積分**

寺田・坂田共著　２色刷・Ａ５・本体1700円

演習と応用 **微分方程式**

寺田・坂田・曽布川共著　２色刷・Ａ５・本体1800円

演習と応用 **関数論**

寺田・田中共著　２色刷・Ａ５・本体1600円

演習と応用 **ベクトル解析**

寺田・福田共著　２色刷・Ａ５・本体1700円

＊表示価格は全て税抜きです．

サイエンス社

サイエンスライブラリ演習数学

演習線形代数
寺田・増田共著　Ａ５・本体1553円

演習微分積分
寺田・坂田・斎藤共著　Ａ５・本体1456円

演習微分方程式
寺田・坂田・斎藤共著　Ａ５・本体1700円

演習関数論
洲之内・寺田・網屋共著　Ａ５・本体1748円

演習確率統計
洲之内・寺田・舟根共著　Ａ５・本体1553円

演習応用解析
洲之内・寺田・網屋・小島共著　Ａ５・本体1553円

FORTRANによる
演習数値計算
洲之内・寺田・四条共著　Ａ５・本体1553円

演習ベクトル解析
寺田・坂田・斎藤共著　Ａ５・本体1650円

＊表示価格は全て税抜きです.

サイエンス社

数学演習ライブラリ

線形代数演習［新訂版］

横井・尼野共著　Ａ５・本体1980円

解析演習

野本・岸共著　Ａ５・本体1845円

微分方程式演習［新訂版］

加藤・三宅共著　Ａ５・本体1950円

関数論演習

藤家・岸共著　Ａ５・本体1942円

代数演習［新訂版］

横井・硲野共著　Ａ５・本体1950円

数値解析演習

山本・北川共著　Ａ５・本体1900円

集合・位相演習

篠田・米澤共著　Ａ５・本体1800円

＊表示価格は全て税抜きです.

サイエンス社

■科学の最前線を紹介する月刊雑誌　（毎月20日刊）

数理科学

MATHEMATICAL SCIENCES

自然科学と社会科学は今どこまで研究されているのか——.
そして今何をめざそうとしているのか——.
「数理科学」はつねに科学の最前線を明らかにし,
大学や企業の注目を集めている科学雑誌です. **本体 954 円（税抜き）**

■本誌の特色■

①基礎的知識　②応用分野　③トピックス
を中心に，科学の最前線を特集形式で追求しています.

■予約購読のおすすめ■

年間購読料：　11,000 円　（税込み）
半年間：　5,500 円　（税込み）
(送料当社負担)
SGC ライブラリのご注文については，予約購読者の方には商品到着後のお支払いにて受け賜ります.
当社営業部までお申し込みください.

サイエンス社